Fernando Gewandsznajder

(Pronuncia-se Guevantznaider.)

Doutor em Educação pela Faculdade de Educação da Universidade Federal do Rio de Janeiro (UFRJ)

Mestre em Educação pelo Instituto de Estudos Avançados em Educação da Fundação Getúlio Vargas do Rio de Janeiro (FGV-RJ)

Mestre em Filosofia pela Pontifícia Universidade Católica do Rio de Janeiro (PUC-RJ)

Licenciado em Biologia pelo Instituto de Biologia da UFRJ

Ex-professor de Biologia e Ciências do Colégio Pedro II, Rio de Janeiro (Autarquia Federal – MEC)

Helena Pacca

Bacharela e licenciada em Ciências Biológicas pelo Instituto de Biociências da Universidade de São Paulo (USP)

Experiência com edição de livros didáticos de Ciências e Biologia

O nome *Teláris* se inspira na forma latina *telarium*, que significa "tecelão", para evocar o entrelaçamento dos saberes na construção do conhecimento.

TELÁRIS
CIÊNCIAS

8

editora ática

editora ática

Direção Presidência: Mario Ghio Júnior
Direção de Conteúdo e Operações: Wilson Troque
Direção editorial: Luiz Tonolli e Lidiane Vivaldini Olo
Gestão de projeto editorial: Mirian Senra
Gestão de área: Isabel Rebelo Roque
Coordenação: Fabíola Bovo Mendonça
Edição: Carolina Taqueda, Marcia M. Laguna de Carvalho, Mayra Sato, Natália A. S. Mattos (editores), Eric Kataoka e Kamille Ewen de Araújo (assist.)
Planejamento e controle de produção: Patrícia Eiras e Adjane Queiroz
Revisão: Hélia de Jesus Gonsaga (ger.), Kátia Scaff Marques (coord.), Rosângela Muricy (coord.), Ana Curci, Ana Paula C. Malfa, Brenda T. M. Morais, Carlos Eduardo Sigrist, Cesar G. Sacramento, Daniela Lima, Gabriela M. Andrade, Heloísa Schiavo, Hires Heglan, Kátia S. Lopes Godoi, Lilian M. Kumai, Luciana B. Azevedo, Luiz Gustavo Bazana, Marília Lima
Arte: Daniela Amaral (ger.), André Gomes Vitale e Erika Tiemi Yamauchi (coord.), Filipe Dias, Karen Midori Fukunaga e Renato Neves (edição de arte)
Diagramação: Estúdio Gráfico Design, Renato Akira dos Santos e Nathalia Laia
Iconografia e tratamento de imagem: Sílvio Kligin (ger.), Roberto Silva (coord.), Daniel Cymbalista, Douglas Cometti (pesquisa iconográfica), Cesar Wolf e Fernanda Crevin (tratamento)
Licenciamento de conteúdos de terceiros: Thiago Fontana (coord.), Luciana Sposito e Angra Marques (licenciamento de textos), Erika Ramires, Flávia Andrade Zambon, Luciana Pedrosa Bierbauer, Luciana Cardoso e Claudia Rodrigues (analistas adm.)
Ilustrações: Adilson Secco, Alex Argozino, Angelo Shuman, Cláudio Chiyo, Daniel Roda, Felix Reiners, Hiroe Sassaki, Ilustranet, Ingeborg Asbach, KLN Artes Gráficas, Leonardo Conceição, Luis Moura, Luiz Iria, Luiz Rubio, Mauro Nakata e Michel Ramalho
Cartografia: Eric Fuzii (coord.), Robson Rosendo da Rocha (edit. arte)
Design: Gláucia Correa Koller (ger.), Adilson Casarotti (proj. gráfico e capa), Gustavo Vanini e Tatiane Porusselli (assist. arte)
Foto de capa: Brasil2/E+/Getty Images

Todos os direitos reservados por Editora Ática S.A.
Avenida das Nações Unidas, 7221, 3º andar, Setor A
Pinheiros – São Paulo – SP – CEP 05425-902
Tel.: 4003-3061
www.atica.com.br / editora@atica.com.br

Dados Internacionais de Catalogação na Publicação (CIP)

```
Gewandsznajder, Fernando
   Teláris ciências 8° ano / Fernando Gewandsznajder,
Helena Pacca. - 3. ed. - São Paulo : Ática, 2019.

   Suplementado pelo manual do professor.
   Bibliografia.
   ISBN: 978-85-08-19346-2 (aluno)
   ISBN: 978-85-08-19347-9 (professor)


   1.   Ciências (Ensino fundamental). I. Pacca, Helena.
II. Título.

2019-0175                        CDD: 372.35
```

Julia do Nascimento - Bibliotecária - CRB - 8/010142

2023
Código da obra CL 742187
CAE 654377 (AL) / 654378 (PR)
3ª edição
5ª impressão
De acordo com a BNCC.

Impressão e acabamento : Bercrom Gráfica e Editora

Uma publicação  SOMOS EDUCAÇÃO

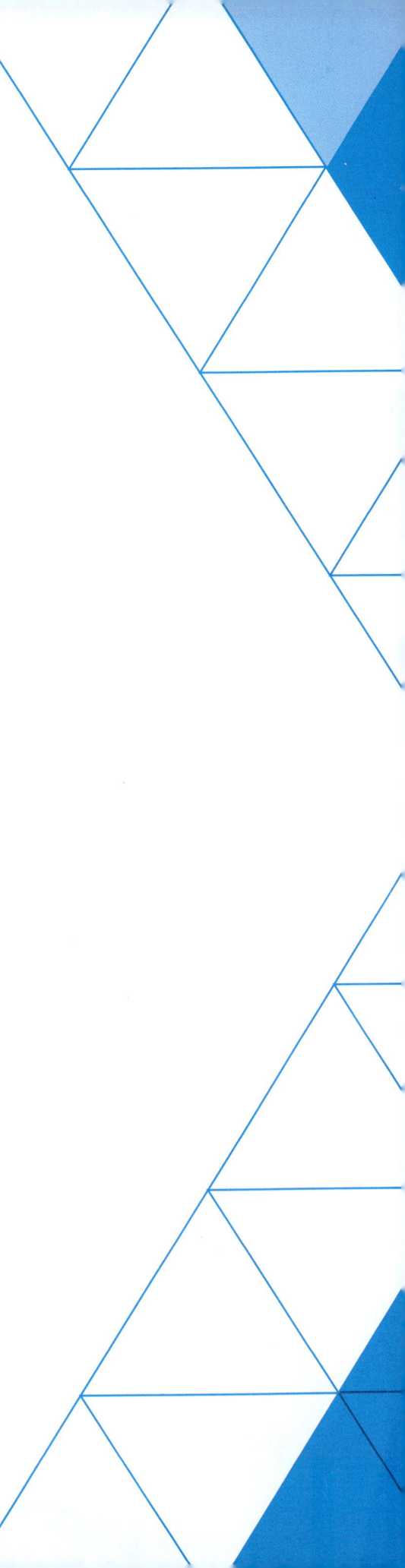

Apresentação

Caro(a) estudante,

Começamos neste ano mais uma etapa do Ensino Fundamental. Você já deve ter percebido que sua autonomia vem crescendo, assim como suas responsabilidades. É possível que sua cabeça e seu corpo estejam passando por algumas mudanças e você, estudante de Ciências, vai investigar essas transformações e compreender suas causas.

Vamos conversar sobre reprodução na primeira unidade. Você vai entender como os diferentes organismos podem se reproduzir, gerando descendentes e dando continuidade às espécies. Vamos então além dos conceitos básicos de reprodução, para analisar a complexidade desse processo na espécie humana. Você vai refletir sobre a diversidade no comportamento das pessoas e perceber como é fundamental o respeito entre os indivíduos em todas as situações. Respeitar as pessoas e estabelecer uma boa comunicação é o primeiro passo em busca da saúde e também para a construção de uma sociedade mais justa e democrática.

A segunda unidade deste volume resgata o estudo da Terra. Compreender os fenômenos observados no planeta é fundamental para o desenvolvimento de suas habilidades em fazer relações e buscar respostas para suas observações. Teremos este ano um verão mais chuvoso que o normal, ou um inverno seco? Como é possível prever essas situações? O que estaria causando as alterações que observamos no clima? Vamos investigar essas questões para então avaliar e compartilhar medidas que possam contribuir para recuperar o equilíbrio do planeta.

A terceira unidade vai ajudar você a compreender muito do que vive em seu cotidiano, como o funcionamento de circuitos elétricos e o consumo de energia de equipamentos em sua casa. A partir desse conhecimento, vamos juntos propor soluções para melhorar a utilização de vários equiparnentos e divulgar hábitos de consumo responsável.

Vamos lá?

Os autores

CONHEÇA SEU LIVRO

Este livro é dividido em **três unidades**, subdivididas em **capítulos**.

Abertura da unidade

Apresenta uma imagem e um breve texto de introdução dos temas abordados. Além disso, traz questões que relacionam os conteúdos abordados a competências que você vai desenvolver ao longo do estudo da unidade.

Abertura dos capítulos

Todos os capítulos se iniciam com uma imagem e um texto introdutório que vão prepará-lo para as descobertas que você fará no decorrer do seu estudo.

Para começar

Apresenta perguntas sobre os conceitos fundamentais do capítulo. Tente responder às questões no início do estudo e volte a elas ao final do capítulo. Será que as suas ideias vão se transformar?

Conexões

Não deixe de ler as seções que aparecem ao longo dos capítulos. Elas contêm informações atualizadas que contextualizam o tema abordado no capítulo e demonstram a importância, as aplicações e as interações da ciência com outras áreas do conhecimento. As seções relacionam ciência a:
- ambiente;
- História;
- saúde;
- dia a dia;
- tecnologia;
- sociedade.

Saiba mais

Traz conteúdo complementar, aprofundando os conteúdos estudados no capítulo.

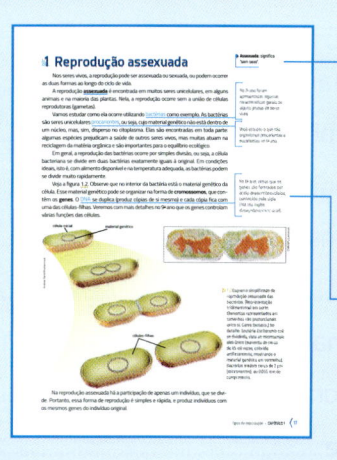

Glossário

Os termos sublinhados em azul remetem ao glossário na lateral da página. Ele apresenta o significado e a origem de muitas palavras e auxilia na leitura e na interpretação dos textos. Você também pode consultar o significado de algumas palavras no final do volume, na seção *Recordando alguns termos*.

Informações complementares

Diversas palavras ou expressões destacadas em azul estão ligadas por um fio a um pequeno texto na lateral da página. Esse texto fornece informações complementares sobre determinados assuntos e indica relações e retomadas de conceitos já estudados ou que serão vistos nos próximos capítulos ou volumes.

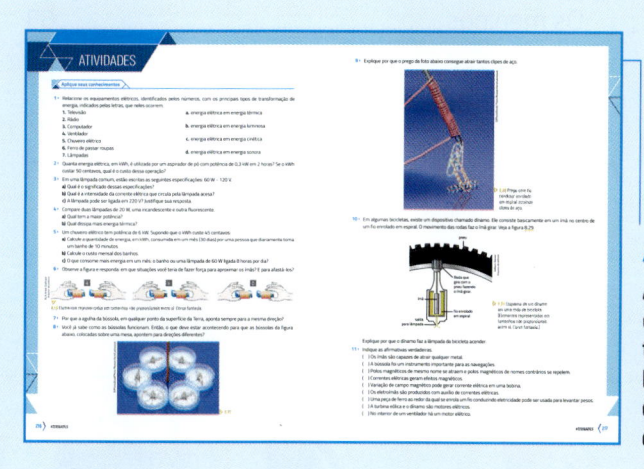

Atividades

Ao final de cada capítulo você vai encontrar questões para organizar e formalizar os conceitos mais importantes, trabalhos em equipe, propostas de pesquisa, textos para leitura e discussão e atividades práticas ligadas a experimentos científicos. Por fim, serão propostas algumas questões para autoavaliação.

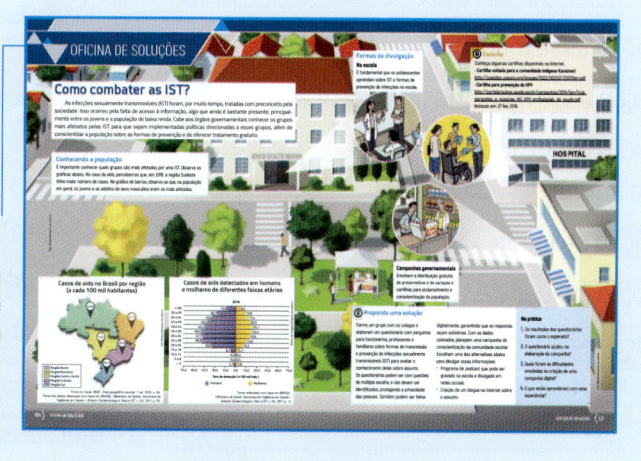

Oficina de soluções

Nesta seção você será convidado a propor soluções para situações e problemas do cotidiano por meio do desenvolvimento, da aplicação e da análise de diferentes recursos tecnológicos.

Na tela

Sugestões de vídeos, filmes e documentários relacionados aos assuntos trabalhados no capítulo.

Mundo virtual

Dicas de *sites* interessantes para saber mais sobre o assunto tratado no capítulo.

Minha biblioteca

Indicações de livros que abordam os temas estudados no capítulo.

Atenção

Recomendações e cuidados em momentos específicos do trabalho com o conteúdo do capítulo.

SUMÁRIO

ANURAK PONGPATIMET/Shutterstock

Vadim Zhakupov/Shutterstock

Kamira/Shutterstock

Ariel Skelley/Blend Images/Getty Images

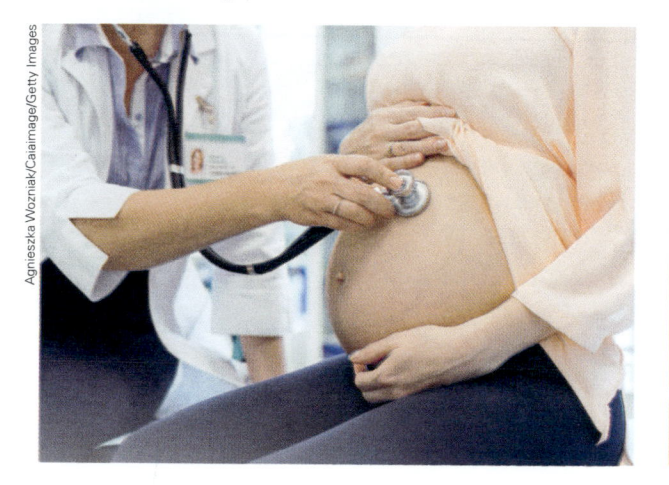

Agnieszka Wozniak/Caiaimage/Getty Images

Reprodução/NASA

SPL/Fotoarena

Unidade 3

Eletricidade e fontes de energia........ 180

Reprodução e sexualidade

Você já percebeu que muitos temas que estudamos em Ciências influenciam de alguma forma sua vida e a de sua comunidade? Neste ano, vamos iniciar os estudos conhecendo um processo natural essencial para a manutenção da vida: a reprodução. Estudaremos algumas formas pelas quais os seres vivos se reproduzem, ou seja, como são formados novos indivíduos. Para entender melhor como isso acontece, será necessário rever conceitos vistos desde os anos iniciais do Ensino Fundamental até agora.

Lucas Leuzinger/Shutterstock

Tamanduá-bandeira (cerca de 2 m de comprimento) com seu filhote sobre as costas. A reprodução é o mecanismo natural que permite o surgimento de novos indivíduos.

Precisaremos, por exemplo, rever os grupos de seres vivos estudados no 7º ano. Será que todos os organismos se reproduzem da mesma maneira? A reprodução dos animais sempre se dá por meio de células sexuais? E as plantas, como elas geram seus descendentes?

Você estudou no 6º ano a organização básica das células, reconhecendo que essas estruturas são as unidades estruturais e funcionais dos seres vivos.

Você imagina como esta imagem se relaciona à reprodução de plantas?

Amelia Fox/Shutterstock

Neste ano, também vamos estudar como se dá a reprodução dos seres humanos. Além de compreender as principais etapas do processo, buscaremos refletir sobre outros aspectos envolvidos na reprodução humana, como os sentimentos e a sexualidade.

Os sentimentos dizem respeito ao que uma pessoa tem de mais íntimo. Aliados à nossa maneira de ver o mundo e de pensar, eles fazem uma pessoa ser o que ela é. Pode até haver pessoas bastante parecidas, mas o que cada uma sente é muito particular. Veremos que ter sentimentos intensos e complicados durante certas épocas da vida, como na adolescência, é comum.

Se pudermos aceitar e entender o que sentimos, fica mais fácil conviver com outras pessoas.

Hero Images/Getty Images

▷ Mesmo que as pessoas usem roupas ou acessórios parecidos para se identificarem com um grupo, cada uma apresenta sentimentos próprios e particulares.

Em relação à sexualidade, sabemos que existe uma grande variação no modo como as pessoas se sentem e se comportam. Assim, é comum que muitas pessoas, principalmente na adolescência, não fiquem confortáveis com os próprios sentimentos, ou com a maneira como gostariam de se relacionar com outras pessoas. Esses e outros questionamentos são normais e muito frequentes. Ainda assim, podemos sentir a necessidade de recorrer a profissionais, como terapeutas, psicólogos e médicos, para buscar entender melhor esses sentimentos.

O importante, ao refletir sobre sexualidade, é reconhecer que caráter, talento e capacidade profissional não têm sexo nem são exclusivos de um determinado grupo de pessoas.

MinDof/Shutterstock

▷ Independentemente da forma de expressão da sexualidade, é imprescindível que haja respeito entre todos.

Terra, clima e energia

Nos anos anteriores do Ensino Fundamental, vimos que algumas características da Terra podem ser reveladas, por exemplo, pela observação de sombras durante o dia e do céu durante a noite. Você se lembra do gnômon? Com esse instrumento simples podemos analisar a variação das sombras ao longo do dia e do ano, investigando os movimentos da Terra. Agora você vai precisar desses conhecimentos, vistos nos anos anteriores, para compreender melhor como ocorrem as fases da Lua, os eclipses e as estações do ano.

Eclipse lunar visto em Ribeirão Preto (SP), 2018. Você já viu um eclipse da Lua? Como você explicaria esse fenômeno?

Vamos ver ainda os movimentos da Terra e outros fatores que influenciam o clima do planeta, produzindo desde regiões geladas e secas, como o deserto do Atacama, no Chile, até lugares extremamente quentes e chuvosos, como o norte do Brasil. Para compreender melhor o clima e as atividades humanas que o afetam, será necessário retomar conhecimentos sobre a atmosfera, que foram vistos no 7º ano. Será que já é possível observar mudanças climáticas causadas pela nossa sociedade? O que podemos fazer para controlar essas mudanças?

Também no 7º ano você viu que o ser humano desenvolveu ao longo da história máquinas capazes de gerar vários tipos de movimento. Esses equipamentos vêm sendo usados na produção, no transporte e no descarte de diversos produtos, como alimentos, roupas e outros utensílios. Como você sabe, essas máquinas precisam de energia para funcionar. Você imagina de onde vem tanta energia?

Vista aérea de colheita mecanizada de cana-de-açúcar em um fim de tarde em Leme (SP), 2018. Quais tipos de energia você consegue identificar nesta imagem?

Grande parte da energia utilizada nas indústrias vem da eletricidade, que vamos estudar este ano. Conhecendo melhor os conceitos relacionados à energia elétrica, poderemos compreender como ela é utilizada em nosso dia a dia, os impactos que sua utilização gera e como podemos melhorar o uso e evitar desperdício.

Alguns dos impactos que vamos estudar são aqueles que afetam o clima do planeta.

Atualmente, as indústrias automobilísticas contam com diferentes tipos de robôs para otimizar o tempo de produção. Qual é a origem da energia necessária para fabricar carros? Depois de prontos, como esses carros se movimentam?

Estudando a eletricidade e as fontes de energia, também vamos descobrir como os produtos elétricos e eletrônicos funcionam e por que o desenvolvimento e o uso desses produtos nos levam a buscar cada vez mais variadas fontes de energia. Algumas dessas fontes são o movimento da água e dos ventos, a energia solar e a energia nuclear. Veremos que cada uma delas impacta o ambiente de maneiras diferentes.

Barragem da Usina Hidrelétrica de Tucuruí, no rio Tocantins, em Tucuruí (PA), 2017. Nas usinas hidrelétricas, o movimento da água é usado na geração de energia elétrica.

Ao longo de nossos estudos em Ciências, verificamos que o conhecimento científico abrange os mais variados temas: desde os processos naturais, como a reprodução, até as mais avançadas tecnologias, capazes de obter energia de diferentes fontes. A ciência, portanto, investiga o mundo e cria soluções. É isso que iremos fazer este ano. Vamos lá?

A reprodução é o processo pelo qual um ou mais seres vivos são capazes de dar origem a outros organismos da mesma espécie.

1

Reprodução

É por meio da reprodução que a vida se mantém. Sem a capacidade de se reproduzir, as espécies seriam extintas. Para o ser humano, as relações sexuais e a reprodução envolvem também emoções, sentimentos e comportamentos que são influenciados pela cultura e por vivências pessoais. Cabe a cada indivíduo respeitar todas as pessoas, independentemente das diferenças na maneira de pensar ou de agir.

1▸ Observamos plantas crescendo nos mais variados locais, mesmo entre tijolos e em buracos nas calçadas. Como você imagina que as plantas chegam a esses locais?

2▸ Existem profissionais, como jardineiros, veterinários, agrônomos e biólogos, que estudam o ciclo de vida de variadas espécies. Em sua opinião, por que esse conhecimento é importante?

3▸ Você já percebeu como o corpo das pessoas muda com a idade? Por que conhecer mais sobre nosso próprio corpo ajuda a nos manter saudáveis?

Tipos de reprodução

Fabio Colombini/Acervo do fotógrafo

1.1 Sagui-de-tufos-brancos (*Callithrix jacchus*) com filhote. O adulto mede cerca de 18 cm de comprimento, desconsiderando a cauda. Embora sejam parecidos, a mãe e o filhote não são iguais. Você sabe por quê?

▶ Para começar

1. Que diferenças existem entre a reprodução sexuada e a assexuada?

2. Você diria que a reprodução de um ser vivo pode estar relacionada à presença de água no ambiente?

3. Será que todas as plantas nascem de sementes?

4. Qual é a participação dos insetos, como as abelhas, na reprodução das plantas?

A reprodução permite que certas características, como a cor dos olhos e dos cabelos, sejam transmitidas de geração em geração. Isso é possível porque elas são influenciadas por informações contidas nos genes dentro das células. Em conjunto com o ambiente, os genes influenciam grande parte das características dos seres vivos. Veja a figura 1.1.

Neste capítulo, veremos como ocorre a reprodução em diferentes seres vivos, que pode ser classificada em dois tipos: assexuada e sexuada.

1 Reprodução assexuada

► **Assexuada:** significa "sem sexo".

Nos seres vivos, a reprodução pode ser assexuada ou sexuada, ou podem ocorrer as duas formas ao longo do ciclo de vida.

A reprodução **assexuada** é encontrada em muitos seres unicelulares, em alguns animais e na maioria das plantas. Nela, a reprodução ocorre sem a união de células reprodutoras (gametas).

Vamos estudar como ela ocorre utilizando bactérias como exemplo. As bactérias são seres unicelulares procariontes, ou seja, cujo material genético não está dentro de um núcleo, mas, sim, disperso no citoplasma. Elas são encontradas em toda parte: algumas espécies prejudicam a saúde de outros seres vivos, mas muitas atuam na reciclagem da matéria orgânica e são importantes para o equilíbrio ecológico.

No 7º ano foram apresentadas algumas características gerais de alguns grupos de seres vivos.

Você estudou o que são organismos procariontes e eucariontes no 6º ano.

Em geral, a reprodução das bactérias ocorre por simples divisão, ou seja, a célula bacteriana se divide em duas bactérias exatamente iguais à original. Em condições ideais, isto é, com alimento disponível e na temperatura adequada, as bactérias podem se dividir muito rapidamente.

Veja a figura 1.2. Observe que no interior da bactéria está o material genético da célula. Esse material genético pode se organizar na forma de **cromossomos**, que contêm os **genes**. O DNA se duplica (produz cópias de si mesmo) e cada cópia fica com uma das células-filhas. Veremos com mais detalhes no 9º ano que os genes controlam várias funções das células.

No 6º ano, vimos que os genes são formados por ácido desoxirribonucleico, conhecido pela sigla DNA (do inglês *deoxyribonucleic acid*).

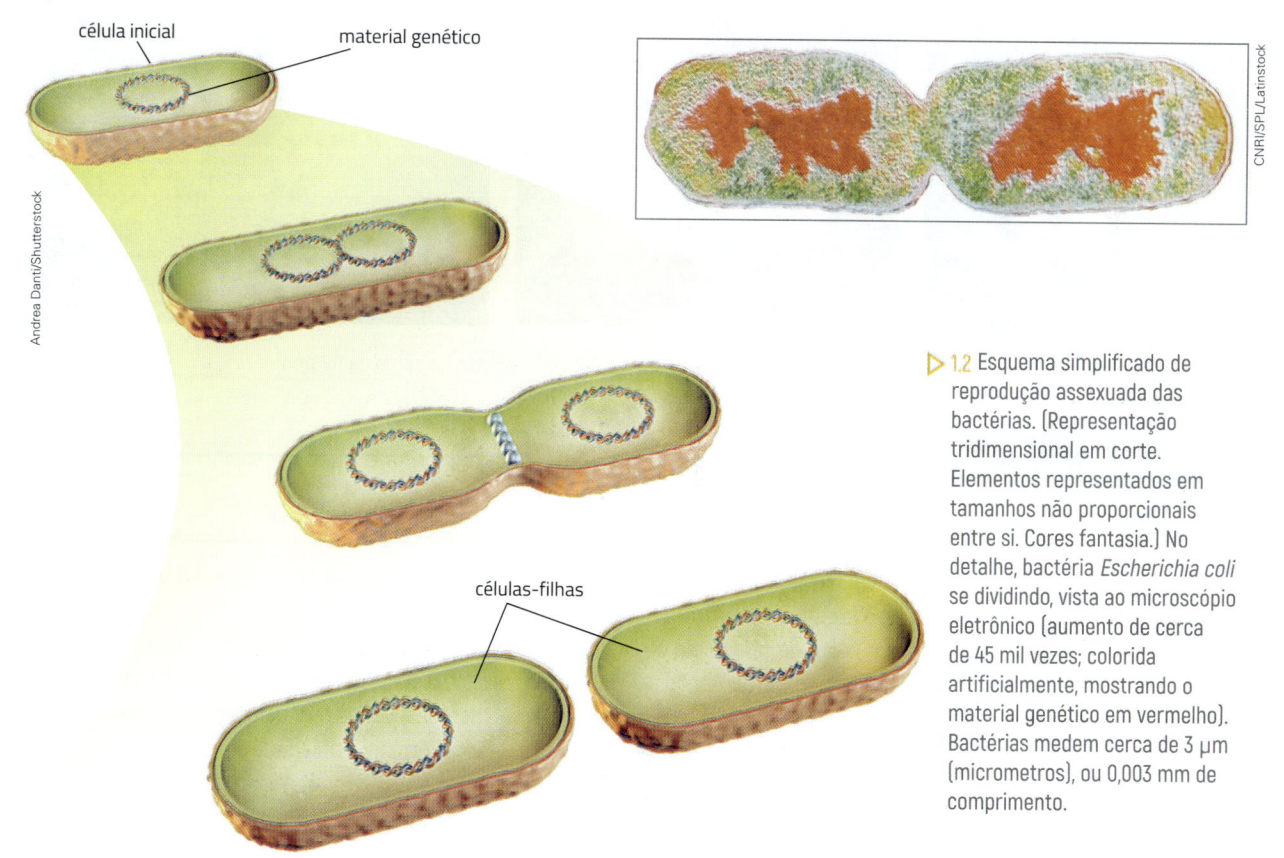

célula inicial

material genético

células-filhas

Andrea Danti/Shutterstock

CNRI/SPL/Latinstock

▷ **1.2** Esquema simplificado de reprodução assexuada das bactérias. (Representação tridimensional em corte. Elementos representados em tamanhos não proporcionais entre si. Cores fantasia.) No detalhe, bactéria *Escherichia coli* se dividindo, vista ao microscópio eletrônico (aumento de cerca de 45 mil vezes; colorida artificialmente, mostrando o material genético em vermelho). Bactérias medem cerca de 3 μm (micrometros), ou 0,003 mm de comprimento.

Na reprodução assexuada há a participação de apenas um indivíduo, que se divide. Portanto, essa forma de reprodução é simples e rápida, e produz indivíduos com os mesmos genes do indivíduo original.

As bactérias podem ainda se reproduzir de outra maneira. Por vezes, uma bactéria se liga a outra e alguns genes são transferidos entre elas. Esse processo é chamado **conjugação**. Após a troca de genes, as bactérias se separam. Por meio da conjugação, um gene que confere resistência a um antibiótico, por exemplo, pode se espalhar em uma população, tornando-a resistente a esse antibiótico. Veja a figura 1.3.

A reprodução assexuada é encontrada também em outros seres unicelulares, como os protozoários. Veja a figura 1.4. Ao contrário das bactérias – seres procariontes –, os protozoários são seres eucariontes, ou seja, possuem, no interior das células, um núcleo onde está o material genético.

Antes de a célula se dividir, cada cromossomo se duplica. Então, quando a célula se dividir em duas, em princípio cada uma delas terá o mesmo número de cromossomos e os mesmos genes que a célula original.

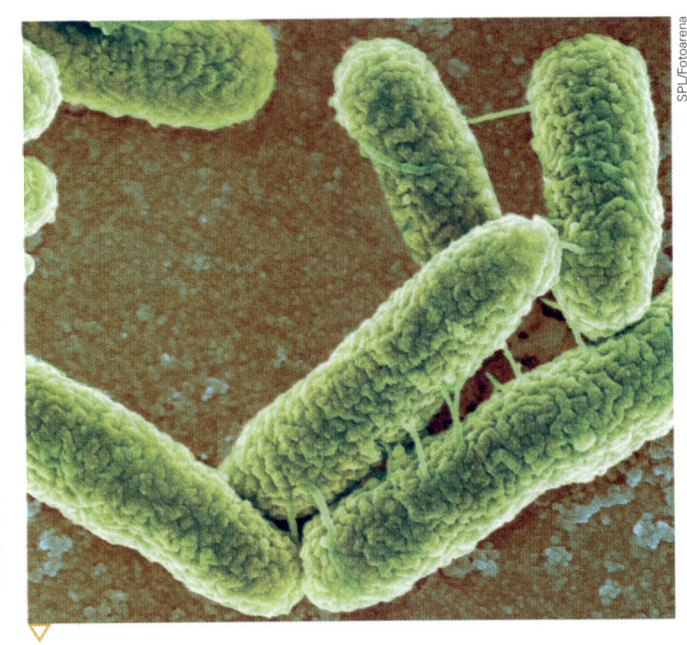

1.3 A conjugação entre bactérias possibilita a troca de material genético, que passa através dos filamentos entre as células. Na foto, bactérias (*Escherichia coli*) observadas ao microscópio eletrônico; medem cerca de 3 micrometros, ou 0,003 mm de comprimento (aumento de cerca de 26 mil vezes; coloridas artificialmente).

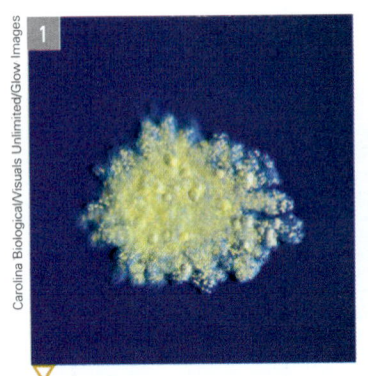 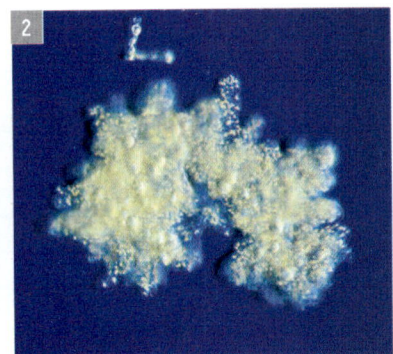 

1.4 Reprodução de uma ameba, organismo unicelular, vista ao microscópio óptico (diâmetro de cerca de 0,7 mm).

Conexões: Ciência e saúde

Estudar as bactérias mudou nosso cotidiano

A descoberta de bactérias patogênicas, ou seja, aquelas que causam doenças, levou o ser humano a adotar uma série de medidas importantes para preservar a saúde.

Algumas dessas medidas fazem parte de nosso dia a dia, como: lavar as mãos antes das refeições, evitando que bactérias presentes nas mãos contaminem os alimentos; filtrar ou ferver a água que bebemos; desinfetar ferimentos; ferver o leite e outros alimentos e conservá-los na geladeira; entre outras medidas. Esses procedimentos usam o calor ou substâncias químicas para destruir as células bacterianas. O frio da geladeira diminui a atividade desses organismos, dificultando sua reprodução. É por essa razão que os alimentos duram mais quando ficam refrigerados.

Além disso, também foram introduzidas práticas mais seguras para médicos e pacientes, como a esterilização de instrumentos em salas de cirurgia.

Compreender como as bactérias se reproduzem e como podem ser destruídas foi importante para a saúde de todas as pessoas.

Reprodução assexuada nos fungos

Alguns fungos, conhecidos como leveduras, são unicelulares. Esses organismos podem ser usados pelos seres humanos para a produção de pães e outros alimentos. Veja a figura 1.5.

A maioria dos fungos, entretanto, é multicelular. Observando um cogumelo ou um pouco de mofo ao microscópio, veremos que seus corpos são formados por um conjunto de filamentos, as **hifas** (do grego *hyphé*, que significa "teia").

Os fungos não têm capacidade de se locomover. Como você imagina então que eles puderam se espalhar por todo o planeta?

Observe a figura 1.6. Os fungos podem gerar, de forma assexuada, células microscópicas chamadas **esporos**, os quais podem ser levados pelo vento. Quando um esporo cai sobre matéria orgânica, como uma fatia de pão ou uma fruta, ele se multiplica e dá origem às hifas, que se ramificam e penetram no material. É assim que um novo fungo se forma. A produção de esporos, portanto, permite que organismos que não se deslocam, como os fungos, espalhem-se por novos ambientes.

Além da reprodução assexuada, os fungos também realizam a reprodução sexuada.

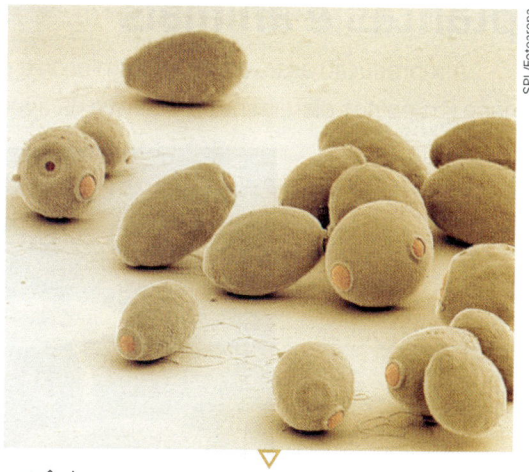

1.5 Fungo unicelular *Saccharomyces cerevisiae* em imagem obtida por microscópio eletrônico e colorida por computador. Cada célula mede cerca de 0,004 mm.

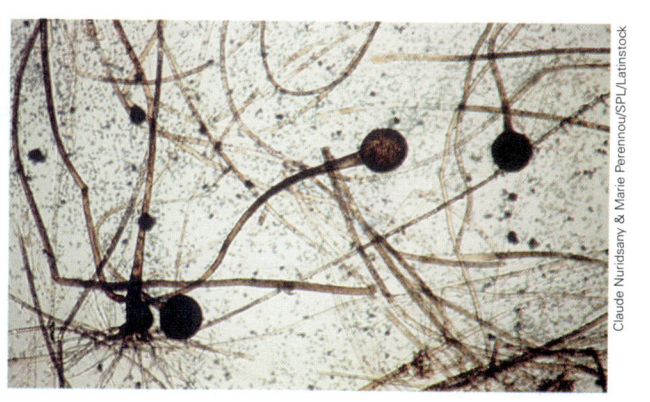

1.6 O fungo à esquerda (de 4 cm a 9 cm de altura) libera uma nuvem de esporos para o ambiente. À direita, o fungo conhecido como bolor do pão, observado ao microscópio óptico, produz esporos que se dividem e originam mais fungos. Cada esporo mede entre 0,003 mm e 0,04 mm.

Conexões: Ciência e saúde

Os fungos e a nossa saúde

Existem diversos fungos que vivem associados a outros organismos. Alguns podem ser encontrados na pele e nas mucosas de animais, como o ser humano. Em condições normais de saúde, esses organismos não causam problemas. Porém, certos cuidados são necessários para manter esse equilíbrio, caso contrário podem aparecer micoses ou outras infecções causadas por fungos.

Os fungos desenvolvem-se e reproduzem-se melhor em locais quentes, úmidos e com pouca luz. É importante manter limpo o local em que vivemos, evitando também vazamentos de água, que podem propiciar a formação de bolor em armários, paredes e teto. Além disso, é preciso ter cuidado e atenção com a higiene pessoal e com a saúde do corpo: depois da prática de esportes e do banho, secar bem todas as partes do corpo, especialmente entre os dedos do pé, a virilha e os órgãos genitais; evitar emprestar ou pedir emprestados calçados, meias ou roupas íntimas; também devemos expor os calçados à luz solar de tempos em tempos. Caso se perceba qualquer sintoma ou mudanças na pele, deve-se procurar um médico, e nunca use medicamentos sem a prescrição médica.

Reprodução assexuada em plantas e animais

A reprodução assexuada também ocorre em muitos invertebrados, como a planária (grupo dos platelmintos), que vive na água ou em solo úmido. Veja a figura 1.7.

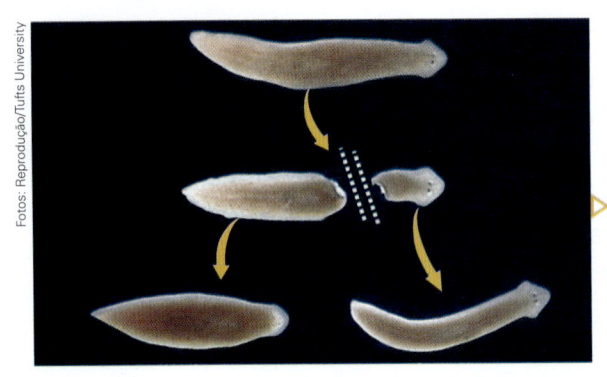

1.7 Planária vista ao microscópio óptico (3 mm a 15 mm de comprimento). Ela pode esticar o corpo e partir-se em duas. Cada parte regenera a parte que está faltando.

Os corais e as hidras (grupo dos cnidários) podem se reproduzir de maneira assexuada ou sexuada. Na reprodução assexuada, um grupo de células se multiplica e forma pequenos brotos. Veja a figura 1.8. Esses brotos podem permanecer presos ao organismo que os produziu ou podem se soltar. Quando se soltam, originam um indivíduo isolado. Esse tipo de reprodução é chamado **brotamento** e ocorre também nas esponjas (grupo dos poríferos).

As plantas também podem se reproduzir de maneira assexuada. Isso ocorre, por exemplo, na plantação da cana-de-açúcar, em que pedaços do caule da planta são colocados no solo e se desenvolvem em novos organismos com material genético idêntico ao original.

A reprodução assexuada em plantas também ocorre de forma natural, em caules subterrâneos e rasteiros. Esses caules vão se ramificando e, como ocorre com a batata-inglesa, formando raízes que originam novas mudas. Raízes, como a batata-doce, também podem originar novas mudas. Veja a figura 1.9.

broto

1.8 Reprodução por brotamento em uma hidra (3 mm a 10 mm de altura).

batata-inglesa

broto

batata-doce

1.9 Reprodução assexuada por meio da ramificação do caule (batata-inglesa) e da raiz (batata-doce). (Elementos representados em tamanhos não proporcionais entre si. Cores fantasia.) No detalhe, batata-inglesa.

2 Reprodução sexuada

Na maioria dos animais e em muitas plantas e outros seres vivos ocorre a **reprodução sexuada**: são produzidas células reprodutivas, os **gametas**, que se unem e formam uma nova célula. Essa união é chamada **fecundação** ou **fertilização** e a célula formada é chamada **zigoto** ou célula-ovo. A partir da célula inicial um novo indivíduo será formado.

A maior parte das espécies com reprodução sexuada apresenta, separadamente, indivíduos do sexo feminino e indivíduos do sexo masculino. O sexo masculino produz o **gameta masculino** e o sexo feminino produz o **gameta feminino**.

Reprodução sexuada em animais

Nos animais, o gameta masculino é chamado de **espermatozoide** e o gameta feminino é conhecido como **óvulo**. Observe na figura 1.10 um esquema da reprodução sexuada.

> **Gameta:** do grego *gamos*, "casamento".
>
> **Zigoto:** do grego *zygos*, que significa "juntos", "união".

> No próximo capítulo, você verá que, na espécie humana e em alguns outros mamíferos, a célula que será fecundada pelo espermatozoide está em um estágio de desenvolvimento anterior ao do óvulo e é chamada ovócito II ou ovócito secundário, mas o termo óvulo costuma ser usado de forma geral.

> **Espermatozoide:** do grego *sperma*, "semente"; e *zoon*, "animal".
>
> **Óvulo:** do latim *ovulu*, "pequeno ovo".

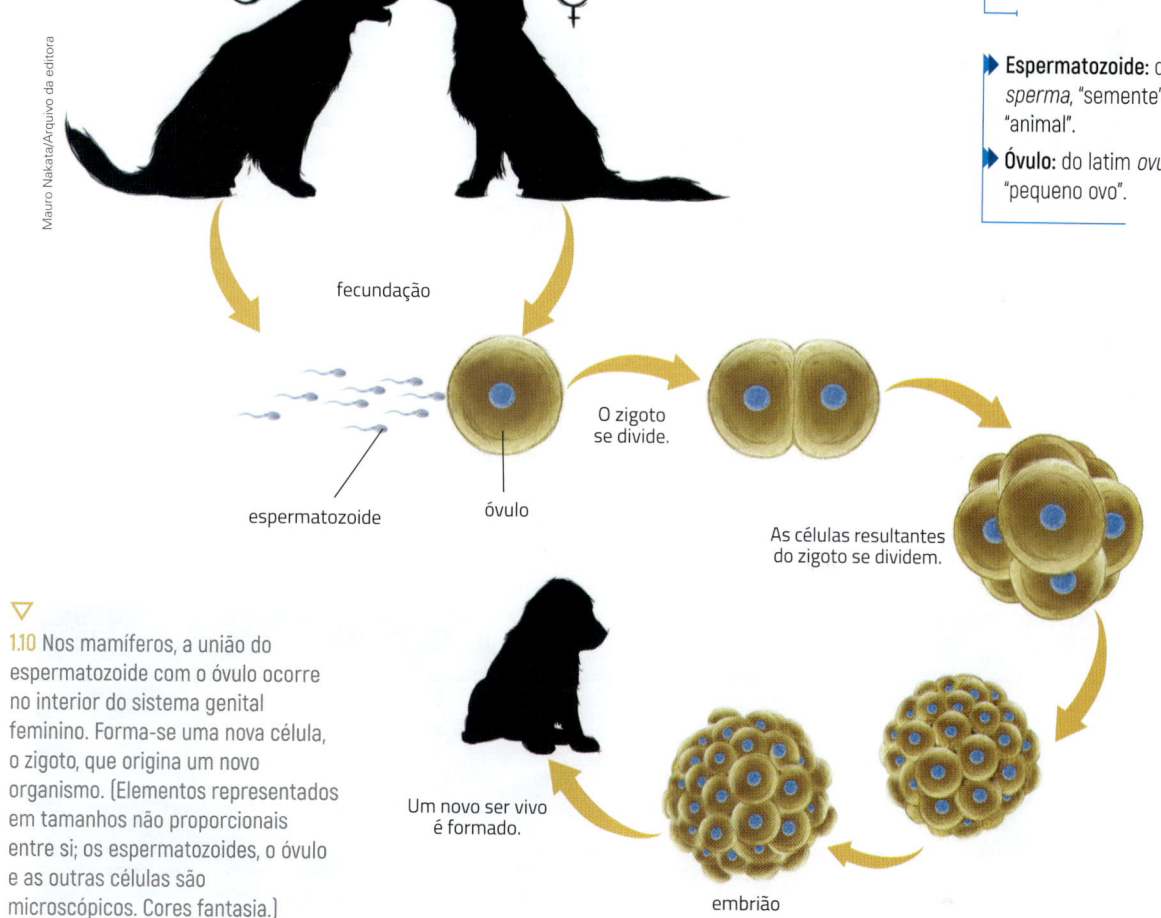

Mauro Nakata/Arquivo da editora

fecundação

O zigoto se divide.

As células resultantes do zigoto se dividem.

espermatozoide

óvulo

embrião

Um novo ser vivo é formado.

▽ **1.10** Nos mamíferos, a união do espermatozoide com o óvulo ocorre no interior do sistema genital feminino. Forma-se uma nova célula, o zigoto, que origina um novo organismo. (Elementos representados em tamanhos não proporcionais entre si; os espermatozoides, o óvulo e as outras células são microscópicos. Cores fantasia.)

Quando os dois gametas se unem, ocorre a fecundação, que dá origem ao zigoto. O zigoto então se divide e origina duas células-filhas. Em seguida, o processo se repete e uma série de divisões produz mais células, originando um novo ser vivo. Reveja a figura 1.10.

Rituais de acasalamento

Na época da reprodução, os animais podem apresentar um comportamento diferente do habitual, relacionado à busca e à conquista de parceiros do sexo oposto. Esse tipo de comportamento, conhecido como ritual de acasalamento, pode variar entre as espécies.

Em muitas espécies de animais, os machos disputam fisicamente entre si para conquistar as fêmeas. Apenas os animais que ganham conseguem reproduzir-se. Veja a figura 1.11.

Em outras, as fêmeas escolhem os machos com quem vão se acasalar, como é o caso dos pavões: o macho exibe sua plumagem e as fêmeas geralmente demonstram preferência por machos com caudas maiores e mais coloridas. Veja a figura 1.12.

1.11 Uapitis machos (*Cervus canadensis*; um tipo de cervo da América do Norte, de 2 m a 2,5 m de comprimento) lutam entre si para conseguir fêmeas para acasalamento.

1.12 Pavão macho (família Phasianidae; 1,8 m a 2,3 m de comprimento) exibindo sua plumagem para a fêmea.

Há ainda espécies em que o macho corteja a fêmea com uma dança. É o caso do albatroz e do avestruz, que executam uma curiosa dança para a fêmea antes de serem aceitos para o acasalamento. Veja a figura 1.13.

Em outros casos, os machos utilizam sons para atrair as fêmeas, como o canto de muitas aves e o coaxar de alguns anfíbios, que produzem sons amplificados pelo saco vocal. O coaxar varia de acordo com a espécie e, na época da reprodução, a fêmea é atraída pelo coaxar do macho de sua própria espécie. Veja a figura 1.14.

Em insetos como cupins e formigas, os machos e as fêmeas têm asas apenas na época da reprodução, e realizam o chamado voo nupcial.

1.13 Albatroz-de-sobrancelha macho (*Thalassarche melanophris*; chega a 2,5 m de envergadura) cortejando a fêmea.

1.14 Macho coaxando para atrair fêmeas de sua espécie (*Rhinella granulosa*; 7 cm a 9 cm de comprimento).

A fecundação e o local de desenvolvimento

O encontro de gametas de alguns animais ocorre fora do corpo. Esse tipo de fecundação, chamada **fecundação externa**, é comum em muitos animais aquáticos, como certos cnidários, peixes e anfíbios, em que o macho e a fêmea lançam seus gametas na água e lá ocorre a fecundação. Veja a figura 1.15.

1.15 Na reprodução da rã-touro (*Lithobates catesbeianus*; cerca de 15 cm de comprimento), o macho abraça a fêmea, que solta óvulos na água. Parte desses óvulos será fecundada pelos espermatozoides liberados pelo macho.

1.16 Colônia de coral (*Acropora* sp.) liberando enorme quantidade de gametas na água. Essas colônias podem atingir vários metros de extensão e são formadas por diversos indivíduos, com cerca de 2 mm cada um.

Quando a fecundação é externa, as chances de os gametas se encontrarem é menor, mas isso é compensado pela grande quantidade de óvulos produzidos e liberados no ambiente. Veja a figura 1.16. Mesmo assim, poucos embriões sobrevivem e completam o desenvolvimento, uma vez que ficam expostos aos perigos do ambiente, sem a proteção dos pais. A fêmea do peixe dourado, por exemplo, produz cerca de 2 milhões de óvulos na época de reprodução; no entanto, calcula-se que menos de dez filhotes cheguem à fase adulta.

A **fecundação interna** é a forma mais comum em animais terrestres, como répteis, aves, mamíferos (como os seres humanos) e diversos invertebrados (como os insetos e as aranhas). Veja a figura 1.17. É realizada também por alguns animais aquáticos, como o polvo, a lula e alguns peixes.

Nesse tipo de fecundação, há maior chance de a fecundação se realizar – em comparação com a fecundação externa – e a produção de óvulos geralmente é menor. A fecundação interna é vantajosa no ambiente terrestre porque evita a perda de água (desidratação) dos gametas e dos embriões. Além disso, a produção de óvulos e de embriões pode ser menor, porque a proteção aos embriões é maior, assim como a probabilidade de sobrevivência deles até a idade adulta.

1.17 Nas joaninhas (cerca de 8 mm de comprimento) e em outros insetos ocorre a fecundação interna, em que os espermatozoides são inseridos diretamente no corpo da fêmea.

Alguns animais com fecundação interna são **ovíparos** (do latim *ovi*, "ovo"; *parere*, "dar à luz"): a fêmea libera o ovo no ambiente e o embrião se desenvolve utilizando as reservas nutritivas presentes no ovo. É o caso de vários invertebrados, de alguns peixes, dos répteis em geral e de todas as aves. Veja na figura 1.18 como ocorre a reprodução de tartarugas marinhas.

1.18 Reprodução de tartarugas marinhas (algumas espécies podem atingir 2 m de comprimento). (Elementos representados em tamanhos não proporcionais entre si. Cores fantasia.)

O acasalamento ocorre em áreas específicas de reprodução desses animais. A fecundação é interna.

Na temporada de desova, a fêmea faz algumas posturas de ovos em ninhos na areia.

No caso dos animais que põem ovos em meio terrestre, a casca e outras estruturas protegem o embrião contra a perda de água. Dentro do ovo há reservas de alimento, como a gema e a clara, por exemplo. Essas reservas permitem que o filhote saia já formado do ovo, semelhante ao adulto. Há ainda estruturas que permitem a respiração e o recolhimento de resíduos produzidos pelo embrião.

casca
embrião
gema
clara
troca de gases

A cada 1000 tartarugas que nascem, apenas uma conseguirá chegar à fase adulta.

A casca e as demais estruturas do ovo protegem o embrião. Além de proteção, o ovo garante nutrientes ao embrião.

Em cada desova são liberados cerca de 120 ovos; a incubação leva de 45 a 60 dias.

O ovo das aves é semelhante ao dos répteis: tem a função de proteger e alimentar o embrião, além de conter estruturas – como o âmnio – que permitem o desenvolvimento desse embrião no meio terrestre. Veja a figura 1.19.

O óvulo possui a gema, que é uma reserva de alimento para o futuro embrião, no interior do citoplasma. Depois da fecundação, o zigoto desce por um canal, chamado tuba uterina. Nesse caminho, formam-se em torno do zigoto a clara e a casca de carbonato de cálcio. Assim como a gema, a clara é reserva de alimento – ambas serão consumidas pelo embrião durante seu desenvolvimento.

A maioria das aves constrói ninhos com gravetos, grama, pelos, penas, barro, etc., onde depositam e chocam os ovos. O calor do corpo é importante para o desenvolvimento do embrião, e o ninho também ajuda a proteger os ovos contra os predadores.

Após o tempo de incubação, que varia de espécie para espécie, ocorre a eclosão: a casca do ovo se quebra e o filhote sai. Durante algum tempo, o filhote continuará a ser alimentado e protegido, geralmente por ambos os pais.

No caso da galinha doméstica, o tempo de incubação é de 21 dias. Mas os ovos que estão à venda no mercado geralmente não contêm zigoto, ou seja, não originam novos organismos, porque vêm de galinhas criadas em granjas e que não foram fecundadas. São, portanto, óvulos não fecundados, envolvidos por clara, gema e casca. Popularmente, diz-se que não são ovos "galados".

Mundo virtual

Sexo dos bichos
https://www.terra.com.br/noticias/educacao/infograficos/vcsabia-sexo-dos-bichos/
Apresenta fatos curiosos sobre o comportamento sexual dos animais.
Acesso em: 13 fev. 2019.

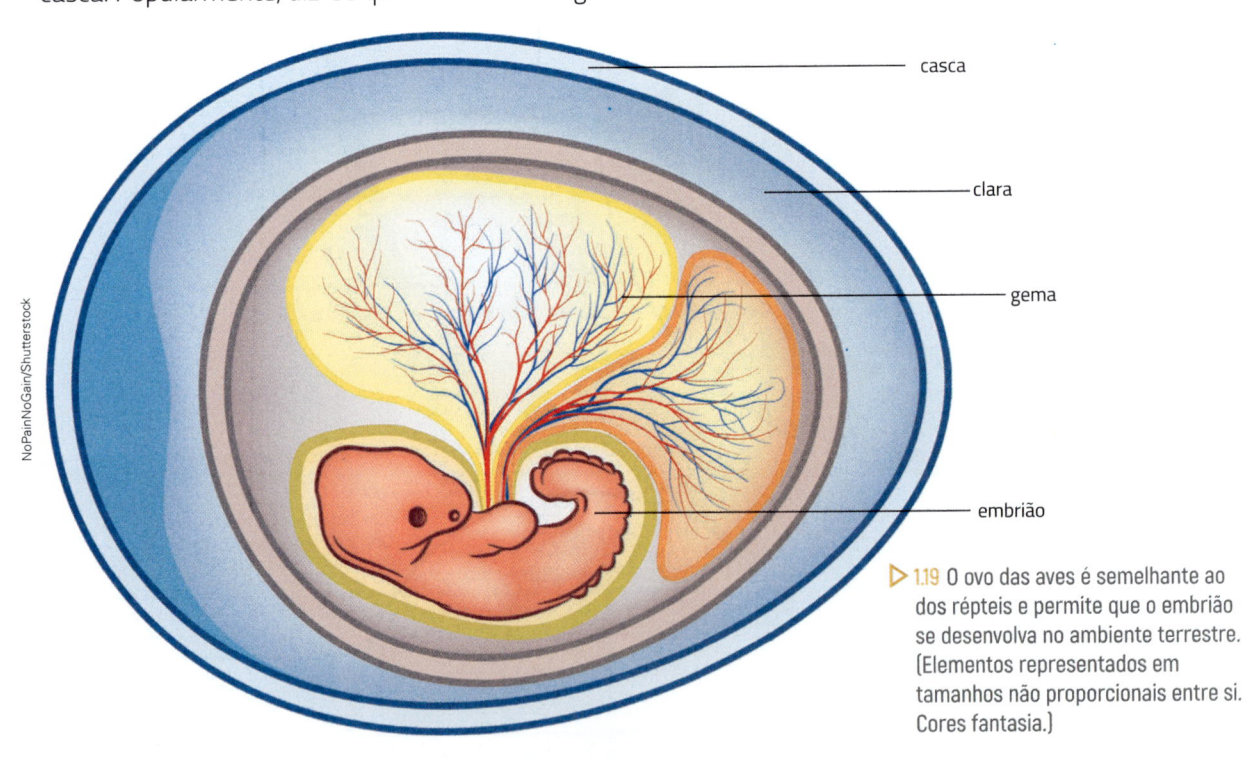

casca

clara

gema

embrião

NoPainNoGain/Shutterstock

▷ 1.19 O ovo das aves é semelhante ao dos répteis e permite que o embrião se desenvolva no ambiente terrestre. (Elementos representados em tamanhos não proporcionais entre si. Cores fantasia.)

Outros animais de fecundação interna são **vivíparos** (do latim *viviparu*, "o que nasce já formado"), como é o caso dos mamíferos em geral. O embrião troca substâncias com o sangue materno através da placenta, que se forma no útero da mãe. Ele recebe o alimento e o oxigênio necessários, e elimina os resíduos produzidos pelas células.

No capítulo 2, você verá mais sobre o desenvolvimento do embrião humano.

Há ainda os animais **ovovivíparos**: o ovo com casca é retido dentro da fêmea até que o desenvolvimento se complete e o filhote saia formado. É o caso de alguns invertebrados, de alguns peixes e de algumas serpentes.

Estamos deixando os pássaros loucos com tanta poluição sonora

Pesquisa mostra que os pássaros estão sendo duramente afetados pela grande poluição sonora que a humanidade produz.

Não são apenas seus vizinhos que se irritam com o *rock* nas alturas que você escuta na madrugada. Estudo está mostrando que nós estamos atrapalhando as aves, especialmente quando elas tentam entrar em um estado de calmaria e mansidão, preparando-se para dormir ou acasalar. A poluição sonora nunca foi uma área com grandes estudos e acompanhamento dos impactos ambientais, mas a pesquisa apresentada pela Universidade do Colorado e Lewis Fort College [Estados Unidos] está mostrando que nós estamos atrapalhando a reprodução das aves com tanto barulho.

As duas instituições declararam: "Nós estamos gerando uma grande quantidade de poluição sonora em todo o mundo permeando o *habitat* natural de várias espécies de animais, alterando os rituais de acasalamento de aves. Este excesso de barulho não é prejudicial apenas para os seres humanos, mas ameaça a vida selvagem, especialmente as aves [nas quais] ficaram constatadas mudanças na densidade populacional de várias espécies, dificuldade na interação predador-presa, desorientação em migrações e falha na tentativa de reprodução".

A pesquisa mostrou que geralmente pássaros grandes não suportam os ruídos que produzimos e acabam abandonando suas moradias, mesmo que sejam em ambientes naturais onde tenham nascido. O mesmo não foi observado em pássaros menores, que mostram ser resistentes e conseguiram uma boa adaptação.

Estamos deixando os pássaros loucos com tanta poluição sonora. *Secretaria da Educação do Paraná.* Disponível em: <http://www.ciencias.seed.pr.gov.br/modules/noticias/article.php?storyid=598&tit=a-hrefhttpwww.ciencias.seed.pr.gov.brmodulesnoticiasarticle.phpstoryid598Estamos-deixando-os-passaros-loucos-com-tanta-poluicao-sonoraa>. Acesso em: 13 fev. 2019.

Tipos de desenvolvimento

Em répteis e aves, que apresentam ovos com grande quantidade de reservas de alimento, os filhotes já nascem semelhantes ao adulto. O mesmo ocorre com os mamíferos, mas, nesse caso, o filhote recebe o alimento diretamente da mãe. Dizemos que nesses animais ocorre **desenvolvimento direto**. Veja a figura 1.20. Na maioria dos peixes também ocorre desenvolvimento direto. Entretanto, nem todos os animais se desenvolvem dessa forma, como veremos a seguir.

1.20 Aves, como o dançador-de-crista (*Ceratopipra cornuta*; cerca de 12,5 cm de comprimento), e mamíferos, como a vaca (cerca de 1,4 m de altura), têm desenvolvimento direto.

Certos animais geram filhotes bem diferentes dos adultos, podendo até ocupar ambientes distintos. No ciclo de vida desses animais, há fases de desenvolvimento que antecedem a fase adulta. A fase inicial é conhecida como **larva**. As larvas são capazes de se locomover, capturar e armazenar quantidade suficiente de alimento e então se transformar em um animal adulto. Esse tipo de desenvolvimento é chamado **desenvolvimento indireto**.

A transformação que ocorre nesse tipo de desenvolvimento é chamada **metamorfose** (do grego *meta*, "além de"; *morphé*, "forma") e ocorre com diversos invertebrados (muitos insetos, crustáceos e moluscos) e com os anfíbios (como sapos e rãs). A seguir, vamos estudar o caso dos insetos.

1.21 Metamorfose do gafanhoto (1 cm a 8 cm de comprimento, conforme a espécie).

adulto

ninfa

fêmea adulta depositando ovos

ovos

Ilustração: Luiz Iria/Arquivo da editora

No caso dos gafanhotos e das baratas, o indivíduo que nasce do ovo tem semelhanças com o adulto, mas ainda passa por transformações (desenvolve asas, por exemplo) até chegar à fase adulta. Veja a figura 1.21.

Entretanto, na maioria dos insetos – entre eles, as borboletas, os mosquitos e os besouros – o ovo origina uma larva muito diferente do adulto e que sofre várias transformações. Nesses animais, a metamorfose ocorre em três etapas: larva → pupa → imago ou adulto. Veja a figura 1.22.

Alguns insetos, como as traças, já saem do ovo com a forma do corpo semelhante à do adulto, ou seja, não sofrem metamorfose. Veja a figura 1.23.

ovos

lagarta (larva)

pupa

Adulto saindo da pupa.

▽1.22 Metamorfose da borboleta (em média, 8 cm de comprimento com as asas abertas, conforme a espécie).

ovos

ninfa

adulto

Fêmea adulta depositando ovos.

▽1.23 Desenvolvimento da traça, um inseto que não sofre metamorforse (12 mm a 25 mm de comprimento, conforme a espécie).

(Elementos representados em tamanhos não proporcionais entre si. Cores fantasia.)

No caso das borboletas e das mariposas, do ovo sai uma larva (**lagarta**), que, depois de se alimentar e crescer, forma um casulo e entra na fase imóvel de **pupa** (também chamada, neste caso, **crisálida**); do casulo, após certo tempo, sai o inseto adulto, sexualmente maduro. Reveja a figura 1.22.

Na maioria dos casos, as larvas e os adultos têm hábitos alimentares diferentes e vivem em ambientes distintos. A vantagem disso é que os indivíduos da mesma espécie em diferentes estágios de desenvolvimento não competem entre si, o que aumenta as chances de sobrevivência e, consequentemente, de reprodução.

Veja agora a metamorfose dos anfíbios na figura 1.24.

Girinos (cerca de 5 mm de comprimento).

Girino sem membros (cerca de 2,5 cm de comprimento).

Aparecem os membros posteriores (animal com cerca de 3,5 cm de comprimento).

Aparecem os membros anteriores (animal com cerca de 9 cm de comprimento).

Adulto (cerca de 15 cm de comprimento).

A cauda regride (animal com cerca de 10 cm de comprimento).

Fotos: Fabio Colombini/Acervo do fotógrafo

1.24 Desenvolvimento de um anfíbio, a rã-touro (*Lithobates catesbeianus*).

Os anfíbios, em geral, dependem da água para a reprodução – já que o encontro dos gametas ocorre fora do corpo da fêmea – e o ovo não possui uma casca protetora que evita a desidratação, como no caso dos répteis e das aves. Do zigoto forma-se uma larva aquática chamada **girino**, no caso de sapos, rãs e pererecas. O girino sofre transformações e origina o animal adulto, que, embora seja terrestre, vive, em muitos casos, em ambiente úmido, dependendo dele tanto pelo seu modo de reprodução como pelo seu tipo de respiração. Reveja a figura 1.24.

Conhecer os diferentes estágios durante a reprodução dos seres vivos, principalmente os que sofrem metamorfose, é importante para compreender como combater pragas ou garantir a preservação de espécies ameaçadas.

Além da respiração pulmonar, muitos anfíbios fazem respiração cutânea. Para isso, sua pele deve estar sempre úmida.

Reprodução sexuada das plantas

Já vimos que as plantas podem se reproduzir de forma assexuada. Mas elas também se reproduzem de forma sexuada, com união de gametas. Em geral, as plantas formam estruturas de dispersão nessa forma de reprodução, uma vez que elas não podem se locomover como muitos animais. A dependência da água para a fecundação, assim como as estratégias de reprodução, varia em cada grupo de planta.

Briófitas e pteridófitas

Existem dois grandes grupos de plantas que dependem da água para que ocorra a fecundação: as briófitas, representadas pelos musgos (veja a figura 1.25), e as pteridófitas, representadas pelas samambaias. Nesses dois grupos de plantas, o gameta masculino é chamado **anterozoide** e se desloca em um meio aquático em direção ao gameta feminino, chamado **oosfera** (*oon*, em latim, significa "ovo").

Nos musgos, os anterozoides chegam até a oosfera nadando em uma película de água da chuva ou de orvalho. Após a fecundação, forma-se uma estrutura chamada **esporófito**, que produz **esporos**, células resistentes capazes de originar outro organismo. Os esporos são levados pelo vento e, quando chegam ao solo, desenvolvem-se e formam o **gametófito**, que tem a forma do musgo que conhecemos e produz gametas. Assim, a dispersão dos esporos permite que a espécie se espalhe pelo ambiente. Veja a figura 1.26.

> ▶ **Anterozoide:** do grego *anthéron*, "florido".
> ▶ **Esporófito:** do grego *sporo*, "semente"; *phyton*, "vegetal".

Yuriy Bartenev/Shutterstock

▽ **1.25** Foto de musgos do gênero *Polytrichum*. Na maioria das espécies de briófitas, as plantas não ultrapassam 5 cm de altura, mas o esporófito de algumas delas pode chegar a 20 cm de altura.

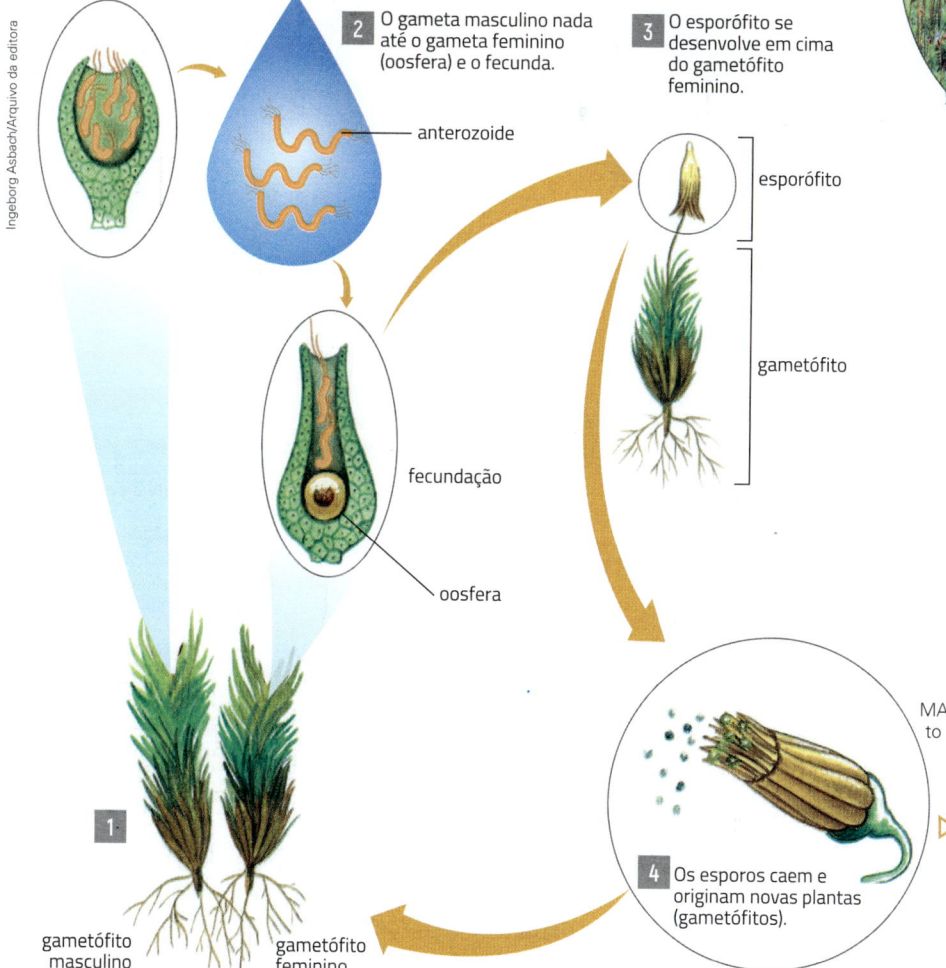

Ingeborg Asbach/Arquivo da editora

2 O gameta masculino nada até o gameta feminino (oosfera) e o fecunda.

3 O esporófito se desenvolve em cima do gametófito feminino.

anterozoide

esporófito

gametófito

fecundação

oosfera

1

4 Os esporos caem e originam novas plantas (gametófitos).

Fonte: elaborado com base em MAUSETH, J. D. *Botany:* an Introduction to Plant Biology. 2nd ed. Sudbury: Jones and Bartlett, 1998. p. 619.

▷ **1.26** Representação simplificada da reprodução dos musgos. (Elementos representados em tamanhos não proporcionais entre si. Cores fantasia.)

gametófito masculino

gametófito feminino

No caso das samambaias, a planta produz esporos dentro dos esporângios, órgãos que formam os **soros**, estruturas que ficam na face inferior da folha e que, a olho nu, parecem pequenos pontos. Veja a figura 1.27. Esses esporos caem no solo e originam uma pequena planta em forma de coração, o **protalo** (do grego *pró*, "anterior", e *thallós*, "ramo verde"), que produz gametas masculinos e femininos. Quando o protalo fica coberto pela água da chuva ou pelo orvalho, o anterozoide nada sobre a superfície do protalo e se une à oosfera, formando um zigoto. O zigoto origina uma nova planta e o protalo se degenera.

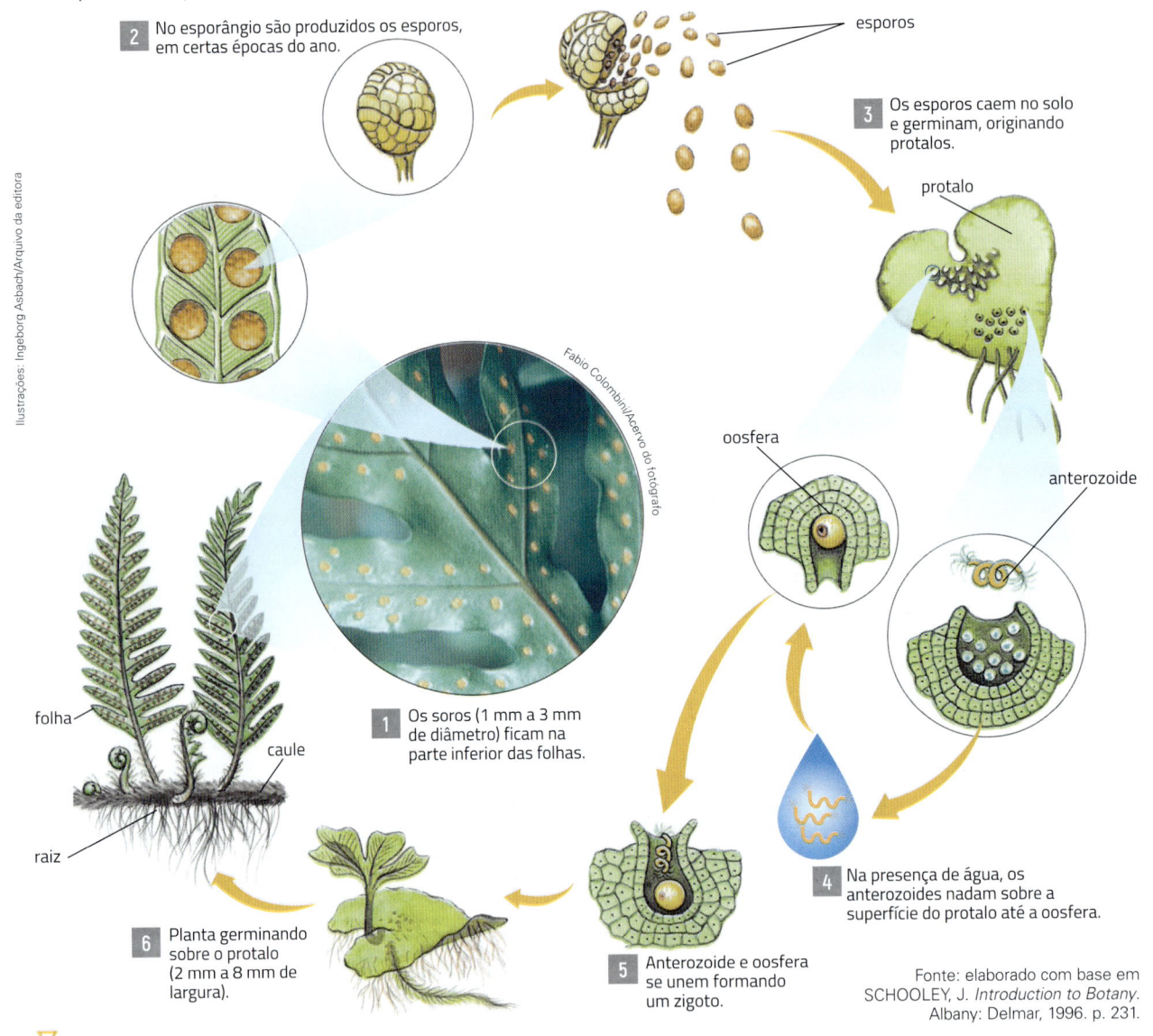

2 No esporângio são produzidos os esporos, em certas épocas do ano.

esporos

3 Os esporos caem no solo e germinam, originando protalos.

protalo

oosfera

anterozoide

1 Os soros (1 mm a 3 mm de diâmetro) ficam na parte inferior das folhas.

folha

caule

raiz

6 Planta germinando sobre o protalo (2 mm a 8 mm de largura).

5 Anterozoide e oosfera se unem formando um zigoto.

4 Na presença de água, os anterozoides nadam sobre a superfície do protalo até a oosfera.

Fonte: elaborado com base em SCHOOLEY, J. *Introduction to Botany*. Albany: Delmar, 1996. p. 231.

Ilustrações: Ingeborg Asbach/Arquivo da editora

Fabio Colombini/Acervo do fotógrafo

▽
1.27 Esquema da reprodução de uma samambaia. Assim como os musgos, as samambaias dependem da água para a sua reprodução. (Elementos representados em tamanhos não proporcionais entre si. Cores fantasia.)

Vimos que, nos musgos, o esporófito se desenvolve em cima do gametófito feminino, e o gametófito é a forma mais desenvolvida e que vive mais tempo. Já na samambaia, a planta mais desenvolvida é um esporófito, ou seja, a forma que produz os esporos, e não os gametas.

Em ambos os casos os anterozoides dependem da água para fecundar a oosfera. Por esse motivo, briófitas e pteridófitas são mais comuns em regiões úmidas.

Plantas com semente

Vamos ver como ocorre a reprodução das plantas com semente, as gimnospermas (plantas com cones e sementes) e as angiospermas (plantas com flores e sementes dentro de frutos).

No caso das gimnospermas – como o pinheiro-do-paraná –, a estrutura reprodutora é chamada de **cone** ou **estróbilo**. Os cones femininos produzem o gameta feminino, a **oosfera**, e os cones masculinos produzem **grãos de pólen**, estruturas que contêm e protegem os gametas masculinos. No pinheiro-do-paraná, a semente é conhecida como **pinhão** e o cone feminino com as sementes é conhecido como **pinha**. Veja a figura 1.28.

Cone feminino do pinheiro-do-paraná (10 cm a 22 cm de comprimento).

grãos de pólen

Pinha (cerca de 15 cm de comprimento): cone feminino após a fecundação.

Cone masculino do pinheiro-do-paraná (10 cm a 22 cm de comprimento).

Pinheiro-do-paraná (*Araucaria angustifolia*; 10 m a 35 m de altura).

Pinhão (cerca de 5 cm de comprimento).

▽
1.28 Estruturas reprodutivas de gimnospermas. (Elementos representados em tamanhos não proporcionais entre si. Cores fantasia.)

O transporte dos grãos de pólen até a estrutura feminina é chamado **polinização**. No caso das gimnospermas, ela é realizada pelo vento.

Nas gimnospermas, a fecundação não depende da água, como veremos com mais detalhes a seguir. Além disso, nas sementes dessas plantas uma parte da casca forma uma membrana (como se fosse uma "asa") que facilita a impulsão pelo vento. Dessa maneira, além de proteger e alimentar o embrião, a semente facilita a dispersão da planta pelo ambiente.

Veja como ocorre a fecundação em um pinheiro na figura 1.29. Quando chega ao cone feminino, o grão de pólen forma um tubo, o **tubo polínico**, que cresce e se aprofunda na estrutura reprodutora feminina, levando os gametas masculinos até a oosfera. Quando um deles se une à oosfera, forma-se o zigoto, que vai se dividir e formar o embrião da planta. Com o tubo polínico, não há necessidade de meio aquático para a fecundação, como é o caso de briófitas e pteridófitas.

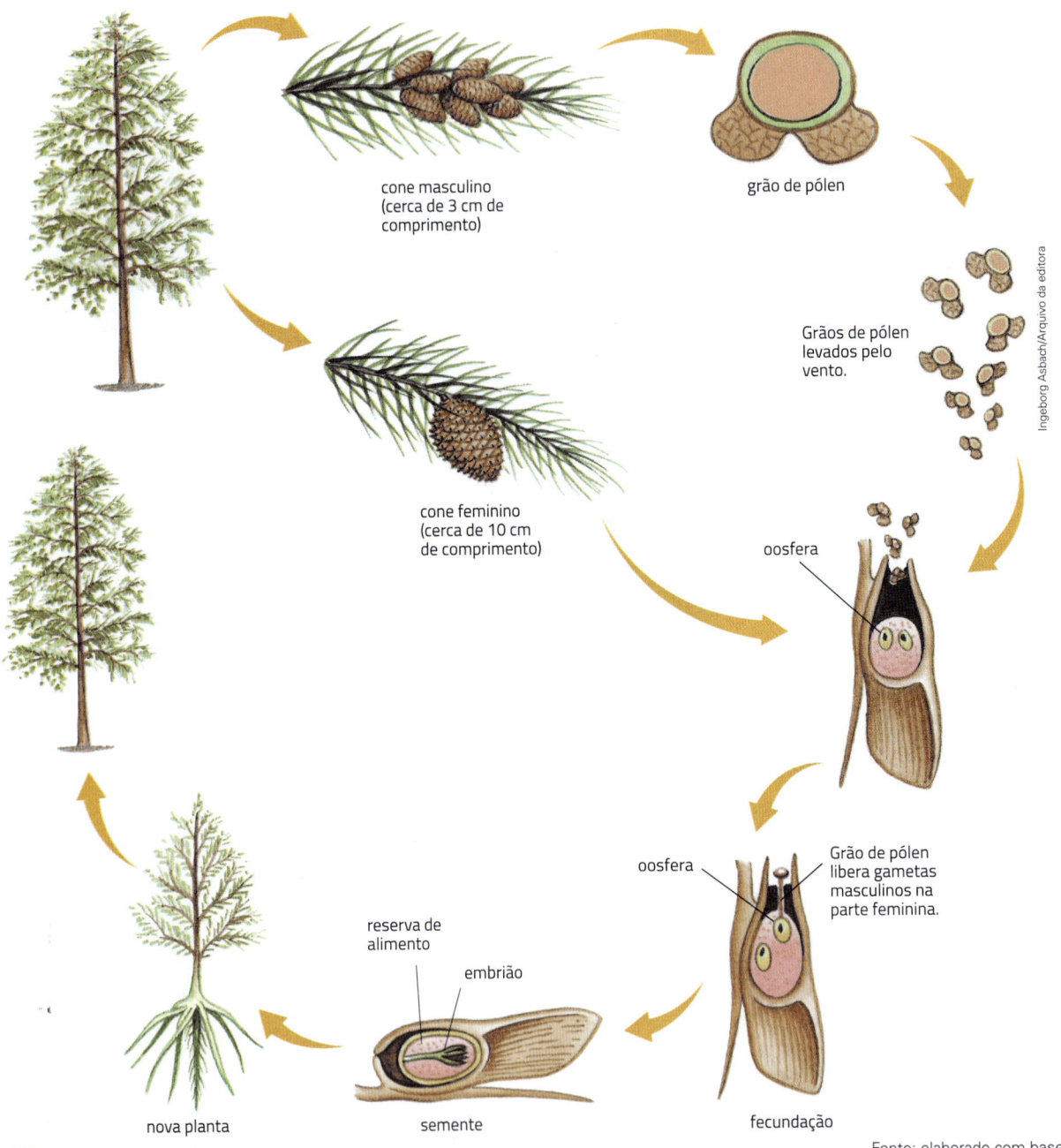

cone masculino
(cerca de 3 cm de comprimento)

grão de pólen

Grãos de pólen levados pelo vento.

cone feminino
(cerca de 10 cm de comprimento)

oosfera

oosfera

Grão de pólen libera gametas masculinos na parte feminina.

reserva de alimento

embrião

nova planta

semente

fecundação

Ingeborg Asbach/Arquivo da editora

▽
1.29 Esquema da reprodução de um pinheiro (gênero *Pinus*; 10 m a 40 m de altura; grãos de pólen são microscópicos). (Elementos representados em tamanhos não proporcionais entre si. Cores fantasia.)

Fonte: elaborado com base em REECE, J.B. et al. *Campbell Biology*. 9th ed. San Francisco: Pearson, 2011. p. 624.

Após a fecundação, forma-se uma reserva de "alimento", que vai nutrir o embrião no início do desenvolvimento, e, ao redor, uma casca resistente que protege o embrião e a reserva. Esse conjunto é a semente.

Veja agora, na figura 1.30, as partes de uma **flor**, que é a estrutura reprodutora das angiospermas. Nessa estrutura, ocorrem a fecundação, a formação do fruto e a produção da semente.

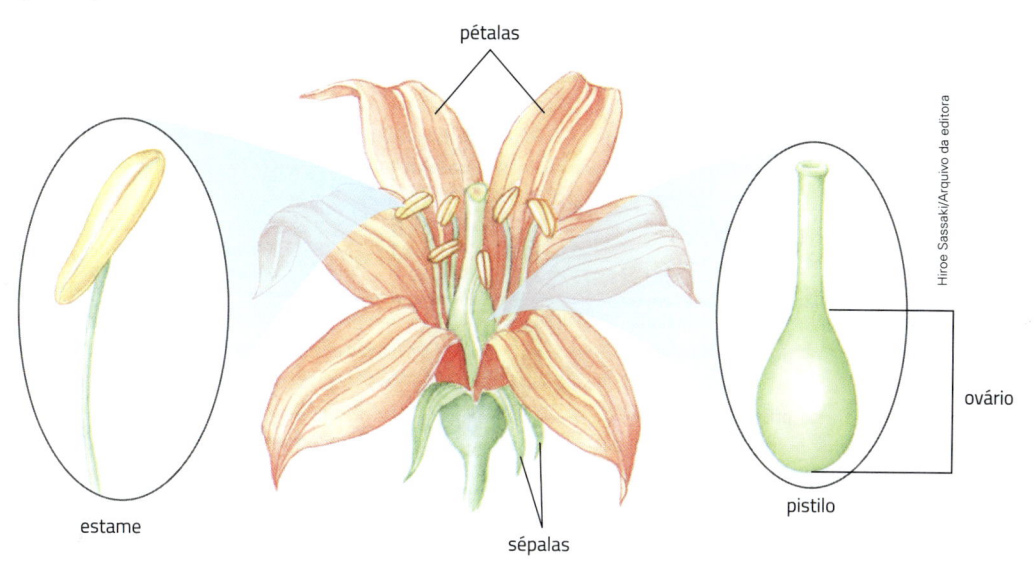

pétalas

estame

sépalas

pistilo

ovário

Hiroe Sassaki/Arquivo da editora

1.30 Representação das partes de uma flor. (Elementos representados em tamanhos não proporcionais entre si. Cores fantasia.)

Fonte: elaborado com base em MASON, K. A. et al. *Biology*. 11ᵗʰ ed. New York: McGraw-Hill, 2017. p. 839.

Nos **estames** são produzidos os grãos de pólen. No **pistilo** há uma parte dilatada, o **ovário**, onde é produzida a oosfera. Depois da fecundação, a oosfera vai originar o zigoto, que se transformará no embrião.

Na base da flor estão as **sépalas**, que podem ser verdes ou de outra cor. O conjunto de sépalas é denominado **cálice**. As **pétalas** formam a **corola** e são muitas vezes coloridas e perfumadas. Além disso, muitas flores produzem uma secreção rica em açúcares – o néctar.

É com o néctar que as abelhas – um dos principais animais polinizadores – produzem o mel.

Na polinização, os grãos de pólen são transportados dos estames para o pistilo. Em algumas espécies de angiospermas, o grão de pólen também pode ser levado pelo vento.

Em muitas plantas angiospermas, no entanto, esse transporte é feito por insetos e outros animais (como aves e morcegos) que se alimentam de néctar ou de pólen. Veja a figura 1.31. Quando um animal polinizador se aproxima da flor, alguns grãos de pólen grudam no corpo dele; quando ele visitar outra planta da mesma espécie, o pólen poderá cair sobre a parte feminina da flor e resultar em fecundação. Muitas plantas polinizadas por animais apresentam, além do néctar, pétalas coloridas e odores que os atraem.

Fabio Colombini/Acervo do fotógrafo

1.31 Borboleta-monarca (*Danaus plexippus*; 8 cm a 12 cm de uma ponta da asa à outra) colhendo néctar em uma flor.

⏻ Mundo virtual

Polinização: para que servem as flores? – Casa da Ciência
www.casadaciencia.com.br/polinizacao-para-que-servem-as-flores
Este texto, de Cristiane Messias, introduz os principais temas abordados na palestra sobre as flores, feita pelo botânico Milton Groppo. Na página também há um vídeo da palestra. Acesso em: 14 fev. 2019.

Quando chega à parte feminina da flor, o grão de pólen forma o tubo polínico, que cresce e leva os gametas masculinos até o gameta feminino (oosfera). A oosfera encontra-se dentro de uma cápsula, o **óvulo**, onde ocorre a fecundação. Veja um esquema da reprodução das angiospermas na figura 1.32.

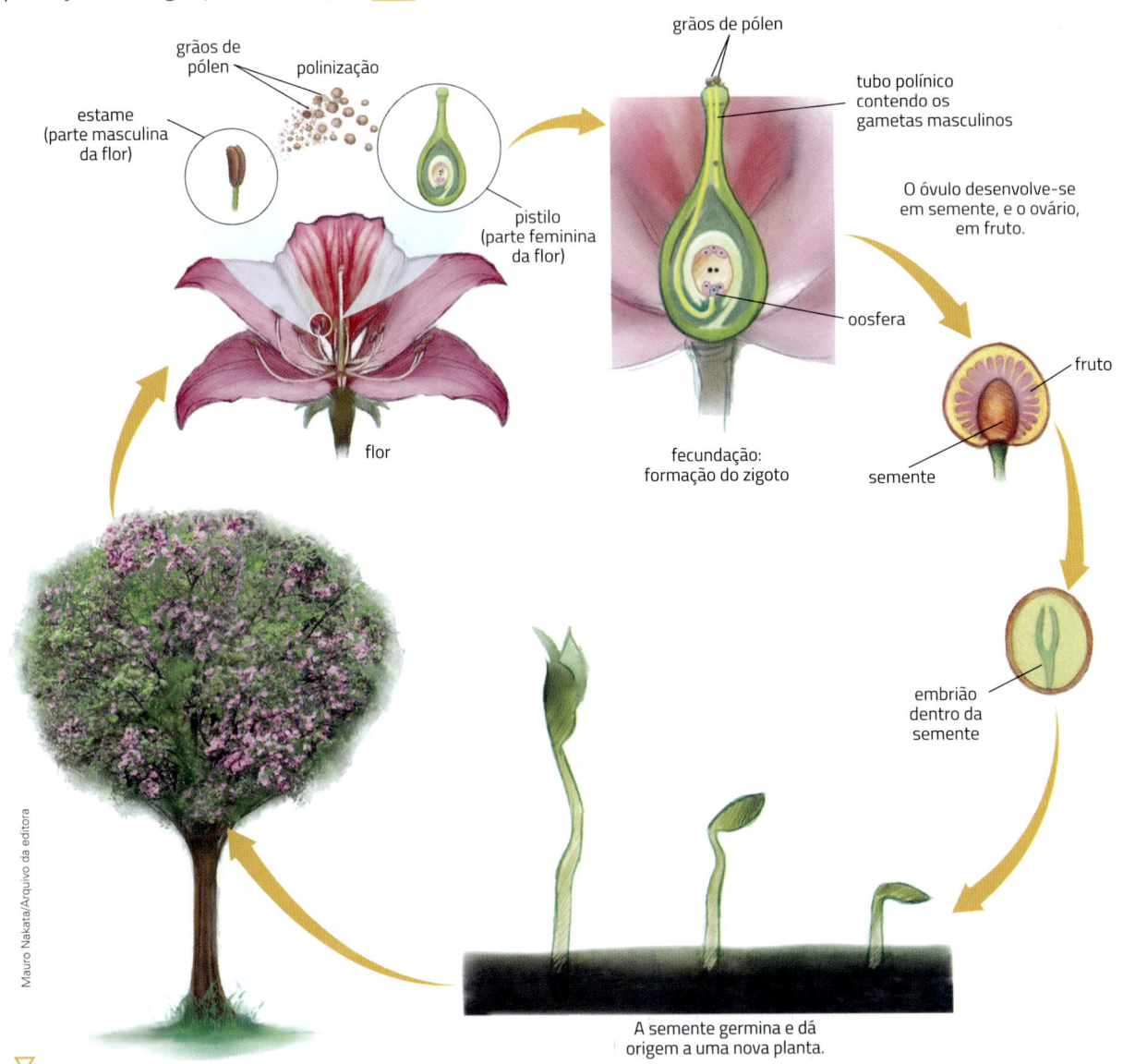

▽
1.32 Representação da reprodução de uma planta com flor. É importante ressaltar que, na natureza, é mais comum que a parte masculina de uma flor fecunde a parte feminina de outra flor da mesma espécie, evitando a autofecundação. (Elementos representados em tamanhos não proporcionais entre si. Cores fantasia.)

Fonte: elaborado com base em MASON, K. A. et al. *Biology*. 11th ed. New York: McGraw-Hill, 2017. p. 841.

Após a fecundação, forma-se uma casca resistente em volta do óvulo. Sob essa casca encontram-se o embrião e uma reserva de alimento que vai nutri-lo no início de seu desenvolvimento. Esse conjunto forma a semente. A casca da semente protege o embrião contra a desidratação e contra a predação de animais, fungos e bactérias.

Assim como ocorre nas gimnospermas, as angiospermas não dependem da água para a fecundação, uma vez que há a presença do tubo polínico e da polinização. A dispersão por animais, exclusiva desse grupo, resulta em maiores chances de o pólen chegar a outra flor da mesma espécie, pois é mais específica que a polinização pelo vento. Esses fatores explicam por que os membros desse grupo ocupam com sucesso o ambiente terrestre.

Nas angiospermas, a semente é protegida pelo ovário, que se desenvolverá em **fruto**. Veja a figura 1.33.

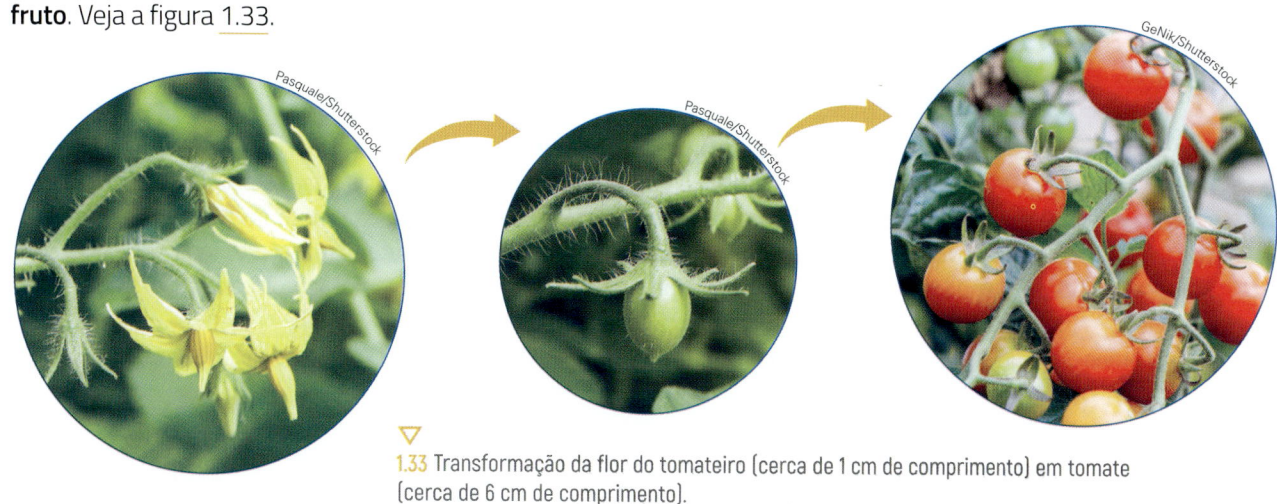

▽ 1.33 Transformação da flor do tomateiro (cerca de 1 cm de comprimento) em tomate (cerca de 6 cm de comprimento).

As substâncias nutritivas de muitos frutos atraem animais que os comem. Muitas vezes, as sementes são desprezadas ou, se ingeridas com o fruto, são eliminadas nas fezes. Isso ajuda as sementes a se dispersarem no ambiente. Veja a figura 1.34.

Mas a dispersão da semente não é feita apenas por meio de frutos ingeridos por animais. Veja estes exemplos:

- Os frutos de plantas que crescem perto de rios ou mares, como o coqueiro, caem na água e podem ser levados para locais distantes.

- Os frutos de plantas como o carrapicho se prendem aos corpos de animais e às roupas e são carregados para longe da planta de origem. Veja a figura 1.35.

- Certos frutos, como os da planta dente-de-leão, são muito leves e podem ser dispersados pelo vento. Reveja a figura 1.35.

▽ 1.34 Araçari-castanho (*Pteroglossus castanotis*; comprimento entre 34 cm e 45 cm) comendo frutos de árvore do Pantanal.

▽ 1.35 Os frutos do carrapicho (0,5 cm de diâmetro sem os espinhos) prendem-se à roupa das pessoas ou ao pelo de animais, em **A**; e os do dente-de-leão (fruto com cerca de 2 cm de diâmetro) são levados pelo vento, em **B**. (Os elementos representados nas fotografias não estão na mesma proporção.)

Frutos e pseudofrutos

Melancia, melão, abacate, pêssego, mamão, manga, goiaba, tomate, uva, limão e laranja são alguns exemplos de frutos carnosos, ou seja, suculentos e ricos em açúcares e outras substâncias nutritivas. Essas substâncias geralmente se encontram na parte do fruto chamada de mesocarpo, que está envolvida pela casca, o epicarpo. A parte mais interna do fruto, o endocarpo, envolve e protege a semente. O epicarpo (o envoltório do fruto), o mesocarpo (em geral polpa ou massa carnuda) e o endocarpo (às vezes, película fina, às vezes, camada dura e grossa, com exceções) formam o pericarpo.

Podemos dizer, portanto, que um fruto é composto basicamente de pericarpo e semente. Observe a figura 1.36.

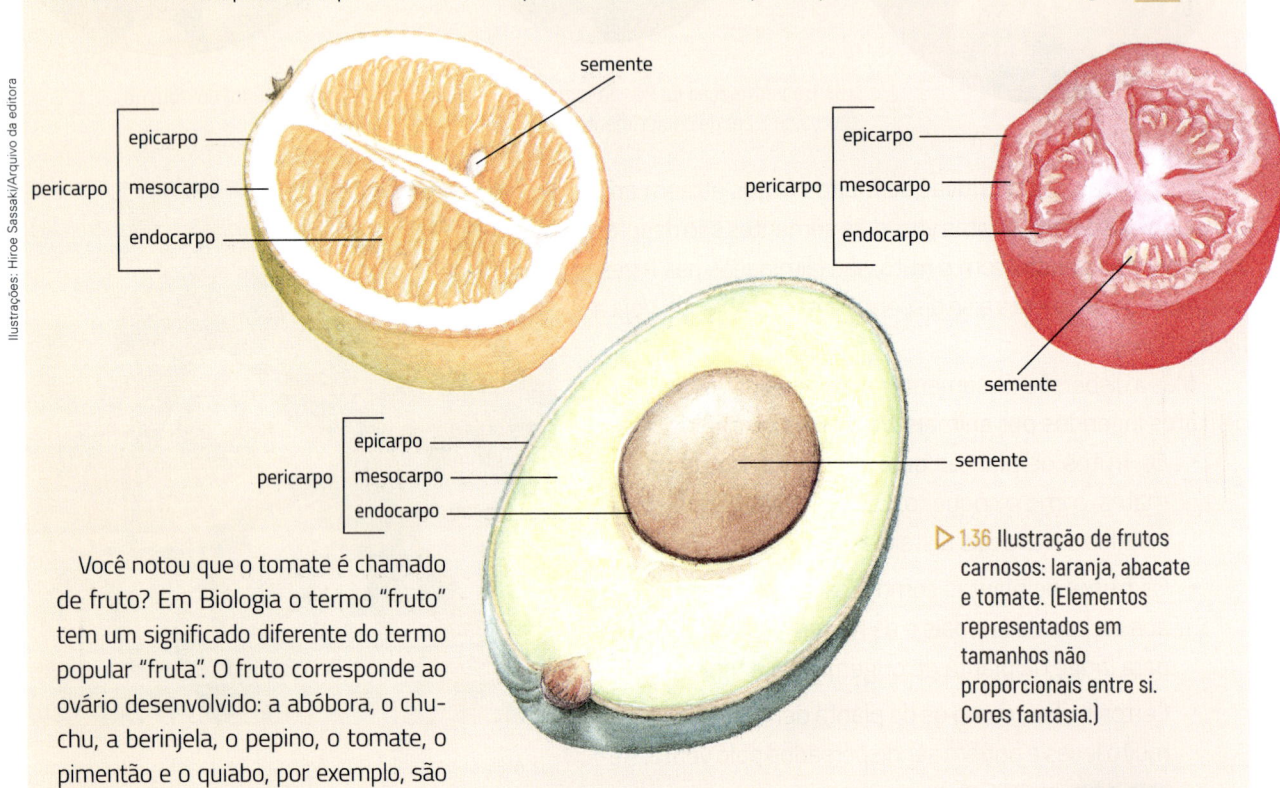

1.36 Ilustração de frutos carnosos: laranja, abacate e tomate. (Elementos representados em tamanhos não proporcionais entre si. Cores fantasia.)

Você notou que o tomate é chamado de fruto? Em Biologia o termo "fruto" tem um significado diferente do termo popular "fruta". O fruto corresponde ao ovário desenvolvido: a abóbora, o chuchu, a berinjela, o pepino, o tomate, o pimentão e o quiabo, por exemplo, são frutos.

Pode parecer estranho chamar alimentos como o chuchu ou a berinjela de frutos, não é? Provavelmente você já deve ter ouvido falar que esses alimentos são legumes, hortaliças ou verduras. Esses três termos na linguagem do dia a dia incluem várias partes das plantas, como folhas, raízes, caules e frutos. Em Botânica, o termo "legume" é o nome de um tipo de fruto encontrado nas leguminosas (feijão, soja, ervilha, etc.), que é também conhecido por vagem.

O termo popular "fruta" indica as partes comestíveis de sabor agradável e adocicado de certos frutos, mas que nem sempre correspondem ao desenvolvimento do ovário. Algumas vezes, as frutas se originam de outras partes da flor, as quais se tornam carnosas e suculentas depois da fecundação. Nesse caso, para a Biologia, não são frutos verdadeiros e, por isso, recebem o nome de pseudofrutos.

Um exemplo de pseudofruto é o caju: a parte suculenta vem do desenvolvimento do pedúnculo da flor (pedúnculo é a haste que sustenta a flor). O fruto verdadeiro, originado do desenvolvimento do ovário, é a castanha. Veja a figura 1.37.

1.37 Caju (de 5 cm a 7 cm de comprimento).

Outros exemplos de pseudofrutos são a maçã, o morango, o figo e o abacaxi. Acompanhe a explicação a seguir vendo a figura 1.38.

Na maçã, o fruto é a parte central, que envolve as sementes. A parte carnosa se origina do receptáculo (parte dilatada do pedúnculo) da flor.

No morango, os frutos são os pequenos pontos amarelados espalhados pela parte carnosa e vermelha. Essa parte, assim como as partes comestíveis do figo e do abacaxi se desenvolvem de receptáculos e de outras estruturas da flor reunidas em um conjunto chamado inflorescência.

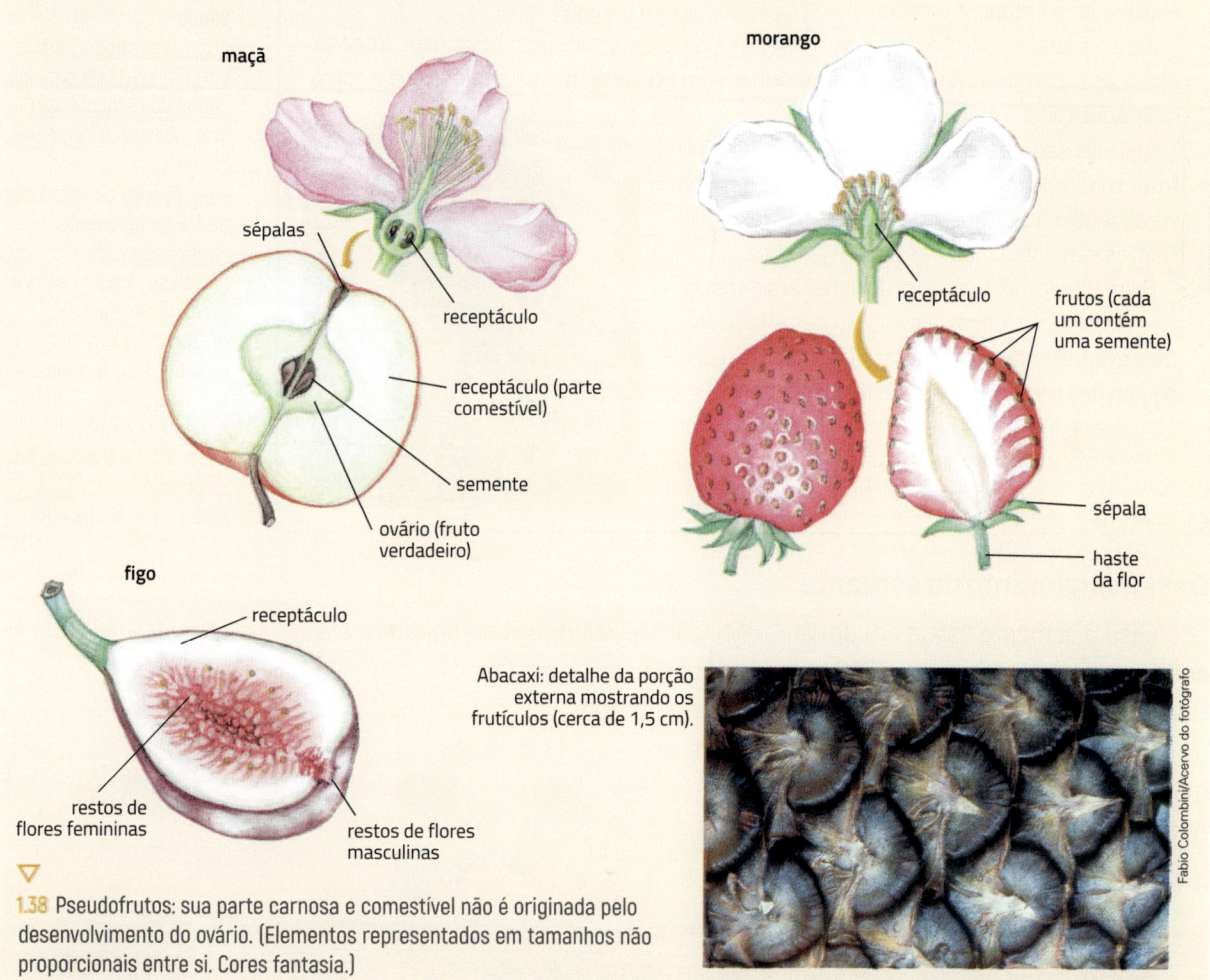

1.38 Pseudofrutos: sua parte carnosa e comestível não é originada pelo desenvolvimento do ovário. (Elementos representados em tamanhos não proporcionais entre si. Cores fantasia.)

Finalmente, existem frutos que não têm o pericarpo suculento, como os carnosos: são os frutos secos. Veja a figura 1.39.

1.39 Alguns frutos secos. Em A, grãos de milho (cerca de 1 cm); em B, castanhas-do-pará (frutos têm entre 10 cm e 15 cm de diâmetro); em C, sementes de girassol (cerca de 1 cm de comprimento).

Fruto verde, fruto maduro

Você já deve ter observado que muitos frutos mudam de consistência e de cor ao longo do tempo, ficando mais macios e passando do verde ao amarelo ou vermelho, por exemplo. Veja a figura 1.40. Esse é o processo de amadurecimento, que resulta de alterações na composição química do fruto.

De início, o fruto "verde" pode ser duro, de sabor desagradável, e até conter substâncias tóxicas. Nessa etapa, a semente ainda não está pronta para germinar.

Ao amadurecer, o fruto fica mais macio, muda de cor e tem um cheiro mais intenso. Algumas substâncias do fruto se transformam em açúcares, por exemplo, o que o torna mais adocicado.

Animais são atraídos pela cor e pelo aroma do fruto maduro e dele se alimentam. As sementes geralmente não são digeridas e saem nas fezes. No solo, as sementes maduras podem germinar.

O amadurecimento do fruto foi uma característica desenvolvida ao longo da evolução das angiospermas e representa uma adaptação que facilita a dispersão das sementes no período adequado.

1.40 Mamões verdes e mamões maduros (frutos com cerca de 20 cm de comprimento).

EyeEm/Getty Images

Mundo virtual

Alimentos regionais brasileiros – Ministério da Saúde
http://dab.saude.gov.br/portaldab/biblioteca.php?conteudo=publicacoes/livro_alimentos_regionais_brasileiros
A publicação do Ministério da Saúde apresenta informações sobre frutas, hortaliças, leguminosas e tubérculos regionais brasileiros. Além de receitas, há informações sobre as plantas, como o período de frutificação, o tamanho e a coloração das flores.
Acesso em: 26 fev. 2019.

Desenvolvimento da semente

Caso a semente esteja em um ambiente com as condições apropriadas, ela pode germinar. Na semente, além das partes que vão originar a raiz, o caule e as folhas da planta (ou seja, o embrião), encontramos os **cotilédones**: folhas especiais com função de armazenar nutrientes ou transferi-los da reserva nutritiva da semente para o embrião. Veja a figura 1.41.

cotilédones

A semente usa a reserva de alimento para crescer.

As raízes crescem rapidamente e absorvem água e sais minerais do solo.

Com o crescimento do caule e o desenvolvimento das folhas, a planta começa a realizar fotossíntese.

Hiroe Sassaki/Arquivo da editora

1.41 Esquema da germinação de uma semente de feijão. (Elementos representados em tamanhos não proporcionais entre si. Cores fantasia.)

Dependendo da espécie, a sua semente pode resistir por longo tempo ao frio e à falta de água e só germinar em condições favoráveis. Ela pode também ser levada pelo vento, pela água ou por animais para longe da planta de origem. Dessa maneira, além de proteger e nutrir o embrião, a semente facilita a dispersão. Portanto, o surgimento da semente em gimnospermas e angiospermas também representou uma adaptação que permitiu ocupar o ambiente terrestre.

Reprodução sexuada e variabilidade

Como vimos, a maioria das espécies multicelulares apresenta reprodução sexuada. Mesmo aquelas que se reproduzem de forma assexuada podem apresentar reprodução sexuada em algum momento. Mas, se a reprodução assexuada é mais simples e rápida, por que tantos organismos se reproduzem de modo sexuado?

A reprodução sexuada gera organismos diferentes do original. Isso ocorre porque os gametas são geneticamente diferentes e vêm, em geral, de indivíduos diferentes. Na fecundação, os genes presentes em cada gameta se associam, produzindo diversas combinações. Podemos dizer que é como em um jogo de baralho em que recebemos diferentes combinações de cartas.

Portanto, a reprodução sexuada aumenta a **variabilidade genética** entre os descendentes.

Quando um ser vivo se reproduz de forma assexuada, os descendentes são geneticamente iguais – é o caso da bananeira, por exemplo. Então, imagine que um vírus infecte um desses indivíduos: a chance de a doença se espalhar por todos eles é grande, já que possuem os mesmos genes. A variabilidade genética, portanto, aumentaria a chance de algum descendente geneticamente mais resistente ao vírus sobreviver até a idade adulta.

> No 9º ano, você vai estudar com mais detalhes o papel da variabilidade genética na evolução.

> A bananeira (gênero *Musa*) se reproduz de forma assexuada, por meio de brotos. As plantas ancestrais da banana tinham semente e, portanto, também se reproduziam de forma sexuada. Ao longo do tempo, o ser humano selecionou frutos sem sementes, formados sem fecundação (de forma assexuada).

Majpa/Shutterstock

▷ 1.42 Quando cruzam, as duas minhocas (cerca de 7 cm de comprimento) são fecundadas ao mesmo tempo. Ou seja, cada uma delas exerce tanto o papel de macho quanto o de fêmea.

ATIVIDADES

1▸ O esquema abaixo apresenta, no instante 1, uma bactéria passando por determinado processo. Esse processo então se repete ao longo do tempo e, em condições ideais, pode acontecer a cada 20 minutos.

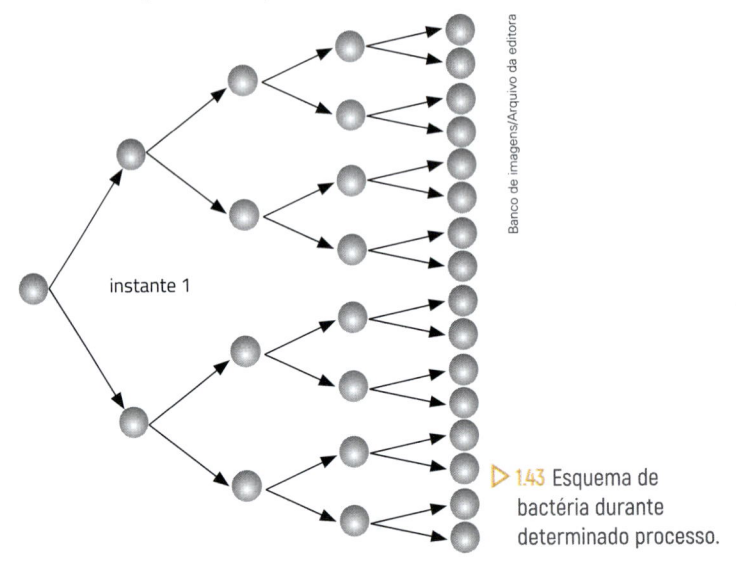

instante 1

▷ **1.43** Esquema de bactéria durante determinado processo.

a) Qual é o processo representado acima?

b) Com o auxílio de uma calculadora, descubra quantas bactérias são geradas desse modo, em cinco horas, a partir de uma única bactéria.

2▸ O ser humano tem aproveitado a capacidade de reprodução assexuada das plantas para produzir, rapidamente e em grande quantidade, plantas com características selecionadas. A reprodução assexuada garante que todas as plantas produzidas tenham as mesmas características da planta inicial.

Explique por que todas as plantas produzidas assexuadamente têm as características da planta inicial ou matriz.

3▸ Alguns animais sésseis, ou seja, que não se deslocam do seu local de fixação, produzem larvas móveis durante sua reprodução. É o caso dos corais e das esponjas. Veja a figura 1.44. Qual a vantagem desse tipo de larva para o animal?

▽
1.44 Colônia de esponjas *Cliona delitrix* (cerca de 50 cm de diâmetro) no mar do Caribe.

4 ▸ Em animais que se reproduzem com fecundação interna, o macho insere os gametas masculinos dentro do corpo da fêmea. Qual a vantagem desse tipo de fecundação nos organismos terrestres?

5 ▸ A gema do ovo de aves e répteis serve de alimento para o embrião. E os embriões da maioria dos mamíferos, como conseguem alimento?

6 ▸ A fêmea do mosquito *Aedes aegypti* põe seus ovos em locais de água limpa e parada, como pratos de vasos. Após um período em que se alimentam, as larvas se transformam em pupa. Cerca de dois a três dias depois, libera-se o mosquito adulto.

a) Como se chama o processo de transformação da larva no indivíduo adulto? Dê outro exemplo de animal que se desenvolve como os mosquitos.

b) Para os mosquitos, qual a vantagem de as larvas viverem em locais diferentes dos adultos?

c) A fêmea do mosquito *Aedes aegypti* consome sangue de seres humanos e pode lhes transmitir doenças como a dengue e a febre amarela. Por que compreender a reprodução e o desenvolvimento desse mosquito pode ajudar no controle das doenças mencionadas?

7 ▸ Por que a sobrevivência de musgos e samambaias é difícil em ambientes muito secos, como a Caatinga?

8 ▸ Costuma-se dizer que os musgos são os "anfíbios do reino vegetal". Essa comparação não é totalmente correta, mas é uma aproximação. Que semelhanças você indicaria entre o modo de vida dos anfíbios e o dos musgos?

9 ▸ As fotografias abaixo mostram avencas. Você sabe dizer o que são os pontos escuros na borda da face inferior das folhas?

1.45 Vaso de avenca (15 cm a 30 cm de altura); ao lado, folhas em destaque.

10 ▸ As gimnospermas produzem, em geral, muitos grãos de pólen: uma única pinha pode produzir mais de 10 milhões de grãos de pólen. Isso significa que cada planta vai originar necessariamente um grande número de outras plantas? Explique.

11 ▸ A figura abaixo mostra uma gimnosperma da espécie *Ginkgo biloba*. Um estudante afirmou que as formas arredondadas (cerca de 2 cm de diâmetro) que aparecem na foto são os frutos da árvore. Outro estudante disse que são as sementes dela. Quem está certo? Decida essa questão e justifique sua resposta.

1.46 *Ginkgo biloba* (15 m a 24 m de altura).

12 ▸ Leia a seguir uma estrofe popular da cultura brasileira.

Pinheiro me dá uma pinha
Pinha me dá um pinhão
Menina me dá um beijo
Que eu te dou meu coração.

Estrofe popular.

O que significam os termos "pinha" e "pinhão"?

13 ▸ Explique por que a reprodução das plantas com flores não depende da água. Qual a vantagem dessa característica para as angiospermas?

14 ▸ Muitas flores produzem néctar e possuem pétalas coloridas e perfumadas. Para as plantas, quais são as vantagens dessas características?

15 ▸ Os caroços da jabuticaba são facilmente engolidos com a fruta, sendo depois eliminados pelas fezes.

a) O caroço da jabuticaba corresponde a qual estrutura reprodutiva?

b) A ingestão do caroço pelos animais traz algum benefício para a jabuticabeira?

16 ▸ Organize cronologicamente os acontecimentos: fecundação, polinização, formação do fruto, crescimento do tubo polínico, formação do grão de pólen.

17 ▸ Ao pesquisar na internet sobre o cultivo de cana-de-açúcar, um estudante leu que o primeiro procedimento deve ser selecionar plantas saudáveis; em seguida, os caules devem ser divididos em pedaços de 30 cm; o solo escolhido deve ficar em uma área ensolarada; os pedaços de caule devem ser plantados em sulcos feitos no solo umedecido.

a) Que tipo de reprodução está descrito no procedimento acima?

b) Qual a diferença entre esse tipo de reprodução e o da maioria dos animais e de outras plantas?

c) Cite uma desvantagem dessa forma de reprodução.

De olho no texto

O texto a seguir comenta o controle de um inseto que ataca bananeiras. Leia-o com atenção e, a seguir, responda às questões.

Pragas

O conhecimento dos fatores bioecológicos que interferem na população de uma praga é fundamental para o desenvolvimento e aplicação de medidas de controle que apresentem baixo impacto ambiental. [...]

Broca-do-rizoma (*Cosmopolites sordidus*)

[...] É a principal praga que ataca a cultura da bananeira, conhecida também por moleque-da-bananeira. Na forma adulta, esse inseto é um besouro de cor preta. As larvas são responsáveis pelos danos à planta [...]. Em variedades mais suscetíveis, como a nanica, as perdas decorrentes da redução no peso e no tamanho dos frutos chegam a 80%.

A dispersão deste inseto ocorre por meio de mudas infestadas pela praga, as quais podem conter ovos e larvas em desenvolvimento. Portanto, recomenda-se muito cuidado na seleção do material de plantio.

O tratamento químico das mudas é realizado mediante imersão do material de plantio em calda contendo inseticida. Uma alternativa ao uso do inseticida é a imersão das mudas em água a 54 °C durante 20 minutos.

[...]

FANCELLI, M. Pragas. *Agência Embrapa de Informação Tecnológica.* Disponível em: <www.agencia.cnptia.embrapa.br/Agencia40/AG01/arvore/AG01_36_41020068055.html>. Acesso em: 27 fev. 2019.

a) Consulte em dicionários o significado das palavras que você não conhece e redija uma definição para essas palavras.

b) De acordo com o texto, por que é importante estudar as populações de pragas?

c) Como se chama o inseto que ameaça as plantações de bananeira? Qual o estágio do desenvolvimento do inseto responsável por danificar as plantas?

d) De que forma o cultivo das bananeiras favorece a dispersão dessa praga? Baseia-se em reprodução sexuada ou assexuada?

e) Que medidas são apresentadas pelo texto para o controle da praga?

Autoavaliação

1. Você compreendeu a diferença entre reprodução assexuada e sexuada?

2. Qual tema tratado neste capítulo mais despertou seu interesse? Por quê?

3. Como você avalia sua compreensão dos ciclos de vida apresentados no capítulo?

2

Reprodução humana e transformações na puberdade

Arina P Habich/Shutterstock

2.1 Você já pensou nas transformações que o corpo humano sofre ao longo da vida? O que desencadeia essas transformações?

Neste capítulo, vamos estudar os sistemas genitais (ou reprodutores) do homem e da mulher. Vamos também conhecer as mudanças que ocorrem na puberdade e entender a atuação dos hormônios sexuais e do sistema nervoso nessa fase da vida. Veja a figura 2.1.

No próximo capítulo veremos que a reprodução humana é muito mais que a transmissão de genes de pais para filhos. Ela envolve emoções, além de aspectos sociais, culturais e éticos. Há muitas formas de expressar a sexualidade e a personalidade, e todas as pessoas devem ter oportunidades iguais para desenvolver seu potencial, sempre respeitando direitos e deveres de cada um.

▶ **Para começar**

1. Quais são as estruturas que compõem o sistema genital masculino e o feminino?

2. Como a ovulação e a menstruação estão relacionadas?

3. Quais são os sinais do início da puberdade?

4. Qual é a diferença na formação de gêmeos idênticos e de não idênticos?

1 Órgãos genitais masculinos

Você sabe em que órgãos do corpo humano os gametas masculinos (espermatozoides) são produzidos?

Os espermatozoides são produzidos nos **testículos**, que ficam dentro de uma bolsa, o **escroto**. Veja a figura 2.2. Os testículos também produzem a **testosterona**, principal hormônio sexual masculino.

Em cada testículo há grande quantidade de tubos microscópicos muito enrolados, onde os espermatozoides se formam. São os **túbulos seminíferos**. Depois de sair deles, os espermatozoides seguem um caminho até serem liberados pela uretra. Veja na figura 2.2 o que acontece nesse percurso.

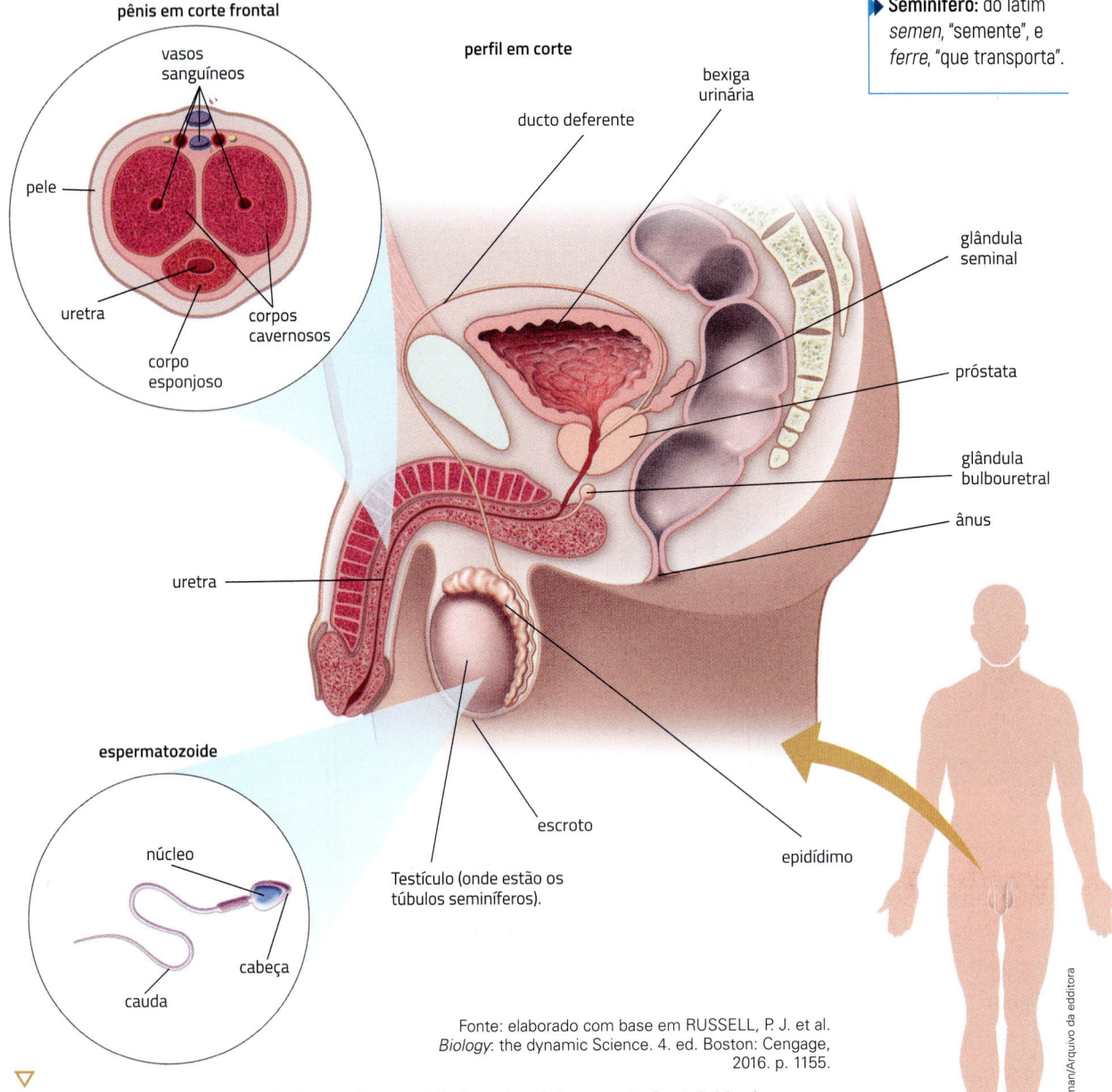

pênis em corte frontal

vasos sanguíneos

pele

uretra

corpos cavernosos

corpo esponjoso

perfil em corte

ducto deferente

bexiga urinária

glândula seminal

próstata

glândula bulbouretral

ânus

uretra

escroto

Testículo (onde estão os túbulos seminíferos).

epidídimo

espermatozoide

núcleo

cabeça

cauda

Fonte: elaborado com base em RUSSELL, P. J. et al. *Biology*: the dynamic Science. 4. ed. Boston: Cengage, 2016. p. 1155.

Angelo Shuman/Arquivo da editora

▽
2.2 Representação do sistema genital masculino em visão lateral e pênis em corte frontal. A bexiga urinária e o ânus não fazem parte desse sistema, mas foram representados para caracterizar a região anatômica. Existe muita variação no aspecto externo dos órgãos genitais masculinos. (Elementos representados em tamanhos não proporcionais entre si. Cores fantasia.)

Após sair dos túbulos seminíferos, os espermatozoides passam para outro tubo, o **epidídimo**, onde ficam armazenados e adquirem a capacidade de movimento. Em seguida, eles chegam aos **ductos deferentes** e, depois, ao canal da uretra, pelo qual são liberados.

No caminho até a uretra, recebem um líquido produzido pelas **glândulas seminais** e um líquido da **próstata** ou **glândula prostática**. Esses líquidos nutrem os espermatozoides e facilitam seu movimento. O conjunto formado pelos líquidos e pelos espermatozoides é chamado **sêmen** ou **esperma** e tem aspecto leitoso. O canal da uretra elimina o esperma e também a urina. Essas ações, no entanto, nunca ocorrem ao mesmo tempo porque, durante a passagem do esperma, um músculo perto da bexiga bloqueia a passagem da urina.

Os espermatozoides movimentam-se com ajuda da cauda dentro do líquido seminal. Tanto a uretra quanto a vagina são meios ácidos. A acidez destrói algumas bactérias causadoras de doenças, mas prejudica o movimento dos espermatozoides. Uma das funções dos líquidos do esperma é neutralizar a acidez desses meios.

O **pênis** possui tecidos, nos corpos cavernosos e no corpo esponjoso, que se enchem de sangue quando o homem fica sexualmente excitado. Nessa situação, o pênis aumenta e fica rígido: é a **ereção**. Com o aumento da excitação, pode ocorrer a **ejaculação**: o esperma é lançado para fora. A ejaculação costuma ser acompanhada de uma sensação de prazer conhecida como **orgasmo**.

Em cada ejaculação são expulsos, em média, de 2,5 mililitros a 5 mililitros de esperma, e há, em geral, de 50 milhões a 150 milhões de espermatozoides por mililitro de sêmen.

> ▶ **Epidídimo:** do grego *epi*, "sobre", e *didymós*, "gêmeos", uma referência aos dois testículos.

> ⓘ **Atenção**
> As informações deste capítulo têm o objetivo de ajudar a conhecer melhor o funcionamento do sistema genital, mas não substituem a consulta ao médico. Essas informações não devem ser usadas para diagnóstico nem para o tratamento de doenças.

⟨ Conexões: Ciência e saúde ⟩

A infertilidade

Muitos casais desejam ter filhos, mas não conseguem. É preciso, então, pesquisar a causa. Pode ser que o homem produza espermatozoides em quantidade insuficiente (menos de 20 milhões por mililitro) ou produza muitos espermatozoides anormais. No caso da mulher, pode haver problemas na produção de hormônios, o que dificulta a ovulação ou a implantação do embrião no útero.

Se o problema for a produção insuficiente de esperma, podem-se realizar tratamentos hormonais ou técnicas de reprodução assistida, armazenando espermatozoides e realizando inseminação artificial. Há também técnicas laboratoriais que injetam espermatozoides diretamente no citoplasma do ovócito. Veja a figura 2.3. Depois, o embrião em fase inicial é transferido para o útero.

Alguns casos de infertilidade feminina podem ser tratados com o uso de hormônios. Outras vezes, quando há, por exemplo, uma obstrução na tuba uterina, recorre-se à inseminação fora do corpo, em laboratório, com ovócitos retirados da mulher. Depois, o embrião com quatro a oito células é implantado no útero para que o desenvolvimento se complete.

SPL/Fotoarena

SPL/Fotoarena

▷ 2.3 Técnica de inseminação artificial na qual o espermatozoide é injetado dentro do ovócito. O ovócito humano mede em torno de 0,001 mm de diâmetro.

2 Órgãos genitais femininos

Além de produzir gametas femininos e hormônios sexuais, é no sistema genital feminino que a nossa vida e o nosso desenvolvimento começam. Observe na figura 2.4 os órgãos genitais femininos e algumas estruturas próximas.

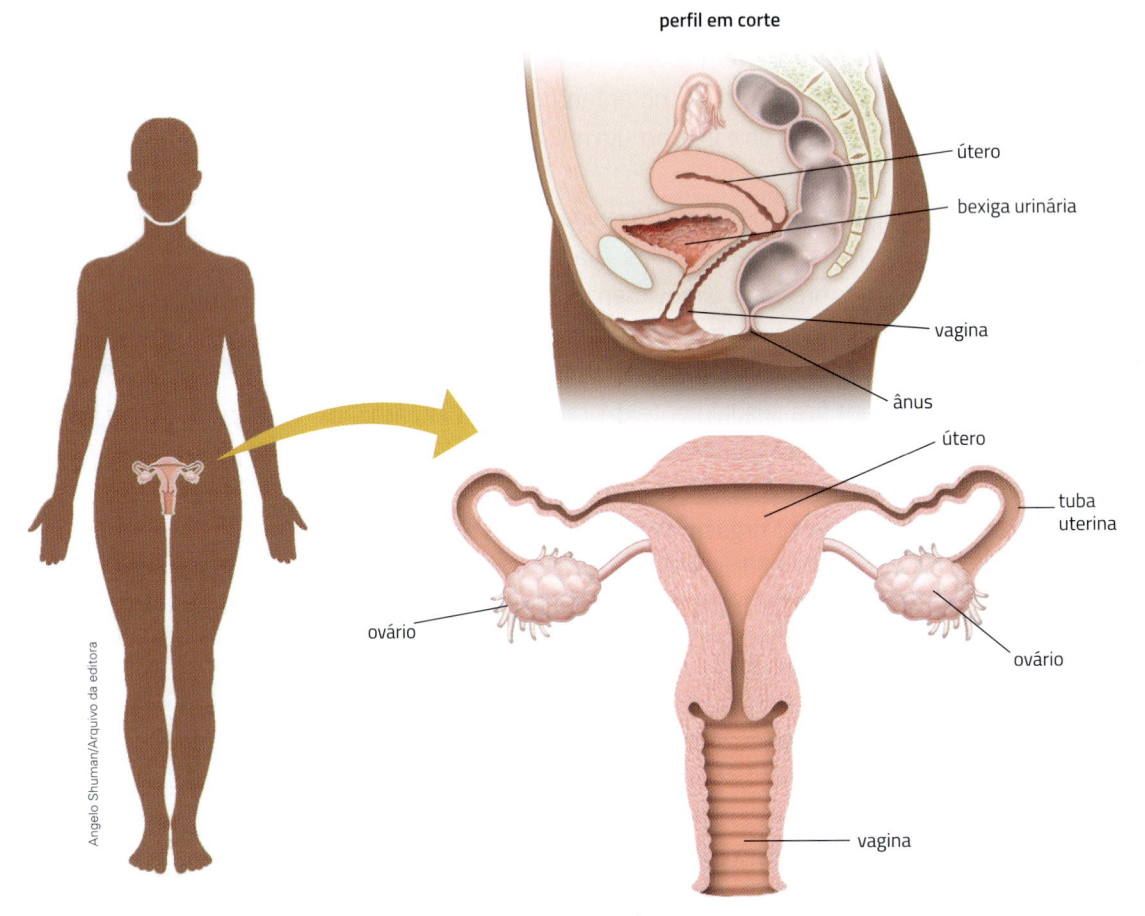

perfil em corte

útero
bexiga urinária
vagina
ânus
útero
tuba uterina
ovário
ovário
vagina

Angelo Shuman/Arquivo da editora

Fonte: elaborado com base em HOEFNAGELS, M. *Biology: concepts and investigations*. Boston: McGraw-Hill, 2017. p. 707.

2.4 Representação do sistema genital feminino, em corte, em visão lateral (acima) e frontal (abaixo). A bexiga urinária e o ânus não fazem parte desse sistema, mas foram representados para caracterizar a região anatômica. Existe muita variação no aspecto externo dos órgãos genitais femininos. (Elementos representados em tamanhos não proporcionais entre si. Cores fantasia.)

Nos **ovários** são produzidas as células reprodutivas femininas. Elas são conhecidas popularmente como óvulos, mas na espécie humana a célula liberada pelos ovários na **tuba uterina** está em um estágio de desenvolvimento anterior ao do óvulo e é chamada **ovócito secundário**. Para simplificar, podemos chamar esse estágio de ovócito II, ou simplesmente ovócito.

> A tuba uterina já foi conhecida pelo nome trompa de Falópio.

O **útero** se comunica com o exterior do corpo pela **vagina**, tubo musculoso com 8 cm a 12 cm de comprimento, por onde o bebê sai na hora do parto. No ato sexual, o pênis penetra na vagina e, se houver ejaculação, os espermatozoides entram no útero e se deslocam em direção às tubas uterinas, onde podem encontrar um ovócito secundário, dependendo do momento do ciclo menstrual, como veremos adiante.

As aberturas da uretra e da vagina são protegidas por dobras de pele: os **lábios maiores** – mais externos – e os **lábios menores** – mais internos. Eles formam o **órgão genital externo**: a parte visível do sistema genital feminino, também chamada **pudendo feminino** (ou vulva). Veja a figura 2.5.

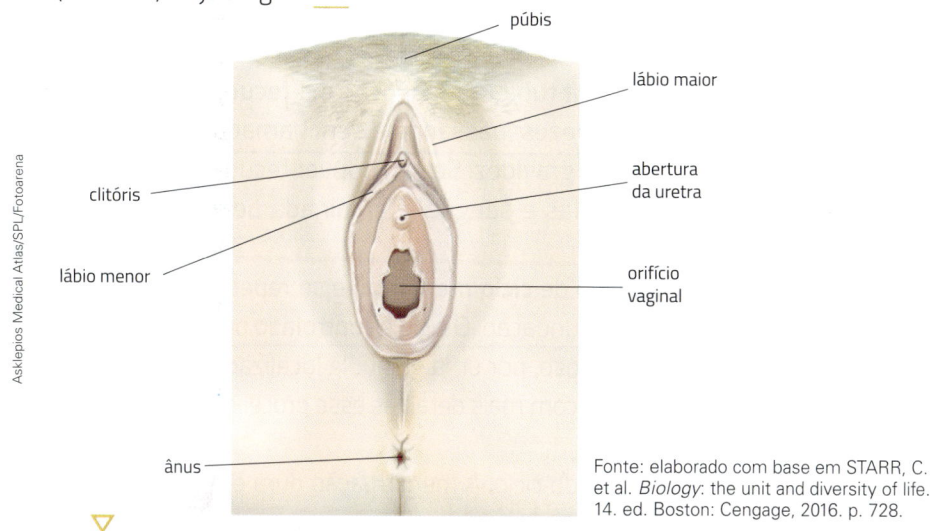

púbis

lábio maior

abertura da uretra

clitóris

orifício vaginal

lábio menor

ânus

Asklepios Medical Atlas/SPL/Fotoarena

Fonte: elaborado com base em STARR, C. et al. *Biology*: the unit and diversity of life. 14. ed. Boston: Cengage, 2016. p. 728.

▽ **2.5** Representação simplificada do órgão genital externo da mulher. Existe muita variação no aspecto externo dos órgãos genitais femininos. (Elementos representados em tamanhos não proporcionais entre si. Cores fantasia.)

Os lábios menores se unem na parte de cima, onde se localiza a parte visível de um órgão com muitas terminações nervosas, o **clitóris**, que contribui para o prazer sexual da mulher e para que ela chegue ao orgasmo.

Na parede vaginal abrem-se ductos (canais) de glândulas que, sob a ação de estímulos sexuais, produzem um líquido que lubrifica a vagina.

A entrada da vagina apresenta uma dobra fina de pele chamada **hímen**. Essa membrana pode ou não se romper quando a mulher inicia sua vida sexual.

Conexões: Ciência e História

Reprodução: primeiros estudos

Na figura 2.6, à direita, você pode observar o desenho de um embrião dentro do útero de uma mulher; à esquerda, o retrato da pessoa que fez esse desenho. Trata-se de um artista e inventor muito conhecido que viveu na Itália em um período da história conhecido como Renascença. Muitos de seus desenhos retratavam a anatomia humana.

Esse artista ficou famoso por seus quadros, especialmente aquele conhecido como *Mona Lisa*.

Será que você conhece esse artista?

Trata-se de Leonardo da Vinci (1452-1519), um homem que contribuiu tanto para a ciência como para as artes.

Hoje temos um conhecimento sobre a reprodução humana que é muito mais profundo e detalhado que aquele dos séculos XV e XVI. E isso só foi possível graças ao trabalho de inúmeros pesquisadores ao longo tempo.

Fotos: Sheila Terry/Science Photo Library/Latinstock

▷ **2.6** Autorretrato de Leonardo da Vinci e ilustração de feto humano feita por ele.

O ciclo menstrual

A partir da puberdade, em média, uma vez por mês, um dos ovários libera um ovócito secundário na tuba uterina. Esse fenômeno é conhecido como **ovulação**. Após isso, o **endométrio**, membrana que forra o útero, cresce e se prepara para abrigar e nutrir um embrião.

Se um espermatozoide se unir ao ovócito na tuba uterina, ocorre a **fecundação**, formando o zigoto, que se divide várias vezes, passando a ser chamado embrião, e se aloja no endométrio, dando início à gravidez. Se não houver fecundação, parte do endométrio, composta de células e sangue, é eliminada pela vagina: é a **menstruação**.

> O zigoto já foi conhecido como célula-ovo.

Esse conjunto de acontecimentos é chamado de **ciclo menstrual** e se repete, em geral, de 28 a 30 dias, enquanto não houver fecundação. O ciclo é controlado por hormônios do ovário e também pelo sistema nervoso, por uma glândula localizada na base do encéfalo, a hipófise. Vamos acompanhar com mais detalhes esse processo na figura 2.7.

> A duração desse ciclo varia entre as mulheres e também pode alterar-se ao longo da vida.

O primeiro dia da menstruação marca o início do ciclo. A menstruação dura em média de três a sete dias.

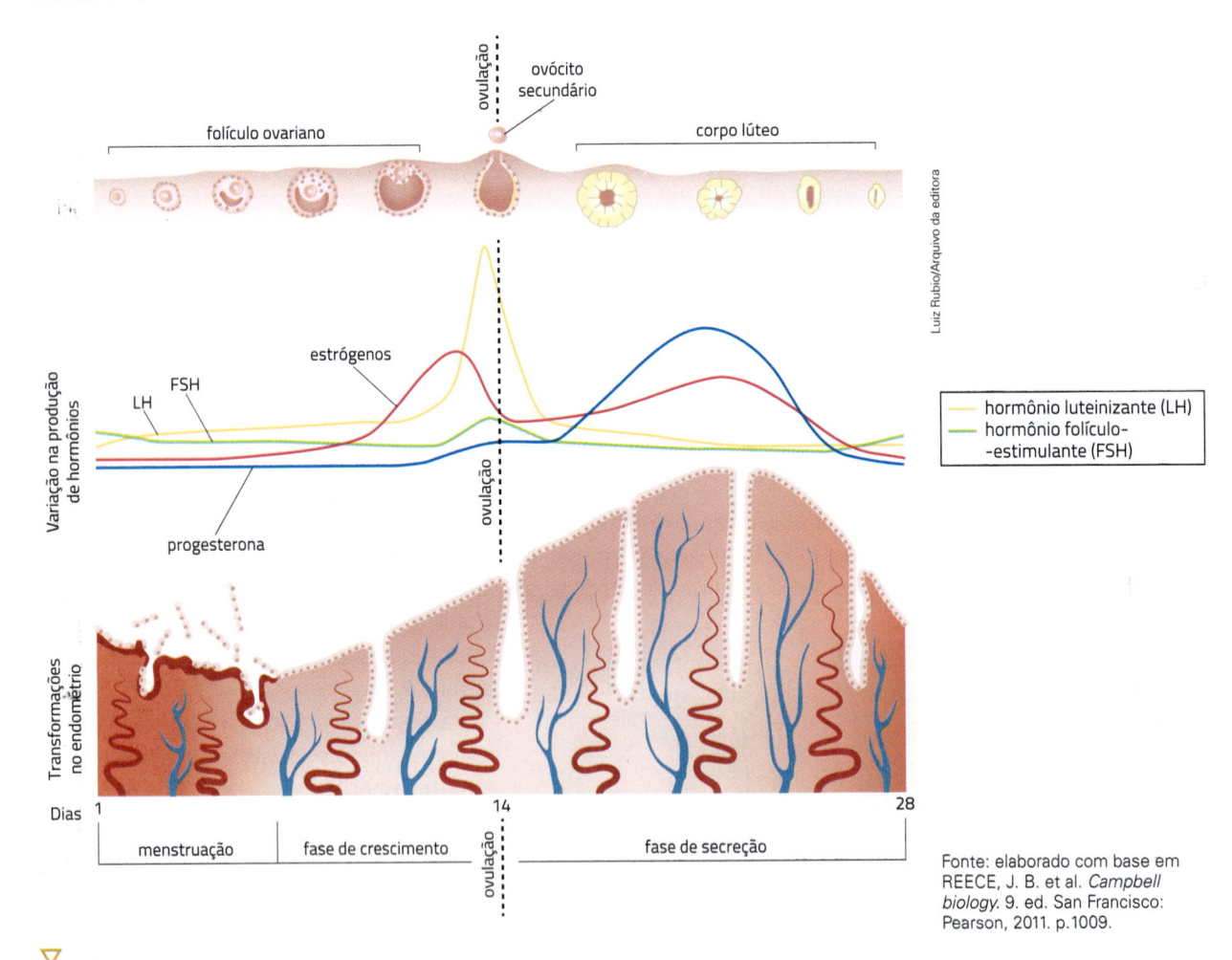

Luiz Rubio/Arquivo da editora

Fonte: elaborado com base em REECE, J. B. et al. *Campbell biology*. 9. ed. San Francisco: Pearson, 2011. p.1009.

▽
2.7 Gráfico que representa as transformações ao longo do tempo no ovário e no útero durante o ciclo menstrual. Essas mudanças preparam o organismo da mulher para uma possível gravidez. As linhas representam a variação nos níveis hormonais. (Elementos representados em tamanhos não proporcionais entre si. Cores fantasia.)

Dentro do ovário, um ovócito secundário se desenvolve no meio de um conjunto de células chamado **folículo ovariano**. Estimulado pelo **hormônio folículo-estimulante** (FSH, sigla do inglês *follicle stimulating hormone*), produzido pela hipófise, o folículo cresce e passa a produzir outros hormônios, os **estrógenos**, que promovem o crescimento do endométrio. Sob a ação do **hormônio luteinizante** (LH, sigla do inglês *luteinizing hormone*), também produzido pela hipófise, o folículo acaba se rompendo e libera o ovócito secundário: é a **ovulação**. Veja a figura 2.8.

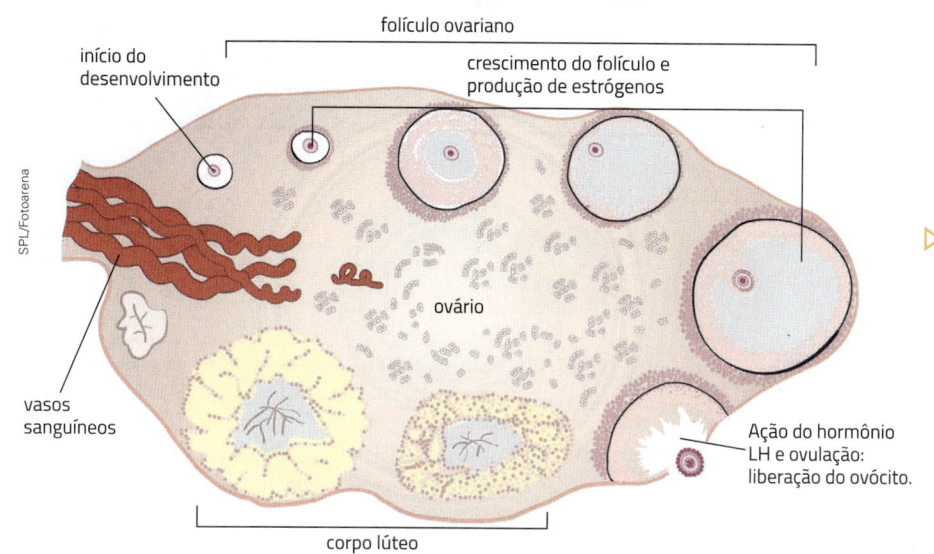

folículo ovariano

início do desenvolvimento

crescimento do folículo e produção de estrógenos

SPL/Fotoarena

ovário

vasos sanguíneos

Ação do hormônio LH e ovulação: liberação do ovócito.

corpo lúteo

2.8 Representação do desenvolvimento do ovócito secundário. As etapas mostradas não ocorrem todas ao mesmo tempo; são diferentes momentos do desenvolvimento de um mesmo ovócito secundário. (Elementos representados em tamanhos não proporcionais entre si. Cores fantasia.)

O folículo rompido transforma-se em **corpo lúteo** (*luteus* significa "amarelo"), que produz estrógenos e outro hormônio, a **progesterona**. Este hormônio estimula o desenvolvimento de vasos sanguíneos no endométrio, preparando-o para receber um embrião.

O ovócito secundário só pode ser fecundado até um dia após ser liberado do ovário. Se isso não ocorrer, o ovócito é destruído e absorvido pelo corpo, e a menstruação ocorre cerca de 14 dias depois. Reveja a figura 2.7. Em caso de gravidez, inicia-se a produção de um hormônio que impede que haja menstruação e ovulação.

Por volta dos 50 anos, a mulher entra em um período da vida conhecido como **climatério**. Nesse período, é comum ocorrerem variações hormonais que interferem no ciclo menstrual, deixando-o mais espaçado. Alguns sintomas comuns no climatério são alterações no humor e diminuição do desejo sexual. Porém, muitos sintomas podem ser aliviados por meio de um estilo de vida ativo e alimentação balanceada. Veja a figura 2.9. O ciclo menstrual é, por fim, interrompido na **menopausa**, que marca a última menstruação da mulher. Depois da menopausa, o organismo da mulher não consegue mais engravidar naturalmente.

Kali Nine/E+/Getty Images

2.9 É importante ter hábitos saudáveis, como fazer atividade física e não fumar, especialmente durante o climatério. Em alguns casos, podem ser necessários tratamentos indicados por um médico.

3 Gravidez

A gravidez é um momento muito especial para pessoas que querem ter filhos. Quais são os eventos que podem levar a uma gravidez?

Das centenas de milhões de espermatozoides lançados na vagina em uma relação sexual, somente algumas centenas costumam chegar à região em que pode ocorrer a fecundação. Essa região é a parte inicial da tuba uterina, perto dos ovários. Veja a figura 2.10.

Três dias: forma-se um conjunto com quatro células.

Trinta horas: zigoto divide-se em duas células.

Quatro dias: o embrião está com 32 células.

ovulação

fecundação

ovócito secundário

ovário

útero

vagina

Album/Fotoarena

Cinco ou seis dias: o embrião implanta-se no útero (nidação).

BSIP/Easypix Brasil

▽
2.10 Representação da fecundação e das fases iniciais do desenvolvimento embrionário na tuba uterina e no útero. O sistema genital feminino está em visão frontal e representado em corte frontal. No detalhe, representação artística da nidação do blastocisto. (Elementos representados em tamanhos não proporcionais entre si. Cores fantasia.)

Os espermatozoides produzem enzimas que abrem caminho entre as células e a camada de proteína que envolve o ovócito e, então, furam a sua membrana celular. Veja a figura 2.11. Assim que o primeiro espermatozoide entra no ovócito, são produzidas substâncias que impedem a entrada de outros espermatozoides. Por isso, geralmente apenas um espermatozoide se une ao ovócito para formar o zigoto.

O zigoto recém-formado dirige-se ao útero. Esse percurso dura de três a quatro dias. Pelo caminho, o zigoto se divide algumas vezes e, quando chega ao útero, já é um embrião com 32 a 64 células, com aspecto de uma esfera maciça de células. No final da primeira semana de gestação, ocorre a implantação do embrião no endométrio; é a chamada **nidação**. Reveja a figura 2.10.

Eye of Science/SPL/Latinstock

▽
2.11 Espermatozoides (cerca de 60 µm de comprimento) ao redor de ovócito secundário humano (cerca de 0,1 mm de diâmetro) durante a fecundação vistos ao microscópio eletrônico (aumento de cerca de 422 vezes; colorida artificialmente).

Nesse momento, inicia-se a produção do hormônio **hCG** (sigla do nome em inglês para **gonadotrofina coriônica humana**), que interrompe o ciclo menstrual (impede a ocorrência da menstruação e da ovulação). A detecção do hormônio hCG na urina ou no sangue serve para identificar a gravidez. A não ocorrência de menstruação pode indicar gravidez, mas também pode ter outras causas; os testes de gravidez vendidos em farmácias detectam se há hCG na urina. Veja a figura 2.12.

Atenção

Em caso de suspeita de gravidez é recomendável consultar um ginecologista, médico que cuida da saúde do sistema genital feminino.

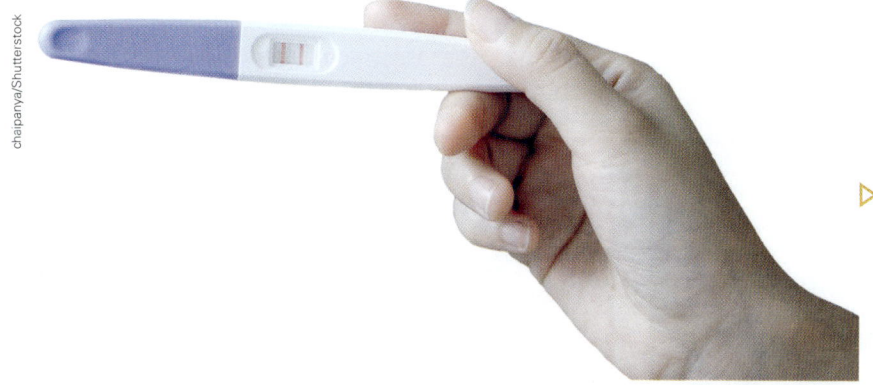

▷ **2.12** Teste de gravidez mostrando resultado positivo de gravidez. Para que o resultado seja mais confiável, recomenda-se fazer o teste apenas depois de confirmado o atraso na menstruação.

No útero, o embrião se desenvolve dentro de uma bolsa de água, ou **âmnio**, que confere certa proteção contra choques mecânicos quando a mulher se movimenta. Além disso, logo nas primeiras semanas de gravidez, forma-se a **placenta**.

Através da placenta, os nutrientes e o gás oxigênio passam do sangue da mulher para o sangue do embrião, enquanto o gás carbônico e outros resíduos seguem o caminho inverso. O sangue do embrião é levado para a placenta pelo **cordão umbilical** e nunca ocorre mistura do seu sangue com o da mulher. Observe a figura 2.13.

A placenta também produz hormônios que mantêm o útero em condições adequadas ao desenvolvimento do embrião.

▶ **Âmnio:** do grego *âmnion*, "água corrente".
▶ **Placenta:** do latim *placenta*, "bolo chato".

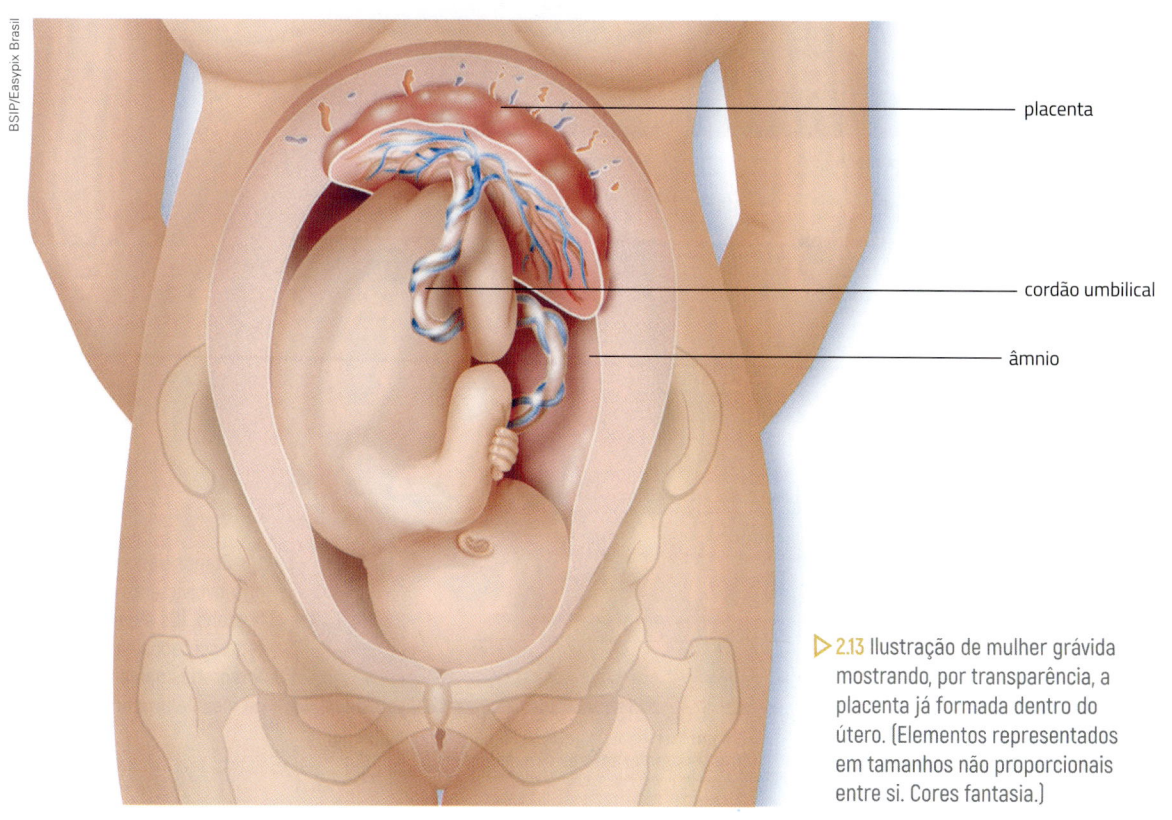

placenta

cordão umbilical

âmnio

▷ **2.13** Ilustração de mulher grávida mostrando, por transparência, a placenta já formada dentro do útero. (Elementos representados em tamanhos não proporcionais entre si. Cores fantasia.)

No fim da 8ª semana depois da fecundação, o embrião já tem os principais órgãos formados e passa a ser chamado feto. Sua aparência já é reconhecidamente humana, mas tem apenas cerca de 2,5 cm de comprimento e pesa cerca de 15 gramas.

O feto continua a crescer e a se desenvolver. No final do 3º mês, pesa cerca de 30 g, tem cerca de 8,5 cm de comprimento e começa a mover braços e pernas. No 5º mês os movimentos são mais fortes, e a mãe começa a percebê-los. Veja algumas etapas do desenvolvimento do feto na figura 2.14.

▶ **Feto:** do latim *foetus*, "o que vai nascer".

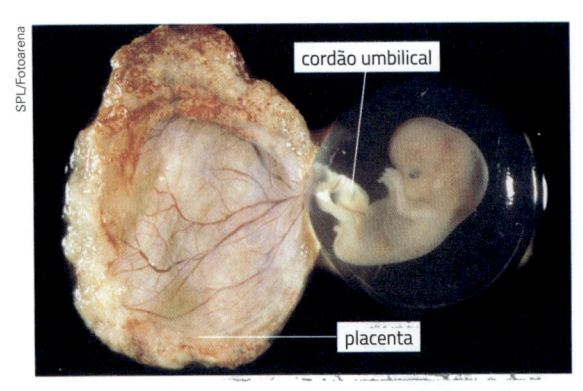

Feto com cerca de 8 semanas.

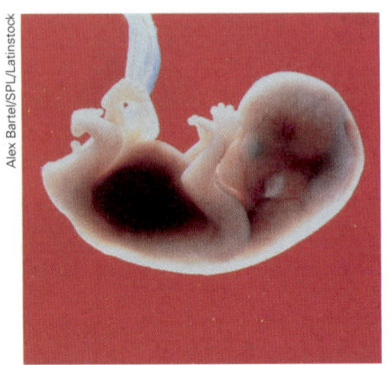

Feto com 11 semanas (cerca de 4 cm de comprimento).

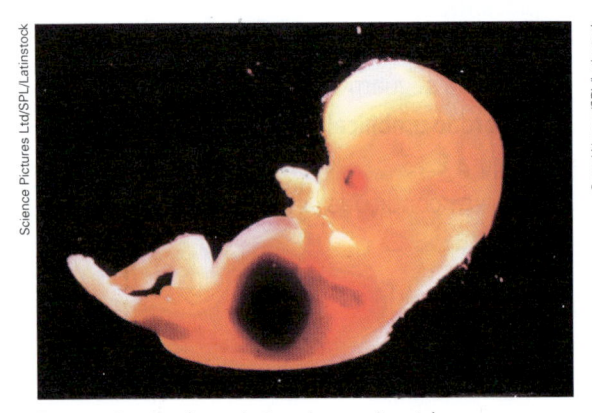

Feto com 3 meses (cerca de 8 cm de comprimento).

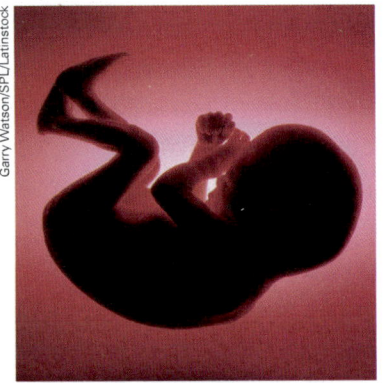

Feto com 5 meses (cerca de 28 cm de comprimento).

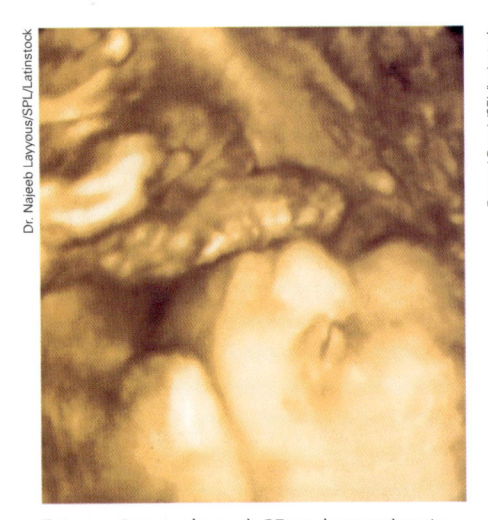

Feto com 6 meses (cerca de 37 cm de comprimento; imagem produzida por ultrassonografia em três dimensões).

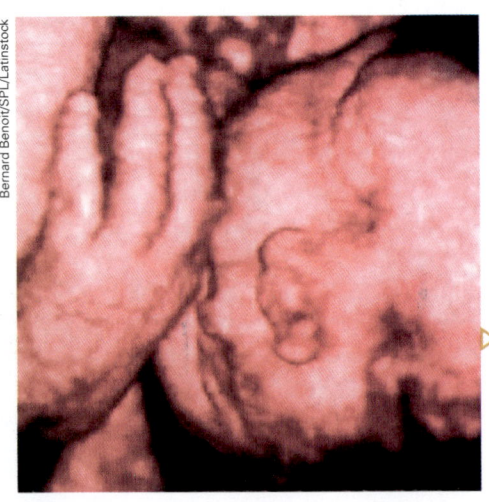

Feto em fase final de gestação (imagem produzida por ultrassonografia em três dimensões).

▷ 2.14 Etapas do desenvolvimento do feto humano. (Os elementos representados nas fotografias não estão na mesma proporção.)

A gravidez dura cerca de 38 semanas (266 dias) a partir da fecundação ou 40 semanas (280 dias) a partir do primeiro dia da última menstruação.

As contrações da musculatura do útero indicam que o momento do parto se aproxima. A bolsa com líquido amniótico é rompida e o feto, no parto normal, é empurrado para fora do corpo da mulher através da vagina. A placenta é eliminada pelo corpo da mulher e o cordão umbilical deve ser cortado. Veja a figura 2.15. A criança passa agora a receber gás oxigênio pelo próprio sistema respiratório.

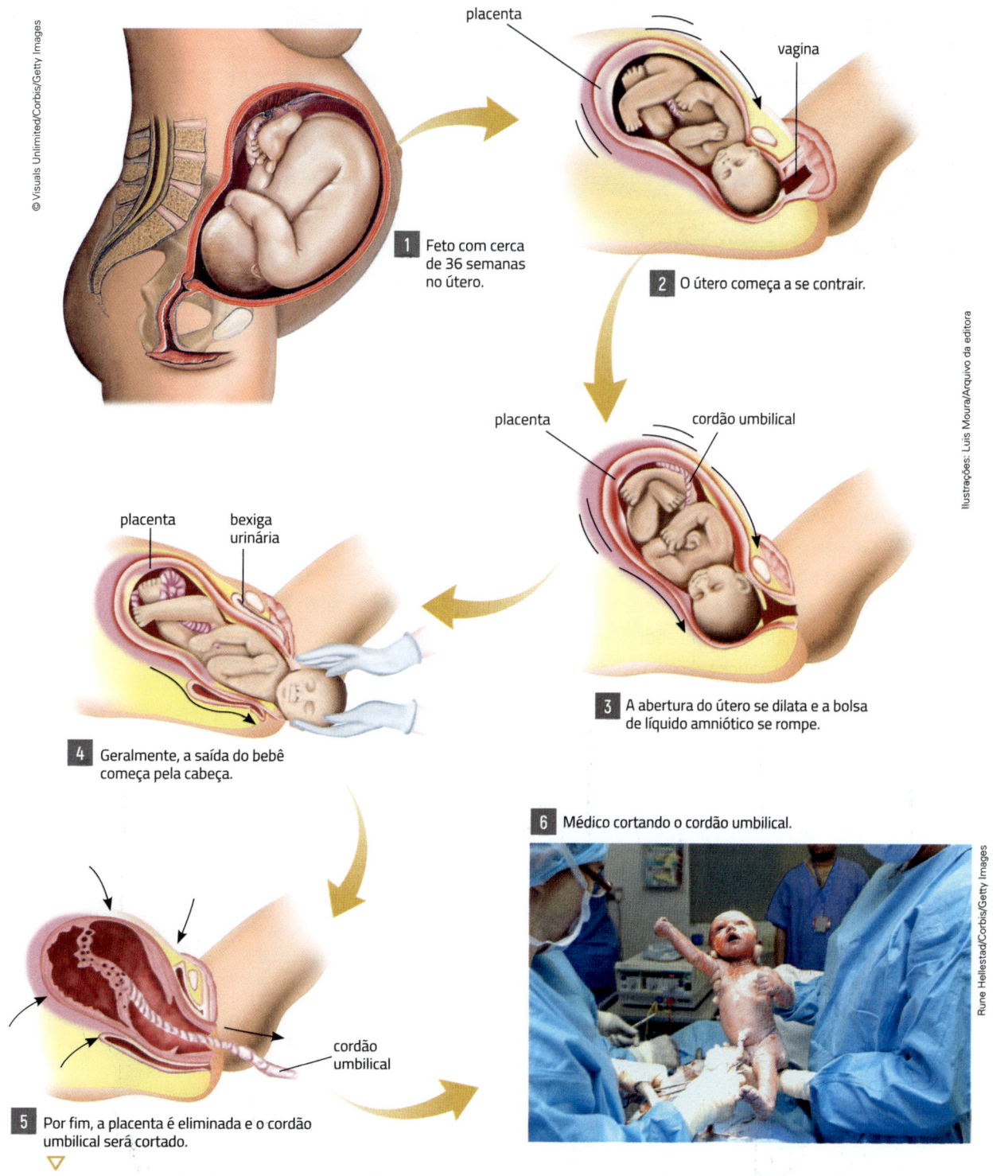

1 Feto com cerca de 36 semanas no útero.

2 O útero começa a se contrair.

3 A abertura do útero se dilata e a bolsa de líquido amniótico se rompe.

4 Geralmente, a saída do bebê começa pela cabeça.

5 Por fim, a placenta é eliminada e o cordão umbilical será cortado.

6 Médico cortando o cordão umbilical.

▽ 2.15 Etapas do nascimento de um ser humano. (Elementos representados em tamanhos não proporcinais entre si. Cores fantasia.)

Cuidados na gravidez

Durante a gravidez, é essencial que a mulher vá periodicamente ao médico para verificar se a gravidez está se desenvolvendo normalmente e se o seu próprio organismo está saudável e em equilíbrio. O conjunto de exames que ela deve fazer ao longo da gravidez é chamado pré-natal. O exame de ultrassom, por exemplo, permite visualizar o feto dentro da barriga, realizar medidas corporais e verificar a frequência cardíaca. Veja a figura 2.16.

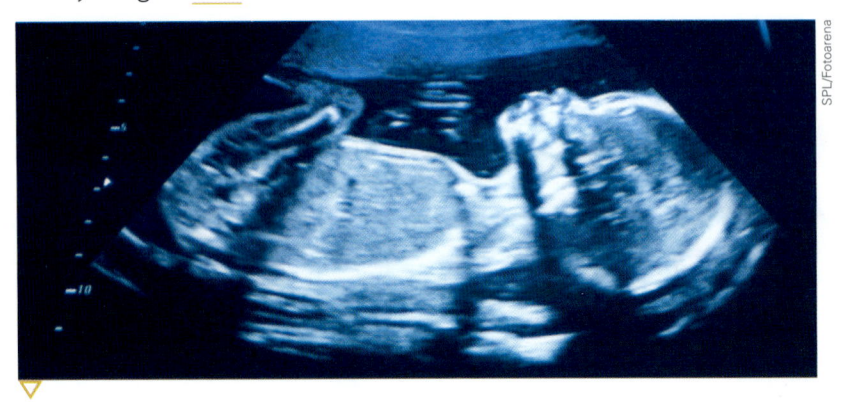

2.16 Feto de 20 semanas em imagem obtida no exame de ultrassom.

É importante manter uma alimentação balanceada. Se houver necessidade, o médico poderá indicar vitaminas ou receitar medicamentos.

Nesse período é ainda mais importante não fumar nem consumir bebidas alcoólicas ou outras drogas. O fumo diminui a quantidade de gás oxigênio disponível para o feto, além de aumentar o risco de abortos espontâneos (interrupção da gravidez com a eliminação do feto). Bebês de mulheres que fumam na gravidez ou que estão expostas à fumaça do cigarro têm maior risco de doenças, de morte no nascimento ou de nascer com peso abaixo do normal, entre outras complicações.

O médico deve ser procurado imediatamente se houver perda de sangue ou muito líquido pela vagina, dor forte no abdome, dor de cabeça que demora a passar, febre, visão perturbada por manchas, contrações no útero antes da data prevista para o parto, dor ou ardência ao urinar e inchaço excessivo de pés, mãos e rosto.

Algumas doenças provocadas por vírus, como a rubéola e a zika, ou por protozoários, como a toxoplasmose, podem prejudicar o embrião. Se a gestante contrair alguma dessas doenças deve comunicar imediatamente seu médico. A mulher que pretende engravidar também deve realizar uma série de exames e se informar sobre as vacinas que deve ou não tomar. Veja a figura 2.17.

Em algumas situações, o parto natural torna-se perigoso para a mãe ou para o feto. É comum então que o médico opte pela **cesariana**, operação de parto que consiste em fazer um corte no abdome da mãe, pelo qual o bebê é retirado.

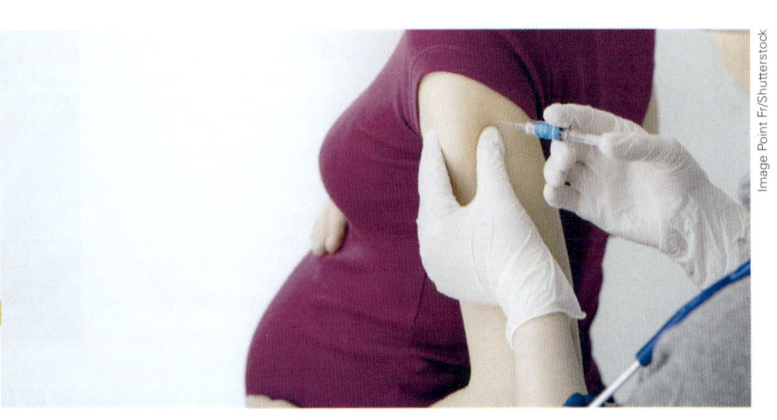

2.17 É fundamental que mulheres gestantes ou que queiram engravidar consultem um médico para saber quais vacinas são recomendadas e quais não são indicadas para gestantes.

Mundo virtual

Gravidez na adolescência – Unesp Notícias (TV Unesp)
https://www.youtube.com/watch?v=ymqbYQozqgE
O diretor técnico de uma maternidade de Bauru, em São Paulo, explica os motivos da gravidez na adolescência e como são encaminhados esses casos.
Acesso em: 6 ago. 2018.

A rubéola pode ser prevenida pela vacinação antes da gravidez.

A mulher que pretende engravidar deve realizar um exame específico para a toxoplasmose.

Infecções virais e microcefalia

A microcefalia é uma condição rara caracterizada pelo tamanho reduzido da cabeça do bebê. Os problemas causados por essa má-formação podem variar, sendo mais ou menos severos, como convulsões, atraso no desenvolvimento e dificuldade de engolir. Algumas crianças podem desenvolver um grau de microcefalia pequeno, sem que haja comprometimento cerebral.

No ano de 2015, houve muitos casos de microcefalia no país associados à infecção pelo vírus zika em mulheres grávidas – embora nem todos os bebês de mulheres infectadas fossem portadores de microcefalia. Esse vírus, reportado pela primeira vez no país em abril daquele ano, causa sintomas semelhantes aos da dengue e é transmitido pelo mesmo mosquito, o *Aedes aegypti*.

Sabe-se que infecções virais, como a rubéola, o herpes e a infecção por citomegalovírus, podem causar microcefalia quando acometem mulheres grávidas. Os vírus passam pela placenta e podem atingir o tecido cerebral do feto, desacelerando o crescimento de suas células. Isso ocorre geralmente durante o primeiro trimestre da gestação.

Por causa da enorme gravidade do problema, diversas investigações sobre o tema estão em andamento. Por enquanto, a única forma de se prevenir contra o vírus é combater o mosquito *A. aegypti*. Veja na figura 2.18 algumas recomendações para mulheres grávidas em relação à prevenção de zika e de microcefalia.

Fontes: elaborado com base em GOVERNO DO BRASIL. Especialistas tiram dúvidas sobre zika e microcefalia. Disponível em: <www.brasil.gov.br/saude/2016/01/especialistas-tiram-duvidas-sobre-zika-e-microcefalia>; CENTERS FOR DISEASE CONTROL AND PREVENTION. Facts about Microcephaly. Disponível em: <www.cdc.gov/ncbddd/birthdefects/microcephaly.html>. Acesso em: 20 fev. 2019.

Assessoria de Comunicação do Ministério da Saúde/Governo Federal

Orientações às gestantes sobre os casos de microcefalia

- Façam corretamente o pré-natal e realizem todos os exames recomendados pelo médico.
- Não consumam bebidas alcoólicas ou qualquer tipo de drogas.
- Evitem contato com pessoas com febre, manchas vermelhas pelo corpo ou infecções.
- Não utilizem medicamentos sem a orientação médica.
- Adotem medidas que possam reduzir a presença de mosquitos transmissores de doenças, com a eliminação de criadouros (retirar recipientes que tenham água parada e cobrir adequadamente locais de armazenamento de água).
- Protejam-se de mosquitos. Mantenham portas e janelas fechadas ou teladas, usem calça e camisa de manga comprida e utilizem repelentes indicados para gestantes.

#ZIKAZERO

#saúde nasredes   blog.saude.gov.br   SUS

▷ 2.18 Cartaz do Ministério da Saúde para prevenção de zika e de microcefalia na gravidez.

Cuidados com o bebê

Após o nascimento do bebê, é importante realizar exames conhecidos como neonatal, para verificar o estado de saúde do bebê e diagnosticar alterações precocemente, caso precisem ser tratadas. Esses exames são oferecidos gratuitamente para a população, sendo o teste do pezinho o mais conhecido. Ele consiste em retirar uma amostra de sangue do pé do bebê para o diagnóstico de seis doenças. Veja a figura 2.19.

Em relação à alimentação, o leite materno é considerado o melhor alimento para o bebê. As vantagens são várias: digestão mais fácil; menos reações alérgicas e menos prisão de ventre; presença de anticorpos que protegem a criança. Além disso, no preparo de fórmulas comerciais, feitas com leite de vaca, há maior risco de contaminação por microrganismos causadores de doenças, principalmente em locais sem água potável.

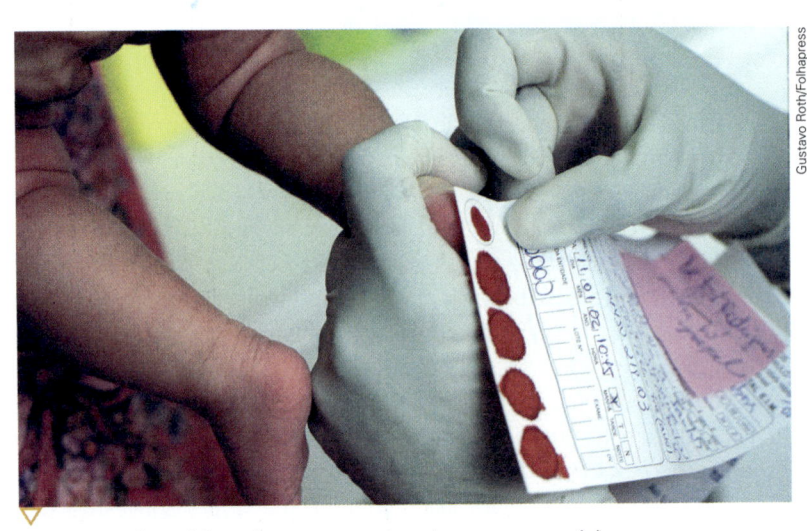

Gustavo Roth/Folhapress

2.19 No teste do pezinho, coletam-se amostras de sangue que sai do pequeno furo feito na pele do pé do bebê.

A amamentação também traz benefícios para a mãe: diminui o risco de câncer de mama, acelera a volta do útero ao tamanho normal e evita hemorragias depois do parto. Além disso, amamentar aumenta o contato entre mãe e filho, o que é bom para ambos. Veja a figura 2.20.

Mas nem sempre é possível amamentar. Às vezes, por exemplo, a mãe precisa tomar certos medicamentos que passam para o leite e prejudicam a saúde da criança.

As mães portadoras do vírus HIV também devem evitar a amamentação, seguindo a orientação do médico para a escolha e o preparo do leite comercial.

A Organização Mundial da Saúde (OMS) recomenda que as crianças sejam alimentadas exclusivamente com leite materno até os 6 meses de idade. Após esse período, outros tipos de alimento podem ser oferecidos, mas a amamentação deve continuar até pelo menos os 2 anos.

Rafael Ben-Ari/Alamy/Fotoarena

 2.20 A amamentação é benéfica para a mãe e para o bebê.

Mundo virtual

Aleitamento materno
http://portalms.saude.gov.br/saude-para-voce/saude-da-crianca/aleitamento-materno
Site do Ministério da Saúde que mostra a importância da amamentação e seus benefícios, tanto para a saúde do bebê como para a da mãe – e, portanto, para a saúde da sociedade em geral. Além disso, há informações sobre cuidados que podem ajudar na amamentação. Acesso em: 20 fev. 2019.

Como se formam os gêmeos

Você conhece alguém que tem um irmão gêmeo, como as meninas da figura 2.21? Alguns gêmeos são bem parecidos, outros nem tanto. Você sabe como se formam os gêmeos?

▷ 2.21 Meninas gêmeas idênticas (monozigóticas). Devido ao processo pelo qual se formaram, elas apresentam o mesmo material genético.

Algumas vezes, as células que se formam nas primeiras divisões do zigoto se separam em dois ou mais grupos independentes, e cada grupo origina um embrião completo. Nascem então dois ou mais indivíduos muito parecidos entre si, já que vieram do mesmo zigoto e possuem os mesmos genes. São os **gêmeos idênticos**, também chamados gêmeos **monozigóticos** ou **univitelinos**. Veja a figura 2.22.

Os gêmeos idênticos são sempre do mesmo sexo e têm o mesmo tipo de cabelo, cor dos olhos, entre outras características. Na população humana, ocorrem de três a quatro gêmeos univitelinos em cada mil nascimentos.

No entanto, a maioria dos casos de gêmeos resulta de outro processo de formação: o ovário libera na tuba uterina dois ou mais ovócitos no mesmo ciclo menstrual e cada um deles é fecundado por um espermatozoide diferente.

▶ **Monozigótico:** do grego *monos*, "único", e *zigoto*, antes chamado de célula-ovo.

▶ **Univitelino:** do latim *unus* ou *uni*, que significam "um", e *vitelo*, "gotas de alimento que existem dentro do ovócito".

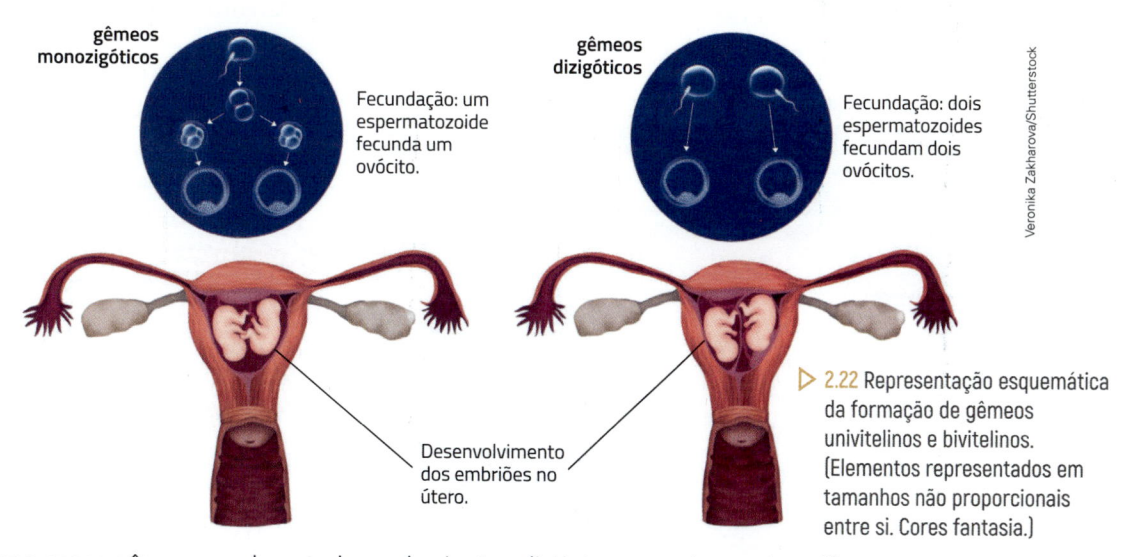

gêmeos monozigóticos

Fecundação: um espermatozoide fecunda um ovócito.

gêmeos dizigóticos

Fecundação: dois espermatozoides fecundam dois ovócitos.

Desenvolvimento dos embriões no útero.

▷ 2.22 Representação esquemática da formação de gêmeos univitelinos e bivitelinos. (Elementos representados em tamanhos não proporcionais entre si. Cores fantasia.)

Como esses gêmeos se desenvolvem de zigotos distintos, que vieram da união de gametas com genes diferentes, eles podem ter sexos diferentes e características tão distintas quanto dois irmãos de idades diferentes. São, por isso, chamados **gêmeos fraternos**. Como vieram de zigotos diferentes, são chamados também **gêmeos dizigóticos** ou **bivitelinos**. Reveja a figura 2.22.

A formação de trigêmeos, quadrigêmeos, etc. é bem mais rara. Ela pode acontecer quando mais de dois conjuntos de células se separam nas primeiras divisões do zigoto ou quando mais de dois ovócitos são lançados na tuba uterina. E pode ainda resultar da combinação de ambos os fatores.

Gêmeos conjugados

Se, durante a formação de gêmeos monozigóticos, a separação entre dois grupos de células não for completa, podem surgir gêmeos presos por uma parte do corpo que compartilham orgãos: são os **gêmeos conjugados**, também conhecidos como **irmãos siameses** ou **xifópagos** (a maioria desses gêmeos está unida na altura do apêndice xifoide, que fica no osso esterno). Em determinados casos, dependendo dos órgãos que tenham em comum, é possível separá-los cirurgicamente.

Esses casos são muito raros, sendo que o primeiro registro desse fenômeno ocorreu com os gêmeos Chang e Eng, nascidos em 1811 no Sião (atual Tailândia), vindo daí o nome "irmãos siameses". Os gêmeos foram viver nos Estados Unidos, casaram-se e tiveram filhos. Nunca foram separados cirurgicamente. Veja a figura 2.23.

2.23 Os irmãos Chang e Eng Bunker (1811-1874).

Conexões: Ciência e tecnologia

Impressões digitais em gêmeos

As impressões digitais são os desenhos formados na ponta dos dedos que são exclusivos de cada indivíduo e, por isso, servem para identificar pessoas. Veja a figura 2.24. Esse desenho é determinado em parte pelos genes, mas também há influência de alguns fatores durante o desenvolvimento embrionário (quando os dedos estão se formando), como o fluxo de sangue e a posição do feto no útero. Por isso, as impressões digitais são diferentes até mesmo entre gêmeos monozigóticos, que possuem os mesmos genes. A chance de duas pessoas terem a mesma impressão digital é menor do que 1 em 1 bilhão.

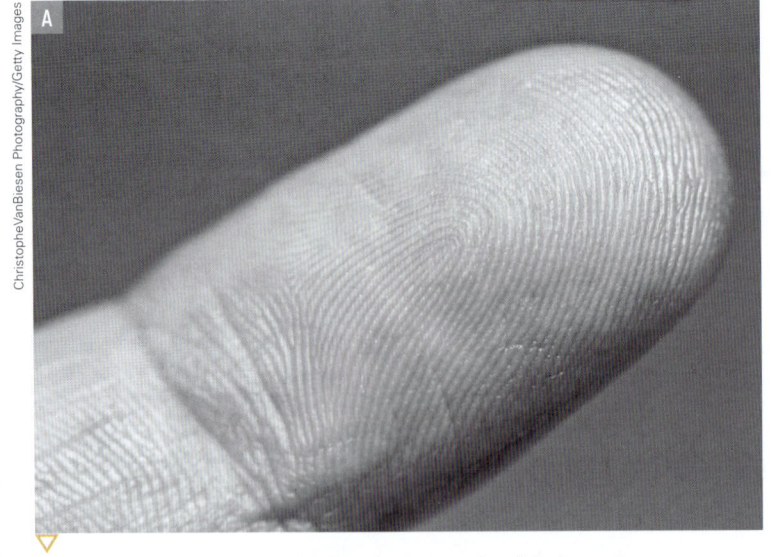

2.24 Em **A**, dedo humano com detalhes das impressões digitais; em **B**, carimbo da impressão digital em papel.

4 Puberdade

Dos 8 aos 14 anos, aproximadamente, uma parte do encéfalo, chamada hipotálamo, produz um hormônio que estimula a glândula hipófise, também localizada no encéfalo. Esta, por sua vez, passa a produzir hormônios que estimulam as glândulas sexuais, dando início à fase conhecida como **puberdade**. Veja a figura 2.25.

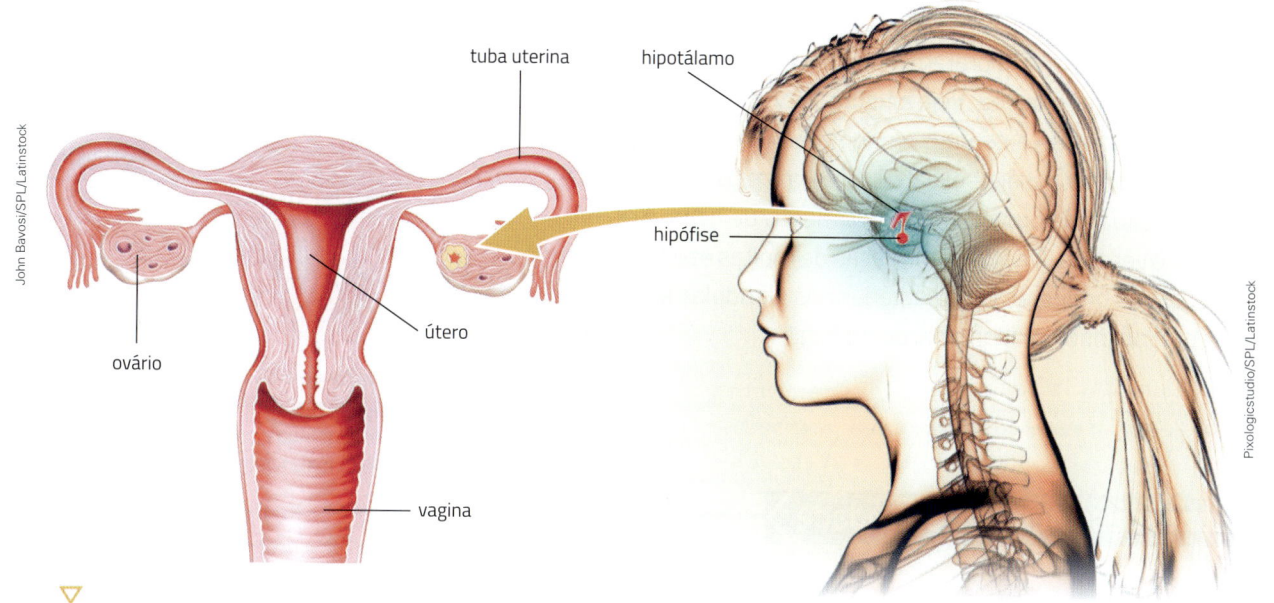

2.25 Representação do sistema genital feminino em corte (à esquerda) e do encéfalo (à direita). Estimulada pelo hipotálamo, a hipófise produz hormônios que estimulam e controlam a produção de hormônios sexuais pelos ovários e pelos testículos. (Elementos representados em tamanhos não proporcionais entre si. Cores fantasia.)

Nessa fase, o crescimento acelera e a massa corpórea aumenta. Isso acontece porque os hormônios sexuais estimulam a produção do hormônio de crescimento. Esse chamado "estirão de crescimento" pode durar de um a três anos. Depois, o ritmo diminui, até que o crescimento se interrompe por volta dos 16 anos, nas meninas, e por volta dos 18 anos, nos meninos. Porém, cada pessoa tem um ritmo próprio de transformação e é comum encontrar grandes diferenças na velocidade de crescimento entre jovens da mesma idade. Para a formação de uma pessoa com atitude cidadã, é fundamental que se aprenda a reconhecer e a respeitar essas e outras diferenças. Veja a figura 2.26.

Nessa fase, os jovens podem ficar desastrados ou com partes do corpo um pouco desproporcionais. Isso ocorre pois os braços e as pernas costumam crescer antes do tronco.

2.26 O ritmo de crescimento na puberdade é acelerado, mas varia de um indivíduo para outro.

Mundo virtual

Vivendo a adolescência
www.adolescencia.org.br
Site sobre saúde, sexualidade e direitos do adolescente. Discute temas considerados polêmicos, como homofobia, relação com o corpo, drogas, etc.
Acesso em: 20 fev. 2019.

Instituto Kaplan
www.kaplan.org.br/sosex/search?tag=puberdade
Site que apresenta vários temas relacionados à puberdade e à adolescência.
Acesso em: 20 fev. 2019.

Durante a puberdade, as glândulas sudoríferas passam a produzir mais suor, cujo odor pode se intensificar. Além disso, a grande produção de hormônios estimula as glândulas sebáceas da pele (que produzem substâncias gordurosas), tornando a pele e os cabelos mais oleosos.

A maior oleosidade da pele favorece o aparecimento de cravos e espinhas. Deve-se manter a pele limpa e não se deve espremer espinhas e cravos para não espalhar a infecção. Com o tempo, as espinhas costumam desaparecer; mas, se persistirem ou piorarem muito, é aconselhável consultar um dermatologista. Veja a figura 2.27.

A masturbação é comum na adolescência, devido ao aparecimento do desejo sexual. Existe um mito de que a masturbação pode provocar o aparecimento de acne, mas isso não é verdade. A acne é a formação de muitas espinhas, causada pela proliferação de bactérias nas glândulas sebáceas, provocando uma inflamação no local.

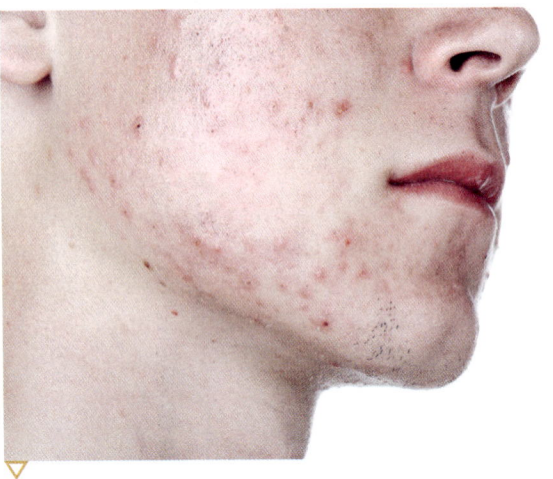

2.27 Adolescente com acne na pele. Não se deve tomar remédios por conta própria nem usar fórmulas caseiras: o tratamento deve ser individualizado e somente o especialista sabe indicar o procedimento mais adequado para cada caso.

Conexões: Ciência e sociedade

Aceitação do corpo

A preocupação com o corpo é comum, especialmente na puberdade, e pode acompanhar as pessoas ao longo de toda a vida. Muitos meninos e meninas que não aceitam o próprio corpo, por se acharem diferentes ou feios, têm vergonha de se expor publicamente e evitam a proximidade com outras pessoas. Vestir roupa de praia ou de ginástica pode representar um grande desafio; e, muitas vezes, o lazer e o esporte, essenciais para a saúde do corpo, são deixados de lado.

Mais importante do que atender a determinados padrões estéticos é estar bem consigo mesmo. Uma pessoa é muito mais do que sua aparência física e esta não deve impedir a realização profissional ou afetiva de ninguém. Observe a figura 2.28.

Na puberdade, é natural que, diante de tantas mudanças, surjam inseguranças e medos. Mas muitos temores não têm sentido. É importante lembrar que a variabilidade genética, que será estudada no 9º ano, é muito grande e importante na espécie humana. Isso significa que há muitos indivíduos com características diferentes, como altura, massa corporal, tamanho do pênis ou das mamas, entre muitas outras.

2.28 Em vez de se sentir inseguro com sua aparência, procure olhar para si mesmo como alguém que tem diversas qualidades.

Os meninos

Nos meninos, alguns hormônios liberados pela hipófise estimulam os testículos a produzir espermatozoides e um hormônio: a testosterona.

A testosterona induz o crescimento dos órgãos genitais (testículos e pênis) e o desenvolvimento da musculatura corporal, em geral aumentando a força física e tornando os ombros mais largos. Aparecem pelos no rosto, nas axilas, no peito e ao redor do pênis, na região chamada púbis (são os pelos pubianos). Os pelos dos braços e das pernas ficam mais longos e grossos. A voz vai se tornando mais grave. Veja a figura 2.29.

Durante a puberdade pode haver um pequeno aumento dos mamilos dos meninos. É um fenômeno passageiro, que costuma desaparecer em dois anos (se persistir ou houver outros sintomas, é preciso consultar um médico).

Nos garotos, a puberdade geralmente começa entre 9 e 14 anos. É comum que meninos e meninas da mesma idade estejam em estágios diferentes da puberdade. Se começar antes dos 9 ou não começar até os 14 anos, ou se houver suspeita de outra alteração, deve-se consultar um médico, pois somente ele pode dizer se está tudo ocorrendo de acordo com o esperado.

A primeira ejaculação costuma ocorrer pouco antes dos 14 anos, geralmente como consequência da estimulação dos órgãos genitais, conhecida como masturbação, ou mesmo durante o sono (polução noturna).

Todo homem nasce com uma pele que cobre a ponta do pênis: é o prepúcio. Durante o banho, o garoto deve puxar essa pele para trás e lavar bem a região evitando, assim, o acúmulo de secreções e bactérias entre o prepúcio e o pênis, que podem causar inflamação. Se o prepúcio for muito apertado e não for possível puxá-lo, deve-se conversar com o médico. Às vezes é necessário fazer uma circuncisão – cirurgia simples que retira o prepúcio. Em algumas culturas, essa cirurgia faz parte da tradição e é feita, em geral, alguns dias após o nascimento.

Uma preocupação comum ao adolescente é o tamanho do pênis: não é raro que, sobretudo os jovens, se preocupem demasiadamente com o tamanho do próprio pênis. Porém, nunca é demais repetir que as relações sexuais envolvem mais do que apenas a anatomia dos órgãos genitais. A diversidade entre as pessoas pode e deve contribuir para a expressão de sua sexualidade.

Mundo virtual

Fiojovem – Fundação Oswaldo Cruz
www.fiojovem.fiocruz.br
O *site* contém matérias sobre diferentes temas que geralmente incomodam os adolescentes, mas nem sempre recebem atenção adequada, como aceitação do corpo, infecções urinárias, gravidez na adolescência, modelos de masculinidade e feminilidade, etc.
Acesso em: 20 fev. 2019.

⚠ Atenção

Em casos de dor ou ardência nos órgãos genitais, dificuldade para urinar, presença de ferida, sangue ou odor desagradável na região genital, é necessário um diagnóstico médico para verificar e tratar um possível problema.

Ivonne Wierink/Shutterstock

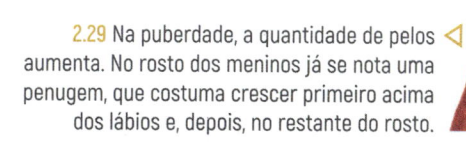
2.29 Na puberdade, a quantidade de pelos ◁ aumenta. No rosto dos meninos já se nota uma penugem, que costuma crescer primeiro acima dos lábios e, depois, no restante do rosto.

Cuidados especiais: homens

- Em algumas crianças, um ou ambos os testículos podem não descer para o escroto na época certa. Como há risco de esterilidade, nesses casos, é necessária uma avaliação médica.
- Outro problema é a impotência: incapacidade de ter (ou manter) uma ereção por tempo suficiente para o ato sexual. A impotência sexual pode ser causada por fatores psicológicos (estresse, ansiedade, frustrações, problemas de relacionamento) ou por problemas fisiológicos (doenças vasculares, uso de determinados medicamentos, lesões nervosas, etc.). É necessário, portanto, um diagnóstico médico que indique o tratamento adequado.
- Homens com menos de 20 milhões de espermatozoides por mililitro de sêmen são provavelmente inférteis, mas isso pode, em geral, ser resolvido com técnicas de reprodução assistida, como a inseminação artificial.
- O câncer mais frequente em homens com mais de 50 anos é o de próstata. Veja a figura 2.30. O diagnóstico precoce aumenta muito as chances de cura. Por isso, homens com mais de 40 anos devem ir ao urologista anualmente e também devem procurar o médico se sentirem dor ou ardência ao urinar, se aparecerem caroços, bolhas ou verrugas em torno dos órgãos genitais, se saírem secreções ou sangue pela uretra.

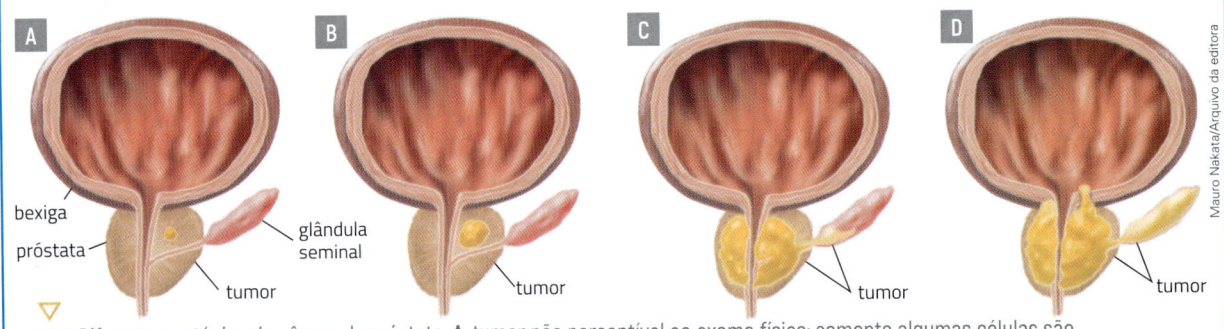

Mauro Nakata/Arquivo da editora

2.30 Diferentes estágios do câncer de próstata. **A**: tumor não perceptível ao exame físico; somente algumas células são cancerosas e não há sintomas da doença. **B**: câncer perceptível na realização do exame físico, mas restrito ao órgão. **C**: câncer que se estende para fora da próstata. **D**: câncer que invadiu os órgãos vizinhos, como a bexiga e o reto.

As meninas

Nas meninas, a puberdade começa, em geral, entre 8 e 13 anos. Os hormônios da hipófise estimulam os ovários a produzir outros hormônios – os estrógenos e a progesterona – e fazem os folículos ovarianos crescerem e produzirem ovócitos, como vimos anteriormente.

Um dos primeiros sinais do início da puberdade nas garotas é o aumento das mamas. Mas, às vezes, o primeiro efeito notado é o aparecimento de pelos nas axilas e na região do púbis, que com a idade se tornarão mais compridos, grossos e escuros. Os pelos dos braços e das pernas também ficam mais grossos e longos.

Algumas garotas podem ter as mamas totalmente desenvolvidas já aos 12 anos, enquanto em outras isso ocorre somente aos 19 anos ou até mais tarde. A idade em que ocorre o crescimento das mamas e o seu tamanho depende, entre outros, de fatores hereditários. Por isso é interessante conversar com familiares adultos sobre o assunto. Eles podem ajudar você a entender melhor seu corpo.

O aumento das mamas é consequência do desenvolvimento dos canais que levam leite até o mamilo e do depósito de gordura em torno desses canais. A produção de leite, no entanto, só ocorre depois de um possível parto.

Durante a puberdade, além do crescimento em altura e do aumento de massa corporal, os quadris das garotas se alargam e ganham contorno arredondado por causa dos depósitos de gordura nas nádegas e nas coxas.

A idade em que a primeira menstruação acontece varia muito. Mas, se ela ocorrer muito cedo (antes dos 8 anos) ou demorar demais (não ocorrer até os 16 anos), é bom consultar um médico. A chegada da menstruação indica que o organismo já produz gametas e é possível engravidar se ocorrerem relações sexuais desprotegidas. Cada menina se desenvolve em um ritmo próprio e, portanto, pode haver muitas diferenças físicas entre garotas da mesma idade. Veja a figura 2.31.

2.31 O desenvolvimento das pessoas se dá em ritmos diferentes. Lembre-se: não existem duas pessoas iguais. A grande variedade de indivíduos é uma característica importante da sociedade.

Desde que a mulher não se sinta indisposta por causa de reações desencadeadas no período menstrual, como cólicas ou dor de cabeça, todas as atividades cotidianas podem ser feitas normalmente.

Durante a menstruação, é importante cuidar bem da higiene pessoal, escolhendo o absorvente mais adequado. Veja a figura 2.32.

Em torno de uma semana antes da menstruação, algumas mulheres podem se sentir nervosas, ou deprimidas, com dificuldade de concentração, dor de cabeça e outros sintomas, que desaparecem depois da menstruação. É a chamada tensão pré-menstrual, ou TPM. Os sintomas variam muito de uma mulher para outra e podem ser confundidos com outros problemas. Para esclarecer as causas dos sintomas e a melhor forma de lidar com eles, é aconselhável uma consulta com o ginecologista.

2.32 Existem vários tipos de absorventes descartáveis. Tanto absorventes internos como externos podem ter variados tamanhos e composições. Cada mulher pode escolher aquele com o qual se sente melhor e mais confortável. Essa preferência pode mudar ao longo da vida das mulheres.

Cuidados especiais: mulheres

Uma vez por ano, toda mulher que já tenha menstruado deve ir ao ginecologista para fazer exames preventivos, que servem para detectar ou prevenir infecções e outras doenças. Além disso, as consultas podem ajudar a mulher a compreender melhor o próprio corpo. Veja a figura 2.33.

O médico deverá fazer o exame chamado papanicolau – em homenagem ao cientista de origem grega George Papanicolaou (1883-1962), que desenvolveu a técnica. Veja a figura 2.34. Esse exame verifica a existência de câncer no útero, revela algumas infecções e determina o nível de hormônios relacionados ao ciclo menstrual.

O câncer do colo do útero é um dos mais frequentes na população de mulheres brasileiras e a quarta causa de morte por câncer em mulheres. Por essa razão, o exame deve ser

2.33 É importante que se estabeleça uma relação de confiança com a médica ou o médico ginecologista e que a menina se sinta segura e confortável para conversar e esclarecer eventuais dúvidas.

feito periodicamente, sobretudo na faixa etária entre os 25 e os 64 anos. Mas todas as mulheres que já tiveram pelo menos uma relação sexual devem realizar o exame.

É comum ainda que o médico ginecologista peça exames de ultrassom, entre outros, que ajudam a detectar tumores na mama. O diagnóstico precoce do câncer de mama pode ser a diferença entre a vida e a morte, pois quanto mais cedo ele é descoberto maiores são as chances de cura.

É normal ocorrer um pouco de secreção vaginal, ou muco vaginal, geralmente incolor e sem cheiro e em diferentes quantidades ou consistências ao longo do ciclo menstrual, principalmente durante o período de ovulação. Entretanto, se a secreção for amarelada, rosada ou tiver mau cheiro, é possível que haja uma infecção ou outro problema e, nesse caso, deve-se procurar o médico.

2.34 Médica com *kit* de coleta de exame papanicolau.

A mulher também deve procurar o médico se sentir ardência ou dor ao urinar, passar a urinar com muita frequência, perceber o surgimento de caroços, bolhas ou verrugas na região genital, sentir dores abdominais ou, ainda, se o parceiro estiver com alguma infecção que possa ser transmitida por contato sexual.

A higiene íntima (região da vulva e dos lábios maior e menor) ajuda a prevenir irritações, corrimentos e maus odores, além de algumas infecções. Além disso, é importante tomar cuidado com os materiais que estão diretamente em contato com a região genital, como roupas íntimas, absorventes, sabonete e papel higiênico. Em caso de desconforto, pode ser necessário substituí-los.

Roupas muito justas e tecidos sintéticos fazem com que a temperatura na entrada da vagina aumente, favorecendo a produção de suor e a proliferação de bactérias que podem causar infecções. Por isso, o ideal é usar calcinhas de algodão e roupas confortáveis, que favoreçam a ventilação.

Com a cabeça a mil!

Além das transformações no corpo, a puberdade e a adolescência costumam caracterizar uma fase de contradições. A vontade de ser adulto entra em conflito com a falta de experiência e de maturidade. E o lado infantil que o jovem muitas vezes rejeita ainda persiste. Na verdade, a porção criança de cada um continuará existindo ao longo de toda a vida; só é preciso aprender a lidar com ela, já que a responsabilidade dos adultos é muito maior.

O jovem muitas vezes procura se tornar mais independente dos pais: forma seu grupo de amigos e passa a ser responsável por seus atos e suas decisões. Pode ficar confuso sobre relacionamentos e inseguro sobre o que fazer e as possíveis consequências do que fizer; quer mais liberdade, mas lhe falta experiência para tomar decisões sérias que podem envolver outras pessoas; questiona o mundo e a sociedade e revolta-se contra as regras impostas, mas ainda não sabe direito o que quer. Veja a figura 2.35.

Não faz muito tempo, acreditava-se que o cérebro já estivesse completamente formado na adolescência. No entanto, pesquisas mais recentes mostram que nessa fase as principais células do cérebro, os neurônios, começam a se rearranjar e muitas conexões novas se formam. As regiões onde ocorrem as maiores transformações estão relacionadas às emoções, à capacidade de avaliação e ao autocontrole. Portanto, não é por acaso que os adolescentes podem ter um comportamento tão impulsivo e temperamental.

A boa notícia é que durante a adolescência o cérebro vai se tornando, aos poucos, mais apto a planejar, organizar, controlar as emoções, entender os outros, fazer julgamentos. É também o período em que estamos totalmente abertos a novos conhecimentos e a trocas de experiências e vivências com outras pessoas. Veja a figura 2.36.

O cérebro, porém, não faz tudo sozinho. As mudanças acontecem também por influência do ambiente, da família, dos amigos – enfim, de tudo que vivenciamos. E, geralmente, as melhores vivências são aquelas que buscamos e escolhemos.

2.35 Para evitar que os conflitos atrapalhem esse crescimento interior, nada melhor que conversas francas com os familiares. É provável que eles também estejam apreensivos e queiram aprender a lidar com a nova etapa vivida pelos filhos.

Olesya Kuznetsova/Shutterstock

Africa Studio/Shutterstock

2.36 Adolescentes podem aprender muito com a convivência entre colegas e familiares.

Taxa de gravidez adolescente no Brasil está acima da média latino-americana e caribenha

[...]

A América Latina e o Caribe continuam sendo a sub-região com a segunda maior taxa de gravidez adolescente do mundo, afirmou relatório publicado [...] por Organização Pan-Americana da Saúde/Organização Mundial da Saúde (OPAS/OMS), Fundo das Nações Unidas para a Infância (UNICEF) e Fundo de População das Nações Unidas (UNFPA).

O relatório dá uma série de recomendações para reduzir a gravidez na adolescência, entre elas, apoiar programas multissetoriais de prevenção dirigidos a grupos em situação de maior vulnerabilidade e impulsionar o acesso a métodos anticoncepcionais e de educação sexual. [Veja a figura 2.37.]

A taxa mundial de gravidez adolescente é estimada em 46 nascimentos para cada 1 mil meninas de 15 a 19 anos, enquanto a taxa na América Latina e no Caribe é estimada em 65,5 nascimentos, superada apenas pela África Subsaariana, segundo o relatório "Aceleração do progresso para a redução da gravidez na adolescência na América Latina e no Caribe". No Brasil, a taxa é de 68,4.

[...]

No mundo, a cada ano, ficam grávidas aproximadamente 16 milhões de adolescentes de 15 a 19 anos; e 2 milhões de adolescentes menores de 15 anos.

[...]

"A falta de informação e o acesso restrito a uma educação sexual integral e a serviços de saúde sexual e reprodutiva adequados têm uma relação direta com a gravidez adolescente. Muitas dessas gestações não são uma escolha deliberada [...]", disse Esteban Caballero, diretor regional do UNFPA para América Latina e Caribe. "Reduzir a gravidez adolescente implica assegurar o acesso a métodos anticoncepcionais efetivos".

O relatório afirmou ainda que em alguns países as adolescentes sem escolaridade ou apenas com educação básica têm quatro vezes mais chances de ficar grávidas na comparação com adolescentes com ensino médio ou superior.

[...]

"Muitas meninas e adolescentes precisam abandonar a escola devido à gravidez, o que tem um impacto de longo prazo nas oportunidades de completar sua educação e se incorporar no mercado de trabalho, assim como participar da vida pública e política", disse Marita Perceval, diretora regional do UNICEF. "Como resultado, as mães adolescentes estão expostas a situações de maior vulnerabilidade e a reproduzir padrões de pobreza e exclusão social".

[...]

O relatório dá uma série de recomendações para reduzir a gravidez adolescente, que envolvem desde ações para criar leis e normas, até trabalhos de educação no nível individual, familiar e comunitário.

Entre as recomendações, o relatório sugere promover medidas e normas que proíbam o casamento infantil e as uniões precoces antes dos 18 anos; apoiar programas de prevenção à gravidez baseados em evidências que envolvam vários setores e que trabalhem com os grupos mais vulneráveis; aumentar o uso de contraceptivos.

Outras medidas incluem prevenir as relações sexuais sob coação; reduzir significativamente a interrupção de gestações em condições perigosas; aumentar o atendimento qualificado antes, durante e depois do parto; incluir as jovens no desenho e implementação dos programas de prevenção da gravidez adolescente; criar e manter um entorno favorável para a igualdade de gênero, a saúde e os direitos sexuais e reprodutivos das adolescentes.

2.37 A educação sexual é importante para que os adolescentes conheçam seu próprio corpo e saibam como evitar uma gravidez indesejada.

NAÇÕES UNIDAS NO BRASIL. Taxa de gravidez adolescente no Brasil está acima da média latino-americana e caribenha. Disponível em: <https://nacoesunidas.org/taxa-de-gravidez-adolescente-no-brasil-esta-acima-da-media-latino-americana-e-caribenha/>. Acesso em: 20 fev. 2019.

ATIVIDADES

Aplique seus conhecimentos

1 ▸ Observe a figura 2.38 e responda às questões. Ao mencionar uma estrutura que se encontra na figura, localize-a pelo número.

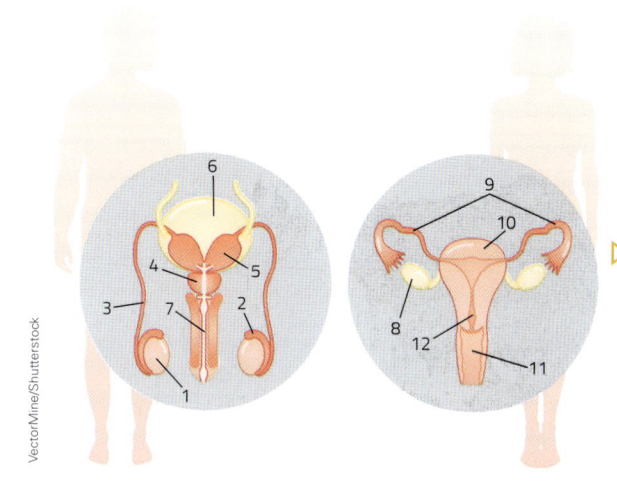

▷ **2.38** Representação dos sistemas genitais masculino (à esquerda) e feminino (à direita). (Elementos representados em tamanhos não proporcionais entre si. Cores fantasia.)

a) Onde os espermatozoides são produzidos? E onde amadurecem e adquirem mobilidade? Por que essa mobilidade é importante?

b) Em que tubo ocorre a passagem de urina? E de esperma?

c) Onde os ovócitos são produzidos?

d) Onde são produzidos os hormônios masculinos? E os femininos?

e) Onde ocorre a fecundação? E a nidação?

f) Por onde sai o bebê na hora do parto normal?

2 ▸ Indique o trajeto do espermatozoide, desde o local de sua produção até onde acontece a fecundação, identificando as estruturas numeradas da figura 2.38.

3 ▸ Observe a figura e responda às questões.

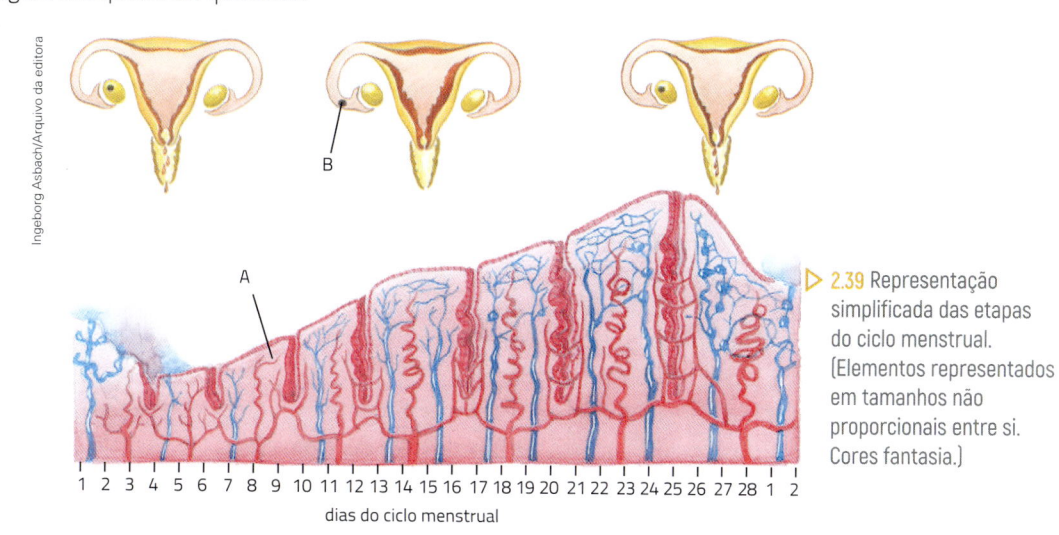

dias do ciclo menstrual

▷ **2.39** Representação simplificada das etapas do ciclo menstrual. (Elementos representados em tamanhos não proporcionais entre si. Cores fantasia.)

a) Que estrutura do útero está representada pela letra A?

b) O que está acontecendo com essa estrutura entre os dias 1 e 4 do ciclo menstrual? Como se chama esse fenômeno?

c) O que é o ponto preto indicado pela letra B? O que acontece com ele por volta do 14º dia do ciclo?

d) Ocorreu gravidez no ciclo representado pela figura? Justifique sua resposta.

4 ▸ Alguns problemas no sistema genital feminino tornam necessária a remoção dos ovários e do útero. Nesse caso, a mulher continua menstruando? Ela pode engravidar? Justifique sua resposta.

5 ▸ Que estrutura fornece alimento e oxigênio ao embrião? E qual fornece proteção contra choques mecânicos?

6 ▸ Identifique as alternativas a seguir como verdadeiras (V) ou falsas (F).

(   ) A ovulação ocorre nos primeiros dias do ciclo menstrual.

(   ) O atraso da menstruação pode indicar gravidez.

(   ) O embrião formado nos primeiros dias após a fecundação é chamado de feto.

(   ) A menstruação é a eliminação de parte da camada interna do útero.

(   ) O cordão umbilical possui vasos sanguíneos que ligam o feto à placenta.

(   ) O ciclo menstrual é controlado por hormônios da hipófise e dos ovários.

(   ) A placenta produz um hormônio que atua na gravidez.

(   ) Na cesariana, o bebê nasce pela vagina.

(   ) Após a menopausa, a mulher pode engravidar naturalmente.

(   ) A menstruação ocorre quando o ovócito secundário não é fecundado.

7 ▸ Durante a gravidez, o embrião fica mergulhado em um líquido, o líquido amniótico, formado por água e sais minerais. Como ele consegue obter gás oxigênio para se manter vivo?

8 ▸ Radiações, álcool, fumo, alguns produtos químicos e medicamentos, além de alguns vírus, podem provocar alterações nas células de um organismo, modificando até mesmo seus genes. Em que etapa da vida essas alterações são mais perigosas: no início da fase embrionária ou após a formação do feto? Justifique sua resposta.

9 ▸ Indique a ordem correta dos seguintes acontecimentos: a) fecundação; b) parto; c) ovulação; d) nidação; e) aleitamento.

10 ▸ No cordão umbilical há duas artérias (artérias umbilicais), que levam sangue do embrião para a placenta. Há também uma veia (veia umbilical), que traz sangue da placenta para o embrião. Veja na figura 2.40 que na placenta os vasos sanguíneos do embrião ficam no interior de um reservatório de sangue da mulher.

Essas artérias levam sangue rico ou sangue pobre em oxigênio? E essa veia?

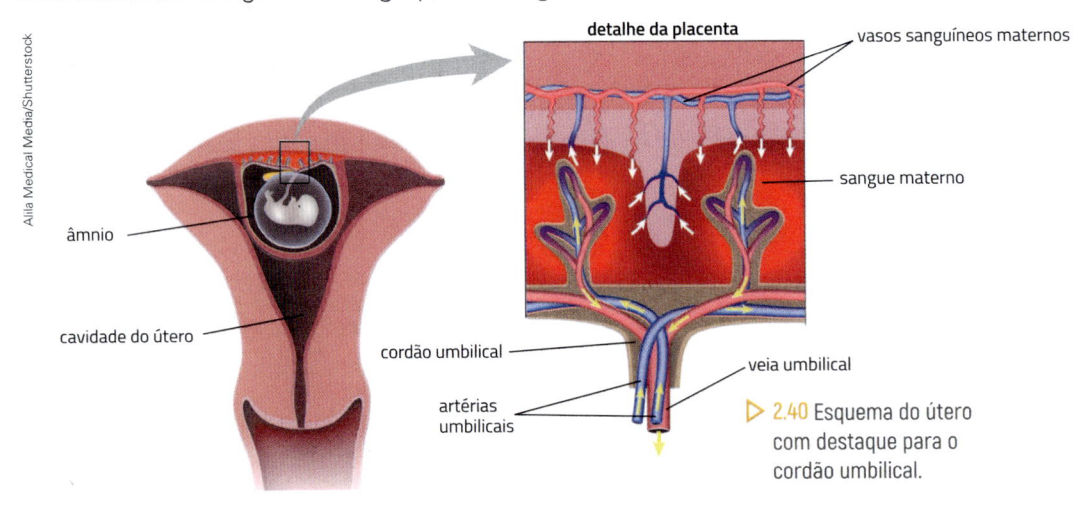

2.40 Esquema do útero com destaque para o cordão umbilical.

11 ▸ Indique as afirmativas verdadeiras (V) e as afirmativas falsas (F) sobre gêmeos.

(   ) Gêmeos idênticos são formados quando dois espermatozoides fecundam um único ovócito.

(   ) Gêmeos fraternos são geneticamente idênticos.

(   ) A formação de gêmeos idênticos se deve à separação de células originadas das divisões de um único zigoto.

(   ) Gêmeos monozigóticos poderão apresentar sexos iguais ou diferentes.

(   ) Gêmeos monozigóticos terão, obrigatoriamente, sexos iguais.

(   ) Gêmeos idênticos são também chamados de monozigóticos ou univitelinos.

(   ) Gêmeos fraternos originam-se de dois ou mais ovócitos, cada um fecundado por um espermatozoide.

(   ) Na formação de gêmeos idênticos, um ovócito foi fecundado por um espermatozoide.

12 ▸ Que mudanças físicas ocorrem no sistema genital de meninos e meninas na puberdade? Qual é a função dessas mudanças e que cuidados de higiene as pessoas devem ter com seu corpo?

A notícia a seguir aborda a relação entre os adolescentes e as redes sociais na internet. Leia o texto com atenção e, se necessário, procure no dicionário as palavras que você não conhece.

Adolescentes e redes sociais

As redes sociais mais populares são fonte de inumeráveis benefícios e vantagens para seus usuários, mas também geram efeitos colaterais pouco saudáveis. Um novo estudo, realizado entre jovens britânicos, aborda um problema muito particular: o bem-estar e a saúde mental dos usuários de tais serviços. [...]

"Os jovens que passam mais de duas horas por dia em redes sociais [...] estão mais propensos a sofrerem problemas de saúde mental, sobretudo angústia e sintomas de ansiedade e depressão", diz o estudo, realizado pela Real Sociedade de Saúde Pública do Reino Unido e pela Universidade de Cambridge. Para analisar o possível impacto sobre a juventude britânica, os especialistas estudaram as atitudes de 1500 indivíduos de 14 a 24 anos nessas redes.

Foram levados em conta 14 fatores, tanto positivos como negativos, nos quais as redes sociais poderiam impactar a vida dessa faixa etária, na qual a personalidade ainda está em formação. [Uma das redes] foi reprovada em sete desses aspectos, pois os jovens reconheciam que esse aplicativo de compartilhamento de fotos afeta muito negativamente a sua autoestima (imagem corporal), as horas de sono (algo associado a vários transtornos decorrentes de dormir pouco) e seu medo de ser excluído de eventos sociais [...].

"Ser adolescente já é suficientemente difícil, mas as pressões que os jovens enfrentam *on-line* são sem dúvida exclusivas desta geração digital. É de vital importância intervirmos impondo medidas preventivas", dizem as autoras do estudo. O relatório propõe algumas dessas medidas, como que os usuários recebam uma notificação do próprio aplicativo avisando sobre o excesso de uso, que a rede alerte quando uma foto for manipulada ou que sejam feitas campanhas de informação sobre esses riscos no âmbito escolar.

El País. 22 maio 2017. Disponível em: <https://brasil.elpais.com/brasil/2017/05/19/tecnologia/1495189858_566160.html>. Acesso em: 20 fev. 2019.

a) Quantos indivíduos foram analisados pela pesquisa? Em sua opinião, a quantidade de participantes é importante para validar um estudo? Por quê?

b) Quais foram os problemas apontados em um dos aplicativos de rede social estudados?

c) De acordo com o texto, que medidas podem ser tomadas para prevenir o impacto negativo dessas redes em jovens? Que medidas você sugere que sejam tomadas?

Trabalho em equipe

Cada grupo de estudantes vai escolher uma das atividades a seguir para pesquisar em livros, revistas ou *sites* confiáveis (de universidades, centros de pesquisa, etc.). Vocês podem buscar o apoio de professores de outras disciplinas (Geografia, História, Língua Portuguesa, etc.). Exponham os resultados da pesquisa para a classe e a comunidade escolar (estudantes, professores e funcionários da escola e pais ou responsáveis), com o auxílio de ilustrações, fotos, vídeos, blogues ou mídias eletrônicas em geral. Ao longo do trabalho, cada integrante do grupo deve defender seus pontos de vista com argumentos e respeitando as opiniões dos colegas.

1 ▸ Elaborem uma campanha, usando diferentes linguagens, como cartazes, *slides*, áudios ou vídeos, sobre a importância da amamentação para a saúde do bebê e da mãe. Pesquisem também os problemas, biológicos ou sociais, que dificultam a amamentação e sugiram medidas para minimizar esses problemas.

2 ▸ Façam um levantamento de fatores de risco e de medidas de prevenção do câncer de mama.

Autoavaliação

1. Você se sentiu confortável em estudar os temas abordados pelo capítulo?

2. De que maneira você pode usar os conteúdos que aprendeu neste capítulo para cuidar de sua saúde?

3. Como você avalia sua compreensão sobre a puberdade?

3

Sexualidade e métodos contraceptivos

Hero Images/Getty Images

3.1 Cada pessoa tem sua personalidade, sua maneira de pensar e de agir, seus valores e seus projetos de vida.

No capítulo anterior, estudamos os sistemas genitais masculino e feminino e as transformações que ocorrem na puberdade. Vimos que uma relação sexual pode ocasionar o encontro de gametas (fecundação) e a gravidez, que resulta no desenvolvimento de uma nova vida.

Mas nem todas as relações sexuais levam à gravidez. A sexualidade humana envolve sentimentos e sofre influências da cultura e do contexto social. Além disso, as relações sexuais incluem questões éticas, responsabilidade e respeito entre as pessoas envolvidas. Por isso, antes de tomar qualquer decisão, é importante refletir, conversar e se informar, até mesmo sobre os métodos para evitar a gravidez e as infecções que podem ser transmitidas pelas relações sexuais.

▶ Para começar

1. Por que é importante se conhecer e cuidar do próprio corpo, inclusive quando nos relacionamos com outra pessoa?

2. Você conhece algum dos métodos para evitar a gravidez?

3. Quais desses métodos evitam também infecções sexualmente transmissíveis?

1 A sexualidade humana

Como vimos no capítulo anterior, na puberdade o corpo passa por transformações após as quais, biologicamente, está tudo pronto para o início da vida reprodutiva: a mulher já ovula e o homem pode ejacular. Mas isso significa que jovens biologicamente aptos a se reproduzir estão prontos para o início da vida sexual?

Na espécie humana, a reprodução vai muito além do ato sexual e da união dos gametas. Geralmente, as relações sexuais envolvem desejos e sentimentos que variam conforme a cultura e a personalidade de cada um. Veja a figura 3.2.

▷ 3.2 Os seres humanos podem se envolver em diversos tipos de relacionamento. Em todos deve haver cuidado e respeito consigo mesmo e com o outro.

Uma relação sexual com uma pessoa de quem se gosta pode ser mais do que um breve momento de prazer. É uma maneira de se envolver com a outra pessoa, trocar carinho, mostrar afeto, ser companheiro e ter responsabilidades.

Em uma relação sexual saudável, é fundamental que exista respeito entre os parceiros e que ambos sejam responsáveis e estejam de acordo com as escolhas feitas. O respeito faz parte da ética envolvida nas relações entre as pessoas. Devemos sempre agir de maneira responsável, de forma a não prejudicar a nós mesmos ou a outras pessoas. Veja a figura 3.3.

Sobre esse tema, há uma conhecida regra ética que diz "não faça aos outros aquilo que não gostaria que fosse feito a você".

▽ 3.3 Muitas vezes, um relacionamento se torna mais interessante e prazeroso quando se conhece melhor a pessoa e há afinidades.

 Mundo virtual

Canal Dar Voz aos Jovens
http://www.youtube.com/user/DarVozaosJovens
Curtas-metragens que tratam de temas relacionados à educação em sexualidade e pretendem incentivar o respeito a valores, preferências, crenças religiosas e proteção de direitos.
Acesso em: 20 fev. 2019.

Química da paixão

Nós já vimos de que forma os hormônios sexuais, como o estrógeno e a testosterona, atuam nas transformações que ocorrem durante a puberdade. Muitos outros mensageiros químicos, como os neurotransmissores, agem em nosso corpo em diferentes situações ao longo de nossas vidas. Os neurotransmissores são substâncias que passam de uma célula nervosa para outra e atuam, por exemplo, nos sentimentos envolvidos em relações amorosas.

Estudos que analisaram exames de imagens retratando o cérebro de um grupo de adultos mostraram que pessoas apaixonadas apresentavam regiões mais ativas do cérebro relacionadas à dopamina, um neurotransmissor relacionado ao sentimento de bem-estar.

3.4 Quando estamos apaixonados costuma ocorrer uma mistura de sensações: ansiedade, vergonha e nervosismo.

Quando estamos apaixonados nosso cérebro fica inundado com substâncias químicas que causam respostas físicas, como aceleração dos batimentos do coração, suor nas mãos, bochechas coradas e ansiedade. Veja a figura 3.4. A paixão estimula ainda o aumento de um hormônio relacionado ao estresse, o cortisol, que pode afetar o comportamento da pessoa. Após algum tempo essas reações se estabilizam e as emoções ficam mais controladas.

Fontes: elaborado com base em EDWARDS, S. Love and the brain. *On the brain.* Disponível em: <http://neuro.hms.harvard.edu/harvard-mahoney-neuroscience-institute/brain-newsletter/and-brain-series/love-and-brain>; FÓRMULA do amor. *Folha de S.Paulo.* Disponível em: <https://www1.folha.uol.com.br/fsp/cotidian/ff06099808.htm>. Acesso em: 20 fev. 2019.

Consentimento e respeito

Ninguém deve fazer sexo se não quiser ou se não se sentir preparado para isso. Se nos tornamos sexualmente ativos sem estarmos preparados podemos sentir-nos confusos pelos sentimentos que uma relação sexual pode gerar.

O sexo, apesar de prazeroso, pode trazer consequências físicas não desejáveis, como a possibilidade de contrair uma infecção sexualmente transmissível ou então uma gravidez não planejada. Além disso, pode gerar consequências emocionais não esperadas.

As **infecções sexualmente transmissíveis (IST)** são um termo mais adequado para as **doenças sexualmente transmissíveis (DST)**, embora o termo DST ainda seja frequente nos meios de comunicação. O termo IST, em vez de DST, chama a atenção para a possibilidade de uma pessoa ter e transmitir uma infecção, mesmo sem apresentar sinais e sintomas de uma doença, como estudaremos no próximo capítulo.

É preciso saber dizer "não" e aceitar um "não". Veja a figura 3.5. Também não se deve namorar ou ter uma relação sexual só porque foi pressionado pelo parceiro ou porque seus amigos acham que já está na hora. Cada pessoa tem seus desejos e valores e deve ser respeitada.

Se você tem um namorado ou uma namorada, ou se planeja ter uma relação sexual com alguém, deve ter uma conversa sincera com seu par. Ambos precisam estar dispostos para a relação e informados sobre os métodos para evitar a gravidez e as IST.

3.5 Campanha do estado do Amapá contra o assédio no Carnaval de 2018.

Combata a discriminação!

Em todas as sociedades existe diversidade na forma como as pessoas se vestem, se expressam e se comportam em várias situações. Veja a figura 3.6.

Quando observamos as relações entre as pessoas, também vemos que existe diversidade. Há pessoas que buscam relacionamentos com pessoas do sexo oposto e se identificam como heterossexuais. Outras se relacionam com pessoas do mesmo sexo, identificando-se como homossexuais. Essas são algumas das variadas dimensões da sexualidade humana.

oneinchpunch/Shutterstock

▷ 3.6 As pessoas não são todas iguais. Elas têm características diferentes, que as tornam únicas e são importantes para a pluralidade social.

As diferenças entre mulheres e homens e a variedade de formas pelas quais a sexualidade se expressa em cada um não interferem em outras características, como o caráter, o talento ou a competência profissional. Assim, independentemente da orientação afetiva e sexual de cada um ou de como a pessoa se veste ou com quem se relaciona, é imprescindível que haja respeito entre todos.

Uma sociedade justa deve combater quaisquer formas de discriminação e preconceito.

Fontes: elaborado com base em UNICEF Brasil. Convenção sobre a Eliminação de Todas as Formas de Discriminação Contra as Mulheres (1979). Disponível em: <www.unicef.org/brazil/pt/resources_10233.htm>; ESTUDO mostra violência e falta de apoio vivenciada por jovens homossexuais. *Jornal da USP*. Disponível em: <http://jornal.usp.br/ciencias/ciencias-da-saude/estudo-mostra-violencia-e-falta-de-apoio-vivenciada-por-jovens-homossexuais>; SOCIEDADE BRASILEIRA DE PEDIATRIA. Disforia de gênero. Disponível em: <www.sbp.com.br/fileadmin/user_upload/2017/06/19706c-GP-Disforia-de-Genero.pdf>. Acesso em: 20 fev. 2019.

 **Mundo virtual**

Jornal da USP
https://jornal.usp.br/atualidades/adolescentes-iniciam-vida-sexual-cada-vez-mais-cedo/
Reportagem em áudio apresenta resultados de uma pesquisa sobre o início da vida sexual dos adolescentes.
Acesso em: 20 fev. 2019.

Relações envolvem sentimentos

Como vimos ao longo desta unidade, o sexo é a forma pela qual muitos organismos se reproduzem. O ser humano também se reproduz por meio do sexo, mas as formas como as pessoas se sentem e se relacionam sexualmente são únicas da nossa espécie.

Os sentimentos dizem respeito ao que uma pessoa tem de mais íntimo. São eles – aliados à nossa maneira de ver o mundo, de pensar – que fazem uma pessoa ser quem ela é. Pode até haver pessoas parecidas, mas o jeito como cada uma sente é muito particular.

Lidar com os próprios sentimentos faz parte da vida de qualquer pessoa. Se pudermos aceitar e entender os sentimentos que estão em nós, será mais fácil lidar com eles e compreender melhor as outras pessoas e a nós mesmos.

Quando gostamos de alguém que não nos corresponde é comum ficarmos triste ou até com raiva. Mas é necessário respeitar o outro sempre, mesmo quando um relacionamento não dá certo. Veja a figura 3.7.

Mixmike/iStockphoto/Getty Images

▷ 3.7 É comum que existam desentendimentos nos relacionamentos, ou que eles acabem antes do esperado. Mas mulheres e homens devem ser respeitados com relação a suas ideias e vontades. Ninguém pode impor um relacionamento ao parceiro.

Não existem receitas para namorar nem para evitar um "fora", muito menos para ser feliz. Se tudo já estivesse definido, sem novidades e imprevistos, será que a vida teria alguma graça?

Estar com uma pessoa de quem se gosta é fazer uma série de descobertas a respeito dela: o que ela pensa, como ela sente, o que imagina, o que sonha. E é também fazer descobertas sobre si mesmo, pois em um relacionamento muitas vezes podemos demonstrar, com conversas e atitudes, quem somos. Conversar costuma contribuir muito para um relacionamento saudável: falar com o parceiro sobre seus sentimentos, medos e sonhos de forma sincera e honesta.

Compartilhar com alguém momentos da vida – e, quem sabe, mais tarde, a vida inteira – pode ser muito bom. Veja a figura 3.8. Mas ninguém é obrigado a ficar ou namorar, e quem não namora não deve se sentir infeliz.

YanLev/Shutterstock

3.8 Quando duas pessoas compartilham sentimentos bons, elas podem vivenciar momentos alegres juntas.

 Minha biblioteca

Altos papos sobre sexo: dos 12 aos 80 anos, de Laura Muller. Editora Globo, 2009.
Com esse livro, a autora discute questões específicas de cada fase do desenvolvimento físico e emocional de mulheres e homens, além de tratar de temas como homossexualidade, dificuldades sexuais, etc.

Divulgação/Arquivo da editora

Relacionamentos e felicidade

Vários estudos científicos indicam que, em relação à conquista da felicidade, mais importante do que o dinheiro, por exemplo, são as relações pessoais, a família, as amizades. Desde que uma pessoa tenha o suficiente para suas necessidades básicas (comida, abrigo, vestimentas), o aumento de ganhos materiais não contribui muito para a felicidade: ela depende mais dos laços de amizade e da união com outras pessoas. Veja a figura 3.9.

Os estudos indicam também que, ao ajudarmos os outros, estamos cultivando amizades e aumentando nosso próprio nível de felicidade. A maioria dos indivíduos que se dedicam à busca excessiva de bens materiais e desconsideram outras pessoas tem dificuldade de manter ligações de amizade e de união. Por mais que as aparências indiquem o contrário, essas pessoas geralmente não são felizes.

3.9 A qualidade das relações entre as pessoas é fundamental para que elas sejam felizes.

O estresse é um fator que atrapalha muito nossa busca pela felicidade. Chamamos de estresse o estado de tensão que toma conta de uma pessoa quando algo ameaça (ou ela pensa que ameaça) seu bem-estar.

É normal experimentar um pouco de estresse no dia a dia. Isso não quer dizer que vamos ter problemas por causa disso. Mas, se a situação que provoca o estresse persiste por muito tempo ou se repete constantemente, a pessoa pode se sentir mal, ficando permanentemente tensa, nervosa, e até apresentar problemas físicos.

Cada um precisa descobrir seu jeito particular de lidar com essas situações de forma saudável. Reservar um tempo para o lazer, praticar exercícios físicos, divertir-se com um companheiro, com amigos e familiares são medidas que ajudam a relaxar e a combater esse mal dos dias atuais. Veja a figura 3.10.

Diferentemente do que pode parecer em curto prazo, o álcool e outras substâncias psicoativas não ajudam a alcançar a felicidade nem ajudam a aliviar o estresse. Eles podem causar alívio momentâneo, pois provocam aumento rápido da liberação de dopamina, neurotransmissor envolvido nas sensações de prazer.

Além disso, o uso frequente de substâncias psicoativas faz com que seja mais difícil encontrar prazer em coisas simples do cotidiano, como visitar um amigo ou apreciar uma paisagem. Por isso, o uso dessas substâncias comumente afasta os usuários de seu círculo social e, como vimos, essas relações são fundamentais para nos sentirmos felizes.

3.10 Fazer atividades físicas com amigos ou familiares é uma forma de combater o estresse.

Fontes: elaborado com base em LYUBOMIRSKY, S. Does Money Really Buy Happiness? *Psychology Today*. Disponível em: <www.psychologytoday.com/blog/how-happiness/201409/does-money-really-buy-happiness>; VARELLA, D. Dependência química: neurobiologia das drogas. *Drauzio*. Disponível em: <https://drauziovarella.com.br/drauzio/artigos/dependencia-quimica-neurobiologia-das-drogas>. Acesso em: 20 fev. 2019.

2 Métodos contraceptivos

O nascimento de um filho traz muitas responsabilidades para os pais e familiares. Nem todas as pessoas, sobretudo quando são muito jovens, estão prontas para cuidar de uma criança e educá-la ao longo da vida.

Tanto o pai quanto a mãe terão de assumir um papel para o qual talvez ainda não estejam preparados. A atuação dos futuros pais já começa durante a gestação, com o acompanhamento pré-natal. Veja a figura 3.11.

Para que ambos participem dessa etapa, é fundamental que a gravidez não seja escondida do parceiro ou da família. Também é preciso levar em conta as questões econômicas, de moradia, de saúde, de continuidade dos estudos, da futura profissão de cada um, entre outras.

A gravidez e os cuidados com o bebê são trabalhosos e tomam bastante tempo. Na adolescência essas atividades podem prejudicar os estudos e o início de uma carreira profissional.

3.11 Além de preparar a futura mãe para a maternidade, o pré-natal é fundamental para a prevenção e a detecção precoce de patologias tanto maternas quanto fetais.

Para evitar a concepção (geração) de filhos em momentos não planejados, há vários métodos, chamados **métodos contraceptivos** ou **anticoncepcionais**. Veja a figura 3.12. Um desses métodos, o uso de preservativos, também é importante para evitar IST.

Para conhecer a eficácia de um método contraceptivo avalia-se a taxa de falhas, isto é, o percentual de mulheres que ficam grávidas por ano usando o método em duas situações: quando o método é usado sempre e da forma correta e quando o método não é usado sempre ou não é usado da forma correta. Essa segunda situação faz com que a taxa de falhas seja maior.

Por isso, em determinados casos, apresentaremos as duas taxas: a primeira quando usado de forma correta e a segunda quando isso não acontece.

> Infecções sexualmente transmissíveis podem ser causadas por vírus ou microrganismos, que estudamos no 7º ano, como bactérias, protozoários e fungos. As IST serão estudadas no próximo capítulo.

3.12 Deve-se consultar um médico para escolher o método contraceptivo mais adequado, pois alguns podem trazer riscos à saúde, dependendo das características de cada pessoa.

Mundo virtual

Orientação dos principais contraceptivos durante a adolescência – Adolescência e saúde
http://www.adolescenciaesaude.com/detalhe_artigo.asp?id=218
O artigo, da ginecologista Isabel Bouzas e colaboradores, analisa diferentes métodos contraceptivos, considerando o uso por adolescentes. Acesso em: 20 fev. 2019.

Ideias falsas sobre sexo

Existem pessoas que acreditam em ideias falsas sobre a possibilidade de engravidar: "É difícil engravidar na primeira relação."; "Uma ducha vaginal após a relação tira os espermatozoides do corpo da mulher."; "Ter relação em pé impede a fecundação."; "A mulher só engravida se tiver orgasmo."; "A pílula funciona mesmo quando tomada só no dia da relação.". Nenhuma dessas frases é verdadeira.

Algumas pessoas acreditam que para não engravidar basta, durante a relação sexual, retirar o pênis antes de ejacular. É o chamado coito interrompido. No entanto, este procedimento não é seguro. Primeiro, porque o homem precisa ter muito controle e atenção para retirar o pênis antes de ejacular. Segundo, porque existe a possibilidade de sair um pouco de líquido antes da ejaculação já contendo espermatozoides. Por isso, esse método não deve ser usado quando não se quer engravidar.

Agora, um bom conselho que não é uma ideia falsa: antes de começar sua vida sexual, consulte um médico.

Camisinha

A **camisinha**, também chamada **preservativo**, pode ser de dois tipos: masculina e feminina.

A **camisinha masculina**, ou **preservativo masculino**, é um cilindro oco de borracha fina (geralmente látex) que deve ser colocado no pênis ereto antes da penetração. Para pessoas alérgicas ao látex, existem preservativos feitos com outros materiais. A camisinha retém o esperma ejaculado durante a relação sexual, o que impede a fecundação (taxas de falhas: 3% e 14%). Veja a figura 3.13.

> **⚠ Atenção**
>
> As informações deste capítulo têm o objetivo de apresentar os diversos métodos contraceptivos. A escolha do método mais adequado para cada pessoa e o esclarecimento de dúvidas relacionadas a ele devem ser feitos por um médico.

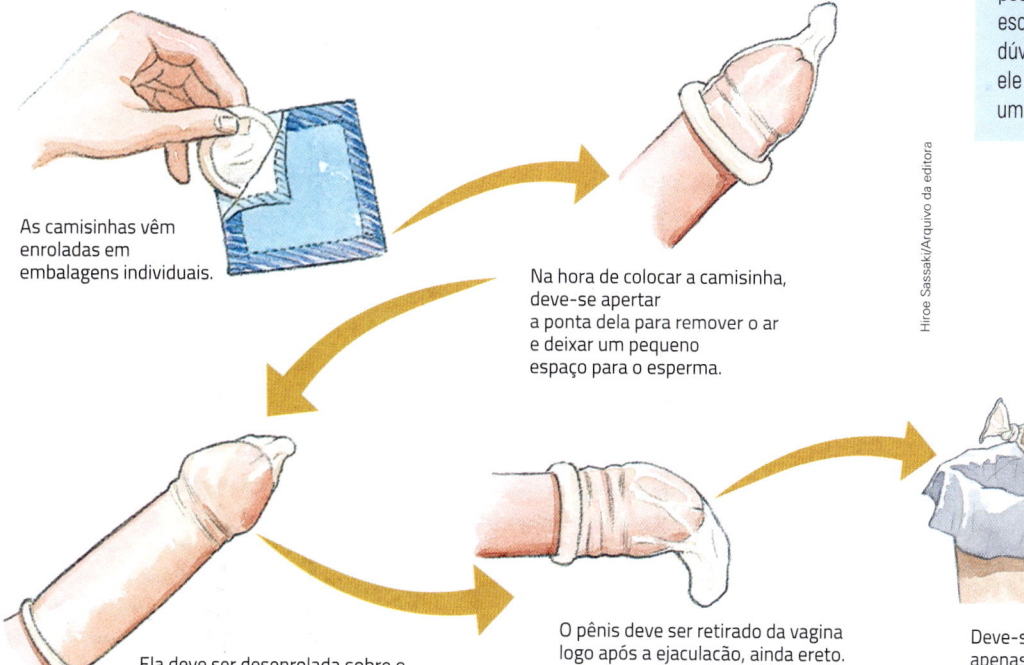

As camisinhas vêm enroladas em embalagens individuais.

Na hora de colocar a camisinha, deve-se apertar a ponta dela para remover o ar e deixar um pequeno espaço para o esperma.

Ela deve ser desenrolada sobre o pênis. Deve-se ter cuidado para não rasgar ou furar a camisinha com a unha ou anéis.

O pênis deve ser retirado da vagina logo após a ejaculação, ainda ereto. Ao retirar o pênis, deve-se segurar a camisinha pela borda, para evitar vazamentos.

Deve-se usar a camisinha apenas uma vez e então jogá-la no lixo, dando um nó perto da abertura.

Hiroe Sassaki/Arquivo da editora

3.13 Representação de como deve ser o uso da camisinha masculina. Não se deve aplicar vaselina nem produtos à base de óleo na camisinha, porque eles podem enfraquecer o látex e fazer com que ela se rompa. Só se podem usar lubrificantes à base de água. (Elementos representados em tamanhos não proporcionais entre si. Cores fantasia.)

A **camisinha feminina**, ou **preservativo feminino**, é um tubo de poliuretano ou de látex sintético que deve ser encaixado na vagina antes da relação sexual (taxas de falhas: 1,6% e 21%). Veja a figura 3.14.

Para evitar a gravidez e proteger contra diversas IST, o preservativo (masculino ou feminino) deve ser colocado antes de haver contato entre os genitais das pessoas envolvidas. É preciso também verificar o prazo de validade indicado na embalagem.

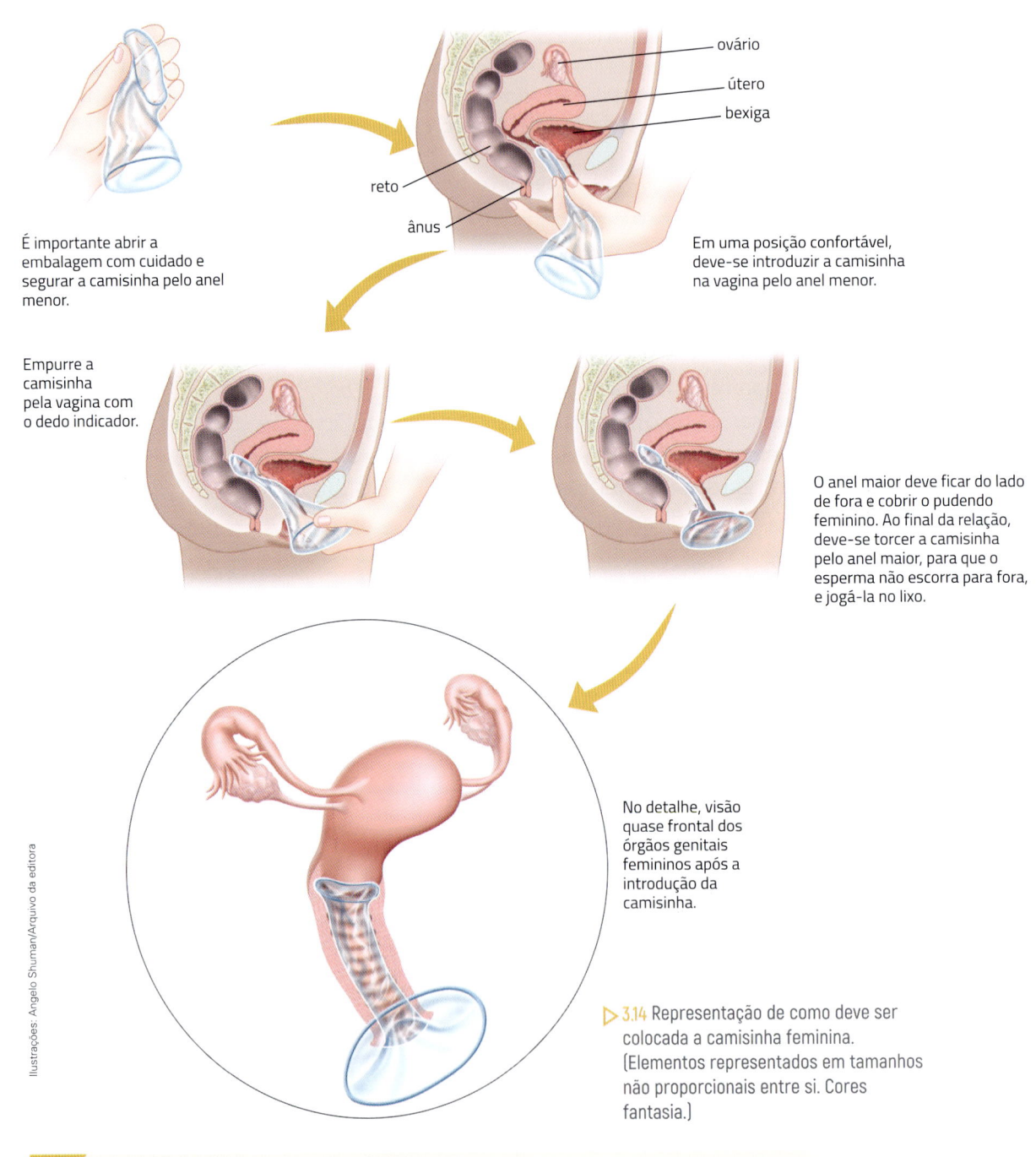

É importante abrir a embalagem com cuidado e segurar a camisinha pelo anel menor.

Em uma posição confortável, deve-se introduzir a camisinha na vagina pelo anel menor.

Empurre a camisinha pela vagina com o dedo indicador.

O anel maior deve ficar do lado de fora e cobrir o pudendo feminino. Ao final da relação, deve-se torcer a camisinha pelo anel maior, para que o esperma não escorra para fora, e jogá-la no lixo.

No detalhe, visão quase frontal dos órgãos genitais femininos após a introdução da camisinha.

▷ 3.14 Representação de como deve ser colocada a camisinha feminina. (Elementos representados em tamanhos não proporcionais entre si. Cores fantasia.)

Ilustrações: Angelo Shuman/Arquivo da editora

 Mundo virtual

Preservativo – Ministério da Saúde
http://www.aids.gov.br/pt-br/publico-geral/prevencao-combinada/preservativo
Texto informando sobre a importância dos preservativos, onde obtê-los gratuitamente e como usá-los.
Acesso em: 20 fev. 2019.

As camisinhas são distribuídas gratuitamente em postos de saúde, além de serem vendidas em farmácias e supermercados, sem a necessidade de apresentar receita para comprá-las. Veja a figura 3.15.

As camisinhas não trazem riscos para a saúde e, além de evitar a gravidez, apresentam uma vantagem sobre outros métodos contraceptivos: se usadas corretamente (as embalagens dos preservativos trazem instruções sobre seu uso), protegem contra diversas IST, como a aids. Além disso, na camisinha feminina, a parte que fica para fora da vagina recobre também a região do pudendo feminino (vulva).

3.15 Distribuição gratuita de preservativo na Unidade Básica de Saúde Boraceia em São Paulo (SP), 2017.

Os preservativos podem falhar, sobretudo quando o produto está vencido, ou quando há problemas no armazenamento e no manuseio. Guardar a camisinha em locais quentes, por exemplo, pode comprometer sua eficácia. Além disso, o uso da camisinha associado a lubrificantes oleosos pode provocar sua ruptura. Se for necessário usar um lubrificante associado à camisinha, ele deve ser à base de água, para que não interfira na eficácia do uso do preservativo.

Existem produtos que podem ser usados junto com a camisinha, como os cremes ou géis lubrificantes à base de água, que facilitam a penetração, e os **espermicidas**, que destroem os espermatozoides e aumentam a eficiência da camisinha. Há também camisinhas que já vêm lubrificadas.

Os espermicidas têm eficácia baixa (taxas de falhas: 6% e 26%) quando usados isoladamente. Por isso, devem ser usados em associação com a camisinha ou outros métodos contraceptivos.

Os preservativos masculino e feminino (veja a figura 3.16) não devem ser usados ao mesmo tempo, pois eles podem sair do lugar ou se romper. Caso haja falha do preservativo, comunique um médico o quanto antes para que ele lhe faça as recomendações necessárias.

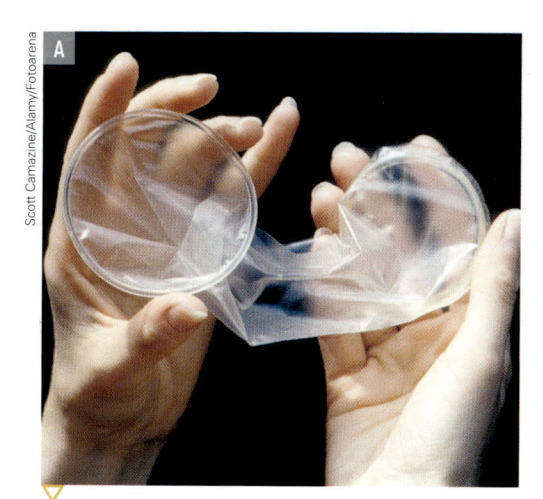

3.16 Em **A**, preservativo feminino e, em **B**, preservativo masculino parcialmente desenrolado e totalmente desenrolado. (Os elementos representados nas fotografias não estão na mesma proporção.)

Pílulas e outros anticoncepcionais hormonais

A **pílula anticoncepcional** mais comum é a **pílula combinada**. Veja a figura 3.17. Ela contém hormônios sintéticos semelhantes ao estrógeno e à progesterona, produzidos pelos ovários. A pílula anticoncepcional inibe a secreção dos hormônios da hipófise que provocam a ovulação, impedindo a formação do óvulo. Se usada corretamente, de acordo com as instruções médicas, é um método muito eficiente para evitar a gravidez (taxas de falhas: 0,1% e 8%).

Já a **minipílula** é feita com apenas um hormônio, semelhante à progesterona, e deve ser tomada diariamente no mesmo horário. Com taxas de falhas de 3% e 10%, a minipílula é indicada especialmente para mulheres que têm problemas com a pílula comum ou que estão amamentando. Mas é necessário tomar os mesmos cuidados da pílula combinada.

Muitas mulheres se esquecem de tomar a pílula no horário correto, ou tomam outros medicamentos que podem interferir na ação da pílula. Variações como essas comprometem a eficácia do método. Outra opção é tomar hormônios na forma de injeção: são os **anticoncepcionais injetáveis**. Veja a figura 3.18. A vantagem é que a mulher só precisa tomar uma injeção mensalmente ou a cada três meses, dependendo do tipo de produto. A taxa de falhas varia entre 0,1% e 0,6%.

Também se pode optar pelo **implante subcutâneo**: o médico introduz seis pequenos tubos de plástico (com pouco mais de 3 cm de comprimento cada um), sob a pele do braço. Esses tubinhos contêm hormônios, que são liberados no sangue durante cerca de três anos. A taxa de falhas é de 0,05%. Veja a figura 3.19.

MRAORAOR/Shutterstock

▽ 3.17 A pílula é um método contraceptivo eficaz, quando indicada pelo médico para mulheres que não apresentam contraindicação, como problemas circulatórios.

Aleksandra Suzi/Shutterstock

Image point Fr/Shutterstock

▽ 3.18 A aplicação de anticoncepcionais injetáveis deve ser realizada por profissionais da saúde especializados.

▷ 3.19 O implante hormonal deve ser colocado por um profissional da saúde. Sob a pele, ele fica invisível. (Elementos representados em tamanhos não proporcionais entre si. Cores fantasia.)

Hiroe Sassaki/Arquivo da editora

Há ainda o **adesivo transdérmico**, que libera hormônios na pele e deve ser trocado semanalmente (taxas de falhas: 0,5% e 0,8%). Já o **anel vaginal** (taxas de falhas: 0,4% e 1,2%) é colocado na vagina e deve ser trocado todo mês. Veja a figura 3.20.

A eficácia de todos os anticoncepcionais hormonais é semelhante à da pílula combinada e, assim como ela, não protegem contra IST.

Quem pretende usar anticoncepcionais hormonais deve procurar um médico, pois eles podem causar problemas no organismo e provocar efeitos colaterais, como problemas circulatórios, e não são recomendados para todas as mulheres. Além disso, o médico dará as instruções de como usar cada tipo de anticoncepcional de maneira adequada.

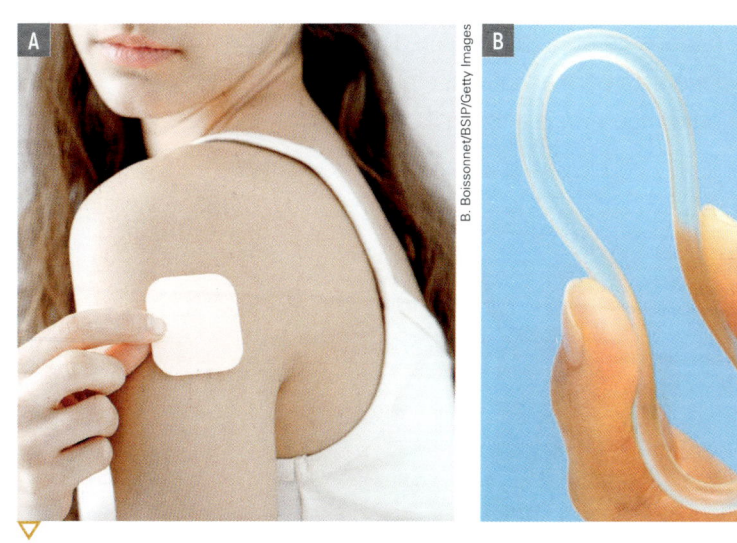

3.20 Em **A**, aplicação de adesivo anticoncepcional. Em **B**, anel vaginal, também usado como método contraceptivo.

Conexões: Ciência e saúde

Combinação de anticoncepcional e cigarro pode causar derrame e trombose

A agente de trânsito de Brasília que pediu para não se identificar é fumante e usa anticoncepcional. Há quase um ano, ela sofreu um derrame, mas não teve sequelas. "Na verdade, eu não falei para o médico que eu fumava. Eu só fumo quando estou bebendo, mas eu não falei para o médico que eu fumava. Eu não falei nada. [...]. Você quer saber a verdade mesmo? Eu não penso em falar porque eu não penso em parar, então ele vai me mandar parar. Por isso que eu não penso em falar."

O médico pneumologista da Divisão de Controle do Tabagismo do INCA [...], Instituto Nacional do Câncer, Ricardo Meirelles, explica que o derrame sofrido pela agente de trânsito pode ter sido provocado pela combinação do cigarro com anticoncepcional. "Mulheres que fumam e usam pílula anticoncepcional [...] têm um risco maior de ter problemas vasculares e ter até trombose, então, têm que ter muito cuidado e serem sempre avaliadas pelo seu médico. Então, a associação do anticoncepcional com o tabagismo propicia um aumento muito grande dessa possibilidade de ter um derrame cerebral, da mulher ter um infarto agudo do miocárdio. Então, se a mulher é fumante e usa o anticoncepcional, ela tem que parar um dos dois. De preferência o cigarro. Mas ela não pode fumar e usar o anticoncepcional porque ela está usando uma bomba-relógio que pode explodir a qualquer momento e [...] ter um problema sério de saúde."

O Sistema Único de Saúde acolhe as mulheres que usam anticoncepcional e não conseguem parar de fumar. O pneumologista do INCA, Ricardo Meirelles, conta que existem mais de 23 mil equipes de saúde que oferecem tratamento de graça para quem quer interromper o vício. "Tabagismo é uma doença e existe um tratamento. Esse tratamento já está [...] na rede SUS há mais de dez anos. Então, existem várias unidades de saúde públicas no seu município que têm profissionais capacitados a prestar o tratamento do tabagismo, através de orientações, através de tratamento individual em grupos de apoio com tratamento específico e com medicamentos que vão diminuir os sintomas da falta de nicotina no cérebro, [...] fazendo com que o fumante entenda como parar de fumar, como resistir à vontade de fumar e, principalmente, como viver sem cigarro."

[...]

LOURENÇO, D. Combinação de anticoncepcional e cigarro pode causar derrame e trombose. *Agência Saúde*. Disponível em: <www.blog.saude.gov.br/index.php/35310-combinacao-de-anticoncepcional-e-cigarro-pode-causar-derrame-e-trombose>. Acesso em: 20 fev. 2019.

Dispositivo intrauterino (DIU)

O **dispositivo intrauterino** (**DIU**) mais comum é uma pequena peça de plástico recoberta de cobre que deve ser colocada e retirada do útero por um médico. Para verificar se o dispositivo está bem adaptado, é preciso consultar o médico periodicamente. Veja a figura 3.21.

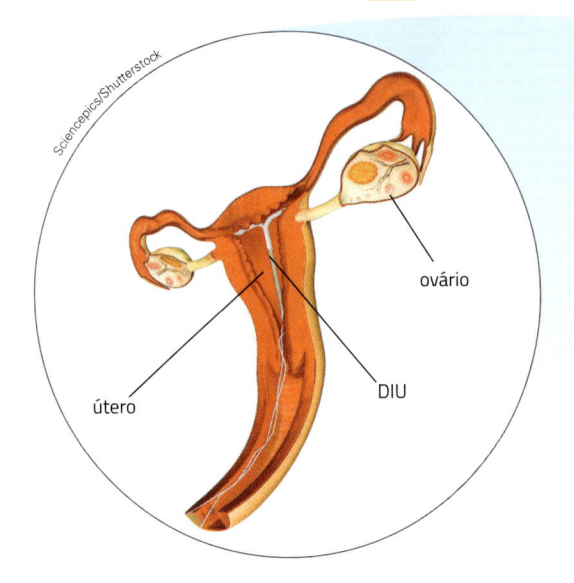

 3.21 DIU de cobre e ilustração de sua posição no útero. (Elementos representados em tamanhos não proporcionais entre si. Cores fantasia.)

O cobre destrói parte dos espermatozoides que tenham penetrado nas tubas uterinas e impede que outros cheguem ao ovócito e o fecundem. Caso haja fecundação, o DIU vai impedir a fixação do embrião no útero. Há ainda um tipo de DIU que libera um hormônio sintético, semelhante à progesterona. Veja a figura 3.22.

É um método eficaz (taxas de falhas: 0,6% e 1,4%, dependendo do tipo de DIU), porém pode provocar cólicas, dores e sangramentos e o organismo pode expulsar o DIU. Seu uso também aumenta o risco de contrair infecções no sistema genital que, se não forem rapidamente tratadas, podem provocar esterilidade. Além disso, o DIU não pode ser usado diante de suspeita de gravidez ou de gravidez confirmada, na presença de tumores no útero ou se houver sangramentos vaginais de causa desconhecida. Por isso, mulheres que utilizam esse dispositivo devem estar atentas aos sinais do corpo e consultar o médico periodicamente para verificar se não há problemas. Quando bem adaptado ao organismo, esse método pode ter duração de vários anos dependendo do tipo de DIU. Vale lembrar que, assim como os anticoncepcionais hormonais, o DIU não protege contra IST.

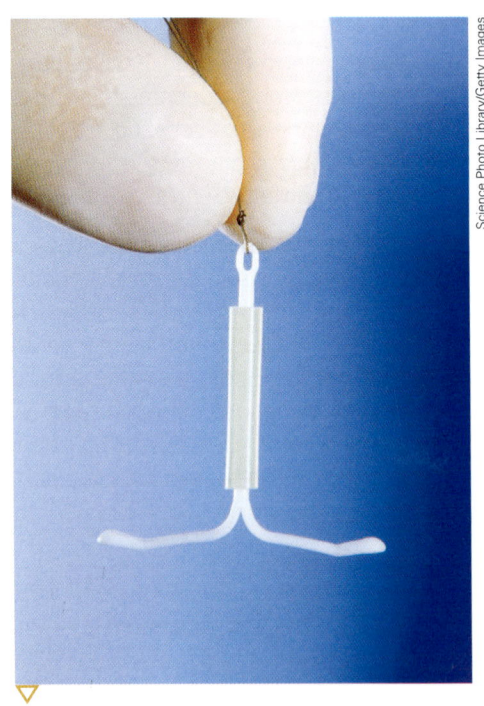

3.22 DIU que libera um hormônio sintético semelhante à progesterona.

Mundo virtual

Métodos anticoncepcionais: sexo não precisa ser sinônimo de gravidez – Programa Viva Legal
http://www.youtube.com/watch?v=bRVSr4QL5Z0
O vídeo, produzido pelo Ministério da Saúde, apresenta as vantagens e desvantagens dos métodos contraceptivos. Acesso em: 20 fev. 2019.

Saúde sexual e saúde reprodutiva

A atenção em saúde sexual e em saúde reprodutiva é uma das áreas de atuação prioritárias da Atenção Básica à Saúde. [...]

Desenvolver esse trabalho não é tarefa simples, tendo em vista a alta complexidade que envolve o cuidado dos indivíduos e famílias inseridos em contextos diversos, em que é imprescindível realizar abordagens que considerem os aspectos sociais, econômicos, ambientais, culturais, entre outros, como condicionantes e/ou determinantes da situação de saúde.

Isso exige uma nova postura e qualificação profissional, com enfoque não só para o indivíduo, mas também para a família e a comunidade, lembrando que, no contexto atual, as famílias assumem diferentes conformações, não apenas aquela de grupo nuclear específico, formado por pai, mãe e filhos. Além disso, é importante compreender a família também como um espaço emocional e social, onde podem se reproduzir as mais diversas formas de relações da sociedade.

Contextualizando a priorização da saúde sexual e da saúde reprodutiva na Atenção Básica, vale ressaltar que entre os oito Objetivos de Desenvolvimento do Milênio definidos na Conferência do Milênio, realizada pela Organização das Nações Unidas (ONU) em setembro de 2000, quatro possuem relação direta com a saúde sexual e com a saúde reprodutiva: a promoção da igualdade entre os sexos e a autonomia das mulheres; a melhoria da saúde materna; o combate ao HIV/Aids, malária e outras doenças; e a redução da mortalidade infantil.

No Brasil, o Pacto pela Saúde, firmado entre os gestores do Sistema Único de Saúde (SUS), a partir de 2006, também inclui, entre as suas prioridades, algumas que possuem pontos de correlação com a saúde sexual e com a saúde reprodutiva: redução da mortalidade infantil e materna, controle do câncer de colo de útero e da mama, saúde do idoso, promoção da saúde e o fortalecimento da Atenção Básica.

[...]

Observa-se, no entanto, que as ações voltadas para a saúde sexual e a saúde reprodutiva, em sua maioria, têm sido focadas mais na saúde reprodutiva, tendo como alvo a mulher adulta, com poucas iniciativas para o envolvimento dos homens. E, mesmo nas ações direcionadas para as mulheres, predominam aquelas voltadas ao ciclo gravídico-puerperal e à prevenção do câncer de colo de útero e de mama.

É preciso ampliar a abordagem para outras dimensões que contemplem a saúde sexual em diferentes momentos do ciclo de vida e também para promover o efetivo envolvimento e corresponsabilidade dos homens. [...]

BRASIL. Ministério da Saúde. *Saúde sexual e saúde reprodutiva*. Brasília: Ministério da Saúde, 2013. (Cadernos de Atenção Básica, n. 26). Disponível em: <http://bvsms.saude.gov.br/bvs/publicacoes/saude_sexual_saude_reprodutiva.pdf>. Acesso em: 20 fev. 2019.

Assessoria de Comunicação do Ministério da Saúde/Governo Federal

SEM PROTEÇÃO, UM RESFRIADO PASSA. JÁ A AIDS NÃO.

AIDS AINDA NÃO TEM CURA.

A VIDA É MELHOR SEM AIDS. PROTEJA-SE. USE SEMPRE CAMISINHA.

▷ 3.23 Campanha lançada pelo Ministério da Saúde para incentivar o uso de camisinha em todas as relações sexuais.

Abstinência periódica

Também chamado **método comportamental**, **de tabela** ou **tabelinha**, consiste em evitar relações sexuais (abstinência) durante o período fértil.

Quando você estudou o ciclo menstrual no capítulo anterior, viu que a ovulação ocorre geralmente na metade desse período, ou seja, se a mulher tiver um ciclo de 28 dias, a ovulação vai ocorrer no 14º dia do ciclo. Veja a figura 3.24. Porém, essa é uma estimativa, já que a ovulação pode ocorrer antecipadamente ou depois do dia previsto.

> 3.24 Mulheres que têm o ciclo menstrual regular podem recorrer ao método da abstinência periódica. Existem aplicativos que ajudam a registrar os períodos do ciclo e melhoram a eficiência do método.

Deve-se levar em conta que o ovócito sobrevive na tuba uterina por cerca de 24 horas apenas e que o espermatozoide sobrevive, em média, três dias. Portanto, considerando um ciclo menstrual estritamente regular, para evitar a gravidez, a mulher não deve ter relações três dias antes da ovulação nem dois dias depois. No entanto, a maioria das mulheres não tem um ciclo estritamente regular, o que dificulta a previsão do período fértil com precisão. O método não é indicado sobretudo para adolescentes, que costumam ter ciclos menstruais mais irregulares.

A abstinência periódica apresenta baixa eficácia, falhando em até cerca de 20% dos casos quando não é usada sempre ou não é usada da forma correta. Além disso, o método comportamental não protege contra IST.

Para tentar diminuir a insegurança do método da tabela, pode-se calcular o dia da ovulação acompanhando diariamente a temperatura corporal ao acordar, além de observar o aspecto da secreção vaginal. Na época da ovulação, a temperatura aumenta, em média, de 0,3 °C a 0,5 °C, e a secreção vaginal fica pegajosa, parecida com clara de ovo.

Apesar de não ter efeitos colaterais para a saúde da mulher, em geral esse método apresenta baixa eficácia. São necessários também uma orientação detalhada do médico e muito treinamento, disciplina e motivação por parte do casal.

Diafragma

O **diafragma** é um capuz de borracha flexível reutilizável que deve ser colocado na entrada do útero pela mulher antes da relação sexual. Ele bloqueia a passagem dos espermatozoides. Veja a figura 3.25.

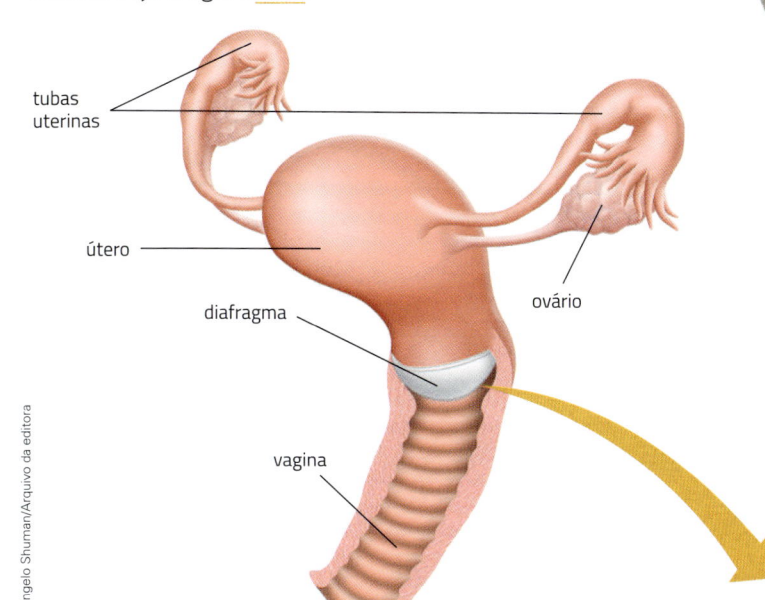

Angelo Shuman/Arquivo da editora

Lalocracio/iStockphoto/Getty Images

▽
3.25 Diafragma e, à esquerda, esquema de seu posicionamento no colo do útero. Abaixo, representação de aplicação de espermicida em diafragma, o que aumenta sua eficácia. (Elementos representados em tamanhos não proporcionais entre si. Cores fantasia.)

Há vários tamanhos e tipos de diafragma. Só o médico pode determinar qual é o mais apropriado para cada mulher, além de dar instruções sobre o modo de usar. Para aumentar a eficiência do diafragma, deve-se lubrificar as bordas com espermicida e só retirá-lo no mínimo seis horas e no máximo 24 horas após o ato sexual, pois há risco de infecção.

Se ocorrer uma nova relação sexual depois de duas horas, deve-se aplicar um pouco mais de espermicida na vagina, sem tirar o diafragma. Esse cuidado é necessário porque o produto perde a eficácia com o passar das horas.

Depois de usado, o diafragma deve ser lavado com água e sabão neutro ou higienizado conforme as recomendações do produto, seco e guardado no estojo para ser reutilizado. É importante verificar se ele está furado: para isso basta observá-lo contra a luz ou enchê-lo de água.

A cada ano ou ano e meio o médico deverá avaliar se o modelo escolhido continua sendo o mais adequado, já que uma gravidez, certas cirurgias ou mudanças de peso podem alterar a medida e a posição do útero.

O diafragma não costuma causar problemas no organismo, mas pode aumentar a chance de infecção urinária. No entanto, é menos eficiente que os anticoncepcionais hormonais e o DIU. Primeiro, porque pode ser colocado em posição incorreta. Segundo, porque pode sair da posição correta durante o ato sexual. As taxas de falhas são 6% e 20%; isso significa que, se usado de forma incorreta, de 100 mulheres que usam o diafragma como método contraceptivo durante o período de um ano, 20 acabam engravidando.

Planejamento familiar

Assegurado pela Constituição Federal e também pela Lei n. 9263, de 1996, o planejamento familiar é um conjunto de ações que auxiliam as pessoas que pretendem ter filhos e também quem prefere adiar o crescimento da família.

"Além de prevenir a gravidez não planejada, as gestações de alto risco e a promoção de maior intervalo entre os partos, o planejamento familiar proporciona maior qualidade de vida ao casal, que tem somente o número de filhos que planejou", ressalta Patrícia Albuquerque, enfermeira obstetra do setor de planejamento familiar da Universidade Federal de São Paulo (Unifesp).

Segundo dados da Organização das Nações Unidas (ONU), os programas de planejamento familiar foram responsáveis pela diminuição de um terço da fecundidade mundial, entre os anos de 1972 e 1994.

A Organização Mundial da Saúde (OMS) aponta que 120 milhões de mulheres no mundo desejam evitar a gravidez. Apesar disso, nem elas nem seus parceiros usam métodos contraceptivos.

No Brasil, a Política Nacional de Planejamento Familiar foi criada em 2007. Ela inclui oferta de oito métodos contraceptivos gratuitos e também a venda de anticoncepcionais a preços reduzidos na rede Farmácia Popular.

Toda mulher em idade fértil (de 10 a 49 anos de idade) tem acesso aos anticoncepcionais nas Unidades Básicas de Saúde, mas em muitos casos precisa comparecer a uma consulta prévia com profissionais de saúde. A escolha da metodologia mais adequada deverá ser feita pela paciente, após entender os prós e contras de cada um dos métodos.

Em 2008, o Ministério da Saúde alcançou a marca histórica de distribuir esses dispositivos em todos os municípios do território nacional. No ano seguinte, a política foi ampliada e houve maior acesso a vasectomias e laqueaduras, métodos definitivos de contracepção, bem como a preservativos e outros tipos de anticoncepcionais. Controlar a fertilidade é o primeiro passo para planejar o momento mais adequado para ter filhos. A Pesquisa Nacional de Demografia e Saúde da Criança e da Mulher (PNDS), feita em 2006, financiada pelo Ministério da Saúde, revelou que 46% das gravidezes não são planejadas.

A PNDS mostrou também que 80% das mulheres usam de algum método para evitar a gravidez. A pílula anticoncepcional e o dispositivo intrauterino (DIU) são os mais usados pelas brasileiras.

Graças à política de distribuição de meios anticonceptivos, houve diminuição no número de gravidezes indesejadas. [...].

A ampliação do acesso aos métodos contraceptivos na rede pública e nas drogarias conveniadas do programa "Aqui Tem Farmácia Popular" trouxe outro resultado positivo: a incidência de gravidez na adolescência (de 10 a 19 anos de idade) diminuiu 20% entre 2003 e 2009.

As ações educativas do Programa Saúde na Escola (PSE), criado em 2008, também apoiou a redução no número de adolescentes grávidas. Entre outras atividades, o programa distribuiu preservativos para cerca de dez mil instituições de ensino, beneficiando 8,4 milhões de alunos de 608 municípios.

[...]

BRASIL. Planejamento familiar. Disponível em: <www.brasil.gov.br/editoria/saude/2011/09/planejamento-familiar>. Acesso em: 20 fev. 2019.

E+/Getty Images

3.26 É importante se informar e se planejar antes de decidir ter ou não um filho, independentemente da conformação de cada família.

Esterilização

Se uma pessoa não quiser ter filhos, pode se submeter à esterilização, que pode ser realizada tanto em mulheres como em homens.

Esterilização feminina

Na **esterilização feminina**, chamada **ligadura de tubas uterinas** (ou **laqueadura**), o médico faz uma cirurgia para interromper a passagem de espermatozoides nas tubas uterinas. Dessa forma, a ligação que existe entre o ovário e o útero é interrompida, e os espermatozoides não podem mais chegar até o ovócito. Veja a figura 3.27.

As relações sexuais, o ciclo menstrual e as demais funções do organismo não são afetados por essa cirurgia, que tem, em alguns casos, a possibilidade de ser revertida por meio de outro procedimento cirúrgico.

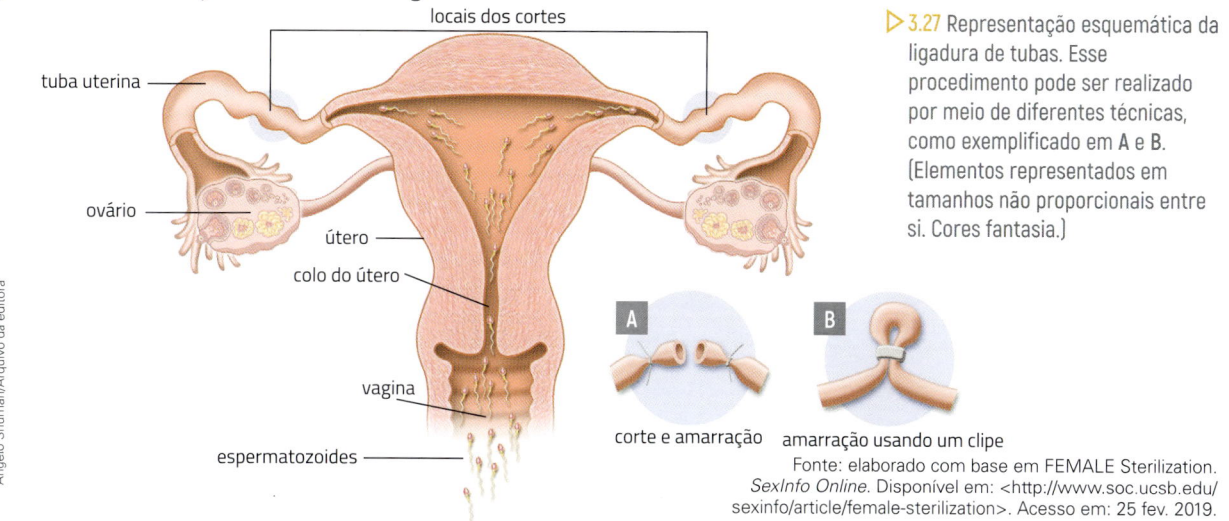

▷ **3.27** Representação esquemática da ligadura de tubas. Esse procedimento pode ser realizado por meio de diferentes técnicas, como exemplificado em **A** e **B**. (Elementos representados em tamanhos não proporcionais entre si. Cores fantasia.)

Fonte: elaborado com base em FEMALE Sterilization. *SexInfo Online*. Disponível em: <http://www.soc.ucsb.edu/sexinfo/article/female-sterilization>. Acesso em: 25 fev. 2019.

Angelo Shuman/Arquivo da editora

Conexões: Ciência e sociedade

Mulheres recorrem à Justiça para conseguir ligadura de tubas

Muitas famílias que já tiveram filhos consideram recorrer a um método de esterilização, como a laqueadura [ligadura de tubas] ou a vasectomia, para evitar novas concepções. No Brasil, os procedimentos devem ser feitos pelo Sistema Único de Saúde, sem custos, quando cumpridas as exigências da Lei 9 263. O documento autoriza o procedimento em mulheres e homens acima de 25 anos ou com pelo menos dois filhos vivos. No caso de mulher casada, apesar de ser uma exigência controversa, questionada no Supremo Tribunal Federal, é preciso apresentar ainda autorização do cônjuge.

No estado do Rio de Janeiro, mesmo quando todos os requisitos da lei são cumpridos, muitas mulheres não conseguem fazer a laqueadura. É o caso de Lislane Silva Oliveira, que, aos 34 anos, já tem seis filhos. "Eu já fui ao posto de saúde, já fiz o curso de planejamento familiar, evito filhos tomando remédios ou injeção, mas acho que a laqueadura é melhor", disse.

Moradora de um dos bairros mais pobres de Duque de Caxias, na Baixada Fluminense, Lislane faz parte de um grupo de 60 mulheres do município, sendo 40 do mesmo bairro, que recorreram à Defensoria Pública do Estado para fazer a esterilização. O órgão, no entanto, tem precisado entrar com ações na Justiça para garantir a cirurgia e chegou a propor um acordo extrajudicial ao município, para que regularize a oferta do serviço nos termos da lei.

[...]

VIEIRA, I.; FREIRE, T. Mulheres recorrem à justiça para conseguir laqueadura de trompas. *Agência Brasil*. Disponível em: <http://agenciabrasil.ebc.com.br/geral/noticia/2018-02/mulheres-tem-recorrido-justica-para-conseguir-laqueadura-de-trompas>. Acesso em: 20 fev. 2019.

Esterilização maculina

A **esterilização masculina** é chamada <u>**vasectomia**</u>. Trata-se de um procedimento cirúrgico mais simples do que a esterilização feminina, realizado com anestesia local. O médico faz um pequeno corte em cada lado da pele do escroto e corta os ductos deferentes, que depois são amarrados. Com isso, os espermatozoides produzidos nos testículos não chegam até a uretra e são absorvidos pelo corpo. Observe a figura 3.28.

Após a cirurgia, é preciso precaução nas relações sexuais seguintes, pois pode demorar para que se esgotem os espermatozoides armazenados nos ductos deferentes. Só depois disso é que o homem passa a eliminar esperma sem espermatozoides e fica estéril. A cirurgia não interfere no comportamento sexual.

▶ **Vasectomia:** vem do latim *vasu*, "canal", e do grego *ektome*, "extirpação", "remoção".

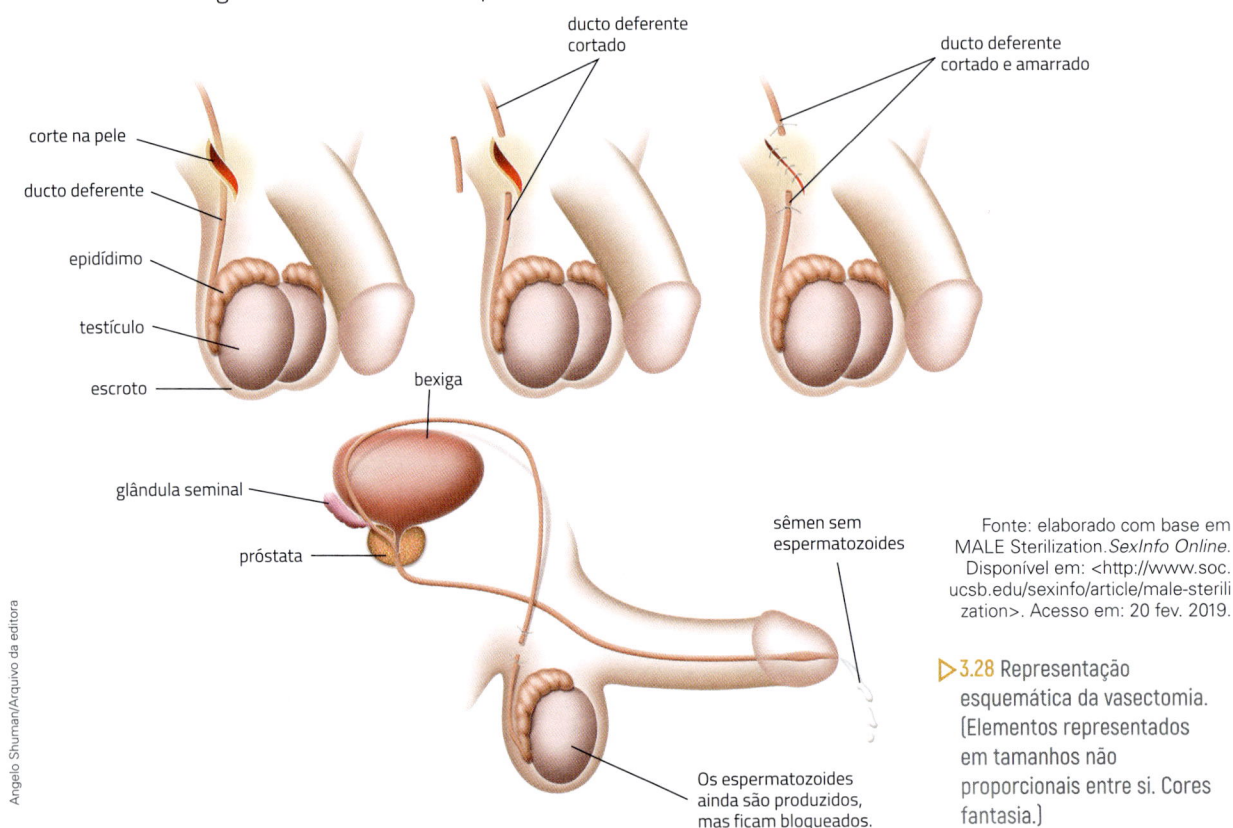

corte na pele
ducto deferente
epidídimo
testículo
escroto
bexiga
glândula seminal
próstata
ducto deferente cortado
ducto deferente cortado e amarrado
sêmen sem espermatozoides
Os espermatozoides ainda são produzidos, mas ficam bloqueados.

Angelo Shuman/Arquivo da editora

Fonte: elaborado com base em MALE Sterilization. *SexInfo Online*. Disponível em: <http://www.soc.ucsb.edu/sexinfo/article/male-sterilization>. Acesso em: 20 fev. 2019.

▷ **3.28** Representação esquemática da vasectomia. (Elementos representados em tamanhos não proporcionais entre si. Cores fantasia.)

Como, em geral, quem busca a esterilização não quer ter mais filhos, e a taxa de falhas é de 0,5% na ligadura de tubas uterinas e de 0,1% a 0,15% na vasectomia, a decisão de se submeter à ligadura das tubas ou à vasectomia tem de ser bem pensada e discutida com o médico. Além disso, a esterilização cirúrgica não protege contra IST. Para realizar os procedimentos de esterilização, tanto feminina quanto masculina, pelo Sistema Único de Saúde, é necessário cumprir alguns pré-requisitos, como indicação médica, ter a idade mínima (mais de 25 anos) ou ter pelo menos dois filhos, passar por aconselhamento com assistente social, entre outros.

🔘 **Mundo virtual**

Direitos sexuais, direitos reprodutivos e métodos anticoncepcionais – Ministério da Saúde
http://bvsms.saude.gov.br/bvs/publicacoes/direitos_sexuais_reprodutivos_metodos_anticoncepcionais.pdf
Cartilha que apresenta os sistemas genitais feminino e masculino, métodos contraceptivos e orientações sobre planejamento familiar e direitos sexuais e reprodutivos. Acesso em: 20 fev. 2019.

Aborto

Algumas doenças infecciosas, como a sífilis, problemas genéticos no feto ou certas condições no organismo da gestante podem provocar aborto espontâneo, ou seja, o feto morre durante a gestação. Há também o aborto provocado ou induzido, quando, por algum motivo, a mulher não deseja ter o filho.

As leis que regulamentam o aborto variam de acordo com o país. No Brasil, o aborto induzido é considerado crime, sendo permitido apenas quando não houver outro meio de salvar a vida da gestante, quando a gravidez é resultado de estupro ou no caso de fetos anencéfalos, condição que leva o bebê à morte logo após o parto.

> ▶ **Estupro:** crime que consiste em forçar alguém a ter relação sexual mediante violência ou grave ameaça.
> ▶ **Anencéfalo:** que apresenta má-formação do cérebro.

Por ser considerado crime, o aborto é praticado clandestinamente no Brasil. Como é comumente feito sob condições de higiene precárias, ou usando métodos inadequados, o aborto torna-se muito perigoso e pode provocar infecções, esterilidade e, em casos extremos, até a morte da gestante.

Mesmo quando feito em condições adequadas, o aborto apresenta riscos e pode causar muita angústia e sentimento de culpa. Por isso, o melhor é prevenir uma gravidez não planejada, escolhendo com o médico e com o parceiro um método contraceptivo adequado.

O aborto envolve questões éticas, sociais e individuais. Algumas pessoas são contra o aborto porque consideram que ele destrói uma vida humana, ainda que feito logo no início da gestação, com o embrião pouco desenvolvido. Essa ideia é defendida, por exemplo, em certas religiões. Outras pessoas partem do princípio de que os métodos contraceptivos apresentam falhas e que, em caso de gravidez, a mulher deve ter o direito de decidir sobre seu corpo e sobre o fato de se tornar mãe. Esse grupo defende a legalização do aborto. Veja a figura 3.29.

Além dessa discussão, é importante lutar pelo direito a uma vida decente e digna, que garanta segurança econômica para criar os filhos. Se a população tiver mais acesso a informações sobre métodos contraceptivos, direito à educação e à segurança, acesso a creches e hospitais, entre outros benefícios, certamente poderá planejar melhor a decisão de ter ou não filhos, quando e onde quiser.

3.29 A legalização do aborto é algo que vem sendo discutido há muito tempo. Há posições favoráveis e contrárias, porque é um assunto que envolve não apenas questões biológicas, mas também questões culturais e éticas. Fotos de São Paulo (acima) e do Rio de Janeiro (à direita), 2018.

ATIVIDADES

1 ▸ No começo desta unidade estudamos formas de reprodução de diferentes seres vivos. De que forma o sexo na espécie humana pode ter um significado diferente daquele observado na maioria dos animais?

2 ▸ Apesar da responsabilidade para evitar uma gravidez não planejada ser do casal, apenas um método contraceptivo deve ser usado diretamente pelo homem.

a) Qual é esse método contraceptivo?

b) Quais são as vantagens desse contraceptivo?

3 ▸ Em 1960 foi lançado o primeiro contraceptivo oral, que ficou conhecido como pílula anticoncepcional. Com o medicamento, os casais passaram a se preocupar menos com a geração de filhos.

a) Além da pílula, que outros métodos contraceptivos hormonais existem?

b) Qual é a desvantagem dos métodos hormonais, como a pílula, em relação ao uso da camisinha?

4 ▸ Uma mulher que usa DIU está tendo menstruações abundantes e muito prolongadas. Que problema de saúde isso pode trazer para ela?

5 ▸ O método da abstinência periódica, ou tabelinha, também é conhecido como método comportamental. Sobre esse método, responda às questões a seguir.

a) Por que ele é denominado um método comportamental?

b) Por que esse método não é indicado especialmente para adolescentes?

6 ▸ Uma mulher tem ciclo menstrual regular de 28 dias. O último dia de sua menstruação, que durou 5 dias, foi 10 de dezembro. Qual é o dia mais favorável para ela ter relação sexual e engravidar?

7 ▸ Que métodos contraceptivos impedem que o espermatozoide chegue à vagina? E que método permite que chegue à vagina, mas não atinja o útero?

8 ▸ Você conheceu neste capítulo alguns métodos contraceptivos: camisinha, pílula anticoncepcional, diafragma, DIU, abstinência periódica, vasectomia e ligadura de tubas uterinas. Agora, leia os itens a seguir e relacione cada característica com um dos métodos estudados.

a) Impede a ovulação.

b) Protege contra as IST.

c) Trata-se de uma cirurgia que bloqueia as tubas uterinas.

d) É um dispositivo de plástico coberto de cobre que é introduzido no útero pelo médico.

e) Consiste no corte dos ductos deferentes.

f) Capuz de borracha colocado na entrada do útero.

g) Consiste em evitar relações sexuais nos prováveis dias férteis.

9 ▸ Leia as afirmativas a seguir e indique a verdadeira.

a) Quem tem ciclo menstrual regular pode usar o método da tabela sem risco.

b) A camisinha pode ser usada mais de uma vez depois de lavada.

c) A ligadura tubária funciona interrompendo a ovulação.

d) O diafragma impede a ovulação.

e) O DIU bloqueia a produção de hormônios pelos ovários.

f) Os anticoncepcionais injetáveis impedem a ovulação.

10 ▸ Um estudante afirmou que a vasectomia altera o comportamento sexual do homem, já que a cirurgia é feita nos testículos, onde são produzidos os espermatozoides. Esse estudante está certo? Por quê?

11 ▸ Um homem que fez vasectomia não pode mais ejacular? Justifique sua resposta.

12 ▸ Uma mulher de 30 anos que fez ligadura de tubas uterinas perguntou ao médico se essa cirurgia não faria seus ovários pararem de trabalhar e ela entraria mais cedo na menopausa. Se você fosse o médico, o que responderia?

13 ▸ O gráfico e o mapa a seguir mostram alguns dados sobre gravidez na adolescência entre os anos 2005 e 2015.

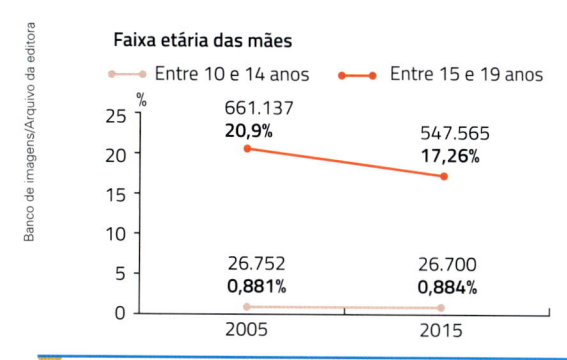

Número de nascidos vivos de mães adolescentes e percentuais em relação ao total de nascidos vivos (comparativo entre 2005 e 2015)

Faixa etária das mães
- Entre 10 e 14 anos
- Entre 15 e 19 anos

	2005	2015
Entre 15 e 19 anos	661.137 — 20,9%	547.565 — 17,26%
Entre 10 e 14 anos	26.752 — 0,881%	26.700 — 0,884%

Fonte: elaborado com base em SENADO FEDERAL. Gravidez precoce ainda é alta, mostram dados. Disponível em: <www12.senado.leg.br/noticias/especiais/especial-cidadania/gravidez-precoce-ainda-e-alta-mostram-dados>. Acesso em: 20 fev. 2019.

3.30

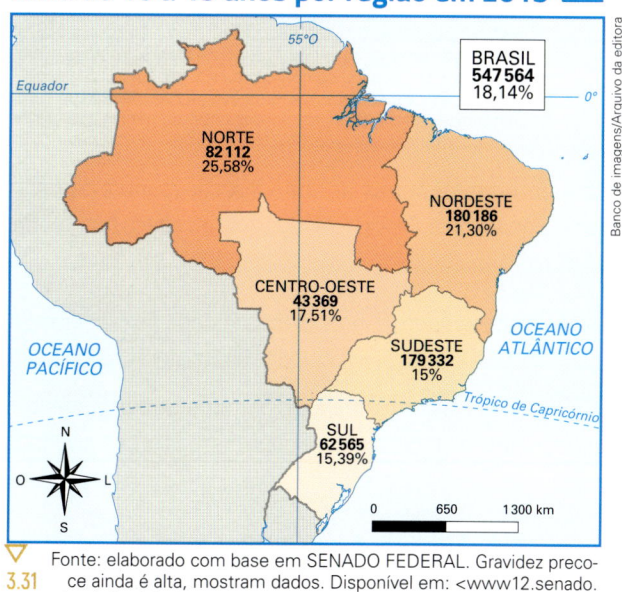

Número de nascidos vivos de mães na faixa de 10 a 19 anos por região em 2015

BRASIL
547 564
18,14%

NORTE
82 112
25,58%

NORDESTE
180 186
21,30%

CENTRO-OESTE
43 369
17,51%

SUDESTE
179 332
15%

SUL
62 565
15,39%

OCEANO PACÍFICO

OCEANO ATLÂNTICO

Equador — 55°O — 0° — Trópico de Capricórnio

0   650   1 300 km

Fonte: elaborado com base em SENADO FEDERAL. Gravidez precoce ainda é alta, mostram dados. Disponível em: <www12.senado.leg.br/noticias/especiais/especial-cidadania/gravidez-precoce-ainda-e-alta-mostram-dados>. Acesso em: 20 fev. 2019.

3.31

a) De acordo com o gráfico, qual foi o número de bebês nascidos de mães adolescentes (entre 15 e 19 anos) em 2015? Esse número foi maior ou menor do que em 2005? O que poderia explicar esse fato?

b) Na região Norte, mais de 25% dos bebês nasceram de mães entre 10 e 19 anos em 2015. Que fatores sociais podem estar relacionados à gravidez na adolescência? O que poderia ser feito para evitar que tantas adolescentes engravidassem de forma não planejada?

Leia o artigo a seguir e, em seguida, faça o que se pede.

Diferença salarial entre homens e mulheres sobe conforme escolaridade

Ela passa pelo menos 15 anos da vida se dedicando aos estudos. Faz estágio, é efetivada e promovida. Vai ao exterior fazer MBA [especialização] e, quando retorna, ganha nova promoção. Muda de empresa. Vê a carreira deslanchar. Assume uma diretoria. E descobre que seu colega de outra diretoria, com trajetória semelhante, tem um salário mais alto. Para ser mais exato, 34% maior. A relação é diretamente proporcional: quanto maior o grau de instrução, maior a diferença de salários entre mulheres e homens.

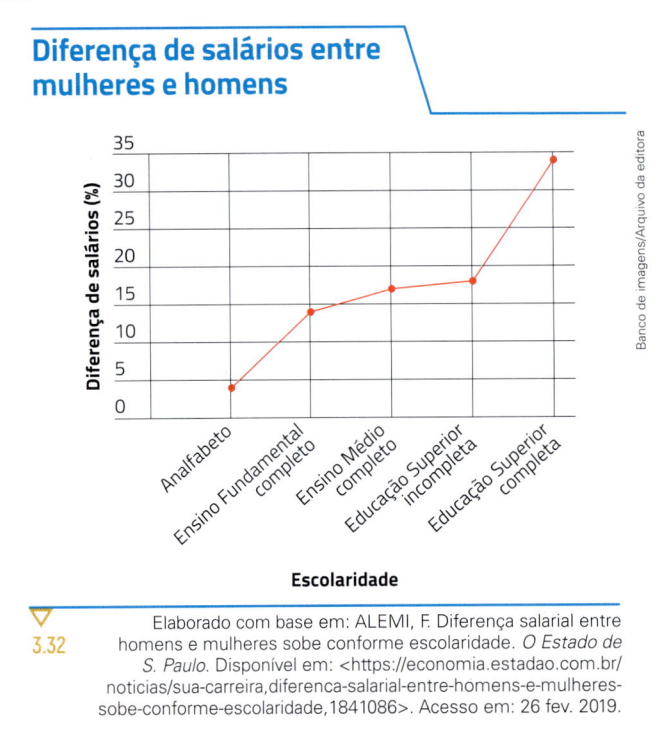

Diferença de salários entre mulheres e homens

Banco de imagens/Arquivo da editora

3.32 Elaborado com base em: ALEMI, F. Diferença salarial entre homens e mulheres sobe conforme escolaridade. *O Estado de S. Paulo*. Disponível em: <https://economia.estadao.com.br/noticias/sua-carreira,diferenca-salarial-entre-homens-e-mulheres-sobe-conforme-escolaridade,1841086>. Acesso em: 26 fev. 2019.

Os dados [...] são uma evidência, entre tantas outras, de que a discussão sobre diferenças de tratamento entre gêneros está longe de acabar – e reconhecer a existência dessa defasagem é um passo fundamental para solucionar a questão.

[...]

A diferença de salários de homens e mulheres em relação à escolaridade pode ser explicada pela subjetividade das avaliações que elas recebem ao longo da carreira e que são vinculadas diretamente a bonificações, prêmios e aumentos. [...]

E é por medo de obter uma avaliação negativa que as mulheres costumam pedir aumento de forma mais cautelosa e menos frequente do que os homens, numa espécie de autocensura que contribui para que a disparidade de salários seja tão resiliente.

[...]

Uma pesquisa [de uma] empresa especializada em recrutamento, concluiu que a distância entre os gêneros está presente não só na questão de equiparação salarial, mas, principalmente, nas oportunidades de crescimento, desenvolvimento e respeito pelas mulheres.

O estudo 'Mulheres e o Mundo Corporativo', realizado com cerca de 300 profissionais brasileiras em fevereiro deste ano [2016], mostra que 66% delas já sofreram preconceito no trabalho. Além disso, 60% das entrevistadas dizem ter escutado comentários preconceituosos e 47% já tiveram suas habilidades questionadas em momentos de crise.

[...]

ALEMI, F. Diferença salarial entre homens e mulheres sobe conforme escolaridade. *O Estado de S. Paulo*. Disponível em: <https://economia.estadao.com.br/noticias/sua-carreira,diferenca-salarial-entre-homens-e-mulheres-sobe-conforme-escolaridade,1841086>. Acesso em: 20 fev. 2019.

a) Consulte em dicionários o significado das palavras que você não conhece e redija uma definição para essas palavras.

b) De acordo com o texto, qual é a diferença de salário entre homens e mulheres com educação superior completa?

c) Que outra forma de discriminação é sofrida pelas mulheres no ambiente do trabalho, segundo o texto?

d) De acordo com o gráfico, há equiparação salarial entre mulheres e homens em algum nível de escolaridade?

e) Discuta com um colega medidas que podem ser tomadas para combater esse tipo de discriminação.

De olho nos quadrinhos

Observe a tira abaixo.

3.33

Fonte: BECK, A. *Armandinho*. Disponível em: <https://tirasarmandinho.tumblr.com>. Acesso em: 20 fev. 2019.

a) Qual é a ideia defendida pela tira?

b) Se você tivesse que argumentar com uma pessoa que discrimina alguém por conta da orientação sexual, o que diria a ela?

Investigue

Faça uma pesquisa sobre os itens a seguir. Você pode pesquisar em livros, revistas, *sites*, etc. Preste atenção se o conteúdo vem de uma fonte confiável, como universidades ou outros centros de pesquisa. Use suas próprias palavras para elaborar a resposta.

1 ▸ Em duplas, escrevam suas ideias e seus pontos de vista sobre os assuntos a seguir. Depois, discutam cada uma das questões com os outros colegas da turma. Lembrem-se de que todos os pontos de vista e opiniões devem ser respeitados.

- A gravidez e o nascimento de um filho implicam novas tarefas e responsabilidades.
- A responsabilidade de evitar a gravidez não deve ser só da mulher.
- A responsabilidade de criar os filhos não é só da mulher.

2 ▸ Na década de 1970, com o objetivo de reduzir o crescimento populacional, o governo chinês estabeleceu leis para punir casais que tivessem mais de um filho. Você considera que seja responsabilidade do governo desenvolver ações desse tipo? Pesquise sobre o assunto e exponha sua opinião.

3 ▸ Que medidas podem ser tomadas para garantir que as pessoas exerçam sua cidadania em relação à sexualidade sem serem discriminadas?

Autoavaliação

1. Com base no que foi estudado neste capítulo, como você pode contribuir para o combate de preconceitos na comunidade em que você vive?

2. Qual é a importância dos conteúdos estudados neste capítulo para a sociedade?

3. Você buscou sanar suas dúvidas sobre os temas estudados no capítulo conversando com o professor, com os colegas e buscando informações em fontes confiáveis?

4

Infecções sexualmente transmissíveis

Crs. Faga/NurPhoto via Getty Images

4.1 Dia Mundial de Luta Contra a Aids celebrado no Instituto Emílio Ribas, em São Paulo (SP), 2017.

Primeiro de dezembro é o Dia Mundial de Luta Contra a Aids. Esse dia foi criado pela Assembleia Mundial de Saúde e existe para divulgar a importância da prevenção da doença, realizar campanhas de solidariedade em prol das pessoas portadoras do vírus e combater o preconceito contra elas. Veja a figura 4.1.

A aids e outras infecções sexualmente transmissíveis (conhecidas pela sigla IST) podem passar de uma pessoa para outra por meio de relação sexual. Esse tipo de doença é considerado um dos problemas de saúde pública mais comuns em todo o mundo.

▶ Para começar

1. Você sabe quais doenças podem ser transmitidas durante relações sexuais?

2. De que outras formas essas doenças podem ser transmitidas?

3. Como podemos identificar e evitar essas doenças?

4. Quais são os comportamentos de risco que podem levar à contaminação pelo HIV?

1 Quais são os sinais das IST?

Sabe-se que, quanto mais cedo uma doença for diagnosticada, maiores são as possibilidades de tratamento e de cura. Isso não é diferente em relação às IST. Por isso, é fundamental procurar ajuda médica ao observar qualquer um dos seguintes sintomas:

- coceira, dor, caroços, feridas, bolhas, verrugas, inflamação, manchas avermelhadas ou escuras nos órgãos genitais ou em torno deles, na região anal, na boca, na palma das mãos ou na planta dos pés;
- dor, ardência ou incômodo durante o ato sexual ou ao urinar;
- necessidade frequente de urinar;
- "ínguas" (nódulos linfáticos inchados) na virilha;
- secreções ou sangue expelidos pelo pênis;
- mudança de cor ou cheiro da secreção vaginal ou dor na parte baixa da barriga.

O termo "DST" (doenças sexualmente transmissíveis) era o mais utilizado para caracterizar essas situações, porém, às vezes, a pessoa não manifesta nenhum sintoma perceptível por um período ou até durante toda a vida (como é o caso do herpes). Por isso, é mais adequado usar **infecções sexualmente transmissíveis (IST)**, uma vez que o termo "doenças" é usado apenas quando aparecem sintomas perceptíveis.

A pessoa pode ter e transmitir uma IST mesmo que não apresente sintomas. Dependendo do tipo de infecção, podem se passar alguns dias ou semanas até que os sintomas apareçam: é o chamado período de incubação. Por isso, se um parceiro está ou esteve com infecção, ou com suspeita de infecção, o outro deverá procurar um médico, mesmo que não apresente sintomas. Veja a figura 4.2.

Às vezes, os sintomas da doença desaparecem espontaneamente e a pessoa pode pensar que está curada. Mas, sem tratamento médico, os sintomas podem voltar a se manifestar e a doença pode provocar consequências mais graves.

O uso de preservativos, masculino ou feminino, é a medida mais eficaz para prevenir a transmissão de IST durante a relação sexual. Veja a figura 4.3. Além disso, é importante que homens e mulheres mantenham hábitos de higiene e consultem um médico regularmente para verificar a saúde dos órgãos genitais.

Vamos estudar melhor algumas IST e conhecer outras medidas de prevenção.

Inácio Teixeira/Pulsar Imagens

4.2 A pessoa que suspeita de uma infecção deve consultar um médico para evitar que a doença progrida ou que contamine outras pessoas. Na foto, Unidade de Saúde da Família em Bom Jesus da Serra (BA), 2016.

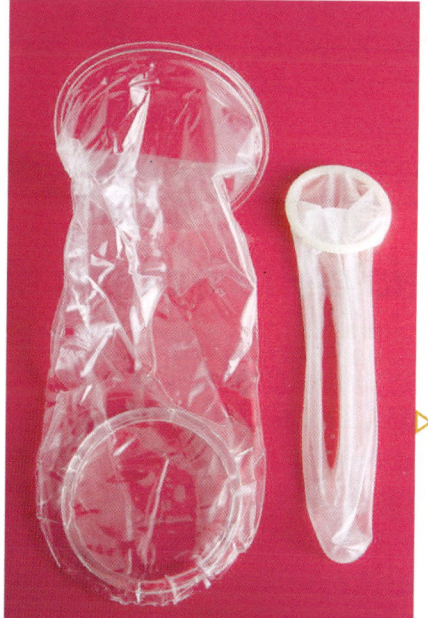

Image Point Fr/Shutterstock

4.3 Os preservativos masculino (à direita) e feminino (à esquerda) são a forma mais eficaz de evitar IST. Os parceiros devem ser responsáveis por uma relação sexual segura.

2 Aids

A **aids** é causada pelo vírus da imunodeficiência humana (**HIV**, na sigla em inglês). Quando a infecção não está controlada, o vírus ataca o sistema imunitário, responsável pela defesa do organismo, e por isso pode deixar os pacientes muito vulneráveis a outras infecções e doenças. A aids não tem cura.

Em 1981, médicos dos Estados Unidos ficaram intrigados com a ocorrência de um tipo raro de câncer e de pneumonia em indivíduos jovens. Esses pacientes apresentavam também considerável perda de massa corporal e grande redução do número de linfócitos, células do sangue encarregadas da defesa do organismo. Enfraquecidos, os pacientes ficavam vulneráveis a vários tipos de infecções secundárias. Surgia a suspeita de que se tratava de uma moléstia, que, em 1982, já com cerca de 2 mil casos, foi chamada de <u>síndrome da imunodeficiência adquirida</u> (*acquired immunodeficiency syndrome*, em inglês, termo a partir do qual foi criada a sigla aids); pode também ser chamada sida, sigla que corresponde à forma em português.

As observações indicavam que a doença era causada por um agente infeccioso transmitido por via sexual ou pelo sangue, mas faltava identificar exatamente esse agente.

Em maio de 1983, Luc Montagnier, pesquisador do Instituto Pasteur, na França, conseguiu isolar o vírus das células de um paciente com aids. No ano seguinte, o cientista estadunidense Robert Gallo anunciou também ter isolado o vírus. Veja a figura <u>4.4</u>. Teve início então uma disputa em torno da autoria da descoberta, que acabou sendo atribuída a ambos os cientistas.

Mundo virtual

O que é HIV – Ministério da Saúde
http://www.aids.gov.br/pt-br/publico-geral/o-que-e-hiv
Contém informações sobre o HIV e uma lista das situações em que esse vírus é transmitido ou não.
Acesso em: 22 fev. 2019.

► **Síndrome**: é um conjunto de sintomas que caracterizam uma doença ou uma determinada condição.

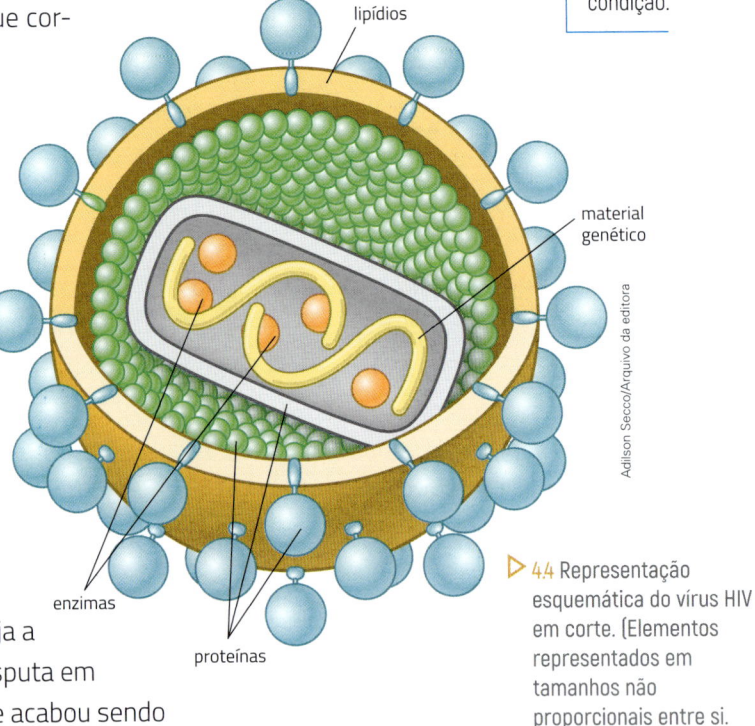

Adilson Secco/Arquivo da editora

▷ **4.4** Representação esquemática do vírus HIV em corte. (Elementos representados em tamanhos não proporcionais entre si. Cores fantasia.)

De onde veio o HIV e como ele age?

Há dois tipos de HIV: HIV-1 e HIV-2, cada um com vários subtipos. O primeiro tipo, o HIV-1, é semelhante a um grupo de vírus que infecta chimpanzés. Estima-se que o HIV-1 tenha sido transmitido para o ser humano na década de 1930, ou ainda antes, na África central, onde os chimpanzés eram caçados e consumidos. O vírus pode ter passado para as pessoas que se cortaram quando caçavam esses animais ou preparavam a carne deles para se alimentar. Aos poucos, o vírus se espalhou para regiões mais povoadas e sofreu transformações, ou mutações, o que deu origem a novas variedades.

O segundo tipo, o HIV-2, menos disseminado pelo mundo, é encontrado principalmente em alguns países da África e parece ter sido transmitido para os seres humanos da mesma maneira que o HIV-1, mas sua fonte original é uma espécie de macaco conhecida como macaco-verde. Veja a figura 4.5.

O vírus HIV ataca principalmente uma célula de defesa do corpo conhecida como linfócito T (LT) auxiliar ou CD4+. Essa célula produz substâncias que estimulam a multiplicação de vários outros tipos de linfócitos. Veja a figura 4.6. Conforme o linfócito T auxiliar é inativado pelo vírus da aids, ocorre a progressiva diminuição das células de defesa. Dessa forma, o organismo fica vulnerável a diversos microrganismos, e a pessoa pode morrer vítima de infecções que não causariam grandes problemas em indivíduos saudáveis. Essas infecções são conhecidas como **doenças oportunistas**.

4.5 Macaco-verde (*Chlorocebus sabaeus*; cerca de 50 cm de comprimento, desconsiderando a cauda).

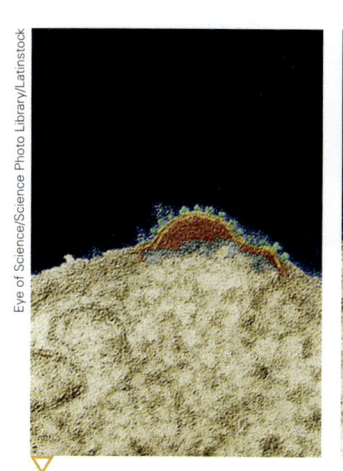 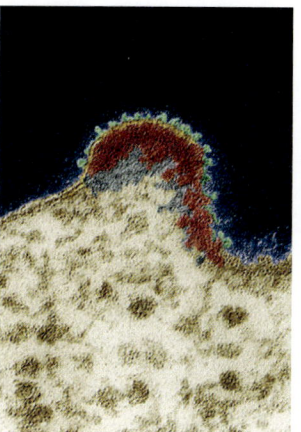 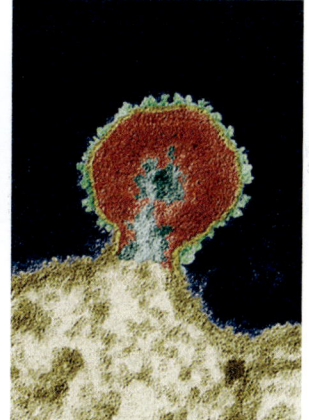 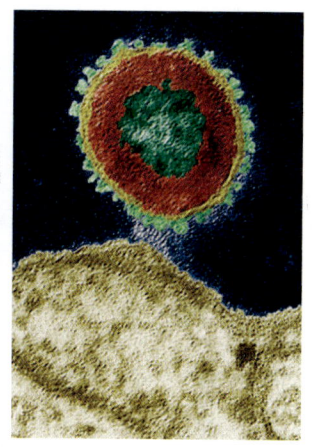

4.6 Na sequência de fotos acima, visto ao microscópio eletrônico, um novo vírus emerge do linfócito T infectado (aumento de cerca de 100 mil vezes; imagens coloridas artificialmente).

O vírus pode ser transmitido em relações sexuais com portadores do vírus; por transfusão de sangue contaminado; pelo uso de seringas, objetos cortantes e agulhas contaminados; pela mãe portadora do vírus, que o transmite para o filho durante a gravidez (gestação e parto) ou na amamentação; por transplante de órgãos.

Nada indica que o vírus possa ser transmitido por apertos de mão, abraços, beijos na face, tosse, espirro, uso de piscinas ou uso comum de roupas, toalhas, copos, talheres ou louças, pentes e outros objetos não perfurantes. Não há risco de contaminação na convivência na mesma casa ou no mesmo local de trabalho e com outros contatos do cotidiano (excluídas as relações sexuais sem preservativo ou o contato com sangue contaminado) com portadores do HIV. Também não se adquire o vírus sendo picado por mosquitos.

 **Mundo virtual**

Departamento de Vigilância, Prevenção e Controle das IST, do HIV/Aids e das Hepatites Virais do Ministério da Saúde
https://www.youtube.com/dstaidshv/
Vídeos produzidos pelo Ministério da Saúde relacionados à aids, entre eles a história ilustrada da aids no Brasil.
Acesso em: 22 fev. 2019.

O combate ao preconceito

O Dia Mundial de Luta Contra a Aids existe para mostrar às pessoas a importância não só da prevenção, mas também do combate ao preconceito. No Brasil, a data passou a ser comemorada no final da década de 1980. Desde então, houve muitos avanços no país em programas de ações de prevenção e assistência contra a aids, reconhecidos inclusive pela comunidade internacional.

Mesmo assim, a mortalidade provocada pela aids ainda é alta, o que significa que muitas pessoas portadoras não procuram tratamento, pela falta de informação ou por medo do preconceito. Veja a figura 4.7.

Desde 2014 as condutas de discriminação contra o portador do HIV ou da pessoa com aids são consideradas crimes sujeitos à pena de reclusão. A Lei Federal 12.984/14 prevê pena de prisão de um a quatro anos e multa para a discriminação de pessoas vivendo com HIV ou aids.

4.7 A cartilha, publicada em 2017, orienta a respeito dos direitos das pessoas vivendo com HIV, apresentando as leis que conferem proteção a essa população. Também explica em quais órgãos buscar informações e ajuda. A cartilha está disponível em: <https://unaids.org.br/wp-content/uploads/2017/09/Cartilha-pelo-fim-da-discriminação-das-pessoas-que-vivem-com-hiv.pdf> (acesso em: 22 fev. 2019).

Defensoria Pública do Estado de São Paulo/unaids.org.br

Prevenção e tratamento

Não há vacinas para a aids, pois o HIV sofre mutações muito rapidamente. Mas o uso de uma combinação de medicamentos, como os vários tipos de antirretrovirais (serão explicados mais adiante), indicados pelo médico, pode prolongar bastante a vida da pessoa com HIV e manter a qualidade de vida. Além disso, novos tratamentos e remédios mais eficientes e que causem menos efeitos colaterais têm sido pesquisados.

Não podemos esquecer, porém, que os medicamentos têm de passar por uma série de testes antes de serem usados pela população. Esses testes podem demorar anos para chegar a um resultado conclusivo.

Nos últimos anos foram disponibilizados também medicamentos que podem ser tomados após a suspeita de contato com o vírus HIV, diminuindo a chance de instalação da infecção. A chamada profilaxia pós-exposição (PEP) pode ser usada em casos de violência sexual, de relações sexuais desprotegidas ou por profissionais de saúde que se cortaram com agulhas, bisturis ou alicates que possam estar contaminados. O tratamento é oferecido pelo Sistema Único de Saúde (SUS) e deve começar no máximo 72 horas após a exposição ao vírus. A pessoa deve ser acompanhada por profissionais de saúde ao longo de todo o tratamento. A PEP é uma medida de emergência e, por isso, não substitui o uso da camisinha na prevenção à aids.

Proteína extraída de planta brasileira pode combater células com HIV

A Pulchellina, proteína originária de uma planta existente na flora brasileira (*Abrus pulchellus tenuiflorus*), foi capaz de combater células infectadas com o vírus HIV, após ter sido conjugada à ação de anticorpos usados especificamente na detecção do vírus.

[...]

Existem medicamentos antirretrovirais que atuam na estabilidade do sistema imunológico. Mas, com base em informações divulgadas no portal do Departamento de Vigilância, Prevenção e Controle das IST, do HIV/Aids e das Hepatites Virais, o tratamento é complexo porque, embora aumentem a sobrevida e melhorem a qualidade de vida dos pacientes, os medicamentos que o compõem "precisam ser muito fortes para impedir a multiplicação do vírus no organismo", podendo ocasionar efeitos colaterais, como, por exemplo, diarreia, vômitos, náuseas, manchas avermelhadas pelo corpo, agitação e insônia.

[...]

PROTEÍNA extraída de planta brasileira pode combater células com HIV. *Jornal da USP*. Disponível em: <https://jornal.usp.br/ciencias/ciencias-da-saude/proteina-extraida-de-planta-brasileira-pode-combater-celulas-com-hiv>. Acesso em: 25 fev. 2019.

Hoje, com os exames disponíveis, é possível identificar se uma pessoa tem o HIV, ou seja, se é portadora do HIV (ou soropositiva), mesmo que não apresente sintomas. Veja a figura 4.8.

4.8 A realização de exames é importante para iniciar o quanto antes um possível tratamento. A pessoa que sabe que tem o vírus deve ser muito cuidadosa para não contaminar outras pessoas. O exame e a comunicação do resultado devem ser feitos por profissionais de saúde.

É importante realizar esses exames em caso de suspeita de contaminação. Como o vírus pode ser transmitido para o feto, mulheres grávidas devem fazer o exame de HIV. Veja a figura 4.9. Alguns estudos indicam que o risco de transmissão é de cerca de 27%. Porém, se a gestante fizer o tratamento e o bebê tomar os remédios nas primeiras semanas de vida, esse risco cai para aproximadamente 2%.

A contaminação com HIV por meio das transfusões de sangue diminuiu de forma considerável com a realização do exame pelos doadores e a fiscalização dos bancos de sangue pelo governo.

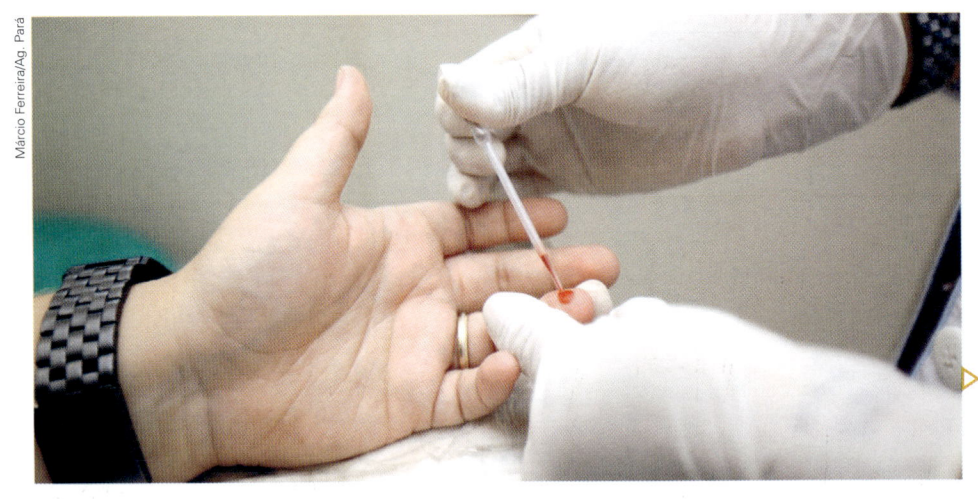

4.9 Os testes para o HIV, para a sífilis e para as hepatites fazem parte do pré-natal das gestantes.

O Sistema Único de Saúde (SUS) realiza gratuitamente o teste rápido do HIV em seus Centros de Testagem e Aconselhamento (CTA). Veja a figura 4.10. Esses locais prestam serviços de saúde relacionados com o diagnóstico e a prevenção de infecções sexualmente transmissíveis. Assim, quem quer saber se tem ou não o HIV deve procurar esses centros e realizar o exame, que pode ser de forma anônima (sem se identificar). O resultado sai em no máximo uma hora.

Um resultado positivo não é suficiente para diagnosticar a infecção. É necessário repetir o exame pelo menos duas vezes e confirmá-lo por outro tipo de teste mais específico.

4.10 Teste rápido para detecção do vírus HIV sendo realizado em Belém (PA), 2017.

Embora não destruam completamente o vírus, os medicamentos atuais podem retardar a evolução da doença e evitar a instalação das infecções oportunistas, como a pneumonia.

Entre os medicamentos que retardam a evolução da aids, estão os chamados medicamentos antirretrovirais, que inibem a multiplicação do vírus. Eles ajudam a evitar o enfraquecimento do sistema imunitário do paciente e diminuem as chances de transmissão da doença a outras pessoas. As chances de transmissão são reduzidas porque a quantidade de vírus no organismo (carga viral) fica mais baixa. Esses e outros medicamentos permitiram uma melhora considerável na qualidade e na expectativa de vida das pessoas portadoras de HIV.

! Atenção

Uma pessoa pode ser portadora do HIV e não apresentar sintomas. Mesmo assim, ela pode transmitir o vírus a outras pessoas. Por isso é importante se proteger com o uso de preservativos em todas as relações sexuais.

Barreira anti-HIV

A profilaxia pré-exposição [...] (PrEP), a mais recente estratégia de prevenção da transmissão do HIV, avança no Brasil. Trata-se de uma pílula de uso diário que evita a contaminação pelo vírus da aids na quase totalidade dos casos. Aprovada em 2017 para uso no país e distribuída [...] no sistema público de saúde, a medicação tem atraído pessoas com risco de se infectarem pelo vírus causador da aids, de acordo com estudos recentes.

[...]

"A efetividade da PrEP no Brasil depende da ampliação do acesso a esse medicamento e do atendimento adequado aos usuários", afirma a médica epidemiologista Maria Amélia Veras, professora da Faculdade de Ciências Médicas da Santa Casa de São Paulo. Efetividade é o desempenho de um medicamento em reais condições de uso por um número elevado de usuários. "Para funcionar de modo satisfatório, essa ou qualquer outra estratégia de prevenção contra o HIV pressupõe que as necessidades dos usuários sejam levadas em consideração e que os profissionais da saúde possam estar disponíveis para conversar com eles. Para que isso ocorra, precisamos que o SUS seja fortalecido com mais recursos e pessoal."

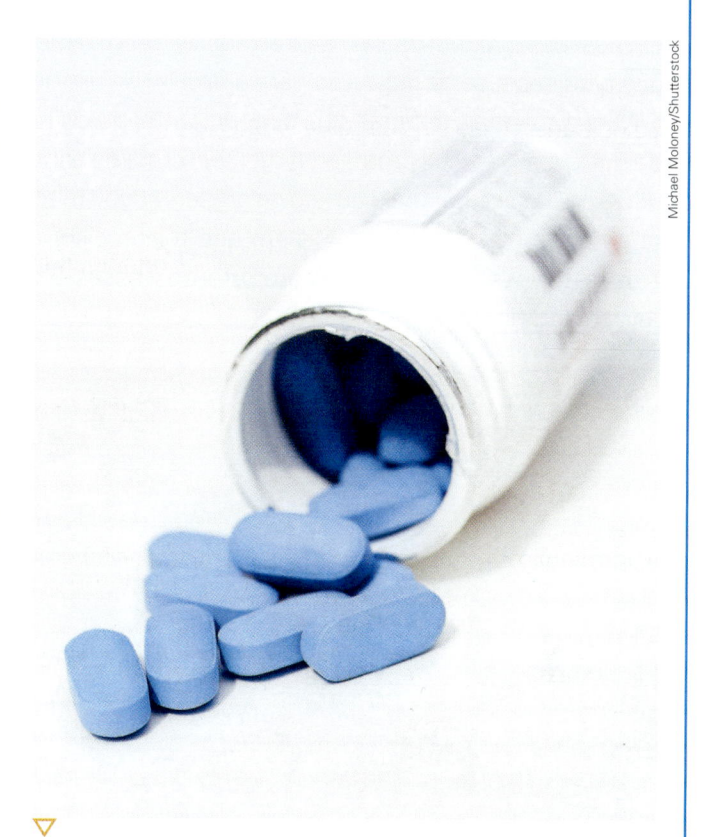

▽ 4.11 A PrEP previne que o HIV se instale no organismo em caso de exposição ao vírus.

A PrEP consiste no consumo de um comprimido com dois medicamentos antivirais – tenofovir e emtricitabina – e é indicada para quem não se infectou com o vírus e tem relações sexuais de risco, com pessoas contaminadas pelo HIV.

[...]

Aprovada nos Estados Unidos em 2012, com poucos efeitos colaterais (entre os quais enjoo e flatulência), a PrEP tem uma eficácia superior a 90%. Um estudo de pesquisadores da Fiocruz publicado na Lancet HIV em março deste ano indicou uma alta taxa de adesão a essa abordagem preventiva no Brasil: 83% dos 450 participantes chegaram até o final das 48 semanas propostas de tratamento, fornecido pelas instituições de pesquisa que colaboraram com o estudo.

[...]

O problema é que, mesmo que o medicamento tenha alta eficácia contra o HIV, o abandono do uso de preservativo aumenta o risco de transmissão de outras DST. Na Espanha e no Canadá, por exemplo, altas taxas de DST têm sido relatadas entre usuários de PrEP que fazem sexo sem preservativo, observa o médico virologista Pablo Barreiro, do Hospital Universitário Carlos III, de Madri, em artigo na revista *Aids Reviews* [...].

O MS [Ministério da Saúde] estima que 866 092 pessoas vivam com HIV, das quais 84% foram diagnosticadas e 63% recebem tratamento. A taxa de detecção de aids apresentou uma pequena redução – de 19,5 casos por 100 mil habitantes em 2015 para 18,5 para cada 100 mil em 2016 –, mas está aumentando principalmente entre homens de 15 a 29 anos. [...]

FIORAVANTI, C. Barreira anti-HIV. Revista *Pesquisa Fapesp*, ed. 267, maio 2018. Disponível em: <http://revistapesquisa.fapesp.br/2018/05/23/barreira-anti-hiv>. Acesso em: 25 fev. 2019.

A profilaxia pré-exposição ao HIV (PrEP) é um novo método de prevenção em que a pessoa deve tomar diariamente um comprimido para impedir a infecção pelo vírus. Ela é indicada para quem tem maior chance de entrar em contato com o HIV, como pessoas que têm parceiros infectados. É preciso procurar um profissional de saúde para saber se há indicação para a PrEP.

Nunca é demais lembrar que, por enquanto, a aids não tem cura; para evitá-la, a única solução é se proteger! A melhor forma de combater a doença continua sendo a prevenção por meio do uso do preservativo em todas as relações sexuais. Veja a figura 4.12. Nas situações em que for preciso usar seringas, agulhas e outros instrumentos perfurantes ou cortantes, esses objetos devem ser descartáveis ou esterilizados.

⊘ Atenção

O medicamento não substitui o uso de preservativos e não protege contra outras IST.

▷ **4.12** Com o aparecimento da aids, a camisinha passou a ser comercializada em grande escala: calcula-se que mais de 5 bilhões de camisinhas sejam usadas anualmente. Na foto, teste de camisinhas no Japão, 2016.

◁ Conexões: Ciência e saúde ▷

Todos devem ser responsáveis

Estudos têm mostrado que a incidência da infecção por HIV voltou a aumentar depois de algum tempo em declínio. Uma hipótese para explicar isso é que a melhora no tratamento e na qualidade de vida de portadores do HIV pode ter gerado um descuido maior da população.

No entanto, mesmo assintomáticas ou com melhor qualidade de vida, as pessoas soropositivas podem transmitir o vírus e, por isso, devem adotar práticas responsáveis. Uma das principais medidas é sempre usar camisinha ou pedir ao parceiro ou à parceira para usar. Outro cuidado importante que os portadores do HIV devem ter é evitar que outras pessoas tenham contato com suas secreções (sêmen, secreção vaginal, leite materno) ou sangue. O sangue que sai, por exemplo, de uma ferida na pele de quem é

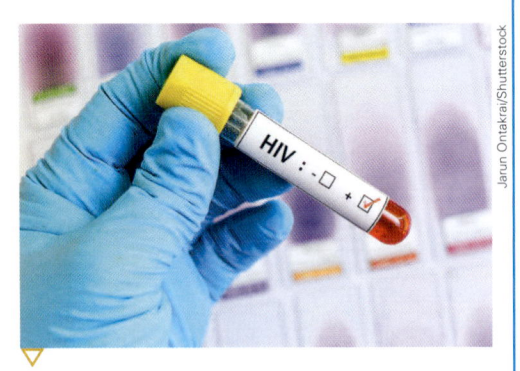

▽ **4.13** No caso de resultado positivo para o HIV, a pessoa deve iniciar o tratamento e tomar as medidas necessárias para evitar a transmissão do vírus para outras pessoas.

soropositivo contém o HIV e é um material contaminante. Por isso, soropositivos não podem doar sangue, esperma ou órgãos.

Quem tem HIV deve sempre informar seu médico e seu dentista para garantir o melhor tratamento possível a si mesmo e permitir que o profissional tome as precauções necessárias para não se contaminar nem contaminar outros pacientes.

3 Sífilis

A **sífilis** é transmitida por uma bactéria (*Treponema pallidum*; veja a figura 4.14) presente no sangue e em secreções do corpo de pessoas portadoras.

A doença pode ser fatal se não for tratada corretamente. O primeiro sintoma costuma aparecer cerca de três semanas após o contágio. São feridas que não provocam dor, apresentam bordas duras, elevadas e avermelhadas e ocorrem na área genital ou, às vezes, no ânus, na boca ou em outras regiões que entraram em contato com a bactéria. Veja a figura 4.15. Depois de algumas semanas, a ferida some mesmo sem tratamento, mas a bactéria continua no organismo.

Se a pessoa não for tratada, cerca de dois a seis meses depois aparecem feridas na pele, como na palma das mãos e na planta dos pés, além de febre e dores nas articulações e músculos. Veja a figura 4.16. Esses sinais desaparecem em um período de quatro a doze semanas. Se a pessoa continuar sem receber tratamento, a infecção poderá afetar, até anos mais tarde, seu coração, suas artérias e seu sistema nervoso.

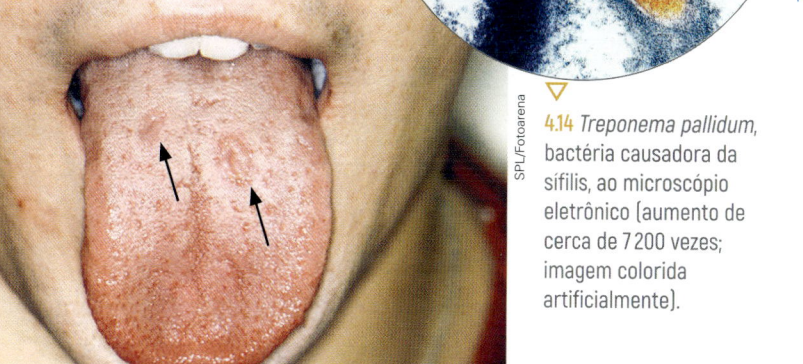

4.14 *Treponema pallidum*, bactéria causadora da sífilis, ao microscópio eletrônico (aumento de cerca de 7200 vezes; imagem colorida artificialmente).

4.15 Feridas na língua (apontadas pelas setas) são um dos sintomas característicos da sífilis. Se a infecção não for tratada, os sintomas podem desaparecer apenas temporariamente.

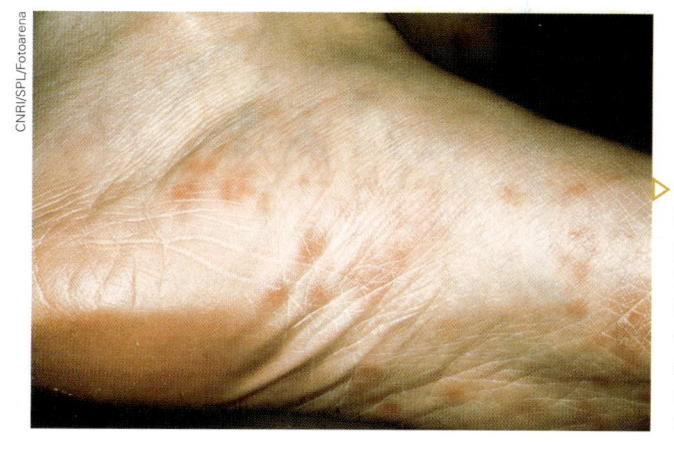

4.16 Alguns meses após a infecção pela bactéria da sífilis pode ocorrer o aparecimento de feridas nas palmas das mãos e na planta dos pés. Elas indicam que é necessário procurar um médico para confirmar o diagnóstico e iniciar o tratamento.

As feridas na pele e na mucosa podem transmitir a bactéria. Por isso, é necessário suspender as relações sexuais durante o tratamento. A sífilis pode ser transmitida também por transfusão de sangue contaminado ou da mulher infectada para seu filho durante a gestação, o parto ou a amamentação.

As mulheres grávidas devem realizar o exame de diagnóstico da sífilis porque a sífilis congênita pode causar aborto, problemas físicos e mentais no feto e até a morte da criança após o nascimento.

O SUS realiza o exame de sangue para diagnóstico da sífilis e disponibiliza o tratamento, que é à base de antibióticos.

Congênito: adquirido na gestação ou no nascimento.

A primeira epidemia de IST na Europa

Por volta de 1500, uma doença se alastrou rapidamente pela Europa, causando feridas na pele e dor nos ossos. Atingiu todas as classes sociais, inclusive reis e monges: era a sífilis. Veja a figura 4.17.

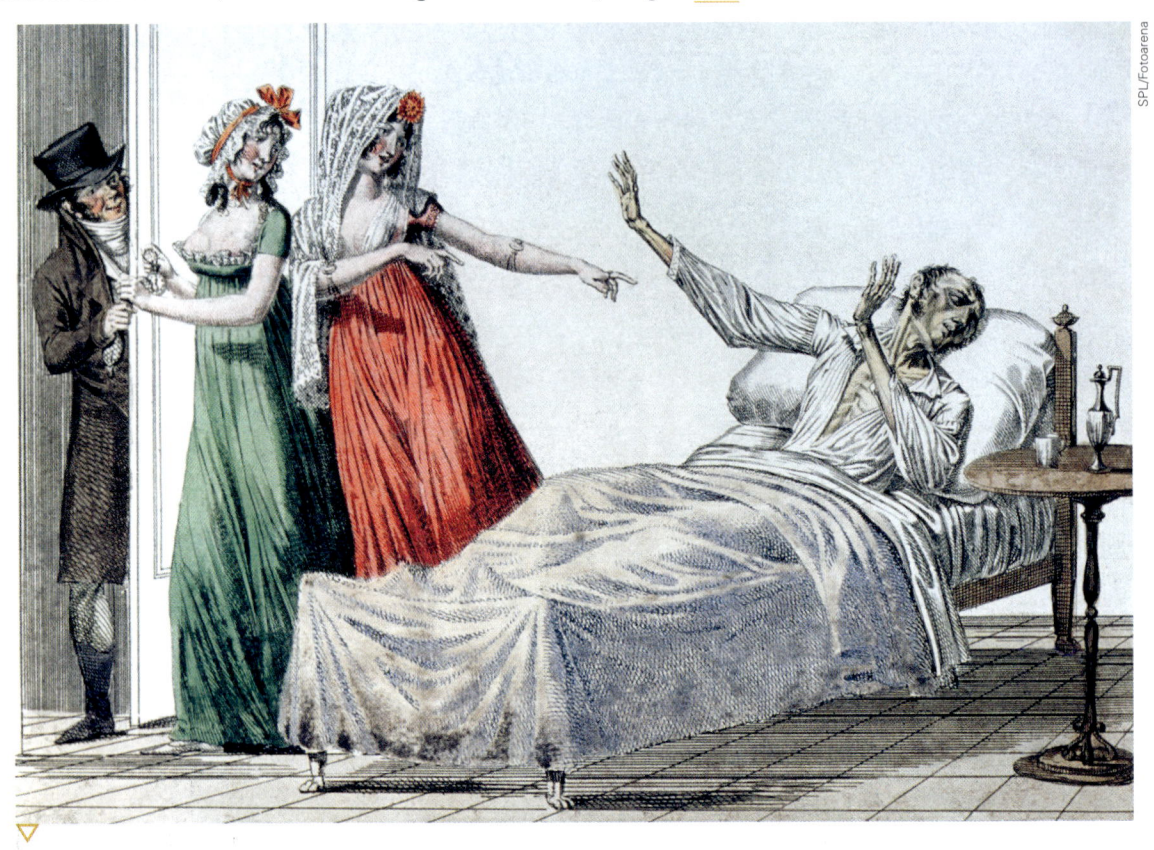

4.17 Representação artística de um paciente com sífilis no século XIX. Caricatura da França (1800-1810).

Com a desconfiança de que a transmissão poderia ocorrer por meio das relações sexuais, ela passou a ser conhecida como "doença venérea", em referência à deusa do amor, Vênus. Na mesma época, o uso de preservativos feitos com linho e banhados em ervas tornou-se popular. Esse foi um dos precursores dos preservativos atuais.

Por estar relacionada ao sexo, a doença chegou a ser considerada um castigo divino, marcando de forma muito negativa tanto as pessoas que a contraíam como seus descendentes.

Muitos tratamentos foram desenvolvidos para tratar a sífilis. Entretanto, eles tinham baixa eficácia e muitos efeitos colaterais. A sífilis matou milhares de pessoas na Europa e sua cura só foi encontrada em 1943, com a descoberta da penicilina, um antibiótico obtido a partir de fungos.

O tratamento da sífilis com a penicilina é considerado prático e apresenta baixo custo. Essas características, apesar de bastante positivas, podem ter desestimulado a indústria farmacêutica a fabricar esse medicamento, que está em falta em muitos lugares. Como resultado, o número de casos de sífilis vem aumentando ao longo dos últimos anos, inclusive no Brasil. A situação é tão grave que, em outubro de 2016, o Ministério da Saúde decretou a epidemia da doença.

Outro fator que explica o aumento significativo no número de casos de sífilis é que as pessoas parecem ter perdido o medo de contrair as IST. Pesquisadores consideram que muitos indivíduos deixaram de usar preservativos nas relações sexuais por conta do avanço dos tratamentos do HIV e de outras infecções. Dessa forma, em vez da redução no número de casos, houve o retorno de algumas epidemias, como é o caso da sífilis.

Fontes: elaborado com base em A PRIMEIRA epidemia de DST: a história da doença sexual que levou Europa a culpar a América no século 16. *BBC*. Disponível em: <https://www.bbc.com/portuguese/geral-44844848>; A HISTÓRIA da camisinha. *Grupo de Incentivo à Vida*. Disponível em: <http://www.giv.org.br/dstaids/camisinha.htm>; SÍFILIS volta a ser epidemia. *Bio-manguinhos*. Disponível em: <https://www.bio.fiocruz.br/index.php/noticias/1567-sifilis-volta-a-ser-epidemia>. Acesso em: 25 fev. 2019.

4 Herpes

O **herpes** é causado por dois tipos de vírus: um deles ataca geralmente os lábios e a face (herpes labial), enquanto o outro se concentra na área genital (herpes genital). O local fica inicialmente vermelho e coça. Depois surgem pequenas bolhas que estouram e formam feridas. Veja a figura 4.18.

Os sintomas desaparecem geralmente em até quatro semanas, mas o vírus continua presente no organismo e, em algumas pessoas, provoca recaídas.

Há medicamentos que diminuem os sintomas, a duração e os riscos de transmissão da doença, embora não eliminem o vírus.

Mesmo que o tratamento não cure a doença, é importante para aliviar os sintomas e diminuir o risco de transmissão para outras pessoas.

Uma pessoa com herpes deve evitar tocar a área contaminada ou, quando o fizer – ao aplicar um medicamento, por exemplo –, lavar as mãos para evitar contaminar outras pessoas. Não se deve furar as bolhas nem aplicar pomadas no local sem recomendação de um profissional. No caso do herpes genital, não se deve ter relações sexuais quando as feridas estão presentes.

A melhor maneira de prevenir o herpes genital é o uso do preservativo. Como o vírus pode passar para o bebê durante o parto, a mulher portadora do vírus deve informar o fato ao médico.

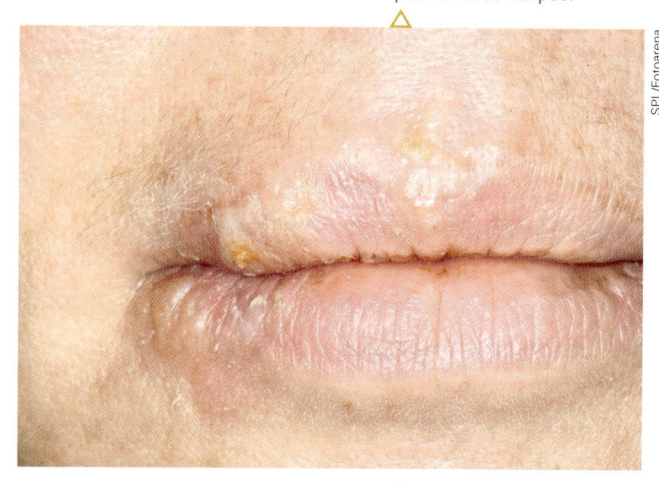

4.18 Feridas nos lábios provocadas pelo vírus do herpes.

SPL/Fotoarena

5 Gonorreia

Também chamada de **blenorragia**, a **gonorreia** é causada pela bactéria *Neisseria gonorrhoeae*, que afeta os órgãos genitais. É transmitida pelo contato entre mucosas contaminadas; veja a figura 4.19.

A gonorreia pode provocar inflamação na uretra, na próstata, no útero, no reto, na garganta e nos olhos. O homem sente dor e ardência na região genital e pode eliminar uma secreção branca ou amarelada ao urinar. Pode haver também dor nos testículos. Na mulher, a secreção vaginal pode ficar amarelada.

Em alguns casos não há sintomas, mas o médico pode diagnosticar a infecção por meio do histórico do paciente e de exames de laboratório. Mesmo sem apresentar sintomas, a pessoa infectada pode transmitir a bactéria; os olhos de um recém-nascido podem ser infectados durante o parto, caso a mãe esteja infectada.

Quando não tratada, a gonorreia pode causar infertilidade, entre outros danos à saúde. O tratamento é feito com antibióticos e a cura é, em geral, rápida.

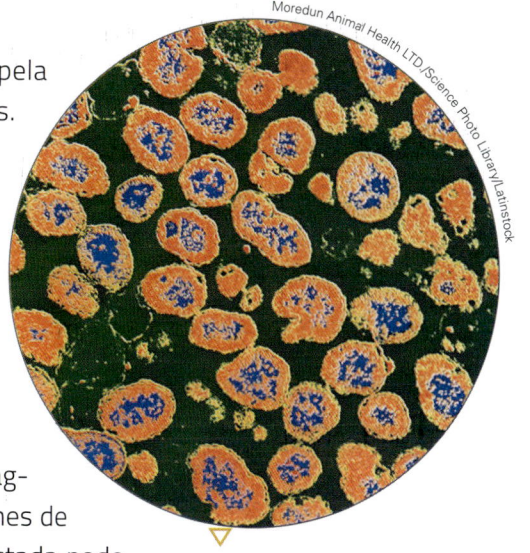

Moredun Animal Health LTD/Science Photo Library/Latinstock

4.19 *Neisseria gonorrhoeae*, bactérias causadoras da gonorreia vistas ao microscópio eletrônico (aumento de cerca de 12 mil vezes; imagem colorida artificialmente).

6 Infecções por clamídia

A bactéria **clamídia** (*Chlamydia trachomatis*; figura 4.20) pode causar infecções na uretra, nos olhos e nos linfonodos (órgãos que atuam na defesa do organismo) da região genital. Na mulher pode atingir também o útero e as tubas uterinas.

Quando ataca a uretra, provoca dor e ardência ao urinar. Se atacar os linfonodos, pode provocar inchaços ("ínguas") na virilha. Na mulher pode causar sangramento no período entre as menstruações, dor durante o ato sexual e outros sintomas. Se não for tratada adequadamente, com o uso de antibióticos receitados por um médico, há risco de esterilidade, entre outros danos à saúde. A prevenção consiste no uso de preservativo durante as relações sexuais.

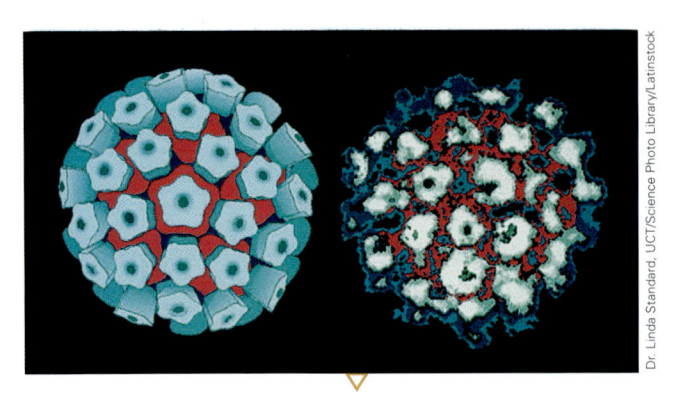

4.20 *Chlamydia trachomatis*, bactérias causadoras da clamídia vistas ao microscópio eletrônico (aumento de cerca de 120 mil vezes; imagem colorida artificialmente).

7 HPV

A sigla **HPV** vem do inglês, *human papillomavirus*, e significa papilomavírus humano. Veja a figura 4.21.

Na maioria dos casos, a infecção por HPV não apresenta sintomas e o próprio sistema imunitário elimina o vírus ao longo do tempo. Porém, pode ocorrer a formação de verrugas nos órgãos genitais. Devido ao formato das verrugas, a doença também é conhecida como **condiloma acuminado**. Veja a figura 4.22.

4.21 À esquerda, ilustração do HPV computadorizada (cores fantasia); à direita, o vírus visto ao microscópio eletrônico (cerca de 0,05 µm de diâmetro; imagem colorida artificialmente).

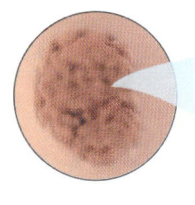

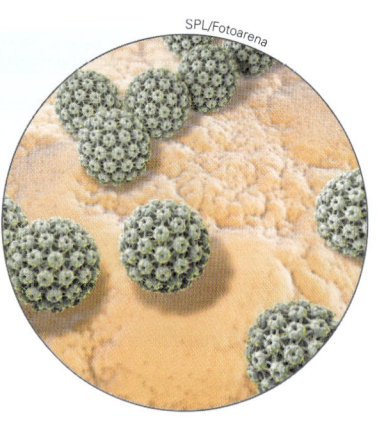

SPL/Fotoarena

4.22 Representação esquemática de uma verruga genital (à esquerda). No detalhe, em verde, ilustração do HPV. (Elementos representados em tamanhos não proporcionais entre si. Cores fantasia.)

O tratamento consiste em eliminar as verrugas por meio de congelamento, bisturi elétrico, *laser*, cirurgia ou ácidos. As mulheres que têm ou tiveram HPV devem fazer exames periódicos para a prevenção do câncer de colo do útero, já que algumas variedades do papilomavírus aumentam o risco de aparecimento desse tipo de câncer. O exame ginecológico conhecido como papanicolau pode detectar alterações no colo do útero e indicar uma possível infecção por HPV e, por isso, deve ser feito regularmente. Parceiros ou parceiras de pessoas com HPV também devem ser examinados para receber o tratamento adequado.

> ⏻ **Mundo virtual**
>
> **Riscos e prevenção contra o HPV – Unesp Notícias**
> https://www.youtube.com/watch?v=Ulki8IPx5LA
> A médica ginecologista Motomi Shirota fala sobre o HPV e reforça os cuidados necessários para evitar a infecção. Acesso em: 26 fev. 2019.

Uma mulher grávida que apresentou infecção pelo HPV deve avisar seu médico, pois o vírus pode ser transmitido ao bebê no momento do parto e aumentar o risco da ocorrência de problemas respiratórios na criança.

Segundo dados de 2017 do Ministério da Saúde, mais da metade dos jovens brasileiros de 16 a 25 anos têm HPV. O sistema público de saúde fornece a vacina contra HPV gratuitamente para meninos de 11 a 14 anos e meninas de 9 a 14 anos (figura 4.23). Também devem ser vacinados os portadores do vírus HIV e pessoas com baixa imunidade entre 9 e 26 anos. Além dessa medida de prevenção, é fundamental usar camisinha nas relações sexuais.

① Atenção

Como as lesões associadas ao HPV podem estar em áreas não protegidas pela camisinha, seu uso não previne completamente a transmissão da infecção.

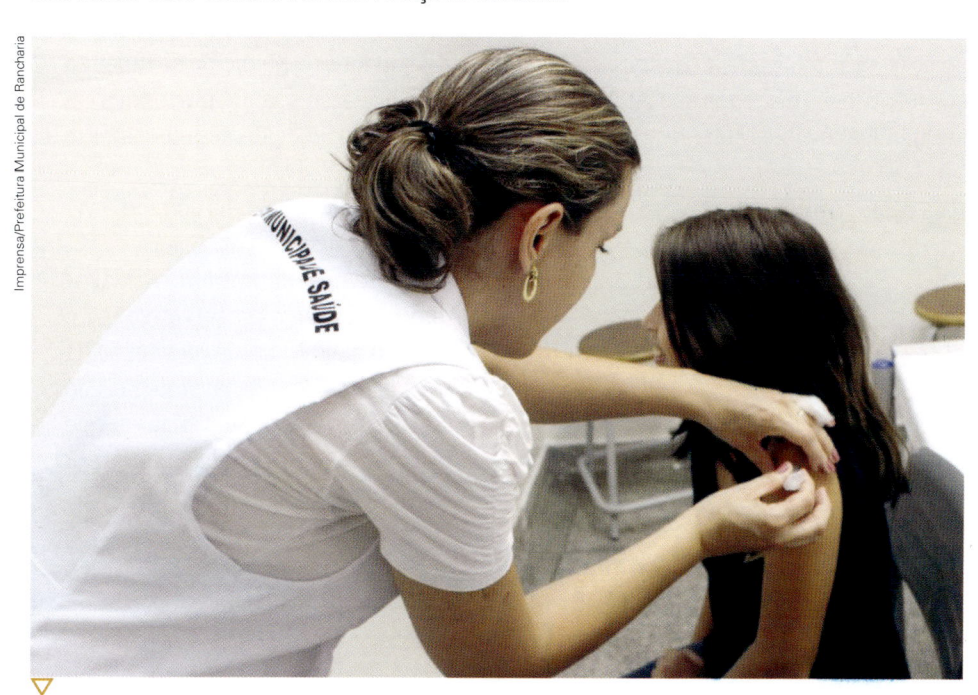

△ **4.23** A vacinação e o uso de preservativos são as principais formas de evitar o contágio pelo HPV. Na foto, menina sendo vacinada no Centro de Saúde de Rancharia (SP), 2018.

Estudos indicam que o HPV vem infectando pessoas há mais de 500 mil anos. Atualmente, são conhecidos mais de 200 tipos virais que fazem parte da família de vírus do HPV. Desses, mais de 40 tipos são transmitidos por contato sexual.

Esses vírus são tão numerosos e comuns que acredita-se que todo ser humano é infectado, em algum momento da vida, por um tipo de HPV. No entanto, a maioria das pessoas não apresenta sintomas da doença e por isso pode nem saber que está infectada.

Quando os vírus se manifestam, é comum que lesões apareçam no ânus, nos genitais (inclusive no útero) e na pele de outras regiões do corpo. Além da vacinação, os preservativos masculino e feminino, embora não protejam completamente contra infecções pelo HPV, são medidas preventivas importantes.

 **Mundo virtual**

HPV e câncer: perguntas mais frequentes – Instituto Nacional de Câncer
https://www.inca.gov.br/perguntas-frequentes/hpv
Esclarece muitas dúvidas sobre o HPV: o que é, como se transmite, sua relação com o câncer de colo de útero, tratamento, prevenção, vacina.
Acesso em: 26 fev. 2019.

Educação e renda influenciam na ocorrência de infecções por HPV

A infecção pelo papilomavírus humano (HPV) é considerada um problema de saúde pública, sendo a infecção sexualmente transmissível mais comum. Estima-se em nível mundial que aproximadamente 600 milhões de pessoas possuam o HPV e que cerca de 75% a 80% da população adquira esse vírus em algum momento da vida. Segundo o Ministério da Saúde, o Brasil é um dos líderes mundiais em incidência de HPV, sendo as mulheres entre 15 e 25 anos a população mais acometida.

Nas mulheres, a predominância de ocorrência da doença [...] é maior entre jovens, em idade reprodutiva, [...] em união estável, com baixa escolaridade e sem renda fixa por desenvolverem atividades do lar, de acordo com um estudo da enfermeira Joice Gaspar, realizado no Hospital das Clínicas da Faculdade de Medicina de Ribeirão Preto. "Pode-se concluir que a educação e a renda são fatores que influenciam o acesso à saúde preventiva e a adesão ao tratamento, o que justifica os piores achados clínicos nos grupos de pessoas sociodemograficamente desfavorecidas", relata Joice.

A transmissão do HPV se dá por contato direto com a pele ou mucosa infectada, sendo mais comum a via sexual. [...]

"Porém é importante ressaltar que, apesar de o preservativo ser o método mais eficaz de prevenção da transmissão do HPV, tal proteção não se dá de forma completa, uma vez que o atrito em regiões não cobertas por ele pode resultar na transmissão do vírus", alerta a enfermeira.

O tratamento para o HPV deve ser orientado pelo médico, mas pode ser realizado através de diversos métodos. [...]

As diversas modalidades de tratamento possuem diferentes características de ação e efeitos colaterais, por isso o combate a essa doença depende muito do sistema imunológico de cada indivíduo.

MANARA, A. Educação e renda influenciam na ocorrência de infecções por HPV. *Agência Universitária de Notícias*, ano 48, ed. 9, 23 fev. 2015. Disponível em: <http://www.usp.br/aun/antigo/exibir?id=6540&ed=1156&f=7>. Acesso em: 26 fev. 2019.

Governo Federal/Ministério da Saúde

4.24 Cartaz da campanha de vacinação contra o HPV do Ministério da Saúde, 2018.

8 Candidíase ou monilíase

A **candidíase** também é conhecida como **monilíase**. É provocada pelo fungo *Candida albicans*. Veja a figura 4.25. Esse parasita é o mesmo que causa o "sapinho" na boca.

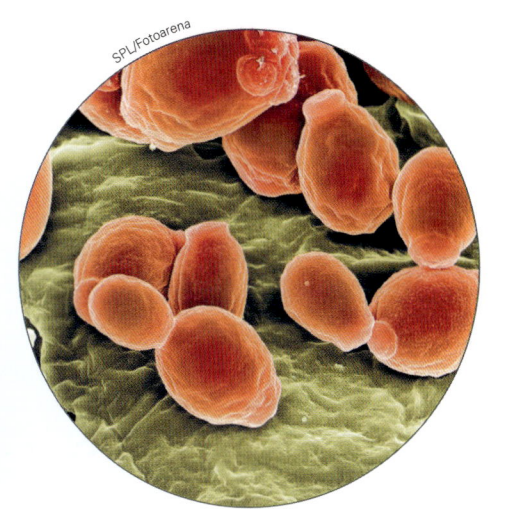

▷ 4.25 *Candida albicans*, fungo causador da candidíase, no detalhe acima, ao microscópio eletrônico (aumento de cerca de 4 000 vezes; imagem colorida artificialmente). Ele pode ser cultivado em laboratório (à esquerda) para pesquisas na área da saúde. (Os elementos representados nas fotografias não estão na mesma proporção.)

Na mulher, aparece nos órgãos genitais uma secreção esbranquiçada, acompanhada de coceira. No homem pode provocar vermelhidão e coceira na área genital. O tratamento é feito com cremes ou outros medicamentos indicados pelo médico.

Essa infecção não é necessariamente transmitida sexualmente. O fungo pode ser encontrado em algumas partes do corpo da maioria dos indivíduos (na superfície da pele e compondo a flora intestinal, por exemplo) sem que cause problemas. Ele se torna nocivo quando encontra condições propícias para se multiplicar e intensifica suas atividades, como estudamos no capítulo 1. A candidíase pode aparecer quando há queda da imunidade ou pelo uso contínuo de alguns medicamentos, como antibióticos, entre outros fatores.

O uso prolongado de antibióticos pode eliminar a maior parte das bactérias benéficas, que contribuem para o funcionamento equilibrado do organismo. Com isso, é favorecido o desenvolvimento de fungos, como o que causa a candidíase. Como outros fungos, o *Candida albicans* se desenvolve bem em ambientes úmidos e quentes. No calor, roupas íntimas sintéticas e roupas justas pouco ventiladas ou o uso prolongado de roupas de banho úmidas favorecem o surgimento da candidíase.

➕ Saiba mais

Candidíase

A candidíase é uma infecção causada pelo fungo *Candida albicans*, que se aloja comumente na área genital, provocando coceira, secreção e inflamação na região. [...]

Em períodos de baixa imunidade, o ambiente quente e úmido da região genital propicia a proliferação descontrolada, que muitas vezes exige tratamento. [...]

Para afastar a ameaça da candidíase vaginal, a higiene da região deve ser feita com sabonete de pH neutro. De preferência, é melhor optar pela calcinha de algodão, não usar absorvente íntimo todos os dias e evitar roupas muito justas ou molhadas por tempo prolongado.

Não abrir mão da camisinha nas relações sexuais previne o contágio entre os parceiros.

Pessoas com a imunidade comprometida, como portadores de HIV ou em tratamento contra o câncer, precisam de cuidados extras para prevenir a infecção pelo fungo. Lembre-se: a candidíase é uma doença oportunista. [...]

TENÓRIO, G.; PINHEIRO, C. Candidíase: tratamento, sintomas e prevenção. *Saúde*. Disponível em: <https://saude.abril.com.br/medicina/candidiase-tratamento-sintomas-e-prevencao/>. Acesso em: 26 fev. 2019.

9 Hepatite B

A **hepatite** pode ser provocada por vários tipos de vírus diferentes. Todos provocam inflamação do fígado. Veja a figura 4.26.

Na maioria dos casos, os pacientes não têm sintomas. Quando se manifestam, os principais são: febre, dor de cabeça, enjoo, cansaço, pele e olhos amarelados, urina escura e fezes claras.

O vírus da hepatite B é transmitido pelo sangue e por outros líquidos ou secreções corporais contaminados, como a saliva. Além disso, a transmissão pode ocorrer por contato sexual sem camisinha com uma pessoa infectada; uso compartilhado de seringas e agulhas, objetos de higiene pessoal (lâminas de barbear e depilar, escovas de dentes, alicates de unha ou outros objetos que furam ou cortam) e objetos de produção de tatuagem e colocação de *piercings*; transfusão de sangue.

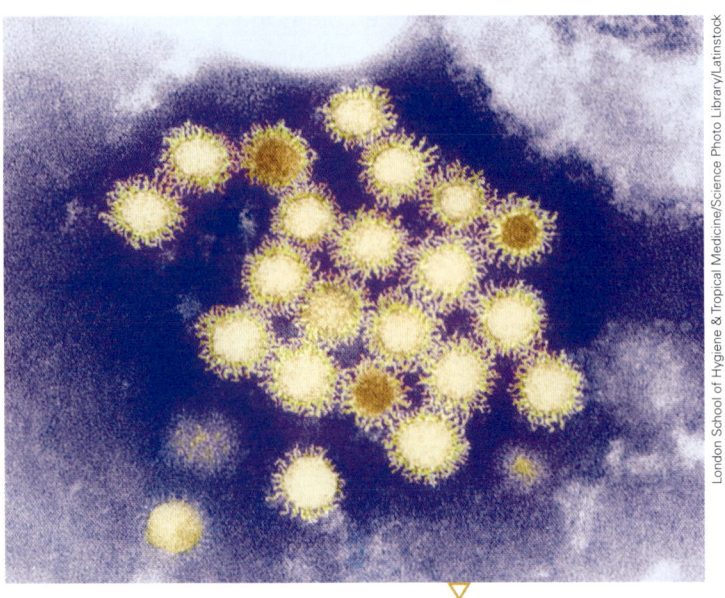

4.26 Vírus da hepatite B vistos ao microscópio eletrônico (o vírus tem cerca de 0,14 μm de diâmetro; imagem colorida artificialmente).

London School of Hygiene & Tropical Medicine/Science Photo Library/Latinstock

Quem já teve hepatite não pode doar sangue porque o vírus pode continuar no organismo, mesmo sem haver sintomas da infecção.

A hepatite B pode passar também da mãe para o filho no momento do parto. Logo ao nascer, a criança deve tomar a primeira dose da vacina contra a hepatite B, que será repetida um mês depois e, novamente, seis meses depois da primeira dose. Adultos também podem tomar as três doses da vacina, aplicada gratuitamente nos postos de saúde. Veja a figura 4.27.

Em alguns casos, há risco de o vírus provocar cirrose (comprometimento das funções do fígado) ou câncer de fígado. Por ser uma infecção muitas vezes silenciosa (sem sintomas), é preciso consultar regularmente o médico e fazer o exame de sangue específico para identificar a infecção pelo vírus. Se o resultado for positivo, o médico indicará o tratamento adequado.

Reprodução/Prefeitura Municipal de São Paulo

4.27 Campanha de vacinação de hepatite B promovida pela Prefeitura Municipal de São Paulo.

10 Pediculose pubiana

A **pediculose pubiana** é causada pelo piolho púbico (*Phthirus pubis*). Veja a figura 4.28. Em geral, o piolho e as lêndeas (ovos) ficam aderidos aos pelos pubianos, mas podem ser encontrados em outras partes do corpo, como coxas e axilas. O principal sintoma é a coceira nos locais afetados. A transmissão se dá na relação sexual ou pelo contato com roupas, toalhas e lençóis infestados pelo piolho. O tratamento é local e é necessário ferver as roupas pessoais, de cama e de banho para matar o parasita.

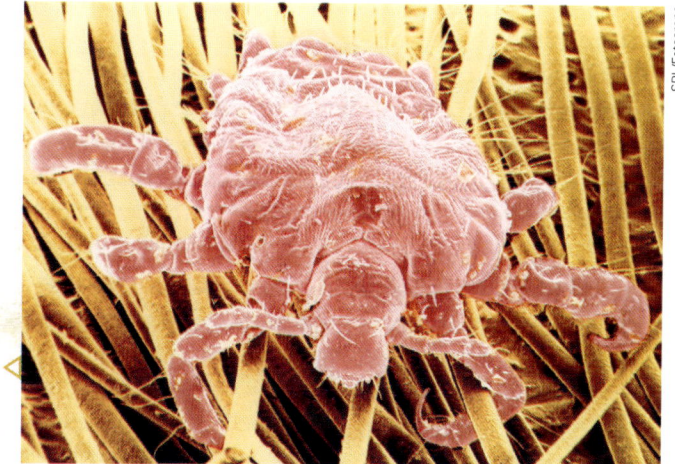

4.28 *Phthirus pubis*, piolho causador da pediculose pubiana visto ao microscópio eletrônico de varredura (o inseto tem de 1 mm a 2 mm de comprimento; imagem colorida artificialmente).

11 Tricomoníase

A **tricomoníase** é causada pelo protozoário *Trichomonas vaginalis*, transmitido durante a relação sexual. Nas mulheres ataca o colo do útero, a vagina e a uretra, causando a produção de uma secreção branca ou amarelada e malcheirosa. Os sintomas podem aparecer entre três e nove dias após o contato com o protozoário. Pode haver dor durante a relação sexual, ardência e dificuldade para urinar e coceira nos órgãos sexuais. Nos homens pode provocar ardência ao urinar. Em muitos casos, porém, a pessoa não apresenta sintomas.

Comprimidos ou cremes indicados pelo médico são usados como tratamento. O parceiro ou parceira da pessoa contaminada também deve ser tratado e durante esse período devem-se evitar relações sexuais. Veja a figura 4.29.

Os problemas gerados pela infecção podem não se limitar aos que foram citados anteriormente: o sujeito infectado pode estar suscetível a contaminação por outros tipos de IST e podem-se agravar alguns casos de infecções urinárias.

O uso de preservativos, tanto masculino como feminino, o tratamento da pessoa infectada e os cuidados com roupas de banho e íntimas são algumas das formas de prevenção da tricomoníase.

4.29 *Trichomonas vaginalis* visto ao microscópio eletrônico (o protozoário tem entre 10 μm e 20 μm de largura; imagem colorida artificialmente).

⏻ Mundo virtual

O que são DST? – Grupo de incentivo à vida
http://giv.org.br/DST/O-Que-são-DST/
Além de informações detalhadas sobre as IST, disponibiliza publicações sobre prevenção contra o HIV e IST, e sobre os direitos dos grupos afetados por essas infecções.
Acesso em: 27 fev. 2019.

Como os medicamentos para IST são desenvolvidos?

Atualmente, existem medicamentos para tratar as IST estudadas. Mas como eles foram desenvolvidos?

Toda pesquisa em ciência, relacionada ou não com a produção de medicamentos, segue um conjunto de procedimentos chamado método científico. As etapas envolvidas nesse método podem variar, mas, frequentemente, ele consiste na observação de um fato, na elaboração de uma hipótese (uma possível solução para o fato ou problema), no teste da hipótese, e na análise de resultados, para verificar se a hipótese é correta ou não. Veja a figura 4.30.

No caso de um medicamento, o pesquisador pode observar, por exemplo, se o medicamento é capaz de curar uma

4.30 Pesquisador analisando resultados de sua investigação.

doença (hipótese). Para testar isso, ele deve utilizar dois grupos de voluntários, um que vai receber um comprimido com o medicamento a ser testado, que será o grupo experimental, e um que vai receber um comprimido sem o medicamento, que será o grupo chamado controle. Este grupo é importante para concluir se os efeitos observados no grupo experimental ocorreram devido ao uso do medicamento novo, e não por outro fator.

Antes do teste em humanos, no entanto, um medicamento deve passar por rigorosos testes, inclusive em outros animais, como ratos. Veja a figura 4.31. Os resultados de cada descoberta devem ser publicados em revistas especializadas e avaliados por outros pesquisadores.

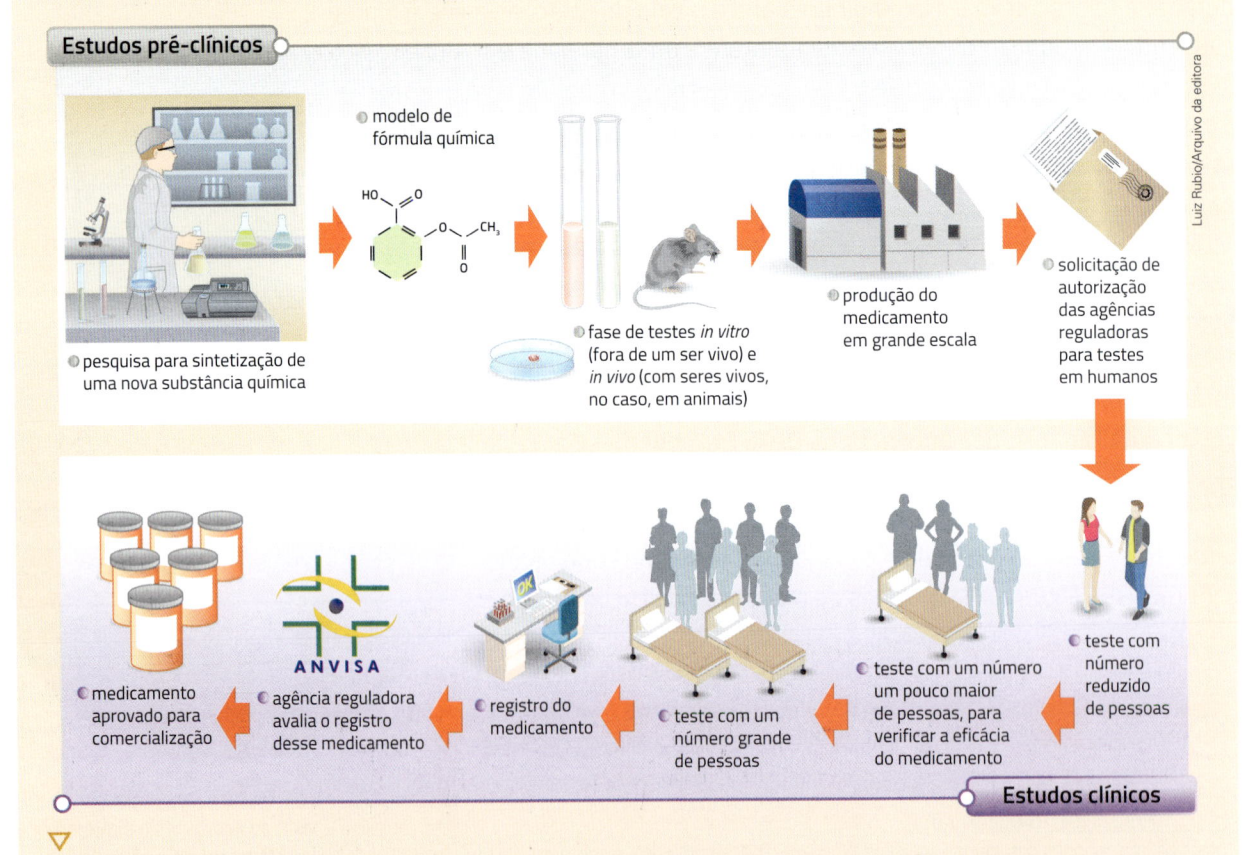

Estudos pré-clínicos

- pesquisa para sintetização de uma nova substância química
- modelo de fórmula química
- fase de testes *in vitro* (fora de um ser vivo) e *in vivo* (com seres vivos, no caso, em animais)
- produção do medicamento em grande escala
- solicitação de autorização das agências reguladoras para testes em humanos

Estudos clínicos

- teste com número reduzido de pessoas
- teste com um número um pouco maior de pessoas, para verificar a eficácia do medicamento
- teste com um número grande de pessoas
- registro do medicamento
- ANVISA — agência reguladora avalia o registro desse medicamento
- medicamento aprovado para comercialização

4.31 Esquema das fases necessárias para a aprovação e comercialização de um novo medicamento. (Elementos representados em tamanhos não proporcionais entre si. Cores fantasia.)

ATIVIDADES

Aplique seus conhecimentos

1 ▸ Qual método anticoncepcional reduz o risco de contrair infecções sexualmente transmissíveis?

2 ▸ O desaparecimento dos sintomas de uma IST significa necessariamente que a pessoa está curada? Justifique sua resposta.

3 ▸ Se uma pessoa desconfia de que foi contaminada por uma infecção sexualmente transmissível, que atitude ela deve tomar?

4 ▸ Você aprendeu neste capítulo que há vários tipos de IST. Agora, identifique qual doença ou infecção pode ser associada com cada característica abaixo.

a) O vírus causador ataca o fígado e deixa a pele e os olhos amarelados.

b) É causada pelo vírus HIV e provoca queda na imunidade. Não há cura.

c) Provoca lesões nos órgãos genitais e em outras partes do corpo e é causada pela bactéria *Treponema pallidum*.

d) O vírus causador provoca pequenas bolhas na região genital que estouram e formam feridas.

e) É causada por um fungo.

5 ▸ Cite alguns sinais que podem aparecer em caso de gonorreia.

6 ▸ Suponha a seguinte situação: uma pessoa acabou de descobrir que é portadora do vírus HIV.

a) Que medidas essa pessoa deve tomar para garantir a própria saúde?

b) Que medidas ela deve tomar para proteger a saúde das outras pessoas de seu convívio?

7 ▸ A imagem a seguir é de uma campanha para a prevenção da aids.

Assessoria de Comunicação do Ministério da Saúde/Governo Federal

4.32 Cartaz de campanha governamental para prevenção da aids.

a) Como o uso da camisinha evita a contaminação pelo HIV?

b) Por que é importante fazer o teste de HIV?

c) O que é PEP? Por que, mesmo com a possibilidade de realizar esse tratamento, é indispensável usar camisinha em todas as relações sexuais?

8 ▸ Que tipo de exame periódico uma mulher que tem HPV deve realizar? Por quê?

9 ▸ Assinale quais das alternativas abaixo são verdadeiras.

   a) Uma pessoa pode ser portadora de uma IST assintomática.

   b) Todas as IST são causadas por bactérias.

   c) Todas as IST causam lesões aparentes nos órgãos genitais.

   d) A aids pode ser transmitida nas relações sexuais desprotegidas com indivíduos portadores do vírus.

   e) A sífilis pode passar da mãe para o filho durante a gestação ou o parto.

   f) Somente o médico pode indicar o tratamento correto para as infecções sexualmente transmissíveis.

   g) As pessoas infectadas pelo vírus da aids, mas que não apresentam sintomas, não podem transmitir a doença.

   h) A aids pode ser prevenida por meio de uma vacina.

   i) Se a lesão da sífilis desapareceu, isso significa que a pessoa está curada.

   j) A aids pode ser transmitida por abraços e apertos de mão.

   k) Se uma pessoa é soropositiva, ela tem aids.

   l) Não é possível contrair aids na primeira relação sexual.

   m) Um dos maiores problemas para o desenvolvimento de uma vacina contra a aids é a capacidade de o vírus sofrer mutações muito rapidamente.

10 ▸ Pesquisadores estimam que muitas pessoas pararam de usar preservativos por causa do avanço no tratamento de IST. Explique por que, mesmo com os tratamentos, a prevenção é fundamental.

11 ▸ Explique o significado da frase: "Em relação à aids, conhecer é o melhor remédio".

De olho na notícia

As notícias a seguir discutem alguns dados sobre IST. Leia os textos com atenção e pesquise em um dicionário o significado dos termos que você não conhece. Em seguida, responda às questões referentes a cada uma das notícias.

Epidemia de sífilis no Brasil

O Ministério da Saúde lançou [...] uma campanha nacional de combate à sífilis. [...] Em 2015, foram 65 mil casos, um aumento de 32% em relação ao ano anterior.

A doença é especialmente preocupante em gestantes, pois pode provocar aborto ou, se transmitida para o feto, pode causar má-formações no bebê, como surdez e deficiência cognitiva. Em 2015 foram 33 mil gestantes infectadas – número 20% superior a 2014. Segundo o Ministério [da Saúde], 50% dos casos da doença são detectados no final da gestação, o que aumenta os riscos para o feto.

O governo federal anunciou uma série de medidas para tentar conter o avanço da doença. As principais são a detecção precoce no caso das gestantes, no início do pré-natal, e estratégias de comunicação para prevenção.

[...]

A notificação da doença passou a ser obrigatória em 2010. Isso explica, em parte, a escalada numérica nos últimos anos. Mas não é o único motivo.

Há uma tendência de queda no uso de preservativos, principal forma de prevenção de doenças sexualmente transmissíveis, como a sífilis. [...] O principal motivo para a negativa é a confiança no parceiro.

Outro fator que explica o aumento [de casos] é a falta de preparo dos profissionais de saúde no diagnóstico da doença, fator que o governo pretende resolver com a aprovação de um manual técnico, que será utilizado em unidades de saúde do país.

DIAS, T. Sífilis, a epidemia que já não é mais tão 'silenciosa'. *Nexo*, 23 out. 2016. Disponível em: <https://www.nexojornal.com.br/expresso/2016/10/23/%C3%ADfilis-a-epidemia-que-j%C3%A1-n%C3%A3o-%C3%A9-mais-t%C3%A3o-%E2%80%98silenciosa%E2%80%99>. Acesso em: 27 fev. 2019.

   a) Em 2015, quantos casos de sífilis foram diagnosticados?

   b) Por que há uma preocupação especial com gestantes em relação à sífilis? Quais foram as medidas tomadas pelo governo para conter o avanço da doença em gestantes?

   c) Quais são os sintomas da sífilis? O que uma pessoa que desconfia que está com sífilis deve fazer?

   d) De acordo com o texto, que fatores podem explicar o aumento da incidência de sífilis nos últimos anos?

Mycoplasma genitalium: Doença sexualmente transmissível pouco conhecida se alastra e alarma médicos por resistência a antibióticos

[...]

A _Mycoplasma genitalium_ é uma bactéria que pode ser transmitida por meio de relações sexuais com um parceiro contaminado.

Nos homens, ela causa a inflamação da uretra, levando a emissão de secreção pelo pênis e a dor na hora de urinar.

Nas mulheres, pode inflamar os órgãos reprodutivos – o útero e as trompas de falópio – provocando não só dor, como também febre, sangramento e infertilidade, ou seja, dificuldade para ter filhos.

A infecção, porém, nem sempre apresenta sintomas.

E pode ser confundida com outras doenças sexualmente transmissíveis, como a clamídia, que é mais frequente no Brasil.

[...]

A ascensão da MG [_Mycoplasma genitalium_] ocorre principalmente no continente europeu, mas, no Brasil, o Ministério da Saúde diz que monitora a bactéria tanto pelo aumento da prevalência quanto pelo aumento da resistência antimicrobiana.

Como a infecção por essa bactéria não é de notificação compulsória no país, ou seja, as secretarias de saúde dos Estados e municípios não são obrigadas a informar os casos, não se sabe quantas são as pessoas atingidas.

[...]

No Reino Unido [...], o quadro preocupa, segundo a Associação Britânica de Saúde Sexual e HIV (BASHH, da sigla em inglês). A associação afirma que as taxas de erradicação da bactéria após o tratamento com um grupo de antibióticos chamados macrolídeos estão diminuindo. E que a resistência da MG a esses antibióticos é estimada em cerca de 40% no Reino Unido.

MOURA, R. _Mycoplasma genitalium_: doença sexualmente transmissível pouco conhecida se alastra e alarma médicos por resistência a antibióticos. _BBC Brasil_, 17 jul. 2018. Disponível em: <https://www.bbc.com/portuguese/geral-44792267>. Acesso em: 27 fev. 2019.

a) Qual é o microrganismo causador da infecção descrita no texto?

b) Identifique os principais sintomas da infecção.

c) Qual é a forma de prevenção e de tratamento da infecção?

d) Com qual outra IST a infecção descrita no texto é comumente confundida?

e) Por que é importante que as secretarias de saúde notifiquem os casos de infecção?

De olho nos quadrinhos

Leia com atenção o diálogo retratado na tira abaixo.

Alexandre Beck/Acervo do cartunista

4.33

Fonte: BECK, A. Armandinho. Disponível em: <https://tirasarmandinho.tumblr.com>. Acesso em: 27 fev. 2019.

a) O personagem Armandinho está conversando com um adulto sobre um problema comum que deve ser combatido por todos. Qual é esse problema e como ele pode ser combatido?

b) Às vezes, pessoas com aids ou IST não querem revelar que têm a doença ou infecção por medo de sofrer preconceito. Por que isso é perigoso?

Observe abaixo uma campanha de saúde pública. Leia atentamente as informações apresentadas e, em seguida, responda às questões.

4.34 Cartaz de campanha de saúde pública relacionada ao HIV.

a) Qual é a ideia geral apresentada no cartaz da campanha?

b) O que significa "estar indetectável" no contexto apresentado pelo cartaz? Caso seja necessário, faça uma breve pesquisa a respeito.

c) Na sua opinião, a mensagem da campanha é positiva ou negativa? Justifique sua resposta com base em elementos visuais e palavras usadas nessa campanha.

d) Que tipo de preconceito uma pessoa soropositiva pode sofrer? Qual sua opinião com relação a isso?

◀ **Investigue** ▶

Faça uma pesquisa sobre os itens a seguir. Você pode pesquisar em livros, revistas, *sites*, etc. Preste atenção se o conteúdo vem de uma fonte confiável, como universidades ou outros centros de pesquisa. Use suas próprias palavras para elaborar a resposta.

1 ▸ Uma mulher namora há bastante tempo um homem e mantém relações sexuais com ele. Ambos garantem ser fiéis e, nesse caso, consideram a camisinha desnecessária como método de prevenção a IST. Busque relatos reais e recomendações de especialistas (médicos, pesquisadores e outros profissionais que trabalham com saúde pública) sobre esse assunto. Escreva uma breve redação justificando sua posição sobre o assunto e exponha à turma.

2 ▸ Um jovem diz que não quer frequentar determinado curso porque soube que um estudante portador de HIV estuda lá. Avalie a situação de acordo com o que estudou sobre o assunto, converse com outros membros da comunidade escolar sobre essa questão e busque relatos semelhantes para avaliar o impacto que esse comportamento pode ter. Faça uma breve redação sobre o assunto e exponha sua opinião à turma, dando as devidas justificativas.

Cada grupo de estudantes vai escolher uma das atividades a seguir para pesquisar em livros, revistas ou *sites* confiáveis (de universidades, centros de pesquisa, etc.). Vocês podem buscar o apoio de professores de outras disciplinas (Geografia, História, Língua Portuguesa, etc.). Exponham os resultados da pesquisa para a classe e a comunidade escolar (estudantes, professores e funcionários da escola e pais ou responsáveis), com o auxílio de ilustrações, fotos, vídeos, blogues ou mídias eletrônicas em geral. Ao longo do trabalho, cada integrante do grupo deve defender seus pontos de vista com argumentos e respeitando as opiniões dos colegas.

Se possível, visitem entidades ligadas à prevenção da aids e ao apoio às pessoas portadoras do HIV. Procurem também convidar médicos ou outros profissionais da área de saúde para a apresentação de palestras sobre esses temas para a comunidade escolar.

1 ▸ Quais são os fatores que provocam aumento da ocorrência das infecções sexualmente transmissíveis? O que deve ser feito para combater esse problema? Quais são os exames e os cuidados recomendados para as pessoas se prevenirem contra as infecções sexualmente transmissíveis? Para enriquecer a pesquisa, vocês podem entrevistar um médico ginecologista ou urologista.

2 ▸ Quais são as principais formas de transmissão da aids no Brasil? Como a doença está evoluindo no país? Em que grupo de pessoas ela está aumentando rapidamente? Por que isso vem acontecendo?

3 ▸ Que medidas podem ser tomadas pelo governo para evitar a propagação de IST no Brasil? Qual é o papel do poder público no que diz respeito ao cuidado com a saúde da população? A secretaria de estado ou do município onde vocês vivem adotam todas as medidas possíveis?

4 ▸ É preciso muito cuidado com notícias sobre supostas curas de doenças como a aids. Nas revistas científicas, um pesquisador só pode publicar resultados que passaram por testes rigorosos, mas nos meios de comunicação não especializados nem sempre há essa exigência. Pesquisem na internet, em revistas e jornais matérias recentes sobre a cura da aids. Avaliem a notícia, levantem dúvidas e compartilhem com a comunidade escolar suas conclusões sobre a reportagem. Não se esqueçam de apresentar a notícia original. Procurem responder às seguintes questões:

a) Em qual veículo de comunicação a notícia foi publicada? Em *sites* de jornais e revistas ou em blogues e páginas informais da internet?

b) A notícia cita como fonte um trabalho publicado em uma revista científica? Caso não, questionem por que isso não ocorreu.

c) A matéria apresenta depoimentos de especialistas na área? Em caso afirmativo, destaquem os principais pontos desses depoimentos.

d) O que está escrito na manchete corresponde ao conteúdo da matéria ou há um exagero na chamada?

e) A matéria especifica alguma previsão de quando a cura ou tratamento estarão disponíveis ao público? O tratamento é apenas experimental (ou seja, ainda não foram feitos estudos suficientes para comprovar sua eficácia) ou já foi testado por instituições de pesquisa reconhecidas?

Autoavaliação

1. Houve algum tópico trabalhado neste capítulo que você teve mais dificuldade para entender? O que você fez para superar essa dificuldade?

2. Como você pode usar os conteúdos que aprendeu neste capítulo para melhorar a qualidade de vida na comunidade em que você vive?

3. Após estudar este capítulo, como você avalia as suas atitudes e posicionamentos diante de situações de preconceito contra pessoas que têm HIV ou alguma infecção sexualmente transmissível?

Como combater as IST?

As infecções sexualmente transmissíveis (IST) foram, por muito tempo, tratadas com preconceito pela sociedade. Isso ocorreu pela falta de acesso à informação, algo que ainda é bastante presente, principalmente entre os jovens e a população de baixa renda. Cabe aos órgãos governamentais conhecer os grupos mais afetados pelas IST para que sejam implementadas políticas direcionadas a esses grupos, além de conscientizar a população sobre as formas de prevenção e de oferecer tratamento gratuito.

Conhecendo a população

É importante conhecer quais grupos são mais afetados por uma IST. Observe os gráficos abaixo. No caso da aids, percebemos que, em 2016, a região Sudeste tinha maior número de casos. No gráfico de barras, observa-se que, na população em geral, os jovens e os adultos do sexo masculino eram os mais afetados.

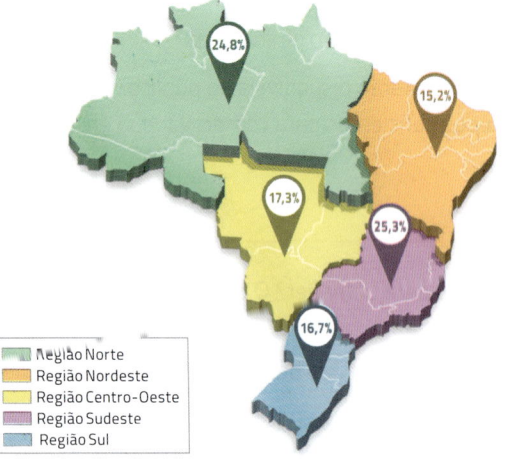

Casos de aids no Brasil por região (a cada 100 mil habitantes)

- Região Norte — 24,8%
- Região Nordeste — 15,2%
- Região Centro-Oeste — 17,3%
- Região Sudeste — 25,3%
- Região Sul — 16,7%

Fonte do mapa: IBGE. *Atlas geográfico escolar*. 7. ed. 2016. p. 94.
Fonte dos dados: elaborado com base em BRASIL. Ministério da Saúde. Secretaria de Vigilância em Saúde – *Boletim Epidemiológico*: Aids e IST. v. XX, 2017. p. 33.

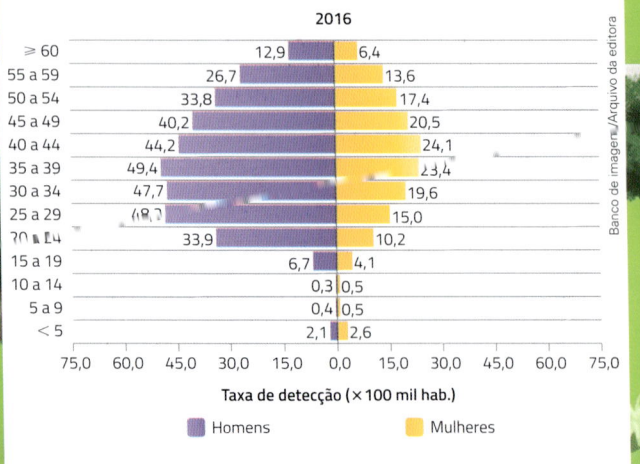

Casos de aids detectados em homens e mulheres de diferentes faixas etárias

2016

Faixa etária	Homens	Mulheres
≥ 60	12,9	6,4
55 a 59	26,7	13,6
50 a 54	33,8	17,4
45 a 49	40,2	20,5
40 a 44	44,2	24,1
35 a 39	49,4	23,4
30 a 34	47,7	19,6
25 a 29	48,2	15,0
20 a 24	33,9	10,2
15 a 19	6,7	4,1
10 a 14	0,3	0,5
5 a 9	0,4	0,5
< 5	2,1	2,6

Taxa de detecção (× 100 mil hab.)

Fonte: elaborado com base em BRASIL. Ministério da Saúde. Secretaria de Vigilância em Saúde – *Boletim Epidemiológico*: Aids e IST. v. XX, 2017. p. 17.

Formas de divulgação

Na escola

É fundamental que os adolescentes aprendam sobre IST e formas de prevenção de infecções na escola.

Consulte

Conheça algumas cartilhas disponíveis na internet.

· **Cartilha voltada para a comunidade indígena Kanamari**
http://unesdoc.unesco.org/images/0023/002307/230739m.pdf
· **Cartilha para prevenção do HPV**
http://portalarquivos.saude.gov.br/campanhas/2014/hpv/Guia_perguntas_e_repostas_MS_HPV_profissionais_de_saude.pdf
Acessos em: 27 fev. 2019.

HOSPITAL

Campanhas governamentais

Envolvem a distribuição gratuita de preservativos e de cartazes e cartilhas para esclarecimento e conscientização da população.

Propondo uma solução

Forme um grupo com os colegas e elaborem um questionário com perguntas para funcionários, professores e familiares sobre formas de transmissão e prevenção de infecções sexualmente transmissíveis (IST) para avaliar o conhecimento deles sobre assunto. Os questionários podem ser com questões de múltipla escolha, e não devem ser identificados, protegendo a privacidade das pessoas. Também podem ser feitos digitalmente, garantindo que as respostas sejam anônimas. Com os dados coletados, planejem uma campanha de conscientização da comunidade escolar. Escolham uma das alternativas abaixo para divulgar essas informações:

- Programa de *podcast*, que pode ser gravado na escola e divulgado em redes sociais.
- Criação de um blogue na internet sobre o assunto.

Na prática

1. Os resultados dos questionários foram como o esperado?

2. O questionário ajudou na elaboração da campanha?

3. Quais foram as dificuldades envolvidas na criação de uma campanha digital?

4. O que vocês aprenderam com essa experiência?

Felix Reiners/Arquivo da editora

▽

Terra vista do espaço em primeiro plano e o Sol ao fundo.
Foto tirada da Estação Espacial Internacional.

UNIDADE 2

A Terra e o clima

Apesar de atualmente ser possível observar muitos fenômenos astronômicos por meio de telescópios e outras tecnologias, o Universo continua sendo um grande mistério. No entanto, essas observações, somadas às hipóteses feitas pelos cientistas, permitiram a construção de modelos ao longo da história que buscam explicar muitos fenômenos do espaço e do planeta Terra.

Nesta unidade vamos estudar alguns desses fenômenos, como a movimentação da Terra e da Lua e os diferentes tipos de clima que ocorrem no planeta.

1 ▸ Você já observou a Lua em suas diferentes fases? Já viu um eclipse da Lua? Como essas observações ajudaram a humanidade a conhecer mais sobre o planeta Terra?

2 ▸ De que forma vídeos, animações e outras tecnologias digitais podem facilitar a compreensão de fenômenos que ocorrem no espaço?

3 ▸ Como você explicaria a alguém que, embora ocorram períodos mais frios, a temperatura do planeta vem aumentando nos últimos anos?

5

Movimentos da Terra e da Lua

△ 5.1 Os diferentes aspectos da Lua no céu. Imagem feita pela composição de várias fotos da Lua vista de um mesmo local da Terra.

Mesmo em grandes cidades, em que as noites não costumam ser tão escuras por conta das luzes artificiais, é possível ver a Lua quando olhamos para o céu.

Você já deve ter observado as diferentes formas da Lua no céu: em algumas noites ela aparece toda iluminada; em outras, só uma parte dela está iluminada. E há também algumas noites em que a Lua nem é visível. Veja a figura 5.1. O que causa essa mudança na aparência da Lua?

Neste capítulo vamos usar modelos para compreender os movimentos da Lua e da Terra ao longo do mês e do ano, e para entender as consequências desses movimentos.

▶ **Para começar**

1. Quais são os movimentos realizados pela Terra?

2. Como a inclinação do eixo da Terra influencia no clima do planeta ao longo do ano?

3. O que causa a mudança da aparência da Lua no céu ao longo do mês?

4. Você já viu eclipses? Como eles ocorrem?

1 Os movimentos da Terra

Você já viu o nascer do Sol? Veja a figura 5.2. Se continuarmos a observar a posição do Sol ao longo do dia, perceberemos que ele cruza o céu da direção leste para a oeste.

5.2 Nascer do Sol no rio Paraguai, em Corumbá (MS), 2017. Será que o Sol nasce sempre nesse mesmo ponto e no mesmo horário ao longo do ano?

No 6º ano vimos que os movimentos do Sol no céu (ou seja, observados da Terra), ao longo do dia e do ano, podem ser explicados pelos movimentos de rotação e translação da Terra e pela inclinação do eixo de rotação em relação à sua órbita. Dizemos que o Sol se move no céu porque o vemos a partir da Terra. Se estivéssemos olhando para o planeta em que vivemos de fora do Sistema Solar, veríamos a Terra e os outros planetas se movendo em torno do Sol. Neste capítulo serão apresentados alguns modelos tridimensionais que esclarecem como esses movimentos explicam a sucessão de dias e noites e as estações do ano.

> Esses modelos podem ser feitos na escola ou em casa, com material de fácil acesso.

A rotação da Terra

O planeta em que vivemos apresenta um movimento de rotação em torno de seu eixo. Esse movimento ocorre do sentido oeste para o leste, e uma volta inteira ocorre após cerca de 24 horas. Mais exatamente, uma volta demora 23 horas, 56 minutos e 4 segundos.

Além do movimento de rotação, temos o de translação, em que a Terra gira ao redor do Sol percorrendo uma órbita. O eixo de rotação da Terra é inclinado em relação ao plano da órbita do planeta ao redor do Sol. Como veremos adiante, essa inclinação provoca alterações na maneira como as regiões da Terra recebem a luz do Sol ao longo do ano.

Vamos usar um modelo tridimensional para visualizar melhor como os raios do Sol atingem a Terra. Você pode construí-lo com seus colegas e com a supervisão do professor.

Para montar esse modelo, podemos usar uma bola de isopor (com cerca de 10 cm de diâmetro) para representar a Terra e uma lanterna para representar a luz do Sol. A lanterna pode ser uma comum pequena ou a lanterna de um telefone celular. Na bola devemos traçar a linha do equador no meio dela, marcar os pontos PN e PS para indicar, respectivamente, os polos norte e sul e fazer um ponto colorido abaixo do equador. Vamos precisar também de um clipe de papel, um palito de dente e massa de modelar. Veja a figura 5.3.

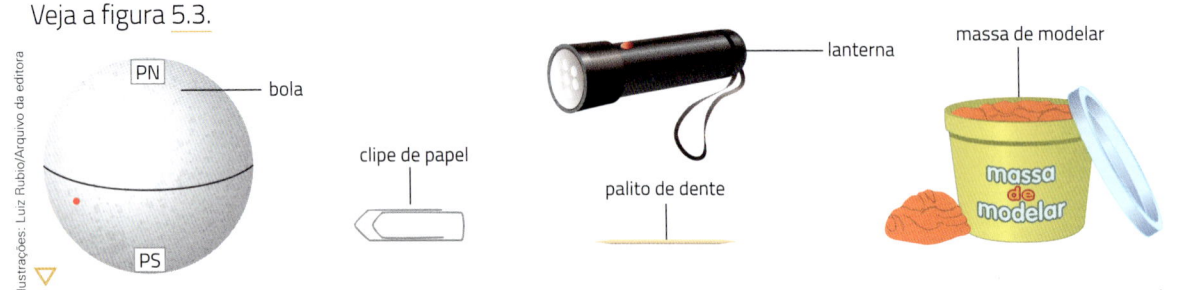

▽ **5.3** Material necessário para a montagem do modelo. (Elementos representados em tamanhos não proporcionais entre si. Cores fantasia.)

Abra o clipe de papel de acordo com a figura 5.4 (para ser mais preciso, use um transferidor para medir um ângulo de cerca de 23° com a vertical) e espete-o na bola no ponto que representa o polo sul. Em seguida, fixe o clipe em uma base feita com um pouco de massa de modelar. Espete um palito de dente no ponto que marca o polo norte, na mesma direção do clipe, como mostra a figura 5.4.

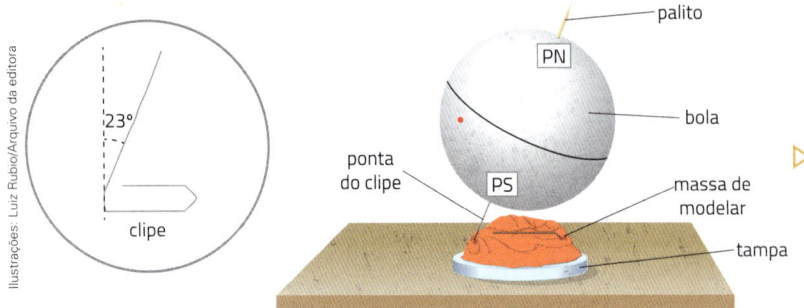

▷ **5.4** Modelo representando a Terra e seu eixo de rotação inclinado, cujo ângulo corresponde ao do clipe aberto, no detalhe. (Elementos representados em tamanhos não proporcionais entre si. Cores fantasia.)

Agora, escureça um pouco a sala e apoie a lanterna perto da bola; use uma pilha de livros para deixar a lanterna e a bola na mesma altura. Posicione tudo de maneira que o feixe de luz ilumine o ponto colorido. Veja a figura 5.5.

Sabendo-se que a lanterna representa o Sol, e a bola, a Terra, o que essa situação representa?

▷ **5.5** Modelo tridimensional representando a posição relativa da Terra (bola) e do Sol (lanterna).

A metade da bola iluminada pela lanterna corresponde à metade da superfície da Terra voltada para o Sol: nessa metade é dia. A outra metade da bola corresponde à parte da Terra voltada para o lado oposto ao Sol: nessa parte do planeta é noite. Conforme a Terra gira em torno de seu eixo, muda a região iluminada pelo Sol; em um determinado ponto da Terra, o Sol vai mudando de posição no céu e se alternam os dias e as noites.

A inclinação dada à bola representa a inclinação do eixo de rotação da Terra, que é de 23,5° em relação a uma linha perpendicular ao plano da órbita da Terra. Veja a figura 5.6.

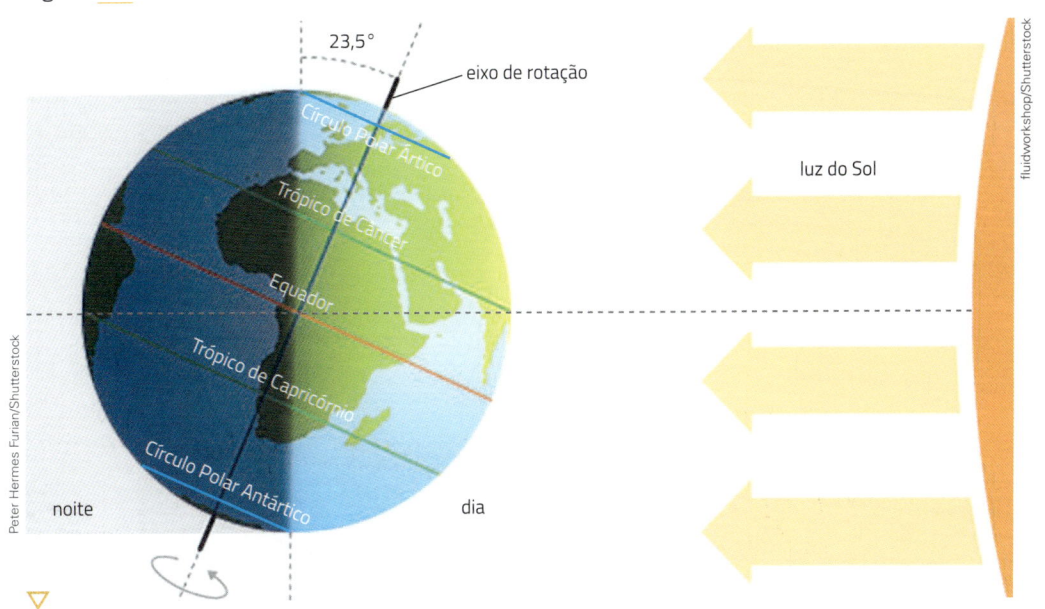

5.6 A inclinação do eixo de rotação da Terra em relação ao plano de sua órbita. Note que os raios solares iluminam a parte do planeta voltada para o Sol e que a região dos polos é iluminada de forma diferencial. (Elementos e distâncias representados em tamanhos não proporcionais entre si. Cores fantasia.)

Conexões: Ciência e tecnologia

Não se queixe de que os dias estão curtos demais

Hoje os dias duram 24 horas, tempo aproximado que leva para o planeta completar uma volta em torno de seu eixo de rotação. Mas já foram mais curtos no passado distante. Há 1,4 bilhão de anos, antes de as formas de vida mais complexas emergirem no planeta, a velocidade de rotação da Terra, que hoje é de 23 horas e 56 minutos, era maior e os dias tinham apenas 18 horas e 40 minutos, segundo cálculos feitos por Stephen Meyers, da Universidade de Wisconsin em Madison, e Alberto Malinverno, da Universidade Columbia, ambas nos Estados Unidos (*PNAS*, 4 de junho [2018]). Os pesquisadores estimaram a duração dos dias terrestres naquele período usando uma técnica estatística que permitiu combinar modelos de evolução do Sistema Solar com dados do registro geológico. O ritmo de formação de algumas rochas do planeta sofre influência das condições climáticas, que, por sua vez, são alteradas por mudanças na inclinação do eixo e na taxa de rotação terrestre e na órbita do planeta ao redor do Sol. As taxas de deposição de ritmitos (rochas sedimentares) de 1,4 bilhão de anos encontrados no norte da China e de ritmitos de 55 milhões de anos do assoalho do Atlântico Sul permitiram selecionar um modelo de evolução do Sistema Solar que mais correspondia às condições ambientais do planeta em diferentes períodos. Segundo esse modelo, há 1,4 bilhão de anos, a Lua estaria a 341 mil quilômetros (km) de distância da Terra – hoje está a 381 mil km – e faria o planeta girar mais rapidamente.

NÃO SE queixe de que os dias estão curtos demais. *Pesquisa Fapesp*. Disponível em: <http://revistapesquisa.fapesp.br/2018/07/19/nao-se-queixe-de-que-os-dias-estao-curtos-demais>. Acesso em: 26 fev. 2019.

As estações do ano

Para compreender as estações do ano, você deve antes lembrar que a Terra se desloca em torno do Sol. Esse movimento é chamado de translação e leva cerca de um ano para se completar: 365 dias, ou, mais exatamente, 365 dias, 5 horas, 48 minutos e 45,97 segundos. Veja na figura 5.7 a representação do movimento de translação da Terra ao redor do Sol. E, com auxílio do modelo apresentado anteriormente, vamos compreender a sucessão das estações do ano.

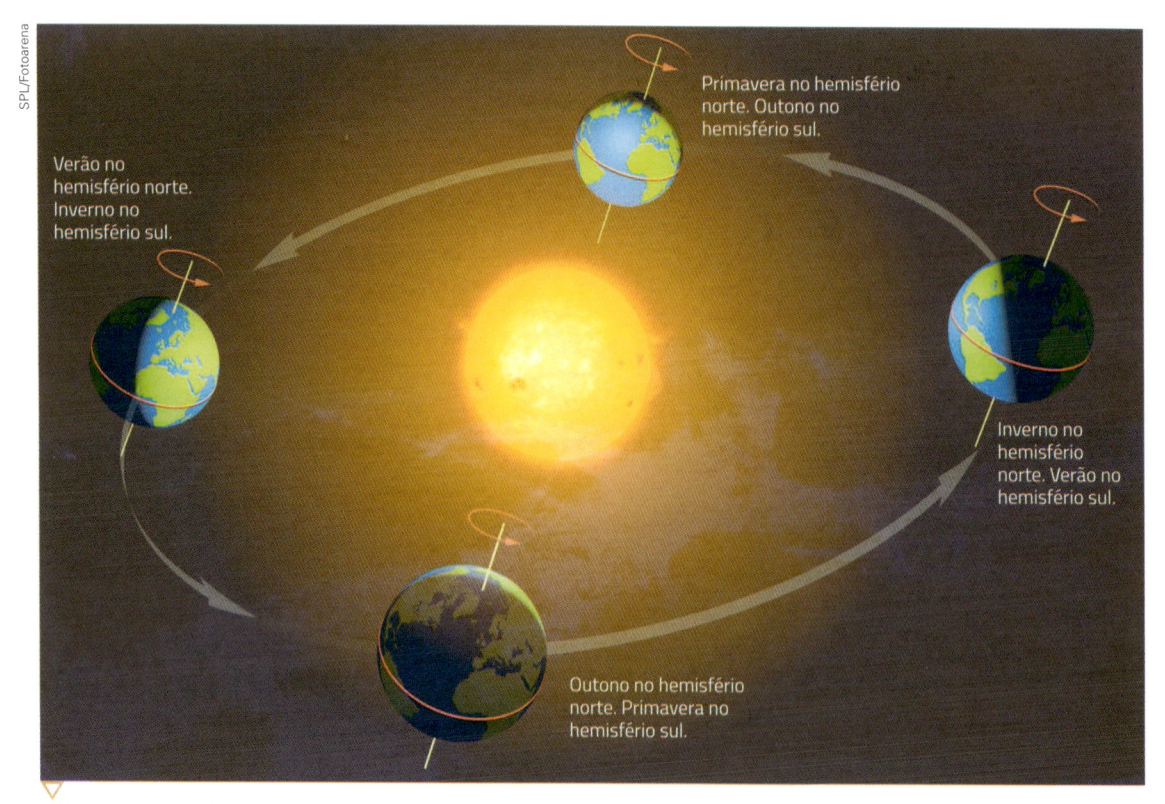

SPL/Fotoarena

Verão no hemisfério norte. Inverno no hemisfério sul.

Primavera no hemisfério norte. Outono no hemisfério sul.

Inverno no hemisfério norte. Verão no hemisfério sul.

Outono no hemisfério norte. Primavera no hemisfério sul.

5.7 Representação da trajetória da Terra ao redor do Sol e das estações do ano nos hemisférios norte e sul. Note que a Terra não está nas quatro posições ao mesmo tempo: esse é apenas um recurso didático para indicar o movimento. (Elementos e distâncias representados em tamanhos não proporcionais entre si. Cores fantasia.)

Considere que, devido à forma esférica do planeta, a quantidade de luz do Sol que chega à Terra não é a mesma em todos os pontos de sua superfície.

Em torno da linha do equador, a incidência dos raios solares é mais direta. Essa região concentra mais luz e calor do que as regiões mais afastadas do equador, onde os raios solares incidem mais inclinados e atingem uma área maior. É por isso que, nas regiões próximas ao equador, o clima tende a ser mais quente que nas regiões mais afastadas. Veja um modelo da incidência dos raios luminosos do Sol em uma esfera representando a Terra na figura 5.8.

Luiz Rubio/Arquivo da editora

5.8 Veja como a distribuição de luz na esfera (representando a Terra) não é igual em todos os pontos. (Cores fantasia.)

Outro fato importante que você viu é que o eixo de rotação da Terra é inclinado em relação ao plano da órbita desse planeta em torno do Sol. Por causa dessa inclinação, a incidência da luz solar nos dois hemisférios da Terra varia ao longo do ano.

Na posição em que você colocou inicialmente a bola e a lanterna (reveja a figura 5.5), o hemisfério sul, onde está o ponto colorido, é atingido mais diretamente pelos raios solares e recebe mais luz e calor que o hemisfério norte. Nessa situação, é verão no hemisfério sul e inverno no hemisfério norte; e os dias são mais longos que as noites nas regiões ao sul do equador, enquanto ao norte do equador as noites são mais longas que os dias.

Agora, no modelo tridimensional que construímos (reveja a figura 5.5), vamos colocar a bola à esquerda da lanterna, mantendo a inclinação do eixo para a direita. Veja a figura 5.9.

Mundo virtual

As estações do ano – Casa das Ciências
https://www.youtube.com/watch?v=HB9-Eol7CGl
Vídeo português sobre as estações do ano.
Acesso em: 26 fev. 2019.

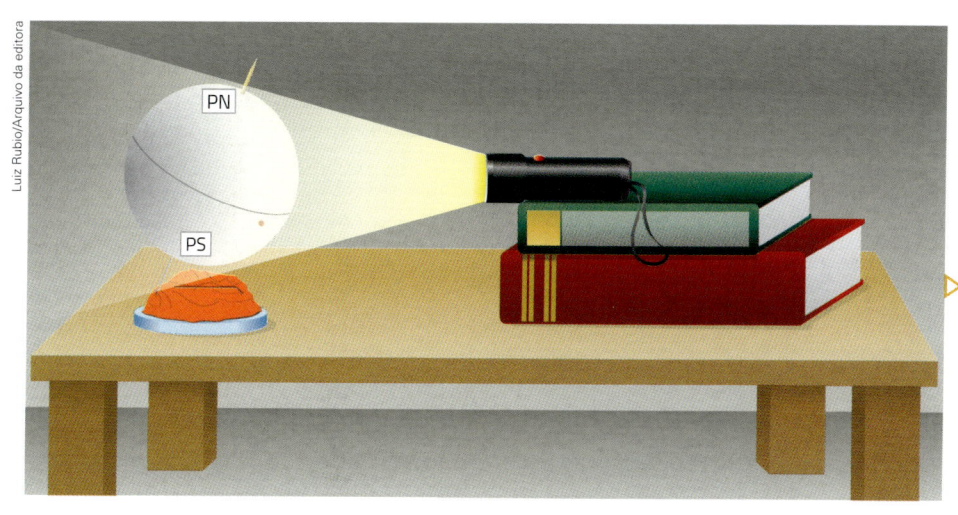

Luiz Rubio/Arquivo da editora

▷ 5.9 Modelo tridimensional representando a posição relativa da Terra (bola) e do Sol (lanterna). Por causa da inclinação do eixo, nessa posição o hemisfério norte recebe mais luz e calor do que o hemisfério sul.

Nessa nova posição, o hemisfério norte (sem o ponto colorido) é atingido mais diretamente pelos raios solares e recebe mais luz e calor que o hemisfério sul. Nessa situação, é verão no hemisfério norte e inverno no hemisfério sul; e os dias são mais longos do que as noites nas regiões ao norte do equador.

A duração do dia (ou da noite) em cidades muito próximas à linha do equador, como algumas do norte do Brasil, é sempre de cerca de 12 horas o ano todo. Já próximo ao trópico de Capricórnio, o dia no início do verão pode ter 14 horas e a noite, 10 horas, ocorrendo o contrário no inverno. No Brasil, essa variação – ao longo do ano – na duração relativa dos dias e das noites é mais facilmente percebida nas regiões mais ao sul do país. Nas regiões Norte e Nordeste, mais próximas à linha do equador, essa variação é menor.

✚ Saiba mais

A forma da órbita da Terra

O movimento da Terra em torno do Sol – a órbita da Terra – é uma elipse, mas se aproxima muito de uma circunferência. Veja só: a distância da Terra ao Sol varia entre 147 100 000 quilômetros e 152 100 000 quilômetros.

Perceba que a diferença entre esses dois extremos (5 milhões de quilômetros) é muito pequena, comparada à distância média que separa a Terra do Sol (150 milhões de quilômetros), e não é suficiente para produzir efeito notável ou alguma influência sensível na temperatura do planeta.

Solstícios

Entre 20 e 22 de dezembro, a duração da fase diurna no hemisfério sul é a maior do ano: é o chamado **solstício** de dezembro, que marca o início do verão no hemisfério sul e o início do inverno no hemisfério norte. Nesse momento, os raios solares incidem perpendicularmente sobre o trópico de Capricórnio. Veja a figura 5.10.

▶ **Solstício:** do latim *solis*, "sol", e *sistere*, "que não se mexe", porque a posição em que o Sol nasce e se põe parece não mudar por alguns dias.

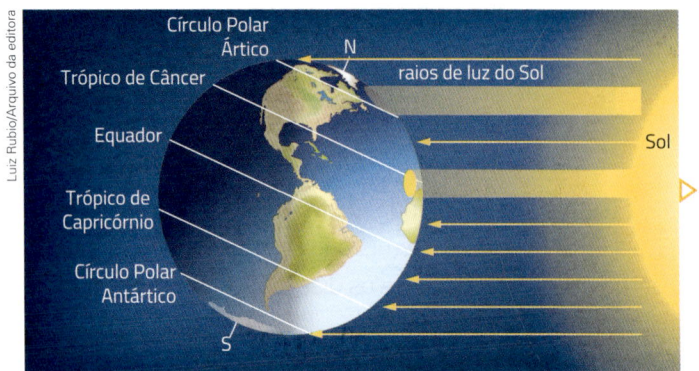

Fonte: elaborada com base em RICKLEFS, R. E. *A economia da natureza*. Rio de Janeiro: Guanabara Koogan, 2011. p. 55.

5.10 Representação da incidência dos raios solares na Terra no solstício de dezembro, por volta de 21 de dezembro. (Elementos e distâncias representados em tamanhos não proporcionais entre si. Cores fantasia.)

Por volta de 21 de junho, a duração da noite no hemisfério sul é a maior do ano: é o chamado solstício de junho, que marca o início do inverno no hemisfério sul e o início do verão no hemisfério norte. Nesse momento, os raios solares incidem perpendicularmente sobre o trópico de Câncer. Veja a figura 5.11.

Fonte: elaborada com base em RICKLEFS, R. E. *A economia da natureza*. Rio de Janeiro: Guanabara Koogan, 2011. p.55.

5.11 Representação da incidência dos raios solares na Terra no solstício de junho por volta de 21 de junho, quando começa o verão no hemisfério norte e o inverno no hemisfério sul. (Elementos e distâncias representados em tamanhos não proporcionais entre si. Cores fantasia.)

Equinócios

Reveja a figura 5.7. Há duas posições na órbita terrestre em que os hemisférios do planeta são atingidos pelos raios solares de maneira similar. No hemisfério que acaba de passar pelo verão, esse momento marca o início do outono. Enquanto isso, o outro hemisfério está saindo do inverno e tem início a primavera.

Por volta de 21 de março, no mundo todo a duração da fase diurna é praticamente igual à duração da fase noturna (12 horas): é o **equinócio** de março, que marca o início do outono no hemisfério sul e o início da primavera no hemisfério norte.

Por volta de 22 de setembro, novamente à duração do dia é praticamente igual à duração da noite no mundo todo: é o equinócio de setembro, que marca o início da primavera no hemisfério sul e o início do outono no hemisfério norte.

Tente representar as estações do ano no modelo tridimensional que usamos neste capítulo. Lembre-se de que a bola deve ficar sempre inclinada para o mesmo lado ao longo de sua trajetória ao redor da lanterna.

▶ **Equinócio:** do latim *aequus*, "igual"; *nox*, "noite".

Neste capítulo estudamos as estações do ano definidas a partir de eventos astronômicos. No capítulo 6 vamos ver que o clima de cada região está relacionado também a outros fatores, como a circulação do ar e as correntes oceânicas.

O Sol no céu ao longo do ano

A figura 5.12 mostra como a altura do Sol no horizonte, no mesmo horário, varia em duas estações diferentes, em regiões afastadas do equador (em latitudes maiores que 11,75 graus). No inverno, a altura do Sol no horizonte é mais baixa que no verão e os raios solares atingem a superfície de forma mais inclinada, resultando em menor aquecimento que no verão. No verão, o Sol aparece mais alto e seus raios atingem a Terra de forma menos inclinada, resultando em maior aquecimento.

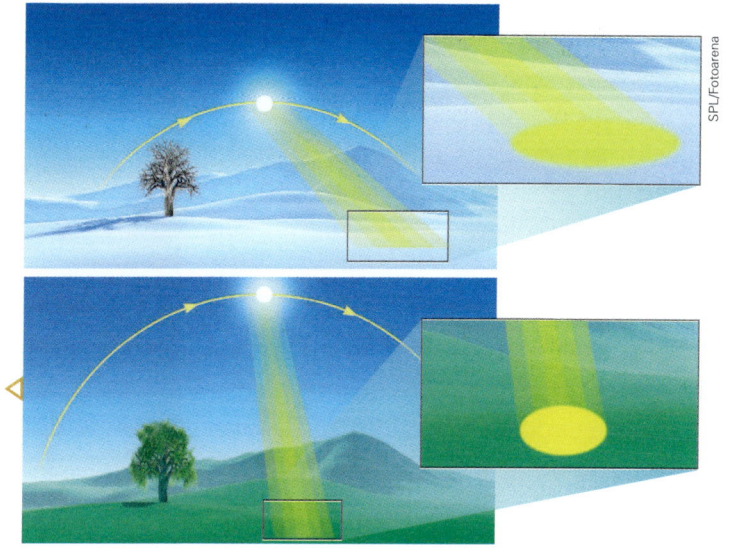

SPL/Fotoarena

5.12 Representação da incidência dos raios solares no inverno (acima) e no verão (abaixo), em uma região afastada do equador. A incidência mais oblíqua no inverno faz com que a luz se espalhe mais, promovendo menor aquecimento que no verão. (Elementos representados em tamanhos não proporcionais entre si. Cores fantasia.)

2 A Lua

Você tem o hábito de observar a Lua? É possível ver esse astro facilmente no local onde você mora? Veja a figura 5.13. Muitos calendários indicam as fases da Lua ao longo do ano. Você sabe como é possível fazer essa previsão?

O ser humano sempre buscou entender os fenômenos que observa na natureza, procurando também usar esse conhecimento para fins práticos. Cada cultura criou explicações próprias para fenômenos que se repetem – como o dia e a noite, as estações do ano e as fases da Lua – por meio da observação da natureza e do céu. Entre outras funções, essas explicações ajudavam as pessoas a se orientar no espaço, a marcar o tempo (construindo calendários, por exemplo) e a escolher a melhor época para cultivar e colher plantas, caçar ou pescar.

Avener Prado/Folhapress

5.13 Lua cheia vista em São Paulo (SP), 2015.

Para explicar os fenômenos naturais, a ciência geralmente se vale da construção de hipóteses seguida de observações, experimentos, construção de modelos e novas teorias. Esse trabalho pode levar a novas tecnologias e novos processos que impulsionam ainda mais o desenvolvimento científico. O aperfeiçoamento de telescópios, por exemplo, ajudou os cientistas a fazer observações mais precisas da Lua. Hoje sabemos que ela tem diâmetro de cerca de 3 476 quilômetros, pouco mais de um quarto do diâmetro da Terra. Veja a figura 5.14. Também sabemos que a Lua praticamente não tem atmosfera nem foi detectada nela qualquer forma de vida. Há algumas evidências de fragmentos de gelo espalhados nos polos norte e sul da Lua.

5.14 Representação da Terra e da Lua na mesma escala de tamanho. A distância entre os astros não está proporcional. (Cores fantasia.)

Satélites naturais ou **luas** são os astros que giram em torno dos planetas. Além deles, há os satélites artificiais, que, a partir de 1957, começaram a ser colocados em órbita ao redor da Terra. Os satélites lançados têm como função a comunicação e o estudo do planeta.

Não há vulcões na Lua, porque, ao contrário da Terra, a parte interna dela está completamente solidificada (não apresenta magma). Na superfície da Lua existem **montanhas** e também muitas **crateras**, geralmente formadas por impactos passados de corpos celestes, como meteoros, com a superfície lunar. Veja a figura 5.15.

Outra feição possível da superfície lunar, além das montanhas e das crateras, são os **mares**, que são resultado do derramamento do magma formado, no interior lunar, por impactos da Lua com grandes meteoritos. Esses impactos provocaram o aquecimento e a fusão de rochas semelhantes aos basaltos, que refletem pouca luz solar. Por isso, quando observamos a Lua, os mares aparecem como áreas escuras.

5.15 Imagem da Lua cheia vista da Terra, ao telescópio. No detalhe, superfície da Lua, mostrando crateras fotografadas durante a missão Apollo 15, em 1971. (Os elementos representados nas fotografias não estão na mesma proporção.)

A distância média da Lua à Terra é de 384 400 quilômetros, e a temperatura do satélite varia de cerca de 105 °C (durante o dia) a cerca de −155 °C (à noite).

A Lua completa uma volta ao redor da Terra em aproximadamente 27 dias e 8 horas. Esse movimento é chamado **revolução**. Ela também realiza um movimento de rotação sobre o próprio eixo, e leva cerca de 27 dias e 8 horas para completar uma volta. Como o tempo dos dois movimentos coincide, é sempre a mesma face da Lua que fica voltada para a Terra. O outro lado nós não conseguimos ver e por isso dizemos que ele fica oculto.

Conexões: Ciência e tecnologia

A exploração da Lua

Até hoje, apenas 12 astronautas colocaram seus pés na superfície lunar. O primeiro a realizar tal feito foi o americano Neil Armstrong, em 1969. Na época havia uma corrida espacial, disputada entre os Estados Unidos e a então União das Repúblicas Socialistas Soviéticas (URSS), iniciada em 1957 com o lançamento do Sputinik, primeiro satélite artificial a orbitar a Terra. Veja a figura 5.16. O lançamento do Sputinik surpreendeu os Estados Unidos, influenciando a corrida espacial entre os dois países.

A exploração da Lua começou em 1959, quando sondas lançadas pela espaçonave soviética Soviet Luna voaram ao redor da Lua, se chocando com o solo. Na mesma época, missões americanas fotografaram a superfície do planeta, já preparando terreno para explorações com astronautas.

Durante os nove anos do programa Apollo (1963-1972), a Nasa, a agência espacial americana, enviou ao espaço 22 missões – seis com astronautas.

Em 1969 a nave Apollo 11, que fazia parte desse programa, foi a primeira nave tripulada a pousar na Lua. Dois de seus tripulantes andaram no solo lunar. O americano Neil Armstrong foi o primeiro a pisar na Lua. Junto com o parceiro Edwin "Buzz" Aldrin, coletou amostras de solo lunar para análise, instalando aparelhos científicos e transmitindo imagens para a Terra. A missão completa durou oito dias e Armstrong e Aldrin caminharam na superfície da Lua, na região batizada de Mar da Tranquilidade, por duas horas e 45 minutos. Veja a figura 5.17.

A caminhada dos astronautas foi transmitida ao vivo pela televisão americana – e assistida no mundo todo.

Os últimos a pousarem na Lua foram Eugene Cernan e Harrison Schmitt, em 1972.

O tenente-coronel da Força Aérea Brasileira, Marcos Pontes, foi o primeiro brasileiro a viajar ao espaço. Em 1998, ele foi escolhido pela Agência Espacial Brasileira e pela Nasa para integrar a viagem à Estação Espacial Internacional (ISS em inglês), que aconteceu em 2006.

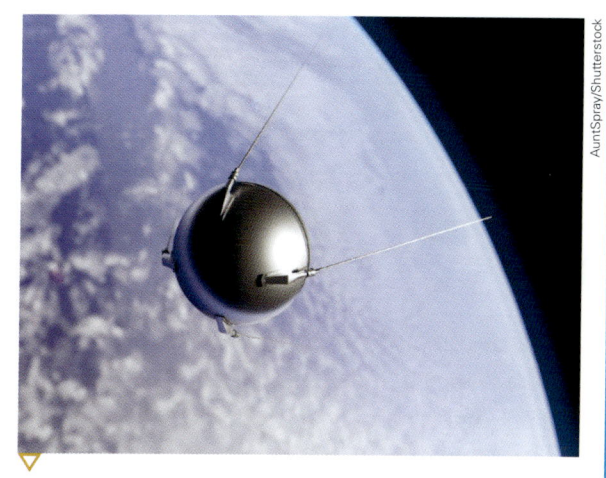

5.16 Ilustração do satélite artificial Sputinik (58 cm de diâmetro; fora as antenas), lançado pela União Soviética em 1957, em órbita ao redor da Terra. O satélite transmitiu sinais de rádio para a Terra por 23 dias, até se incendiar em contato com a atmosfera durante a volta para a Terra. (Cores fantasia.)

AuntSpray/Shutterstock

Universal History Archive/Getty Images

5.17 Astronauta Edwin E. Aldrin Jr., conhecido como Edwin "Buzz" Aldrin, fotografado na Lua durante a missão Apollo 11, em julho de 1969. A foto foi tirada pelo astronauta Neil A. Armstrong.

Fontes: elaborado com base em BRASIL. Chegada do homem à Lua completa 45 anos. Disponível em: <www.brasil.gov.br/editoria/educacao-e-ciencia/2014/07/chegada-do-homem-a-lua-completa-45-anos>; HOWELL, E. Neil Armstrong: First Man on the Moon. *Space.com*. Disponível em: <www.space.com/15519-neil-armstrong-man-moon.html>. Acesso em: 26 fev. 2019.

As fases da Lua

Reveja a figura 5.1. Como você explica os diversos aspectos da Lua ao longo do mês?

A Lua não tem luz própria: ela reflete a luz do Sol e por isso podemos vê-la. Conforme a Lua percorre seu trajeto ao redor da Terra, a face voltada para a Terra pode ficar mais ou menos iluminada. Por essa razão, quando vista aqui da Terra, a Lua apresenta diversos aspectos ao longo do mês. Veja a figura 5.18. Esses aspectos são chamados de **fases da Lua**.

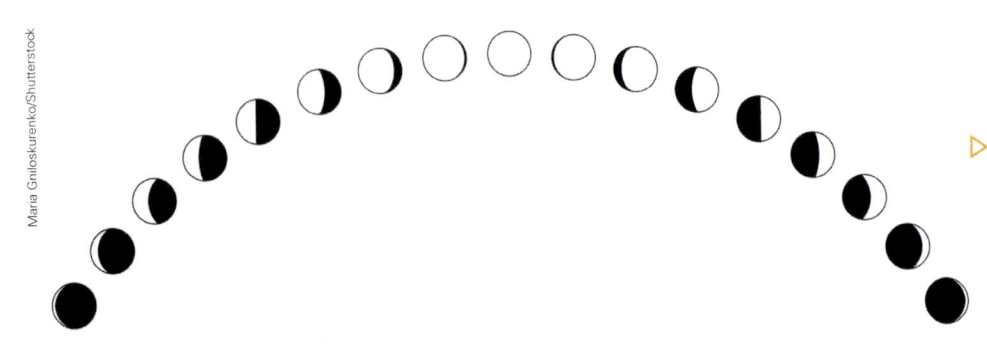

Maria Gniloskurenko/Shutterstock

▷ 5.18 Representação esquemática e simplificada das fases da Lua observadas da Terra. As regiões em branco indicam a porção da Lua iluminada pela luz do Sol. (Cores fantasia.)

Vamos compreender então como as fases da Lua acontecem.

Para isso, podemos construir um novo modelo tridimensional usando a bola da figura 5.3. Agora, no lugar do clipe, você vai fincar um lápis na bola. Veja a figura 5.19. Com a sala escurecida, um estudante deve segurar a bola pelo lápis, esticando o braço para a frente, um pouco acima do rosto. Outro estudante deve acender uma lanterna na direção da bola, representando a luz do Sol. A bola, desta vez, vai representar a Lua e o estudante que segura a bola será alguém na Terra observando a Lua. Um grupo de estudantes pode se posicionar atrás do estudante com a bola para observar o efeito da luz.

Para esta atividade, a turma pode ser dividida em grupos pequenos.

Ilustranet/Arquivo da editora

▷ 5.19 Modelo tridimensional para simular as fases da Lua. Nessa posição, o estudante que segura a bola vê a parte escura dela.

Nessa posição, o estudante que segura a bola verá a face escura. A outra face, que ele não vê, está iluminada pela lanterna. Você sabe qual fase da Lua está representada nessa posição?

Agora o estudante segurando a bola vai girar de modo a ficar de costas para a lanterna, mantendo sempre a bola um pouco acima dos olhos. Veja a figura 5.20.

5.20 Modelo para simular as fases da Lua. Nessa posição, o estudante que segura a bola vê toda a parte iluminada dela.

Nessa posição, o estudante que segura a bola verá toda a parte iluminada. A outra parte, que ele não vê, está escura. Essa posição corresponde à posição em que a face da Lua voltada para a Terra está toda iluminada. Você sabe qual fase da Lua essa posição representa?

Perceba que metade da Lua está sempre iluminada pelo Sol, mas, ao longo do trajeto dela ao redor da Terra, a porção iluminada que conseguimos enxergar varia.

Agora o estudante com a bola vai se posicionar como indica a figura 5.21. Observe que metade da bola está iluminada e metade está escura.

5.21 Modelo para simular as fases da Lua. Nessa posição, o estudante que segura a bola a vê parcialmente iluminada.

A simulação pode prosseguir com o estudante testando o que enxerga ao colocar a bola em diferentes posições. A parte iluminada que pode ser vista vai aumentando ou diminuindo à medida que o estudante gira. Essa mudança de tamanho da área iluminada visível pode ser comparada com as fases da Lua.

A Lua apresenta diversas fases, sendo que quatro delas são mais conhecidas e consideradas principais: **lua nova**, <u>quarto crescente</u>, **lua cheia** e **quarto minguante**. Veja a figura <u>5.22</u>.

No hemisfério sul, as pessoas veem a lua em quarto crescente com o formato da letra "C" e a lua em quarto minguante com o formato da letra "D".

lua nova | quarto crescente | lua cheia | quarto minguante | lua nova

5.22 Fases da Lua vistas do hemisfério sul da Terra.

A porção iluminada da Lua que é vista em cada fase decorre de seu movimento de translação em torno da Terra e da posição dela em relação ao Sol e à Terra.

Antes de examinar as fases da Lua, é importante compreender que o plano da órbita lunar é inclinado em relação ao plano da órbita da Terra ao redor do Sol (a inclinação é de cerca de 5 graus). Veja a figura <u>5.23</u>.

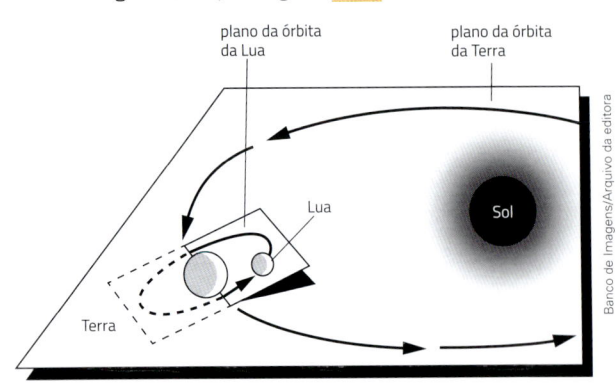

5.23 Observe que o plano da órbita da Lua é inclinado em relação ao da Terra. (Elementos representados em tamanhos não proporcionais entre si; as distâncias não são reais. Cores fantasia.)

Agora acompanhe, na figura <u>5.24</u> e no texto da página seguinte, as fases da Lua durante sua trajetória ao redor da Terra.

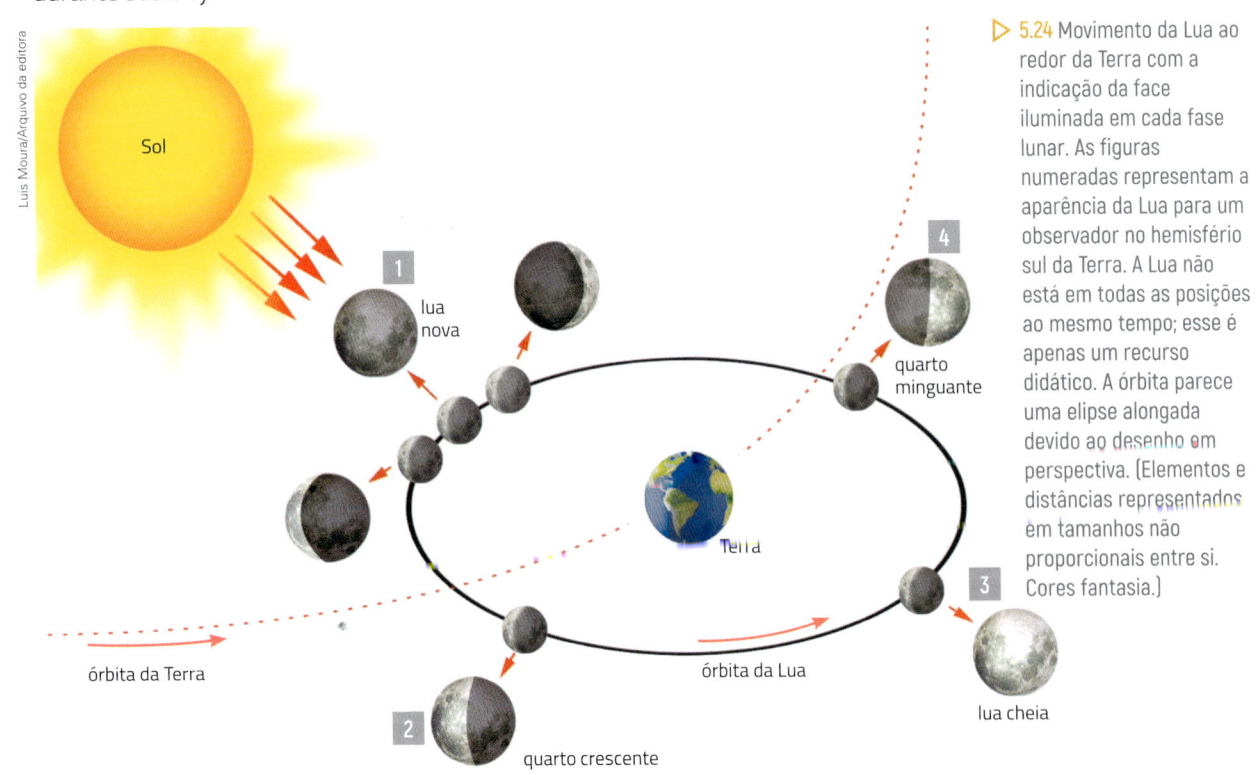

5.24 Movimento da Lua ao redor da Terra com a indicação da face iluminada em cada fase lunar. As figuras numeradas representam a aparência da Lua para um observador no hemisfério sul da Terra. A Lua não está em todas as posições ao mesmo tempo; esse é apenas um recurso didático. A órbita parece uma elipse alongada devido ao desenho em perspectiva. (Elementos e distâncias representados em tamanhos não proporcionais entre si. Cores fantasia.)

Veja que, no momento 1 da figura 5.24, a Lua ocupa uma posição em que sua metade iluminada pelo Sol fica oposta à Terra. A Lua está entre o Sol e a Terra, mas não necessariamente alinhada. Essa é a fase de lua nova e nela não é possível ver a Lua no céu. Compare essa posição com a figura 5.19.

À medida que a Lua segue sua trajetória, a posição dela muda em relação à Terra e ao Sol, e começamos a ver parte da região iluminada. Cerca de sete dias depois da lua nova, no momento 2 da figura 5.24, a Lua, o Sol e a Terra ocupam posições tais que entre eles se forma um ângulo de cerca de 90°. Nessa posição, a face da Lua que é vista da Terra fica com uma metade iluminada e a outra escura. Essa fase é chamada de quarto crescente (porque a região iluminada está crescendo e é um quarto do ciclo das fases da Lua).

A Lua continua sua trajetória e a região visível iluminada vai aumentando, até que a Lua fica em posição quase oposta à do Sol em relação à Terra, no momento 3 da figura 5.24. A face da Lua voltada para a Terra fica então toda iluminada. É a lua cheia. Compare essa posição com a figura 5.20.

A seguir, enquanto a Lua continua em sua órbita, a parte iluminada visível para nós vai diminuindo. Cerca de sete dias depois da lua cheia, chega o momento em que novamente a Lua, a Terra e o Sol formam um ângulo de 90°, no momento 4 da figura 5.24. Nessa posição, apenas metade da face da Lua vista da Terra fica iluminada. Essa é a fase do quarto minguante (porque a região iluminada está diminuindo, minguando).

A Lua prossegue em sua trajetória e, após cerca de sete dias do quarto minguante, temos outra vez a fase de lua nova, e um novo ciclo recomeça.

O ciclo das fases da Lua leva mais ou menos um mês (29,53 dias, em média). Esse ciclo foi usado para marcar o tempo e serviu de base para a elaboração de calendários por vários povos. Foi a partir do ciclo lunar que surgiu o mês – atualmente com cerca de 30 dias.

Além de determinar a contagem do tempo, conhecer as fases da Lua pode ser importante para determinadas atividades, como a pesca e o surfe, já que a fase da Lua afeta a intensidade das marés. Veja a figura 5.25.

Mundo virtual

Projeto Caronte
http://tati.fsc.ufsc.br/caronte/index.html
Animações sobre os movimentos da Terra e as fases da Lua.
Acesso em: 26 fev. 2019.

Flavio Contente/Futura Press

▷ 5.25 As marés cheias são mais intensas nas fases de lua nova e de lua cheia. Na foto, surfistas no 19º Festival de Surf na Pororoca, em São Domingos do Capim (PA), 2017. As ondas se formam quando, durante a maré cheia, a água do mar avança rio acima.

Note que, apesar de a Lua demorar cerca de 27 dias para dar uma volta completa ao redor da Terra, o ciclo das fases da Lua leva mais tempo. Essa diferença ocorre porque as fases da Lua não dependem apenas dos movimentos lunares; elas resultam do alinhamento entre Sol, Terra e Lua.

Mitos e estações no céu Tupi-Guarani

A observação do céu sempre esteve na base do conhecimento de todas as sociedades do passado, submetidas em conjunto ao desdobramento cíclico de fenômenos como o dia e a noite, às fases da Lua e às estações do ano. Os indígenas há muito perceberam que as atividades de caça, pesca, coleta e lavoura estão sujeitas a flutuações sazonais e procuraram desvendar os fascinantes mecanismos que regem esses processos cósmicos, para utilizá-los em favor da sobrevivência da comunidade.

Diferentes entre si, os grupos indígenas tiveram em comum a necessidade de sistematizar o acesso a um rico e variado ecossistema de que sempre se consideraram parte. Mas não bastava saber onde e como obter alimentos. Era preciso definir também a época apropriada para cada uma das atividades de subsistência. Esse calendário era obtido pela leitura do céu. Há registros escritos sobre sua ligação com os astros desde a chegada dos europeus ao Brasil, mas é possível que se utilizassem desse conhecimento desde que deixaram de ser nômades.

É evidente, no entanto, que nem todos os grupos indígenas, mesmo de uma única etnia, atribuem idêntico significado a um determinado fenômeno astronômico específico, e a razão disso está no fato de cada grupo ter sua própria estratégia de sobrevivência. Além disso, considerando que não dependem, de maneira uniforme, de suas moradias, caça, pesca ou de trabalhos agrícolas, as constelações sazonais, por exemplo, oferecem aos distintos povos uma enorme diversidade de interpretação. Veja um exemplo de constelação sazonal dos tupis-guaranis [na figura 5.26].

Para acessar essa cosmologia é preciso considerar, entre outros pontos, a localização física e geográfica de cada grupo, como os que habitam o litoral e o interior, ou diferentes latitudes. [...]

Astronomia e biodiversidade

Os indígenas são profundos conhecedores do seu ambiente, plantas e animais, nomeando as várias espécies. Os tupis-guaranis, por exemplo, associam as estações do ano e as fases da Lua com o clima, a fauna e a flora da região em que vivem. Para eles, cada elemento da natureza tem um espírito protetor. As ervas medicinais são preparadas obedecendo a um calendário anual bem rigoroso. [...]

Os tupis-guaranis, em virtude da longa prática de observação da Lua, conhecem e utilizam suas fases na caça, no plantio e no corte da madeira. [...]

Os guaranis que atualmente habitam o litoral também conhecem a relação das fases da Lua com as marés. Além disso, associam a Lua e as marés às estações do ano (observação dos astros e dos ventos) para a pesca artesanal. [...]

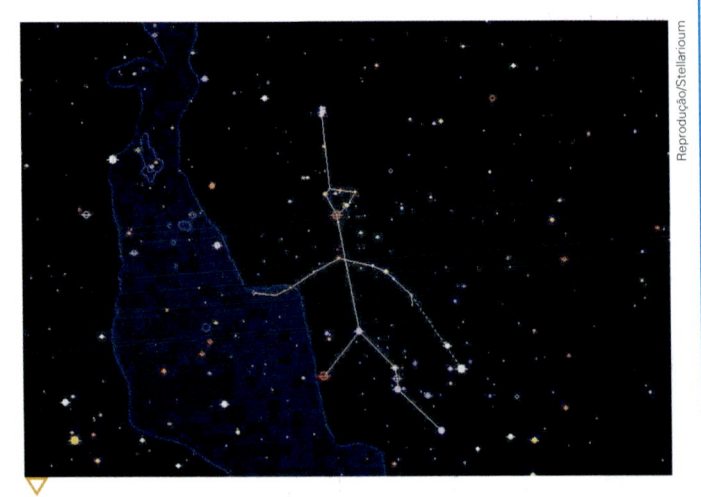

Reprodução/Stellarioum

5.26 Constelação do Homem Velho (ou Tuya'i), relacionada com a cultura de diversos povos da etnia Tupi-Guarani. Ela marca o verão para os povos do sul do Brasil e o início da estação de chuvas para os povos do norte. (Imagem gerada em computador.)

O Sol e os pontos cardeais

Os tupis-guaranis determinam o meio-dia solar, os pontos cardeais e as estações do ano utilizando o relógio solar vertical, ou gnômon, que na língua tupi antiga, por exemplo, chamava-se cuaracyraangaba. Ele é constituído de uma haste cravada verticalmente em um terreno horizontal, da qual se observa a sombra projetada pelo Sol. Essa haste vertical aponta para o ponto mais alto do céu, chamado zênite. O relógio solar vertical foi utilizado também no Egito, China, Grécia e em diversas outras partes do mundo.

[...]

AFONSO, G. B. Mitos e estações no céu Tupi-Guarani. *Scientific American Brasil* (Edição Especial: Etnoastronomia). v. 14, p. 46-55, 2006.

Os eclipses

Você já observou algum eclipse? Como vimos no 6º ano, esse fenômeno astronômico ocorre quando astros se alinham. O **eclipse solar** acontece quando a Lua, o Sol e a Terra se encontram sobre a mesma reta e a Lua passa entre o Sol e a Terra. Então, por alguns minutos, a sombra da Lua é projetada sobre determinada região da Terra.

Observe, na figura 5.27, que há uma sombra com duas regiões distintas: a umbra, mais interna, onde não incide luz do Sol, e a penumbra, mais externa e com sombra parcial, em razão da incidência de alguns raios solares.

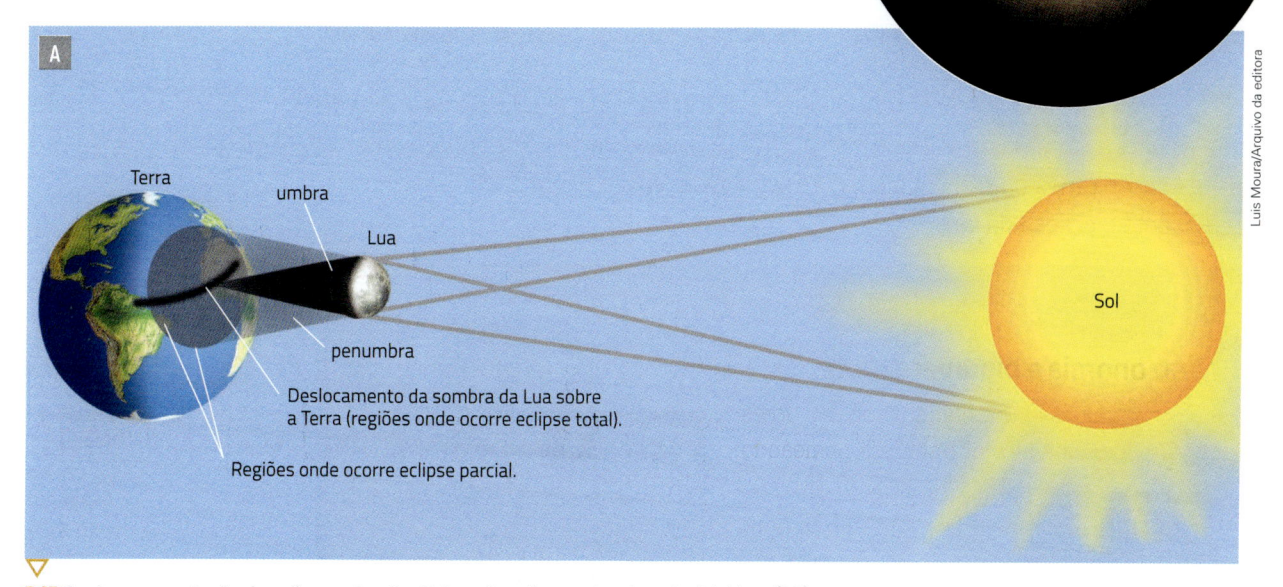

A

Terra
umbra
Lua
Sol
penumbra

Deslocamento da sombra da Lua sobre a Terra (regiões onde ocorre eclipse total).

Regiões onde ocorre eclipse parcial.

B

▽ 5.27 Em **A**, representação de eclipse solar. Em **B**, foto de eclipse solar visto de Criciúma (SC), 1994. (Elementos representados em tamanhos não proporcionais entre si; as distâncias não são reais. Cores fantasia.)

Na região da Terra onde a umbra incide, ocorre o eclipse total do Sol, pois essa região não recebe luz de nenhum ponto. Na região da penumbra, a luz do Sol é parcialmente bloqueada, e apenas uma parte do Sol deixa de ser visível: é o eclipse parcial do Sol.

A Lua percorre sua órbita em volta da Terra e a Terra segue girando em torno de seu eixo. Dessa forma, a sombra da Lua também se desloca pela superfície do planeta. No momento em que essa sombra não se projeta mais sobre a Terra, o eclipse termina.

Apesar de a Lua ficar entre o Sol e a Terra toda vez que é lua nova, o eclipse só acontece de vez em quando. Isso porque o plano da órbita lunar é inclinado em relação ao plano da órbita da Terra (reveja a figura 5.23). Assim, na maioria das vezes, o Sol, a Lua e a Terra não ficam exatamente alinhados e a sombra da Lua não incide sobre a Terra.

Se as duas órbitas estivessem exatamente no mesmo plano, teríamos um eclipse solar por mês, quando a Lua ficasse entre o Sol e a Terra.

Vamos voltar ao modelo usado para simular as fases da Lua nas figuras 5.19, 5.20 e 5.21. Você viu que nesse modelo a bola que representa a Lua ficava um pouco acima do rosto de quem a segura. Agora o estudante que segura a bola vai colocá-la exatamente entre seus olhos e a lanterna.

⚠ Atenção

Nunca olhe diretamente para o Sol sem proteção adequada para não causar danos permanentes aos olhos, com risco de cegueira. O vidro de máscara de solda número 14 é uma lâmina de vidro encontrada em casas de ferragens ou material de construção e pode ser usado para proteger os olhos quando observamos o Sol. Mas, mesmo assim, não devemos olhar para o Sol por muito tempo, pois nem essa lâmina consegue impedir a incidência de raios nocivos em nossos olhos.

Regule a distância para que a bola cubra a luz da lanterna. Veja a figura 5.28. O modelo representa então o eclipse do Sol.

▷ **5.28** Modelo que representa o eclipse do Sol.

Agora observe o que acontece quando a Terra fica entre o Sol e a Lua. Fique de costas para a lanterna e posicione a bola à frente dos seus olhos. Sua cabeça (a Terra) deve estar na mesma linha que a lanterna e a bola. Veja a figura 5.29. Esse modelo representa o **eclipse da Lua**.

▷ **5.29** Modelo que representa o eclipse da Lua.

O eclipse lunar acontece, portanto, quando a Terra fica exatamente entre o Sol e a Lua. Nesse caso, a sombra da Terra é projetada sobre a Lua, encobrindo-a total ou parcialmente. Veja a figura 5.30. No eclipse lunar pode-se observar que a sombra da Terra projetada na Lua tem formato circular. Como estudamos no 6º ano, essa observação foi uma das evidências de que a Terra é esférica.

Os eclipses lunares ocorrem sempre na fase da lua cheia, porque é nessa ocasião que a Terra está entre o Sol e a Lua. Lembre-se, porém, de que, como o plano da órbita da Lua está inclinado cerca de 5 graus em relação ao plano da órbita da Terra ao redor do Sol, não ocorrem eclipses a cada ocorrência da lua cheia.

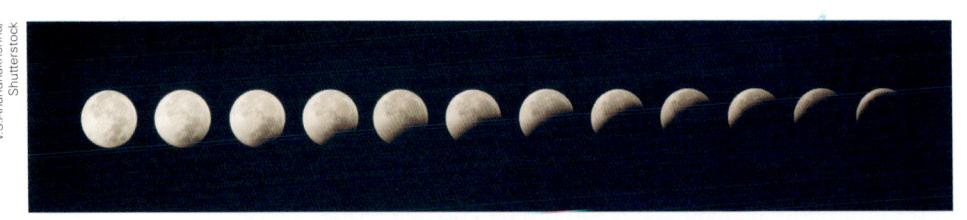

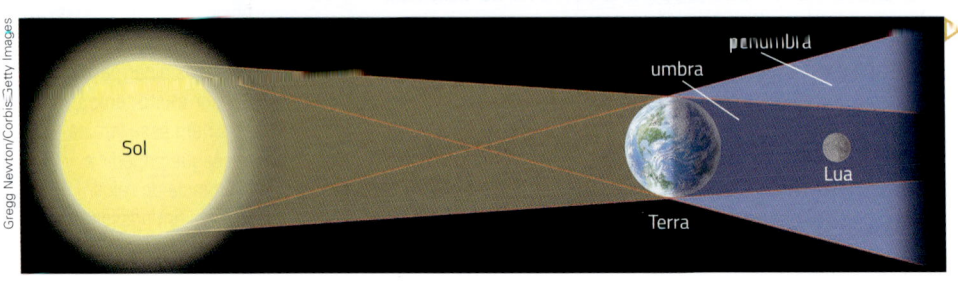

▷ **5.30** Acima, sucessão de fotos que mostram eclipse lunar visto da Índia, 2018. Abaixo, esquema que mostra quando ocorre um eclipse lunar. (Elementos e distâncias representados em tamanhos não proporcionais entre si. Cores fantasia.)

Viva a curiosidade!

Se a Terra é redonda, por que as pessoas que estão do "lado de baixo" não caem?

O inglês Isaac Newton (1642-1727) – um dos cientistas mais conhecidos de todos os tempos, responsável por muitas proposições no campo da Física – explicou que os corpos caem no chão porque são atraídos pela força gravitacional ou força da gravidade da Terra.

Essa força, que é o peso do corpo, é dirigida para o centro da Terra. Veja a figura 5.31. Newton também deduziu que a atração gravitacional existe entre todos os corpos do Universo: todos se atraem uns aos outros. O Sol atrai a Terra, e a Terra atrai o Sol com forças de mesma intensidade, de mesma direção e de sentidos opostos.

O valor da força gravitacional depende da massa dos corpos e da distância entre eles. Quanto maior for a massa, maior será o valor da força. E, quanto maior for a distância, menor será o valor da força.

A lei que mostra como a atração depende da massa e da distância é a lei da gravitação universal.

Como o valor da força gravitacional diminui com o aumento da distância, pode-se deduzir que, à medida que um corpo se afasta da Terra, seu peso diminui. Mas próximo à superfície da Terra a diminuição é muito pequena.

Você já viu vídeos feitos com astronautas na Lua? Podemos observar que eles dão pulos com muita facilidade. Você sabe por quê?

A massa de um corpo não varia se ele está na superfície da Terra ou da Lua. Mas na Lua o peso do corpo é menor porque a força gravitacional sobre o corpo também é menor (a Lua tem massa menor do que a Terra): o peso do corpo é cerca de seis vezes menor do que na Terra. Veja a figura 5.32.

É importante acentuar que Newton não desenvolveu suas teorias a partir do nada. Ele se apoiou nos estudos e experimentos do italiano Galileu Galilei (1564-1642), que estudou, por exemplo, como varia a velocidade de um objeto que cai. A partir dos trabalhos de Galileu, Newton formulou leis estabelecendo relações entre o movimento de um corpo e as forças que atuam sobre ele. E foi analisando o trabalho do astrônomo alemão Johannes Kepler (1571-1630) sobre movimento dos planetas que Newton pôde estabelecer sua lei da gravitação. Kepler, por sua vez, partiu das observações de outro astrônomo, o dinamarquês Tycho Brahe (1546-1601).

Em 1687, Newton apresentou suas leis do movimento e sua teoria da gravitação em um livro chamado *Princípios matemáticos da filosofia natural*. Mas Newton parece ter conservado durante toda a vida a curiosidade e a capacidade de se maravilhar com os fenômenos naturais.

E você? Acha importante e prazeroso explorar a origem e as consequências dos fenômenos naturais, ter curiosidade e tentar compreender como as coisas funcionam? Você não acredita que a "curiosidade", tão presente nas crianças, deve ser mantida também na idade adulta?

Luis Moura/Arquivo da editora

▽ 5.31 O peso de um corpo (P) é a força gravitacional da Terra sobre ele. Essa força está dirigida para o centro da Terra – qualquer que seja o local da Terra em que o corpo se encontre. (Elementos representados em tamanhos e distâncias não proporcionais entre si. Cores fantasia.)

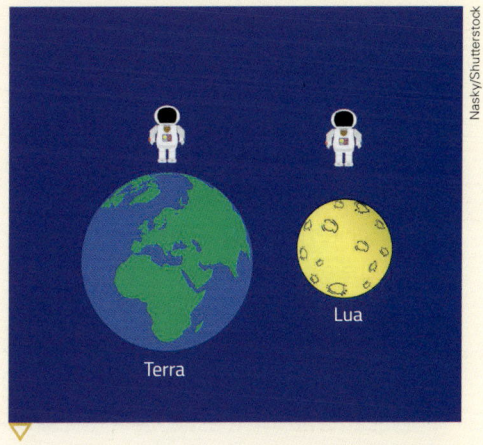

Nasky/Shutterstock

▽ 5.32 A força gravitacional na Lua é seis vezes menor que na Terra. Por isso o astronauta pode pular com facilidade na Lua e tem de ter cuidado ao se deslocar. (Elementos representados em tamanhos e distâncias não proporcionais entre si. Cores fantasia.)

Fontes: elaborado com base em GLEICK, J. *Isaac Newton:* uma biografia. São Paulo: Companhia das Letras, 2004; HEWITT, P. G. *Física conceitual.* 9. ed. Porto Alegre: Bookman, 2002.

ATIVIDADES

Aplique seus conhecimentos

1 ▸ A foto a seguir mostra o pôr do sol em uma praia brasileira.

▷ 5.33 Turistas assistem ao pôr do sol em Jericoacoara (CE), 2015.

Durante o pôr do sol, esse astro parece baixar no horizonte, até não poder mais ser visto. Que movimento terrestre está envolvido nesse fenômeno?

2 ▸ Assinale as afirmativas verdadeiras.

( ) O movimento de rotação da Terra é responsável pela sucessão dos dias e das noites.

( ) As estações do ano são explicadas porque no verão a Terra está mais próxima do Sol do que no inverno.

( ) A Lua brilha porque tem luz própria.

( ) O movimento de translação da Terra leva cerca de um ano para se completar.

( ) A quantidade de luz do Sol que chega à Terra é a mesma em todos os pontos da superfície dela.

( ) Quando o polo norte está inclinado para o Sol, o hemisfério norte recebe mais luz do que o sul.

( ) No início do outono ou da primavera, ambos os hemisférios são iluminados da mesma forma pelo Sol.

( ) A Lua é o corpo celeste mais próximo da Terra.

( ) Se o eixo da Terra não fosse inclinado, não haveria estações do ano.

( ) O ciclo de fases da Lua leva mais ou menos um mês para se completar.

( ) No eclipse solar, a Terra está entre o Sol e a Lua.

3 ▸ O esquema abaixo mostra, de forma simplificada, a órbita da Terra ao redor do Sol. Observe-o e depois responda às questões.

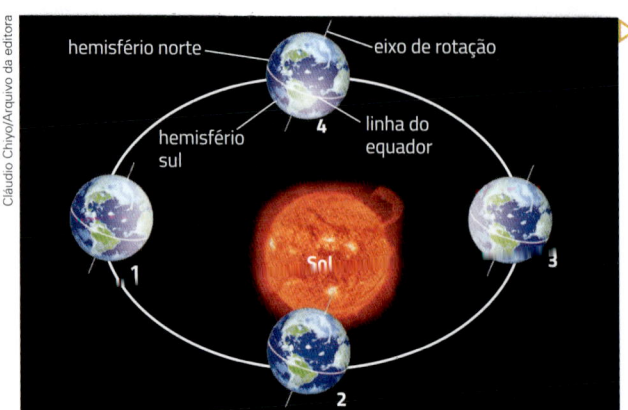

▷ 5.34 A órbita da Terra ao redor do Sol. (Elementos e distâncias representados em tamanhos não proporcionais entre si. Cores fantasia.)

Fonte: elaborado com base em OLIVEIRA FILHO, K. S.; SARAIVA, M. F. O. Movimento anual do Sol e as estações do ano. *UFRGS*. Disponível em: <http://astro.if.ufrgs.br/tempo/mas.htm>. Acesso em: 26 fev. 2019.

a) Na posição 1, qual é o hemisfério da Terra que recebe mais luz e calor do Sol? Nessa situação, qual estação do ano se inicia nesse hemisfério?

b) Na posição 3, qual é o hemisfério da Terra que recebe mais luz e calor do Sol? Nessa situação, qual estação do ano se inicia nesse hemisfério?

c) Sabendo que o sentido do movimento de translação da Terra é da posição 1 para a posição 2, qual estação do ano se inicia no hemisfério sul quando a Terra está na posição 2? E na posição 4?

4 ▸ Imagine que, em vez de ser inclinado, o eixo da Terra fosse perpendicular ao plano de sua órbita. Experimente, no modelo construído na figura 5.5, ajustar o clipe de papel para deixar a bola na vertical e então repita os mesmos movimentos, simulando a translação da Terra. O que aconteceria com as estações do ano? A luz atingiria mais um hemisfério que o outro?

5 ▸ Em cada momento, uma metade da Lua é iluminada pelo Sol, enquanto a outra está escura. Mas o lado iluminado é sempre o mesmo? Ou seja, um dos lados fica sempre escuro? Justifique sua resposta.

6 ▸ O calendário a seguir corresponde ao mês de agosto de 2020 e traz informações sobre as fases da Lua observadas do hemisfério sul.

Luz Rubio/Arquivo da editora

Segunda	Terça	Quarta	Quinta	Sexta	Sábado	Domingo
					1	2
3 Cheia	4	5	6	7	8	9
10	11	12	13	14	15	16
17	18	19 Nova	20	21	22	23
24	25	26	27	28	29	30
31						

5.35 ◁

Fonte: elaborado com base em INSTITUTO de Astronomia, Geofísica e Ciências Atmosféricas – USP. Datas de mudança das fases da Lua (2011-2020). Disponível em: <http://www.iag.usp.br/astronomia/datas-de-mudanca-das-fases-da-lua>. Acesso em: 26 fev. 2019.

a) De acordo com o calendário, em 19 de agosto teremos uma lua nova. Desenhe a posição da Terra, da Lua e do Sol quando ocorre a fase de lua nova.

b) O que acontece cerca de 7 dias depois da lua nova?

c) A partir de 4 de agosto, teremos a impressão de que a Lua está diminuindo de tamanho. É isso que acontece? Justifique sua resposta.

7 ▸ A figura abaixo, do livro *De Sphaera*, escrito em latim em 1230 por Johannes De Sacrobosco, mostra uma representação do Sol, da Lua e da Terra e dois fenômenos vistos neste capítulo. Identifique quais são esses fenômenos e quais são os desenhos que correspondem aos astros mencionados.

Royal Astronomical Society/SPL/Latinstock

❦ Lum autem fuerit luna in capite vel cauda oraconis:vel prope metas supra dictas: τ in coniunctione cum sole: tunc corpus lune interponetur inter aspectum nostrum τ corpus solare. Unde obumbrabit nobis claritatē solis:τ ita sol patietur eclipsim:non quia deficiat lumine. sed deficit nobis propter interpositionē lune inter aspectum nostrum τ sole.Ex bis p3 φ non semper est eclipsis i coniunctione sine in nouilunio.❦ Notandū etiā φ qñ est eclipsis lune é eclipsis in omni terra:sed quando é eclipsis solis nequaqz: imo in vno climate é eclipsis solis:τ in alio non .quod contingit

▷ 5.36

8 › Muitas pessoas acreditam que as estações do ano ocorrem porque, em certos pontos de sua trajetória, a Terra está mais afastada do Sol do que em outros. Você concorda com essa ideia? Justifique sua resposta.

9 › Você já observou um eclipse da Lua? Como esse fenômeno ocorre?

10 › Por que podemos considerar que o eclipse lunar é mais uma evidência do formato esférico da Terra?

11 › O próximo eclipse solar total que poderá ser visto pelos brasileiros será apenas em 12 de agosto de 2045, nos estados do Pará, Amapá, Maranhão, Piauí, Ceará, Pernambuco, Rio Grande do Norte e da Paraíba. Por que esse fenômeno não será observado em estados do Sul e Sudeste do Brasil?

12 › Por que não venta na Lua?

13 › Em 20 de julho de 1969, a nave Apollo 11 pousou no solo lunar e dois tripulantes caminharam pela primeira vez na Lua. Depois da Apollo 11, outras missões – tripuladas ou não – chegaram à Lua. Observe a figura 5.37.

a) O que deve ser essa marca na Lua?

b) Como essa marca se formou?

c) Ela deve continuar do jeito que está por muitos milhares de anos. Explique por quê.

5.37 Marca observada na superfície da Lua após a missão Apollo 11.

De olho na notícia

A notícia a seguir discute um fenômeno que foi observado por muitas pessoas em julho de 2018. Leia o texto e faça o que se pede.

Maior eclipse total da Lua do século 21 ocorre nesta sexta

Olhar para o céu no início da noite desta sexta-feira (27 [jul. 2018]) será um convite obrigatório. A partir das 16h30 começa o eclipse lunar mais longo do século 21, que deve durar cerca de uma hora e 43 minutos. Em quase todo o planeta será possível acompanhar o fenômeno que, geralmente, ocorre duas vezes por ano, com um tempo de duração de 60 a 80 minutos, podendo durar até muito menos. Em 2015, por exemplo, a cobertura total da Lua durou apenas 12 minutos.

"Agora a Lua vai atravessar bem no centro da sombra da Terra", explicou a pesquisadora Josina Nascimento, do Observatório Nacional. E é por isso que vai demorar mais tempo até que ela volte a aparecer. Mas, no Brasil, essa fase do eclipse não será visível pelo período integral de 104 minutos. "Toda a parte leste do Brasil vai ver a Lua nascer já durante o eclipse total. Dependendo do lugar, no Rio de Janeiro, por exemplo, a Lua vai nascer 17h26, quando o céu ainda estará claro. Por volta de 18h13, fica mais visível e é quando começa o eclipse parcial [quando a Lua começa a sair da sombra da Terra]", afirmou.

O eclipse da Lua acontece quando o Sol, Terra e Lua ficam alinhados nesta ordem. O Sol, iluminando a Terra, faz uma sombra no espaço em duas partes: a penumbra, que ainda revela raios do Sol, e a umbra que não recebe qualquer feixe de luz. "Quando a Lua, caminhando em torno da Terra, penetra totalmente na sombra escura temos o eclipse total", completou a pesquisadora.

No Brasil, em toda a parte leste do país, a Lua já vai nascer na fase total do eclipse, fase que termina às 18h13, no horário de Brasília. A partir desse horário, a Lua começa a sair da sombra mais escura da Terra [umbra], iniciando o eclipse parcial, que dura até 19h19. [...]

Se o tempo do fenômeno já carrega um grau de ineditismo, o espetáculo promete ser ainda maior pelas cores com as quais a Lua despontará no horizonte: um efeito laranja avermelhado que dá nome à Lua de Sangue, provocado durante o eclipse total.

"Depois que o sol se põe você tem a tonalidade do horizonte avermelhado que é causado pelos raios de sol passando pela atmosfera. Ou seja, mesmo sem ver o Sol, ainda recebe um pouco dessa luz. Os tons vermelhos são os menos filtrados e acabam se destacando mais. O mesmo acontece no eclipse total da Lua. Quando está totalmente na umbra [sombra mais escura da Terra] fica totalmente escura, mas ainda chega à Lua os raios solares que passam pela atmosfera da Terra. Passam os mais próximos do vermelho e ela fica com essa tonalidade", explicou a pesquisadora.

[...]

GONÇALVES, C. Maior eclipse total da Lua do século 21 ocorre nesta sexta. *Agência Brasil*. Disponível em: <http://agenciabrasil.ebc.com.br/geral/noticia/2018-07/maior-eclipse-total-da-lua-do-seculo-21-ocorre-nesta-sexta>. Acesso em: 26 fev. 2019.

a) Consulte em dicionários o significado das palavras que você não conhece e redija uma definição para essas palavras.

b) Você se lembra de ter observado, em 2018, o fenômeno descrito no texto? Na sua opinião, por que esse tipo de observação é interessante?

c) Por que o fenômeno descrito se destacou mais do que outros eclipses lunares?

d) Qual o papel da atmosfera terrestre no fenômeno?

De olho nos quadrinhos

Você já acompanhou algum eclipse? Veja como foi a experiência do Cascão na tira a seguir.

5.38

Fonte: Banco de Imagens MSP.

© Mauricio de Sousa/Mauricio de Sousa/ Produções Ltda.

a) Por que o Cascão acredita que observar eclipses é bobagem?

b) Como você explicaria para o Cascão o que acontece durante um eclipse solar?

Aprendendo com a prática

Para compreender melhor alguns fenômenos naturais, é necessário observá-los e fazer registros. Com base nas observações é possível criar hipóteses e fazer algumas previsões. Nesta atividade, vamos observar a Lua ao longo de um mês.

Procedimento

1. Em uma folha de papel em branco, desenhe um calendário com os dias correspondentes ao mês em que as observações serão feitas.

2. Cada dia do mês deve ser representado por um quadrado de 2 cm de lado. Dentro desse quadrado você vai desenhar a forma como está vendo a Lua e anotar o horário em que a observação foi feita.

3. Depois de um mês, identifique em seus desenhos cada fase da Lua.

4. Compare o seu desenho com o de um colega. Vocês identificaram as fases da Lua nos mesmos dias?

5. Por que é necessário que as observações sejam feitas ao longo de um mês?

Autoavaliação

1. A utilização de modelos tridimensionais contribuiu com sua compreensão dos fenômenos apresentados no capítulo? Se sim, como?

2. Você se organizou para observar a Lua e fazer registros adequados durante todo o mês, discutindo suas anotações com os colegas?

3. Como você avalia sua compreensão dos eclipses e das fases da Lua estudados no capítulo?

6

O tempo e o clima

Fabio Colombini/Acervo do fotógrafo

6.1 Chuva sobre a Floresta Amazônica. Porto Velho (RO), em abril de 2017.

▶ Para começar

1. Por que a previsão do tempo é importante?

2. Como é possível prever o tempo daqui a algumas horas? E daqui a alguns dias ou semanas?

3. De que são formadas as nuvens?

4. Existem cidades de clima frio no Norte e no Nordeste do Brasil?

5. Que fatores influenciam o clima de um lugar?

Em muitos lugares da região Norte do Brasil a chuva tem período certo para ocorrer, geralmente no final da tarde. Veja a figura 6.1. Já em alguns locais da região Centro-Oeste, como em Brasília (DF), é comum não chover por quase cem dias consecutivos. Na região Nordeste já foi registrada temperatura superior a 44 °C durante o verão, enquanto cidades da região Sul podem registrar temperaturas abaixo de 0 °C durante o inverno. Você já pensou nos fatores que causam essas variações entre as diferentes regiões? Neste capítulo, vamos estudar o que influencia o tempo e o clima e como podemos prever as variações do tempo.

1 A previsão do tempo

Antes de abordarmos a previsão do tempo, pense no dia de hoje e responda: qual é a diferença entre tempo e clima?

Tempo (ou **tempo atmosférico**) é o conjunto das condições atmosféricas em determinado lugar por um curto período (horas ou dias). Por exemplo, podemos dizer algo como "o tempo na cidade de Porto Alegre permaneceu frio e chuvoso durante a manhã e, à tarde, as nuvens se afastaram e a temperatura aumentou". Veja a figura 6.2.

6.2 Paço Municipal onde fica a sede da prefeitura no centro histórico de Porto Alegre (RS), 2018. Como você descreveria o tempo atmosférico nessa imagem?

O **clima**, por outro lado, é um conjunto de diferentes estados do tempo em determinado lugar, obtidos por um período de cerca de 30 anos. Em relação ao clima de Porto Alegre, por exemplo, podemos dizer que as chuvas ocorrem ao longo do ano inteiro, mas são mais frequentes no inverno. Já no Pantanal Mato-Grossense, o clima é caracterizado por uma época seca e outra chuvosa. Veja a figura 6.3.

Portanto, quando alguém pergunta como está o tempo, quer saber sobre as condições atmosféricas: se está quente, ventando ou chovendo em um dado momento. Aliás, como está o tempo esta semana no lugar onde você mora?

6.3 Paisagem no Pantanal em agosto de 2017, na época de seca (à esquerda), e em fevereiro de 2018, na época de chuva (à direita), em Poconé (MT). Nessa região, o clima é seco no inverno e chuvoso no verão.

Quando uma pessoa pergunta como é o clima de um lugar, ela quer saber como é a média das condições atmosféricas em um longo período, ou seja, qual é o comportamento-padrão dessas condições. Como é o clima na região onde você vive? Chove mais em que época do ano? Que meses costumam ser mais quentes?

A previsão do tempo pode ser feita de diferentes formas. Podemos, por exemplo, observar o céu. Em geral, céu claro e poucas nuvens são sinais de que não vai chover. Reveja a figura 6.2. Nuvens escuras, por outro lado, indicam a possibilidade de chuva. Veja a figura 6.4.

No entanto, se quisermos saber as condições do tempo com mais precisão, ou com alguma antecedência – as condições no próximo fim de semana, por exemplo –, podemos consultar a previsão do tempo divulgada nos meios de comunicação (internet, jornais, rádio, televisão). Veja a figura 6.5.

Esse tipo de previsão do tempo permite saber, além da probabilidade de chuva, se o dia estará nublado ou ensolarado, como estará a umidade do ar e qual será a temperatura do ambiente (máxima, mínima e média). Essa previsão, no entanto, não é completamente precisa, principalmente em uma escala de tempo maior, como em semanas ou meses.

▽ 6.4 Céu com nuvens carregadas sobre a ponte Rio-Niterói, no Rio de Janeiro (RJ), em 2015. Nessa região, tempestades são comuns no verão.

▷ 6.5 Atualmente, com um celular ou um computador com acesso à internet, é possível obter informações relativamente precisas sobre a previsão do tempo.

Prever o tempo é importante

As informações sobre o tempo nos ajudam em muitas atividades. Por exemplo, se sabemos que vai chover, levamos o guarda-chuva quando saímos de casa. Se vamos viajar, as informações sobre o tempo nos ajudam a avaliar as condições da estrada e fazer uma viagem segura.

Os pilotos de avião também precisam saber como está o tempo em diferentes locais para planejar as rotas e aumentar a segurança do voo. Na agricultura essas informações são fundamentais para saber a hora do plantio e da colheita. Ter a previsão da ocorrência de enchentes, geadas ou falta de chuvas pode evitar muitos prejuízos. Veja a figura 6.6.

 **Mundo virtual**

CPTEC – Centro de Previsão do Tempo e Estudos Climáticos
www.cptec.inpe.br
Apresenta informações sobre estudos climáticos e previsão do tempo, imagens de satélites e monitoramentos de queimadas e incêndios.
Acesso em: 25 fev. 2019.

Gerson Gerloff/Pulsar Imagens

6.6 Na agricultura é fundamental conhecer as condições do tempo para evitar prejuízos, como o que ocorreu nesta plantação de couve destruída por uma geada em Santa Maria (RS), em julho de 2017.

A **Meteorologia** é a ciência que estuda as condições atmosféricas, ou seja, ela busca compreender características físicas e químicas da atmosfera e suas interações com a superfície terrestre. Assim, a Meteorologia dá fundamentos para a previsão do tempo.

Profissionais de outras áreas, como a Geografia e a Oceanografia, também estudam fenômenos climáticos.

Os meteorologistas fazem a previsão do tempo estudando vários fatores da atmosfera, como massas de ar, frentes frias ou quentes, umidade do ar, temperatura do ar, pressão atmosférica e velocidade e direção dos ventos. Veja a figura 6.7.

Meteorologia: do grego *meteoros*, "elevado no ar"; e *logos*, "estudo". Portanto, a meteorologia estuda a atmosfera terrestre.

Ruslan Krivobok/Sputnik/Easypix Brasil

6.7 Meteorologistas usam equipamentos para coletar e comparar dados sobre o tempo atmosférico. Essas medições são muito importantes, por exemplo, para analisar a evolução do aquecimento global.

As nuvens

Você costuma olhar para o céu? Presta atenção nas nuvens? Já se perguntou do que elas são formadas?

Muitas pessoas pensam que as nuvens são formadas de vapor de água, mas o vapor de água não é visível. As nuvens são formadas por muitas gotículas de água em estado líquido ou por cristais de gelo em suspensão na atmosfera. Elas também podem conter poeira, pólen e até partículas de resíduos industriais.

Quando alguém olha para o céu e vê nuvens com partes mais escuras, por exemplo, logo acha que vai chover. É que essas nuvens são formadas por muitas gotículas de água próximas umas das outras, o que impede a passagem da luz. A chuva pode cair justamente quando as gotículas se juntam e formam gotas maiores, que são muito pesadas para se manter em suspensão no ar.

As nuvens podem ser classificadas quanto à sua forma e altitude. De acordo com seu formato, elas recebem nomes que são palavras em latim, ou latinizadas. Veja alguns tipos de nuvem e acompanhe as explicações presentes na figura 6.8.

Você pode fazer observações do céu em diferentes horários para obter algumas informações semelhantes às que são coletadas em estações meteorológicas. Por exemplo: o céu está com muitas ou poucas nuvens? As nuvens encobrem o Sol? Que tipos de nuvem você pode observar?

Mundo virtual

Com a cabeça nas nuvens – Ciência Hoje das Crianças
http://chc.org.br/com-a-cabeca-nas-nuvens/
Artigo sobre os diferentes tipos de nuvens e sua relação com a turbulência em aviões.
Acesso em: 25 fev. 2019.

6.8 Representação artística de alguns tipos de nuvens. Os termos que designam os nomes das nuvens podem ser combinados entre si para descrever os vários tipos de nuvens. (Elementos representados em tamanhos não proporcionais entre si. Cores fantasia.)

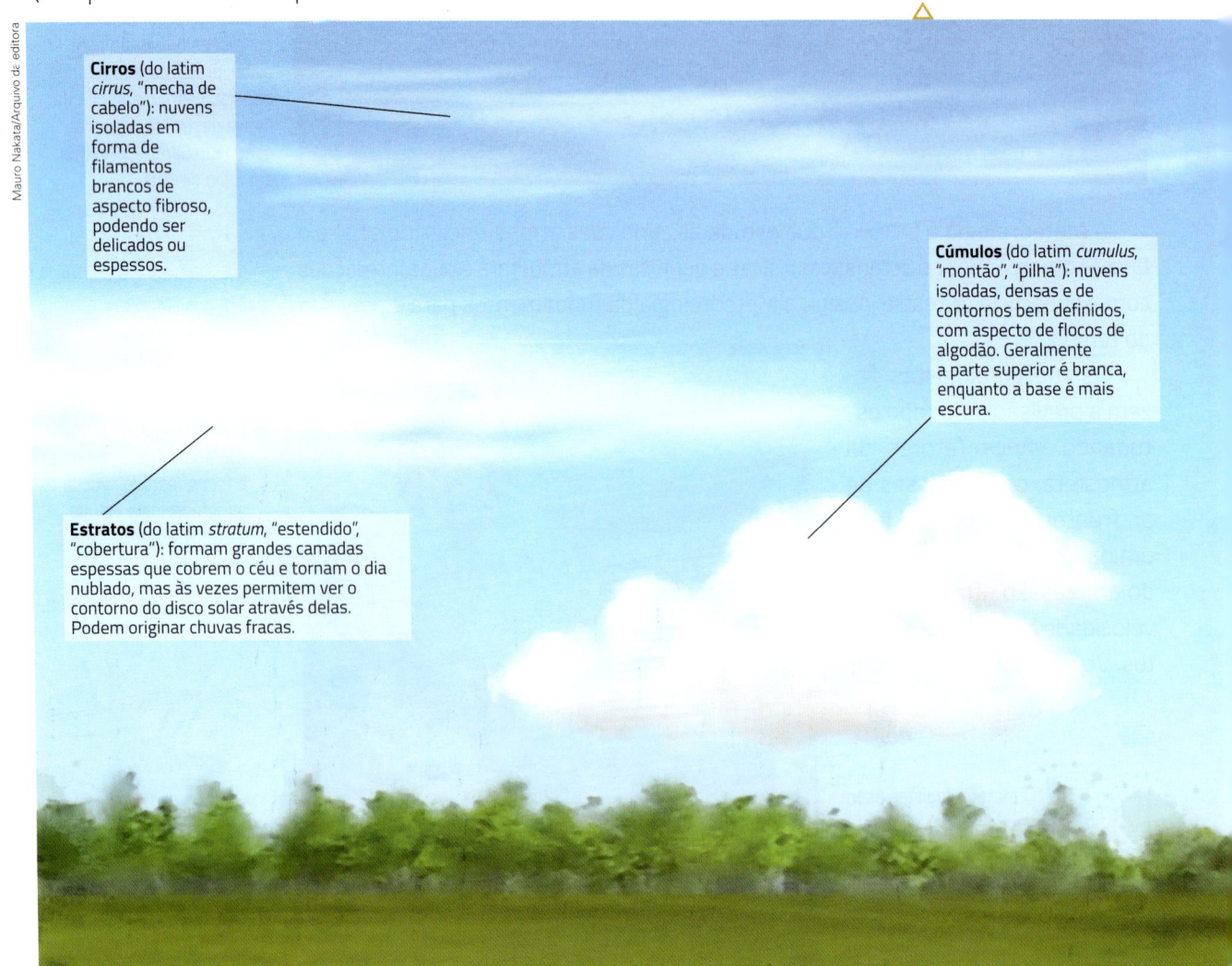

Mauro Nakata/Arquivo de editora

Cirros (do latim *cirrus*, "mecha de cabelo"): nuvens isoladas em forma de filamentos brancos de aspecto fibroso, podendo ser delicados ou espessos.

Cúmulos (do latim *cumulus*, "montão", "pilha"): nuvens isoladas, densas e de contornos bem definidos, com aspecto de flocos de algodão. Geralmente a parte superior é branca, enquanto a base é mais escura.

Estratos (do latim *stratum*, "estendido", "cobertura"): formam grandes camadas espessas que cobrem o céu e tornam o dia nublado, mas às vezes permitem ver o contorno do disco solar através delas. Podem originar chuvas fracas.

No 7º ano, você estudou que a atmosfera é composta de uma mistura de gases. Um desses gases é a água em forma de vapor. Quando o ar próximo à superfície da Terra se aquece, torna-se menos denso e sobe. Esse movimento é chamado de **convecção**. À medida que o ar quente sobe, entra em contato com camadas de ar a temperaturas mais baixas; então o vapor de água se condensa, formando as nuvens. Veja a figura 6.9.

3. O vapor de água se condensa e forma as nuvens.

2. O ar quente sobe e é resfriado.

1. O ar próximo à superfície é aquecido.

6.9 Representação esquemática da formação das nuvens. (Elementos representados em tamanhos não proporcionais entre si. Cores fantasia.)

Mauro Nakata/Arquivo da editora

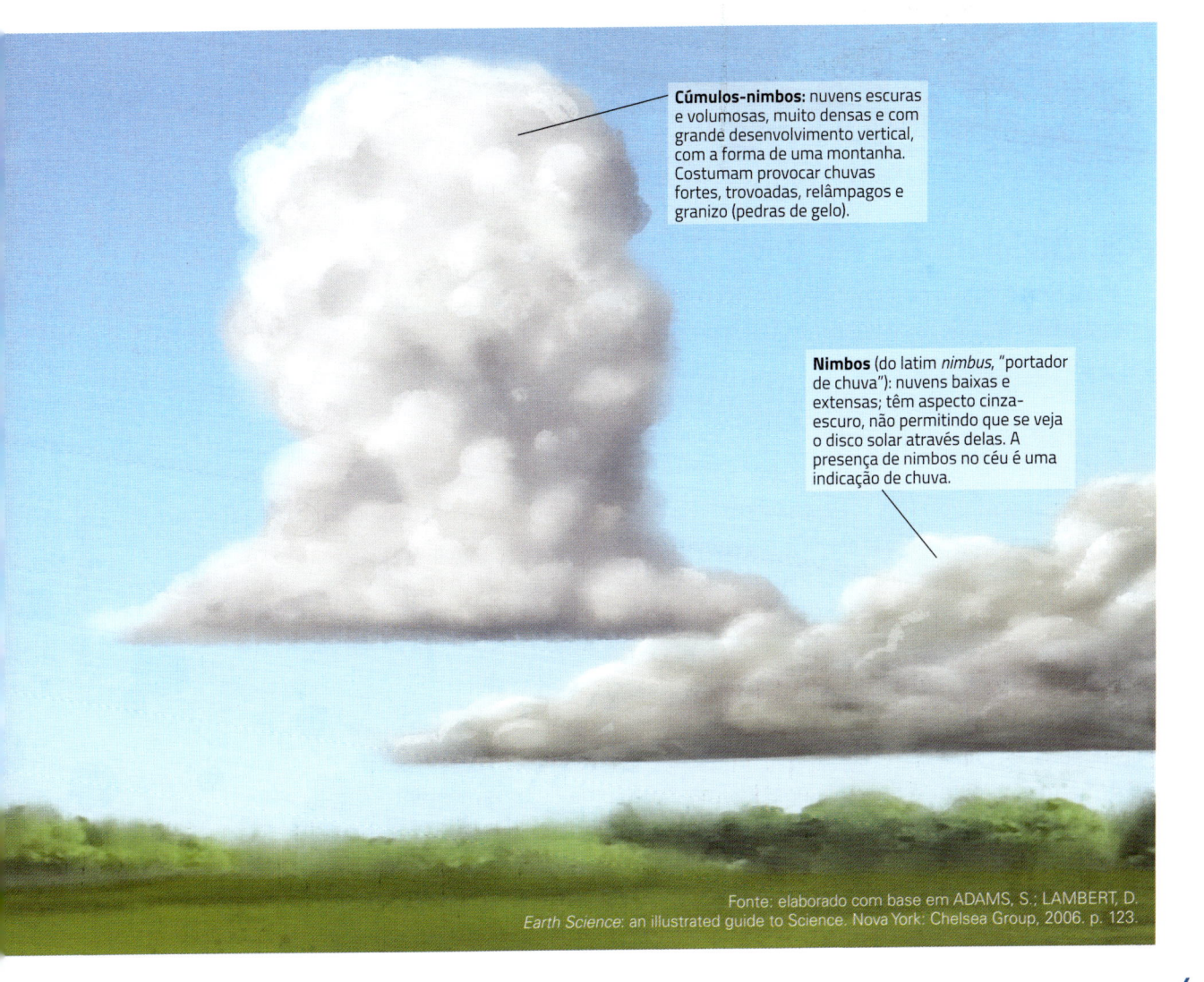

Cúmulos-nimbos: nuvens escuras e volumosas, muito densas e com grande desenvolvimento vertical, com a forma de uma montanha. Costumam provocar chuvas fortes, trovoadas, relâmpagos e granizo (pedras de gelo).

Nimbos (do latim *nimbus*, "portador de chuva"): nuvens baixas e extensas; têm aspecto cinza-escuro, não permitindo que se veja o disco solar através delas. A presença de nimbos no céu é uma indicação de chuva.

Fonte: elaborado com base em ADAMS, S.; LAMBERT, D. *Earth Science*: an illustrated guide to Science. Nova York: Chelsea Group, 2006. p. 123.

As cores das nuvens

A cor que vemos na nuvem depende também da cor da luz que ela reflete. Por exemplo, ao meio-dia, em uma região em que o Sol está a pino e a luz chega diretamente às nuvens, elas parecem ser brancas como algodão. No final da tarde, com o Sol se pondo, as nuvens parecem ser amarelas, laranja e vermelhas. Veja a figura 6.10. Já pouco antes ou pouco depois de o Sol nascer ou se pôr, as nuvens parecem ser cinza.

Tales Azzi/Pulsar Imagens

6.10 Pôr do sol em Conde (BA), 2018. Observe as cores das nuvens ao entardecer.

As massas de ar e as frentes

Você tem o hábito de ler notícias em diferentes meios, como jornais impressos e na internet? Na seção de previsão do tempo, podemos ler algo como:

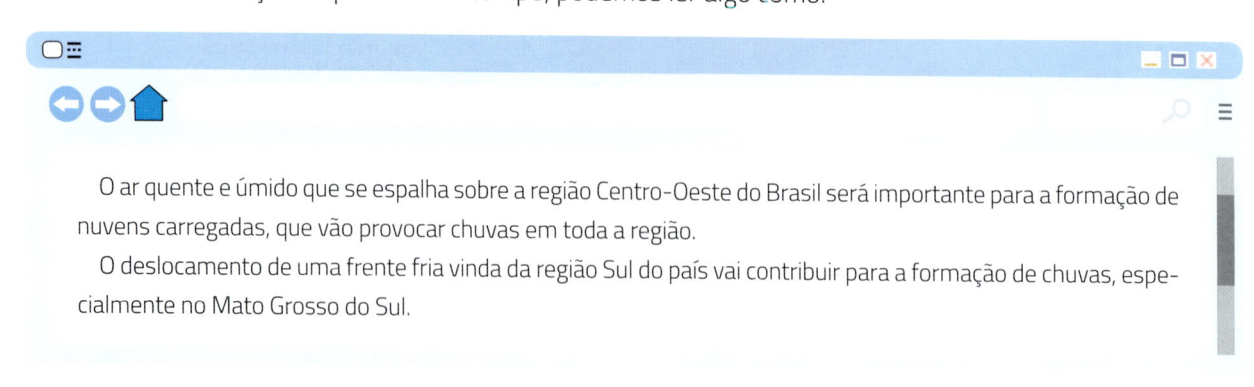

O ar quente e úmido que se espalha sobre a região Centro-Oeste do Brasil será importante para a formação de nuvens carregadas, que vão provocar chuvas em toda a região.

O deslocamento de uma frente fria vinda da região Sul do país vai contribuir para a formação de chuvas, especialmente no Mato Grosso do Sul.

O texto informa que a previsão é de chuva. Mas, e a frente fria, o que é? Para entender esse conceito, é preciso saber primeiro o que são massas de ar.

Uma **massa de ar** é formada por um imenso volume de ar atmosférico com condições de umidade, pressão e temperatura próprias, que podem se estender por centenas de quilômetros quadrados e milhares de metros de altura, por exemplo. As condições no interior da massa dependem da região onde ela é formada e são praticamente uniformes, ou seja, quase não variam.

As massas de ar podem ficar estacionadas sobre extensas áreas por dias ou semanas. Quando se deslocam, elas podem encontrar outras massas e provocar transformações no tempo, fazendo o dia ficar mais quente ou mais frio, ou provocando chuva. Elas podem ser identificadas de acordo com suas principais características. As massas de ar marítimas, que se formam sobre os oceanos, são úmidas, enquanto as massas de ar continentais, que se formam sobre o continente, são geralmente secas (com exceção daquelas que se formam sobre grandes florestas, que adquirem a umidade da vegetação). As massas de ar localizadas em regiões tropicais e equatoriais são quentes, enquanto as localizadas em regiões polares são frias.

No encontro de duas massas de ar com características de temperatura, umidade e pressão do ar diferentes forma-se uma **frente**, que é a região de contato das duas massas de ar.

Quando uma massa de ar quente se desloca em direção a uma massa de ar frio que está parada sobre uma região, ocorre uma **frente quente**. Observe a imagem **A** da figura 6.11. Nesse caso costuma haver ventos fracos e chuvas leves, mas isso vai depender também do clima da região.

Mundo virtual

O que é uma frente fria?
https://novaescola.org.br/conteudo/2271/o-que-e-uma-frente-fria
Artigo com informações sobre frentes frias e suas consequências.
Acesso em: 4 abr. 2019.

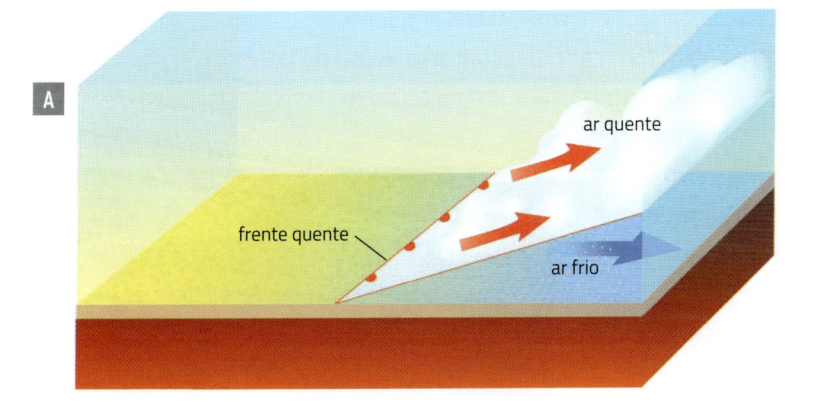

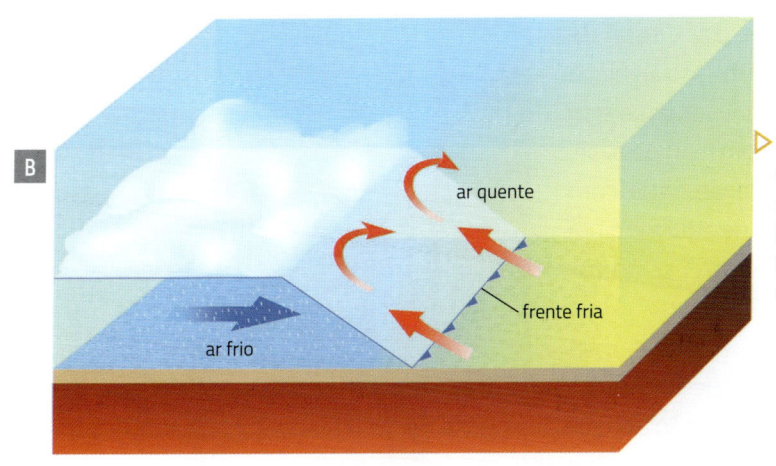

Designua/Shutterstock

▷ 6.11 Representação esquemática do avanço de uma frente quente, em **A**, e de uma frente fria, em **B**. (Elementos representados em tamanhos não proporcionais entre si. Cores fantasia.)

A **frente fria** ocorre quando uma massa de ar frio avança em direção a uma massa de ar quente e úmido que está parada sobre uma região. A massa de ar quente é empurrada para as camadas mais altas da atmosfera. Geralmente, na ocorrência dessas frentes, há ventos fortes, queda de temperatura e chuvas fortes, que param um pouco depois que a frente passa. Reveja a figura 6.11, observando a imagem **B**.

O vapor de água da massa de ar quente se condensa nas camadas mais altas, formando as chuvas.

A umidade do ar e as chuvas

A **umidade do ar** indica a quantidade de vapor de água na atmosfera e é o componente mais importante na determinação do tempo e do clima. A **umidade relativa do ar**, por sua vez, indica a relação entre a quantidade de vapor de água em uma porção da atmosfera e a quantidade máxima de vapor que essa mesma porção pode suportar, em determinada temperatura, sem que o vapor de água se condense. A umidade relativa do ar é um dos fatores que ajudam na previsão do tempo; quando ela está alta, por exemplo, a ocorrência de chuvas é favorecida.

A umidade do ar pode ser medida por um aparelho chamado **higrômetro**. Observe a figura 6.12.

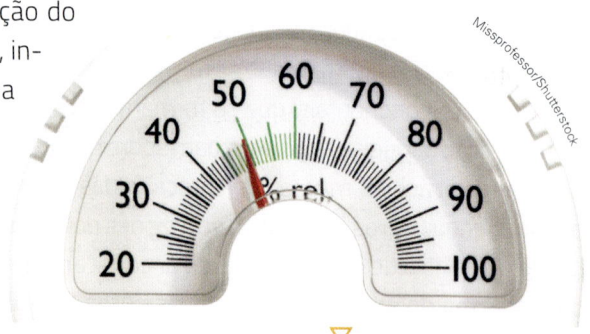

6.12 Higrômetro marcando a umidade do ar em torno de 50%.

Quando a atmosfera está muito úmida, isto é, saturada de água, a transpiração – evaporação de suor do corpo – se torna mais difícil. Como a transpiração ajuda o corpo a diminuir sua temperatura, em um dia quente e úmido as pessoas podem sentir muito calor e desconforto. Nesse caso, permanecer em ambientes resfriados por aparelhos de ar condicionado pode minimizar o desconforto. Além de baixar a temperatura do ambiente, o ar condicionado retira a umidade do ar, facilitando assim a eliminação do suor.

A quantidade de chuva em uma região é medida pelo **pluviômetro**. Nesse aparelho, a água da chuva é recolhida e fica armazenada no interior do equipamento. Diariamente, às 9 horas, um profissional da estação meteorológica faz a leitura e a anotação do total precipitado. Veja a figura 6.13.

O serviço meteorológico pode informar, por exemplo, que, em determinado dia, o total de chuva em uma cidade foi de 5 mm. Isso significa que, se naquele dia a água da chuva tivesse sido recolhida em uma caixa aberta com 1 m^2 de base, teria se formado uma camada de água com 5 mm de altura. Cada milímetro de altura em um recipiente de 1 m^2 equivale a 1 litro; portanto, nessa caixa haveria 5 litros de água.

Em várias cidades do Brasil ocorrem chuvas muito intensas, que provocam enchentes e deslizamentos de terra. Esses eventos são perigosos, e, por isso, todos devem ficar atentos. Veja a figura 6.14 na página seguinte.

6.13 Pluviômetro no Parque Estadual da Lapa Grande, em Montes Claros (MG), 2016.

Em muitos casos é preciso acionar a Defesa Civil, órgão público responsável por coordenar trabalhos de prevenção de desastres ambientais e prestação de socorro à população. Pelo número de telefone 199 é possível se informar sobre medidas preventivas, além de denunciar situações de risco e possíveis locais de tragédia.

6.14 Fortes chuvas podem causar deslizamentos de terra, como este que aconteceu em uma estrada de Cambé (PR), em 2016.

> **① Atenção**
>
> Em alguns estados, a Defesa Civil disponibiliza um serviço de alerta de desastres naturais. Os usuários cadastrados recebem alertas em seus celulares, via mensagem de texto, com as informações sobre riscos de inundação, deslizamento de terra e outros eventos críticos, assim como orientações para cada caso.

Conexões: Ciência e sociedade

IBGE aponta 8,2 milhões sob risco de enchente ou deslizamento no Brasil

O país tinha cerca de 8,2 milhões de pessoas vivendo em áreas com risco de enchente ou deslizamentos de terra em 2010. É o que mostra estudo inédito feito pelo IBGE [Instituto Brasileiro de Geografia e Estatística] e pelo Cemaden (Centro Nacional de Monitoramento e Alertas de Desastres Naturais) [...].

Segundo o coordenador da área de Geografia do IBGE, Cláudio Stenner, [...] as características gerais do território persistem e os resultados poderão ser utilizados para o desenvolvimento de políticas públicas futuras para essas regiões. [...]

O Sudeste é a região com maior contingente de moradores em áreas de risco, com 4,2 milhões de pessoas, seguida do Nordeste (2,9 milhões), Sul (703 mil), Norte (340 mil) e Centro-Oeste (7,6 mil). [...]

Stenner explica que em geral as populações que vivem em áreas de risco têm renda mais baixa e menor acesso a serviços públicos básicos como água encanada, rede coletora de esgoto e coleta de lixo. Isso não significa, no entanto, que não existam pessoas de padrão de vida mais elevado que vivam em locais de risco.

[...] a falta de serviços básicos pode ser um elemento que agrave ou precipite desastres naturais. A destinação incorreta do esgoto pode infiltrar o solo e deixar o local mais suscetível a deslizamentos, por exemplo. O acúmulo de lixo em encostas também pode estar relacionado ao aumento do risco de quedas de barreiras.

"A vida em áreas de risco está ligada quase sempre à precarização socioeconômica que um grupo de indivíduos é submetido. No processo geral de urbanização do país, sobrou para as classes menos favorecidas viver em encostas, em locais distantes dos grandes centros. Conseguimos agora mapear onde estão essas pessoas para que sejam definidas políticas públicas para esses locais", disse Stenner.

Os desastres naturais são também uma das maiores causas de deslocamentos de pessoas dentro de seus próprios países no mundo, superando guerras civis, conflitos violentos e epidemias de doenças.

Segundo estudo do Centro de Monitoramento de Deslocamento Interno (IDMC, na sigla em inglês), somente em 2017 foram registrados 30,6 milhões de novos deslocamentos internos no mundo. Desse total, 18,8 milhões tiveram que deixar suas casas por causa de desastres naturais.

No Brasil, o número de pessoas nessa situação em 2017 foi de 71 mil pessoas, cinco vezes o registrado um ano antes.

VETTORAZZO, L. IBGE aponta 8,2 milhões sob risco de enchente ou deslizamento no Brasil. *Folha de S.Paulo.* Disponível em: <https://www1.folha.uol.com.br/cotidiano/2018/06/ibge-aponta-82-milhoes-vivendo-em-area-de-risco-no-brasil.shtml>. Acesso em: 25 fev. 2019.

A pressão atmosférica e a temperatura

Como estudamos no 6º ano, a atmosfera exerce pressão sobre todos os objetos que ela envolve, incluindo a superfície da Terra. Essa pressão é chamada **pressão atmosférica** e é o peso que uma coluna de ar, em linha reta, exerce sobre um corpo em determinado instante e local. No nível do mar, a coluna de ar sobre uma pessoa é maior do que a coluna de ar sobre outra pessoa em altitude maior, como em uma montanha ou um planalto. Veja a figura 6.15. Por isso, a pressão atmosférica é maior em Santos (SP) ou Paranaguá (PR) do que em São Paulo (SP) ou Curitiba (PR), por exemplo.

Mudanças na pressão atmosférica afetam significativamente o tempo e por isso costumam ser monitoradas. O aparelho que mede a pressão atmosférica é chamado barômetro. Veja a figura 6.16. Uma queda rápida da pressão atmosférica indica que está se aproximando uma forte chuva; por outro lado, quando a pressão atmosférica aumenta, é sinal de que o tempo vai ficar mais aberto.

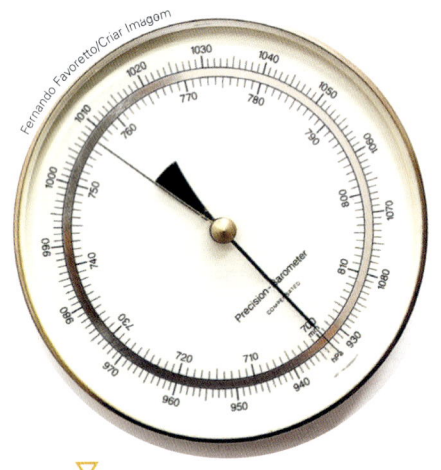

6.15 Representação esquemática evidenciando que a coluna de ar é maior no nível do mar e, portanto, a pressão atmosférica também é maior. (Elementos representados em tamanhos não proporcionais entre si. Cores fantasia.)

Se você consultar um barômetro e um higrômetro instalados no mesmo lugar, poderá estabelecer algumas relações entre as informações que eles fornecem. Por exemplo: pressão atmosférica alta corresponde a ar seco (com pouquíssimo vapor de água), céu claro e sem chuvas; pressão atmosférica baixa corresponde a ar úmido, com chance de chuvas.

Usando apenas os sentidos, você pode dizer se o tempo está frio ou quente. Já com um termômetro você pode comparar valores precisos, analisando, por exemplo, variação de temperatura de um dia para outro, ou no mesmo dia. Veja a figura 6.17.

Você estudou o funcionamento dos barômetros no 6º ano.

No 7º ano, você estudou que há termômetros a álcool, termômetros a mercúrio e termômetros digitais. O tipo de termômetro utilizado nas estações meteorológicas varia dependendo das instalações.

6.16 O barômetro é um instrumento que mede a pressão atmosférica.

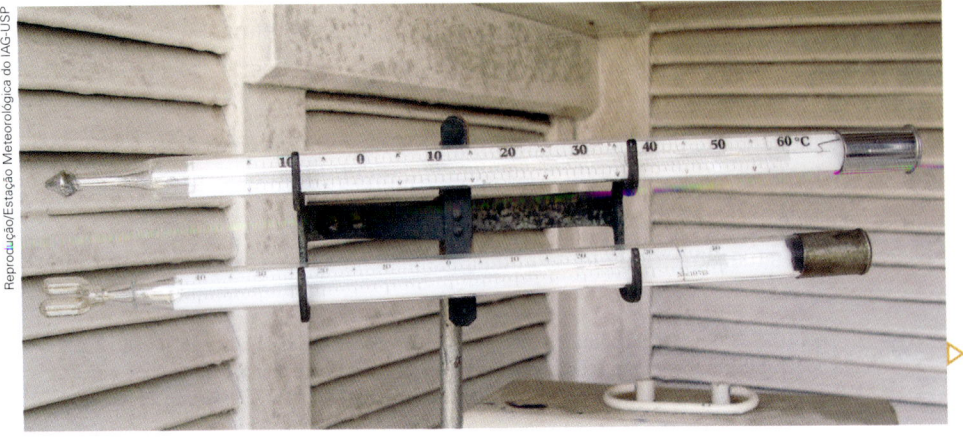

6.17 Termômetros em estação meteorológica de São Paulo (SP), 2015.

Os ventos

Os balões de ar quente, como os da figura 6.18, carregam um queimador a gás que produz uma chama que aquece o ar do balão. O ar aquecido é menos denso que o ar atmosférico, e por isso o balão sobe. Para fazer o balão descer, é só diminuir aos poucos a chama.

Amanda Cibele/Shutterstock

6.18 Balões de ar quente sobrevoando Iperó (SP), 2017. No ar mais quente (menos denso), as partículas estão mais afastadas do que no ar mais frio (mais denso).

De modo semelhante, quando massas de ar ficam aquecidas, elas tendem a subir. Com isso, massas de ar mais frio se deslocam e ocupam o espaço deixado pelo ar quente.

Talvez você já tenha passado por esta experiência: em dias quentes, à beira-mar, algumas horas depois do amanhecer pode-se sentir uma brisa agradável vinda do mar. Como será que ela se forma?

> ## Conexões: Ciência e sociedade
>
> ### Não solte balões!
>
> No Brasil, especialmente nas festas juninas, ainda há o costume de soltar balões de papel. Enquanto flutuam, os balões podem prejudicar o voo dos aviões, causando danos e até mesmo quedas de aeronaves. Veja a figura 6.19. A tocha que esquenta o ar do balão e o faz subir pode provocar incêndios ao cair sobre áreas florestais ou urbanas.
>
> Com o intuito de acabar com esses problemas, a Lei de Crimes Ambientais n. 9065, de fevereiro de 1998, determinou ser crime fabricar, vender, transportar ou soltar balões. Então, não solte balões! E lembre-se de que o telefone do Corpo de Bombeiros é 193.
>
>
>
> Governo Federal/Ministério dos Transportes
>
> 6.19 Cartaz alertando sobre um dos perigos relacionados ao ato criminoso de soltar balões.

Como se formam os ventos

Durante o dia, a energia térmica do Sol atinge a água do mar e a terra, que são aquecidas em velocidades diferentes. A terra se aquece mais rápido que a água do mar e emite energia térmica para a atmosfera, aquecendo o ar logo acima dela. O ar aquecido torna-se menos denso e sobe, enquanto a massa de ar sobre o mar, mais fria, se desloca, ocupando o lugar do ar que subiu. Esse ar também se aquece conforme recebe energia térmica da terra, e o processo se repete. Esse movimento horizontal de ar do mar para a terra é chamado de **brisa marítima** e acontece de dia. Veja a figura 6.20.

O ar frio sobre o mar se desloca para a terra porque a subida do ar quente produz uma zona de baixa pressão na região de onde saiu, atraindo o ar de outras direções. Dessa forma, o ar se desloca de regiões com pressão mais alta para regiões com pressão mais baixa.

Esse fenômeno decorre do alto calor específico da água, assunto estudado no 7º ano. O calor específico é uma grandeza usada para caracterizar a diferença entre as substâncias para ganhar (ou perder) energia na forma de calor.

brisa marítima

brisa terrestre

6.20 Representação esquemática da brisa marítima (em **A**), que ocorre de dia, e da brisa terrestre (em **B**), que acontece à noite. (Elementos representados em tamanhos não proporcionais entre si. Cores fantasia.)

Ilustrações: Chirokung/Shutterstock

Durante a noite ocorre o contrário: da mesma forma que a terra se aquece mais rápido que o mar, ela também esfria mais rápido. O ar sobre o mar está mais aquecido (o mar está liberando lentamente a energia térmica acumulada durante o dia) e sobe. Então, o ar frio sobre a terra se desloca para o mar: é a **brisa terrestre**. Reveja a figura 6.20.

Muitos pescadores com barco a vela aproveitam a brisa terrestre e saem para pescar no final da madrugada, retornando no meio da tarde impulsionados pela brisa marítima. O fenômeno das brisas não é exclusivo das regiões costeiras, sendo também observado próximo a grandes rios e lagos. Veja a figura 6.21.

6.21 Barco a vela navegando na barra do rio Manguaba, Porto de Pedras (AL), 2018.

O vento é, portanto, a movimentação do ar em relação à superfície terrestre, que ocorre quando há uma diferença de pressão. O vento sempre carrega o ar de onde a pressão é maior para onde a pressão é menor.

A brisa marítima e a brisa terrestre são exemplos de circulação local dos ventos. Ventos locais são ventos que se estendem até mais ou menos 100 km de distância. Mas há também a circulação global, que estudaremos adiante, provocada pelos deslocamentos de imensas massas de ar que se formam em determinadas regiões da Terra.

A velocidade e a direção dos ventos são medidas por instrumentos chamados **anemômetros**. Veja a figura 6.22. A direção do vento é determinada pelo ponto cardeal de onde ele vem: o vento oeste sopra de oeste para leste, por exemplo.

6.22 Anemômetro da Estação Climática Projeto Sempre Viva, Parque Municipal Mucugê (BA), em 2016.

A **biruta**, também chamada de **anemoscópio** (do grego *ánemos*, "vento", e *skopeo*, "examinar"), é um instrumento auxiliar usado para indicar a direção do vento. Comum em aeroportos, ela ajuda a orientar as manobras dos aviões. Veja a figura 6.23. A biruta é formada por um cone de pano aberto nas duas extremidades. A extremidade de maior diâmetro é mantida aberta por um aro de metal que fica preso a uma haste; a abertura menor fica solta e a haste pode girar livremente. O vento entra pela abertura maior e sai pela abertura menor, esticando a biruta, que fica alinhada com a direção do vento.

Quando os ventos trazem perigo

Os **ciclones tropicais**, chamados **furacões** em algumas regiões e **tufões** em outras, são grandes tempestades com ventos que podem atingir velocidade superior a 200 km/h. Esse fenômeno pode causar grande destruição, sobretudo em áreas muito habitadas. Veja a figura 6.24.

6.23 A biruta indica a direção do vento.

6.24 A previsão do tempo é fundamental para preparar as pessoas para a chegada de fenômenos como furacões. Na foto, casas destruídas pelo furacão Irma em ilha de Antígua e Barbuda, na região do Caribe, em 2017.

Furacões começam sobre as águas quentes (com temperaturas acima de 27 °C) dos oceanos tropicais. Conforme o ar úmido sobre as águas quentes de grandes áreas (centenas de quilômetros) é aquecido, ele fica menos denso e sobe, formando uma camada de baixa pressão atmosférica; o ar frio de camadas superiores, por sua vez, se desloca e passa a ocupar as regiões de baixa pressão. Nessas áreas, nuvens com elevada umidade se juntam e, se houver uma mudança na velocidade dos ventos entre a base e o topo das nuvens, elas ganham rotação.

Os ventos de um furacão podem derrubar casas, destruir plantações e causar mortes. Duram alguns dias e começam a perder força ao atingir o continente, já que a energia do furacão vem da umidade e da água quente do oceano.

É muito difícil ocorrer um furacão no Brasil porque a temperatura das águas do oceano Atlântico fica quase sempre abaixo dos 27 °C. Até hoje, ocorreu apenas um furacão registrado no Brasil, conhecido como Catarina. Ele atingiu o litoral do Rio Grande do Sul e de Santa Catarina em 2004. Os ventos alcançaram cerca de 180 km/h. Veja a figura 6.25. O furacão atingiu ao menos 40 municípios e milhares de casas, deixando muitas pessoas desabrigadas. Os municípios afetados também tiveram problemas com a falta de energia elétrica e água.

6.25 Imagem de satélite do ciclone Catarina, que atingiu o litoral do Rio Grande do Sul e de Santa Catarina em 2004. (Nuvens em branco; terra em verde; água em azul.)

Os **tornados** são colunas de ar que giram com muita velocidade, duram apenas algumas horas e podem ocorrer em terra firme. Quando ocorrem sobre o mar, por exemplo, são chamados "tromba-d'água". Enquanto o furacão alcança diâmetros de até 1 500 km, o tornado é menor e tem formato de funil. Veja a figura 6.26.

Para prever quando e onde furacões e tornados podem ocorrer, os meteorologistas estudam locais com grande variação na pressão atmosférica. Dessa forma, é possível prevenir a população e evitar que tragédias ocorram.

6.26 Tornado em campo aberto no Colorado, Estados Unidos, em 2017.

Estações meteorológicas

Nas **estações meteorológicas** são registradas e analisadas as variações do tempo, como temperatura, pressão atmosférica, umidade do ar, quantidade de chuva e velocidade do vento.

As estações usam diversos instrumentos para a previsão do tempo: barômetros, termômetros, higrógrafos, anemômetros, radares, pluviômetros e radiossondas. Veja a figura 6.27.

6.27 Estação meteorológica em Cunha (SP), em 2017.

Fabio Colombini/Acervo do fotógrafo

As **radiossondas** são aparelhos levados por **balões meteorológicos**. Elas medem a pressão, a umidade e a temperatura nas camadas mais altas da atmosfera, e enviam essas informações por meio de sinais de rádio. À medida que o balão ganha altitude, a pressão atmosférica cai; assim, o balão se expande e acaba estourando. Veja a figura 6.28.

Os meteorologistas contam também com imagens da superfície terrestre compostas a partir de informações obtidas por satélites artificiais. Entre outras informações, essas imagens mostram a formação e o deslocamento de frentes frias ou quentes e de nuvens.

Michael Donne/Science Photo Library/Latinstock

Mundo virtual

Instituto de Pesquisas Meteorológicas (IPMet) – Unesp
https://www.youtube.com/watch?v=CR_dXuj_AhM
Apresenta informações sobre o uso de tecnologia na previsão do tempo. Acesso em: 25 fev. 2019.

▷ 6.28 Balão levando uma radiossonda (que aparece embaixo do balão, na mão do técnico em meteorologia). Um pequeno paraquedas preso à radiossonda amortece sua queda depois que o balão estoura.

Com todos esses dados, os meteorologistas fazem a previsão diária do tempo para cada região do país. Essas previsões são apresentadas em forma de boletins meteorológicos e são divulgadas para o público. Veja na figura 6.29 um mapa que indica o tempo e a temperatura em algumas cidades do Brasil.

Mapa da previsão do tempo no Brasil

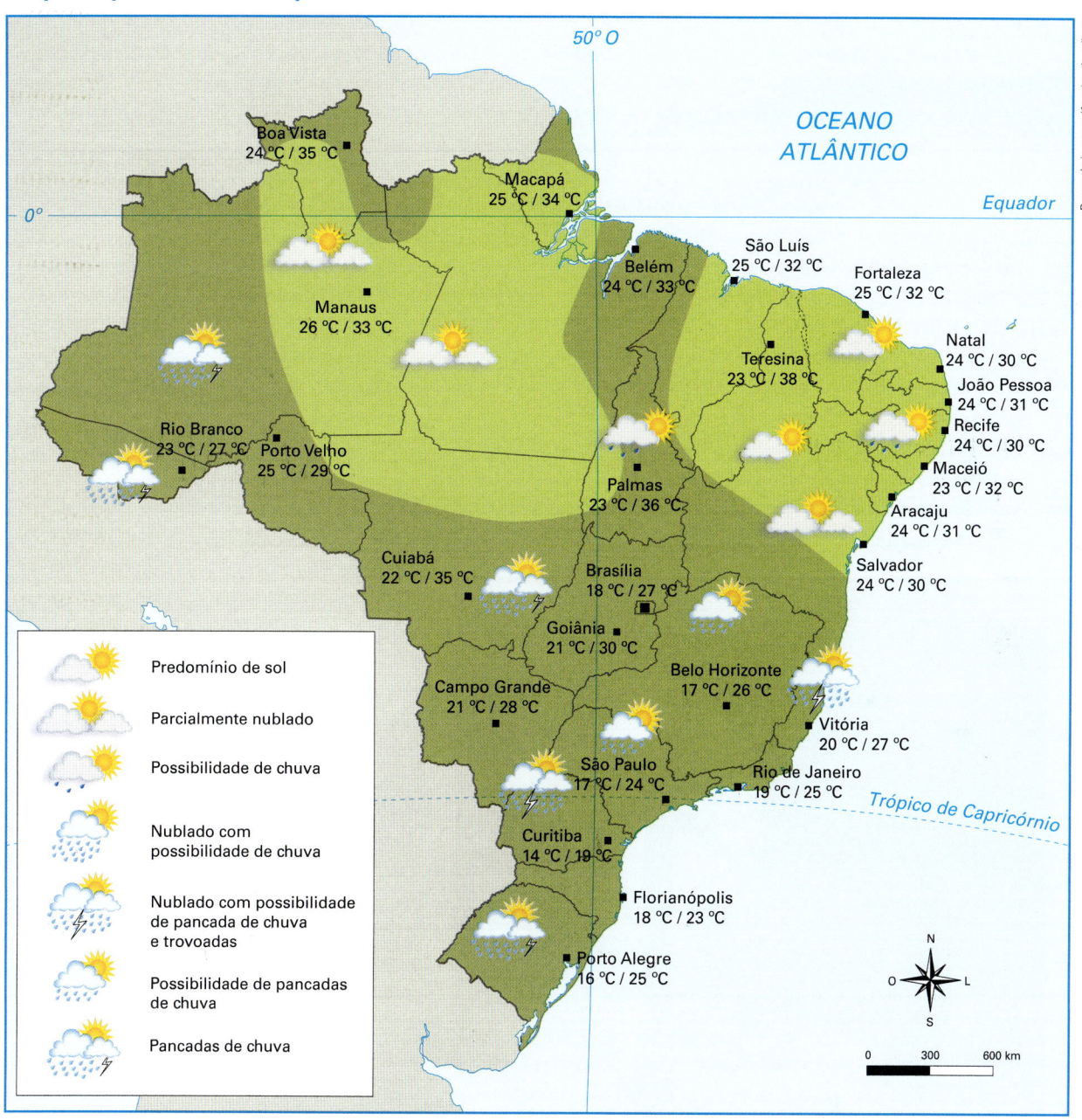

Fonte: elaborado com base em CENTRO DE PREVISÃO DE TEMPO E ESTUDOS CLIMÁTICOS – INSTITUTO NACIONAL DE PESQUISAS ESPACIAIS. Previsão de tempo. Disponível em: <http://tempo.cptec.inpe.br>. Acesso em: 25 fev. 2019.

6.29 Previsão do tempo no Brasil para o dia 18 de maio de 2018. As áreas em verde-escuro indicam a possibilidade de chuva.

⏻ Mundo virtual

Instituto Nacional de Meteorologia
www.inmet.gov.br
Contém informações meteorológicas das capitais brasileiras e banco de dados históricos. Acesso em: 25 fev. 2019.

A meteorologia e o Renascimento

Desde a Antiguidade, diversos povos perceberam a relação entre o movimento dos astros e algumas mudanças observadas no ambiente: como as alterações de temperatura e a ocorrência de cheias, secas e chuvas, por exemplo. Com base em suas observações, eles aprenderam a prever o início das estações do ano e a calcular a melhor época para o plantio e a colheita.

No século IV a.C., o filósofo grego Aristóteles reuniu em uma obra o conhecimento acumulado sobre fenômenos atmosféricos. Nos séculos seguintes, esses saberes foram desenvolvidos pelos povos do Oriente, sobretudo pelos árabes, mas acabaram esquecidos na Europa. Isso porque, durante a Idade Média (séculos V a XV), a Igreja baniu toda forma de conhecimento que pusesse em dúvida suas explicações religiosas.

A partir do século XV, porém, ressurge na Europa o interesse pela meteorologia. Nessa época, os europeus passaram a buscar explicações racionais para os fenômenos da natureza. Para isso, eles resgataram os conhecimentos dos antigos gregos em um movimento conhecido como Renascimento (séculos XV a XVII).

Nessa época, multiplicaram-se os instrumentos para a medição de fenômenos atmosféricos. Em 1450, o italiano Leone Battista Alberti (1404-1472) desenvolveu um anemômetro muito simples para medir a velocidade do vento. Em 1592, o cientista italiano Galileu Galilei construiu um instrumento para a medição de temperatura. Nessa mesma época, Leonardo da Vinci inventou o primeiro cata-vento a fim de observar a intensidade e a direção do vento.

Em 1643, o italiano Evangelista Torricelli e seus colaboradores inventaram o barômetro de mercúrio. Em 1648, o francês Blaise Pascal demonstrou que a pressão atmosférica diminui conforme a altura aumenta.

O Renascimento também foi marcado pelo contato dos europeus com povos do Oriente, cujos instrumentos de medição atmosférica foram levados para a Europa.

Foi o caso do pluviômetro, inventado em 1441 pelo cientista coreano Jang Yeong-Sil. Ele foi usado pelo rei Sejong para estimar a colheita dos agricultores e, assim, cobrar impostos sobre a produção. Em 1662, esse instrumento foi aperfeiçoado pelo inglês Christopher Wren.

A primeira rede de estações meteorológicas foi fundada em 1654 por Ferdinando II de Médici. Reunindo dados meteorológicos de várias partes da Europa, ela aumentou a confiabilidade da previsão do tempo.

A família Médici, de origem italiana, teve grande importância para o Renascimento. Por várias gerações, financiou artistas como Michelangelo, Leonardo da Vinci e Rafael, cientistas como Galileu Galilei e Evangelista Torricelli e pensadores como Maquiavel.

Muitas invenções posteriores contribuíram para a área da meteorologia, mesmo que não estejam diretamente relacionadas a ela. É o caso de sistemas de transmissão de mensagens por meio de rádios e satélites, que permitem compartilhar informações para que as pessoas consigam, por exemplo, se proteger a tempo de catástrofes. Veja a figura 6.30.

▷ **6.30** O telégrafo Morse, do século XVIII, foi utilizado até o início do século XX para transmitir mensagens rapidamente por meio de fios elétricos a grandes distâncias. As mensagens são transmitidas em códigos formados por uma sequência de sinais curtos e longos (luz ou som, por exemplo).

2 O clima

As diferenças climáticas observadas entre as regiões que compõem o planeta ocorrem fundamentalmente em função da forma da Terra, da inclinação de seu eixo e dos movimentos que a Terra faz durante sua trajetória pelo espaço.

No capítulo 5, você aprendeu que a inclinação do eixo de rotação da Terra origina a sucessão de estações do ano, à medida que a Terra executa seu movimento de translação.

Você estudou também que, devido ao formato esférico da Terra, a intensidade dos raios solares é maior nas regiões em torno da linha do equador do que nas regiões mais afastadas do equador. Veja a figura 6.31.

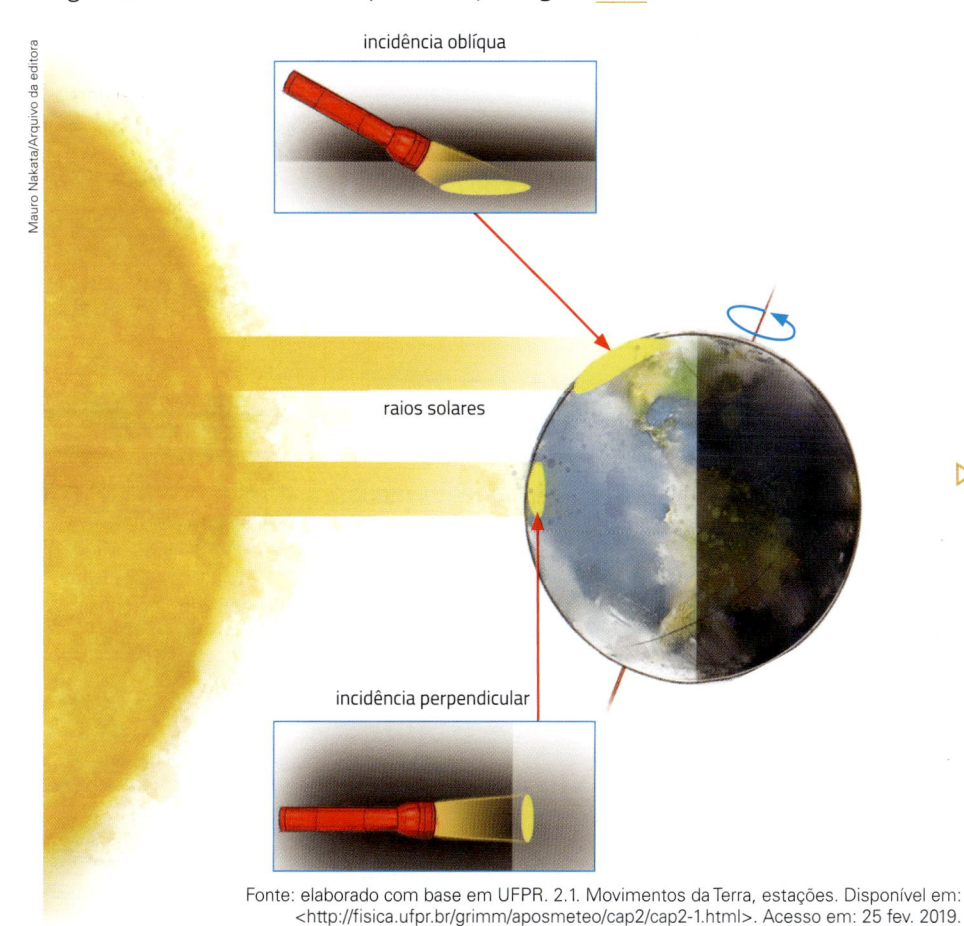

incidência oblíqua

raios solares

incidência perpendicular

▷ **6.31** A superfície da Terra é atingida de diferentes formas pelos raios solares: a incidência é mais perpendicular sobre as regiões próximas ao equador e vai se tornando mais inclinada em direção aos polos. (Elementos representados em tamanhos não proporcionais entre si; as distâncias não são reais. Cores fantasia.)

Fonte: elaborado com base em UFPR. 2.1. Movimentos da Terra, estações. Disponível em: <http://fisica.ufpr.br/grimm/aposmeteo/cap2/cap2-1.html>. Acesso em: 25 fev. 2019.

Devido à forma esférica da Terra, quanto mais nos afastamos da região do equador, maior é a inclinação com que os raios solares chegam à superfície da Terra. Ou seja, à medida que aumenta a latitude, a energia solar recebida por unidade de área da superfície diminui.

Assim, em geral, as temperaturas médias diminuem em direção aos polos, embora em locais de elevada altitude essa regra muitas vezes não seja válida. Formam-se assim zonas climáticas diferentes: polares (regiões dos extremos do planeta), temperadas (entre os círculos polares e os trópicos) e tropicais (mais quentes entre o trópico de Câncer e o trópico de Capricórnio). Atualmente, podemos pesquisar na internet a temperatura de qualquer cidade do mundo. Investigue e compare as temperaturas em cidades próximas ao polo e próximas ao equador.

Além do movimento de translação da Terra, o movimento de rotação influencia a temperatura ao longo do dia. Como estudamos no capítulo 5, a rotação da Terra origina os dias e as noites e, consequentemente, a tendência das temperaturas é serem mais baixas antes de o Sol nascer e aumentarem durante o dia.

Em geral, até o nascer do Sol, a temperatura tende a diminuir, resultado de um período de diminuição da energia térmica da superfície diante da ausência da incidência direta de radiação solar. Já durante o dia, a temperatura é mais alta, atingindo valores máximos após o pico de incidência de radiação, que seria ao meio-dia. Veja a figura 6.32.

6.32 Exemplo de variação da temperatura ao longo de um dia (em °C).

Portanto, em função da rotação da Terra, as diferentes regiões do planeta experimentam uma variação diária nas características do tempo atmosférico, como temperatura do ar, além da umidade e dos ventos ao longo do dia.

As massas de ar

As diferentes regiões do planeta Terra são aquecidas de forma desigual pelo Sol e, consequentemente, ocorre uma variação de pressão atmosférica entre elas. Isso porque, nas regiões de maior aquecimento, o ar se torna mais rarefeito, menos denso e mais leve, exercendo menor pressão atmosférica. Nas regiões mais frias, o ar mais denso e mais pesado origina maiores pressões atmosféricas.

Essas diferenças de aquecimento e de pressão entre duas regiões provocam a ocorrência de ventos, já que o ar se move de regiões de pressão mais alta para regiões de pressão mais baixa. Quando comparamos, por exemplo, a região mais próxima do equador com aquelas mais próximas dos trópicos de Câncer e de Capricórnio, vemos que a primeira é mais quente e apresenta menor pressão atmosférica que as outras. Os ventos sopram da região de maior pressão, próxima aos trópicos, para as regiões de menor pressão, próximas à linha do equador.

Essa movimentação do ar atmosférico, que depende das diferenças de temperatura e de pressão entre as zonas climáticas, é responsável pela circulação atmosférica global. Veja a figura 6.33.

6.33 Um modelo geral da circulação atmosférica na Terra mostrando diversas correntes de convecção de ar. O ar aquecido (em vermelho) sobe e o ar frio (em azul) desce. (Elementos representados em tamanhos não proporcionais entre si. Cores fantasia.)

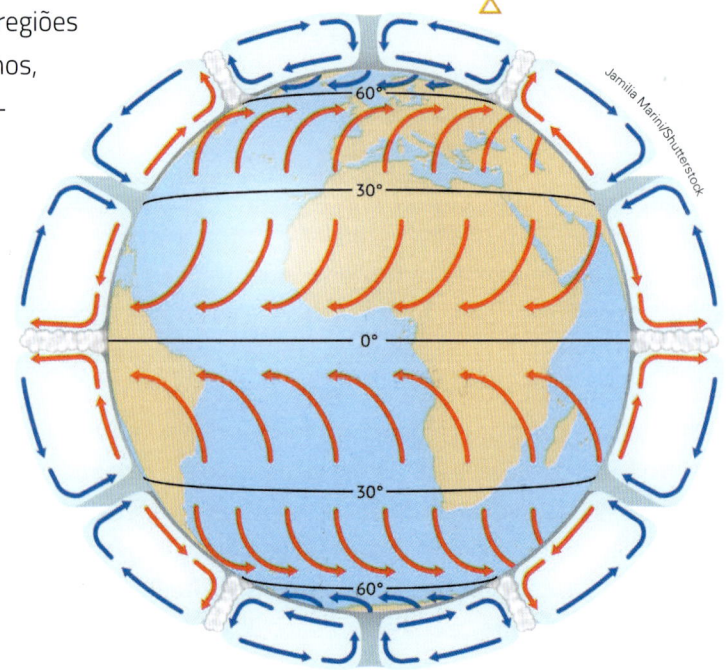

Observe na figura 6.33 que o ar quente e úmido do equador se dilata e sobe (torna-se mais rarefeito, menos denso). Ao subir vai esfriando, se condensa e forma chuvas. Ao esfriar, o ar desce, já que o ar frio é mais denso que o ar quente. Então, ao descer para altitudes mais baixas, o ar volta a esquentar e o processo se repete. Formam-se correntes de convecção que sobem (ascendentes) e que descem (descendentes).

Vimos que a latitude influencia a temperatura e as massas de ar. Além disso, há outros fatores que influenciam o clima: as correntes oceânicas ou marítimas, o relevo, a altitude, a distância do mar e a vegetação.

As correntes marítimas

Os oceanos também participam das trocas de calor e do clima por meio das **correntes marítimas** (ou **oceânicas**). Essas correntes são formadas por grandes volumes de água que se deslocam pelo oceano, transportando energia na forma de calor e influenciando o clima das regiões em que passam.

As correntes se formam pelo deslocamento dos ventos na superfície da água, pelo movimento de rotação da Terra (sofrem um desvio para a direita no hemisfério norte, e para a esquerda no hemisfério sul) e pelas diferenças de densidade entre regiões com diferentes temperaturas ou quantidade de sal dissolvido na água (salinidade).

Nas regiões próximas aos polos, a água dos oceanos perde energia térmica. Mais fria, essa água se dirige então para as regiões próximas do equador: são as chamadas correntes frias. Sem essas correntes, a temperatura das regiões equatoriais, como é o caso de parte das regiões Norte e Nordeste do Brasil, seria muito mais elevada. As correntes oceânicas quentes originam-se nas regiões equatoriais e se deslocam em direção aos polos.

As correntes quentes são importantes porque amenizam temperaturas muito baixas em maiores latitudes, como é o caso da corrente do Golfo, que desloca água quente e, consequentemente, energia térmica, amenizando o frio de lugares como a Islândia. Veja a figura 6.34.

▶ **Rarefeito:** pouco denso, com baixa concentração de gases. Dizemos que o ar é rarefeito quando ele tem pouca pressão. Em grandes altitudes o ar é mais rarefeito do que no nível do mar.

6.34 Representação de algumas correntes marítimas na Terra e de algumas regiões de clima seco.

Mapa de correntes marítimas e regiões de clima seco

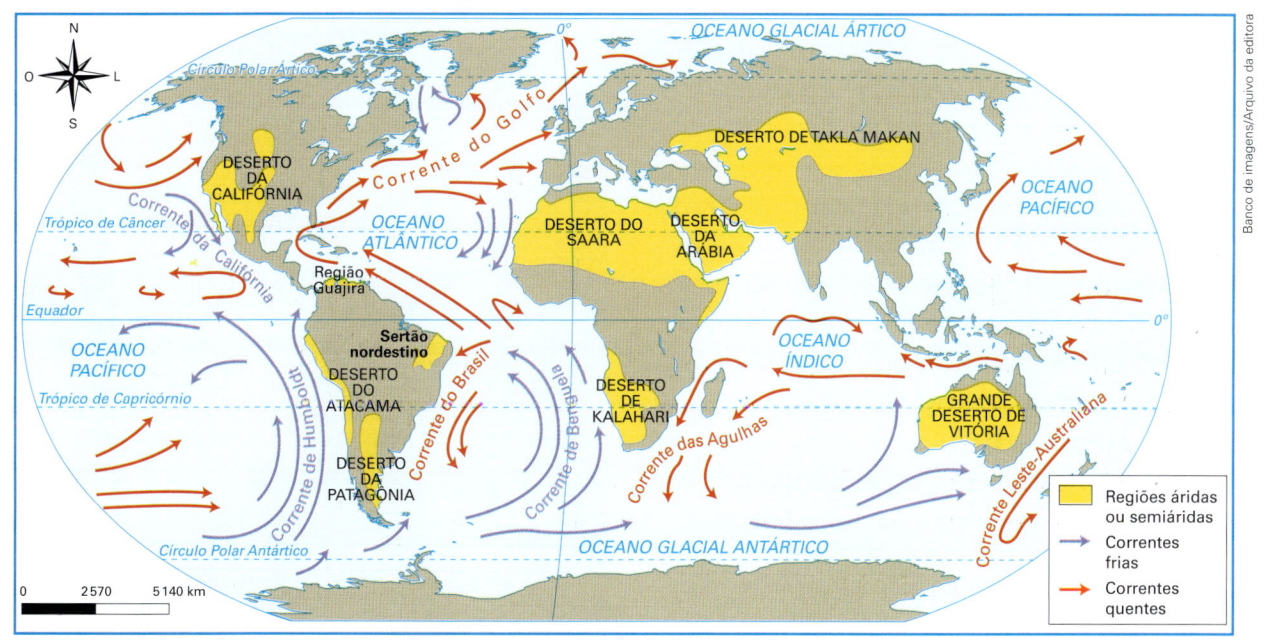

Fonte: elaborado com base em ROSS, J. L. S. (Org.). *Geografia do Brasil*. 6. ed. São Paulo: Edusp, 2011. p. 96.

Vale lembrar que, quando as massas de água esfriam, elas ficam mais densas e se movem para partes mais profundas do oceano; enquanto as massas de água mais quentes tendem a se mover para a superfície, da mesma forma que ocorre na atmosfera, com as massas de ar frias e quentes. Além disso, o alto calor específico da água faz com que os oceanos absorvam lentamente a radiação solar durante o dia, sem atingir temperaturas muito altas. Durante a noite a energia na forma de calor é liberada para a atmosfera e se distribui para regiões mais frias.

A influência das correntes marítimas no clima das regiões é tão forte que pode determinar até mesmo a existência de um deserto. O deserto do Atacama, por exemplo, no Chile, existe, principalmente, devido às correntes frias presentes na costa oeste do continente sul-americano. Veja a figura 6.35.

▷ 6.35 Paisagem seca do deserto do Atacama no Chile, 2015.

Agora, reveja a figura 6.34 e observe que, em muitos casos, próximo a regiões mais secas passam correntes oceânicas frias. Essas correntes causam chuvas sobre o oceano, fazendo com que as massas de ar cheguem ao continente sem umidade, ocasionando o clima mais seco dessas regiões.

A baixa temperatura da água do mar provoca a condensação do vapor de água do ar que está sobre o oceano, provocando chuva.

Estudos revelam que fenômenos climáticos podem afetar áreas muito distantes. Por exemplo, quando ocorrem temperaturas diferentes das usuais na superfície do mar em porções tropicais do Pacífico e do Atlântico, isso pode interferir na quantidade de chuva nas regiões tropicais, como é o caso de grande parte do Brasil.

Pesquisas recentes têm indicado, também, que ações humanas, como a emissão de gás carbônico, podem resultar na diminuição no número e na duração dos períodos em que os oceanos tropicais influenciarão coletivamente as chuvas sobre o sudeste da América do Sul. Dessa forma, será muito mais difícil prever como será o regime de chuvas nas próximas décadas. Isso prejudica, entre outros setores, a agricultura e a obtenção de energia elétrica. Veja a figura 6.36.

6.36 Régua de marcação do nível de água no rio ◁ São Francisco em período de estiagem em Sobradinho (BA), 2015.

Relevo, altitude e distância do mar

Além da latitude, o clima de uma região também varia em função da altitude: quanto maior a altitude, menor a temperatura média do ar. Isso acontece porque com o aumento da altitude o ar torna-se mais rarefeito, com pouca concentração de gases e, portanto, com menos vapor de água. Como o vapor de água é responsável pela retenção da energia térmica, o ar atmosférico fica mais frio. Por isso, em áreas de elevada altitude as temperaturas são baixas, mesmo em locais próximos ao equador.

Se você conhece alguma cidade localizada em regiões altas, como Campos do Jordão (SP), Gonçalves (MG), São Joaquim (SC) ou Piatã (BA), pode ter notado que a temperatura diminui com a altitude: se o ar estiver úmido, a temperatura cai mais ou menos 0,6 °C a cada 100 m de altitude; com o ar seco, ela cai cerca de 1,0 °C a cada 100 m. Veja a figura 6.37.

Essa cidade fica a cerca de 1 800 m de altitude e apresenta temperatura média anual de 15 °C. Ainda no estado de São Paulo, a cidade de Taubaté, situada a 550 m de altitude, apresenta temperatura média anual de 21,6 °C.

6.37 A cidade de São Joaquim (SC) está a 1 360 m de altitude. A temperatura média na cidade é de cerca de 14 °C e no inverno a mínima pode chegar a –6 °C.

Wagner Urbano OnJack/Futura Press

Assim como a altitude, o relevo influencia características climáticas. Pode ocorrer, por exemplo, uma barreira montanhosa, que é a causa para o clima seco de algumas regiões, pois essa barreira dificulta a passagem dos ventos carregados de umidade. Nas regiões próximas ao mar, o ar geralmente é úmido, o que afeta diretamente o clima.

No 7º ano, você estudou que o calor específico é uma grandeza usada para caracterizar a diferença entre as substâncias para ganhar (ou perder) energia na forma de calor. Por exemplo: a quantidade de energia necessária para elevar em 1 °C a massa de 1 g de água (no estado líquido) é de 1 caloria. Então, o calor específico da água é de 1 cal/(g · °C).

Devido ao alto calor específico da água, a grande massa de água retém a energia térmica da radiação solar por mais tempo e esfria mais lentamente do que o solo. Por isso, nessas regiões a temperatura varia menos do que nas regiões de clima seco, geralmente mais distantes do litoral. Portanto, a proximidade com o mar é mais um fator que influencia o clima de uma região.

Mudanças climáticas no Brasil

[...] De acordo com o Painel Intergovernamental sobre Mudanças Climáticas Globais (IPCC), o aquecimento global é inequívoco. O fenômeno é causado por fatores naturais, mas é intensificado significativamente pela ação humana: o IPCC avaliou 577 trabalhos científicos, descrevendo cerca de 80 mil séries de dados, para chegar a essa conclusão. E as consequências já podem ser sentidas na pele.

A temperatura média do planeta subiu 0,7 °C ao longo do século 20. E não é só: esse aquecimento vem ocorrendo de maneira mais rápida nos últimos 25 anos. Em geral, espera-se uma elevação em torno de 4 °C até o fim do século. Isso está desencadeando várias alterações em todo o planeta, como mudança no regime das chuvas; elevação do nível do mar (que deverá subir em média entre 18 e 59 cm até o final do século, consumindo regiões costeiras e até ilhas inteiras); e aumento na frequência de eventos climáticos extremos, como enchentes, tempestades, furacões e secas; além de interferir na agricultura e contribuir para o processo de desertificação.

No Brasil, o clima ficará mais quente (com aumento gradativo e variável da temperatura média em todas as regiões do país entre 1 °C e 6 °C até 2100) e o regime de chuvas também vai mudar: as precipitações diminuirão significativamente em grande parte das regiões central, Norte e Nordeste do país; e aumentarão nas regiões Sul e Sudeste.

[...] Caso o desmatamento [da Amazônia] alcance 40% na região no futuro, haverá uma mudança drástica no padrão do ciclo hidrológico, com redução de 40% na chuva durante os meses de julho a novembro – o que prolongaria a duração da estação seca e provocaria o aquecimento superficial do bioma em até 4 °C, de acordo com o relatório.

Impacto

Essas mudanças no clima trarão uma série de impactos em diversos setores, como nos recursos hídricos, na geração e distribuição de energia, e na agricultura. Não apenas a quantidade, mas também a qualidade dos recursos hídricos está comprometida. Entre os problemas a serem enfrentados, está o risco de colapso no abastecimento de água em várias regiões urbanas, devido a estiagens mais prolongadas; maior risco de inundações; elevação do nível do mar e entrada de água salina nos lençóis subterrâneos que abastecem grande parte das cidades litorâneas e intensificação dos efeitos da poluição nos corpos hídricos, reduzindo ainda mais a disponibilidade e a qualidade hídrica. [...]

A energia também é um ponto preocupante. Como as hidrelétricas são responsáveis por 85% da geração de eletricidade no Brasil, a redução do volume das chuvas em grande parte do país acarretará perdas significativas. Até mesmo o biocombustível sentirá o impacto, já que a elevação das temperaturas e a diminuição das chuvas inviabilizarão culturas como mamona e soja, sobretudo no Nordeste e no Centro-Oeste, fazendo com que essas culturas migrem mais para o Sul.

A agricultura também será afetada, com muitas culturas tendo que se deslocar devido às temperaturas elevadas e à estiagem. Culturas como feijão, soja, trigo e milho serão especialmente atingidas, sofrendo grandes reduções de área de plantio e deslocamento para regiões mais frias. [Veja a figura 6.38.]

BUENO, C. Mudanças climáticas no Brasil. *Revista Pré-Univesp*. Disponível em: <http://www.pbmc.coppe.ufrj.br/pt/noticias/459-mudancas-climaticas-no-brasil>. Acesso em: 25 fev. 2019.

Ernesto Reghran/Pulsar Imagens

6.38 Plantação de trigo prejudicada pela estiagem em Londrina (PR), em 2018.

Vegetação

O clima influencia a vegetação e, consequentemente, a agricultura. O cultivo do cacau, por exemplo, precisa de temperaturas altas o ano inteiro. Veja a figura 6.39. E culturas como a banana e a cana-de-açúcar são bastante sensíveis às geadas.

6.39 Frutos de cacau em plantação em Ubatã (BA), 2015.

Mas a vegetação também pode interferir no clima. As árvores absorvem grandes volumes de água do solo e transpiram, lançando vapor de água para a atmosfera. Esse fenômeno faz com que ambientes com vegetação densa tenham a umidade do ar mais alta. O relatório *O futuro climático da Amazônia*, do Instituto Nacional de Pesquisas Espaciais (INPE), demonstra como a umidade do ar da Floresta Amazônica é levada por meio de "rios aéreos de vapor" para regiões distantes no Brasil e até para a Bolívia, Paraguai e Argentina, ajudando a formar chuvas nessas regiões.

As plantas também absorvem energia térmica do ambiente. Em regiões de floresta, a radiação solar não incide diretamente sobre o solo e parte dela é refletida pelas folhas, de forma que a temperatura não aumenta tanto. Em grandes áreas desmatadas, os raios solares atingem diretamente o solo, a temperatura tende a ser maior e a umidade, menor. Veja a figura 6.40.

Fica evidente, nesse caso, que, além dos efeitos sobre o solo, o desmatamento pode mudar a temperatura média e o regime de chuvas, alterando o clima local.

Reconhecendo a importância da atmosfera para o equilíbrio térmico da Terra, entre outros fenômenos, é possível prever que a modificação em sua composição pode levar a um desequilíbrio na manutenção da vida, como estudaremos no capítulo 9.

6.40 Trecho de floresta e área desmatada para pasto em São Félix do Xingu (PA), 2016. O trecho de floresta mantém maior umidade e menor temperatura; enquanto a área desmatada é mais seca e quente.

Tendências futuras das doenças e agravos relacionadas à mudança do clima

O setor saúde se encontra frente a um grande desafio. As mudanças do clima ameaçam as conquistas e os esforços de redução das doenças transmissíveis e não transmissíveis. Assim, ações para construir um ambiente mais saudável devem se tornar cada vez mais efetivas, pois elas poderiam reduzir um quarto da carga global de doenças, e evitar 13 milhões de mortes prematuras [...].

Dentre as principais mudanças no clima que podem acarretar problemas na saúde humana são as alterações de temperatura, umidade e o regime de chuvas que podem aumentar os efeitos das doenças respiratórias, assim como alterar as condições de exposição aos poluentes atmosféricos, dentre outros agravos.

Em áreas urbanas alguns efeitos da exposição a poluentes atmosféricos são potencializados quando ocorrem alterações climáticas, principalmente as inversões térmicas. Isto se verifica em relação à asma, alergias, infecções bronco-pulmonares e infecções das vias aéreas superiores (sinusite), principalmente nos grupos mais susceptíveis, que incluem as crianças menores de 5 anos e indivíduos maiores de 65 anos de idade.

Segundo a OMS, 50% das doenças respiratórias crônicas e 60% das doenças respiratórias agudas estão associadas à exposição a poluentes atmosféricos. A maioria dos estudos relacionando os níveis de poluição do ar com efeitos à saúde foi desenvolvida em áreas metropolitanas [...].

No caso das doenças infecciosas, os mecanismos de produção de agravos e óbitos são mais indiretos e mediados por inúmeros fatores ambientais e sociais. Evidencia-se a possível expansão das áreas de transmissão de doenças relacionadas a vetores e o possível aumento dos riscos de incidência de doenças de veiculação hídrica e alimentar.

A dengue é considerada a principal doença reemergente nos países tropicais e subtropicais, atingindo no Brasil principalmente as regiões Sudeste e Nordeste. A malária continua sendo um dos maiores problemas de saúde pública na África, ao sul do deserto do Saara, no sudeste asiático e nos países amazônicos da América do Sul, sendo que no Brasil 99% dos casos desta doença ficam restritos à Amazônia brasileira. [...]

Outras doenças, como a febre amarela, a filariose, a febre do oeste do Nilo, a doença de Lyme, e outras transmitidas por carrapato e inúmeras arboviroses, têm variável importância sanitária em diferentes países de todos os continentes.

No Brasil, permanecem altas as incidências de diversas doenças de veiculação hídrica como a esquistossomose, hepatite A, leptospirose, gastroenterites, entre outras, apesar de haver um aumento gradual da cobertura dos serviços de abastecimento de água [...].

Possíveis alterações na produção agrícola, principalmente na agricultura de subsistência, devido aos eventos como geadas, vendavais, secas e inundações podem comprometer o abastecimento e segurança dos alimentos provocando subnutrição, com implicações no crescimento e desenvolvimento infantil além de intoxicações por agrotóxicos decorrentes dos impactos negativos na produção.

Um ponto que não deve ser negligenciado é que os efeitos do clima associado a outros fatores, como conflitos políticos, crises econômicas, crescimento populacional, destruição de ecossistemas e esgotamento de áreas cultiváveis, além do aumento da frequência e a intensidade de desastres naturais, podem estimular o deslocamento populacional, levando a uma intensa migração tanto interna quanto a de países vizinhos.

[...]

ORGANIZAÇÃO PAN-AMERICANA DA SAÚDE. Mudança climática e saúde: um perfil do Brasil.
Disponível em: <http://bvsms.saude.gov.br/bvs/publicacoes/mudanca_climatica_saude.pdf>. Acesso em: 25 fev. 2019.

ATIVIDADES

1 ▸ Imagine o seguinte diálogo entre duas pessoas:

— Hoje está muito frio!

— Sim, embora aqui o clima seja bem quente!

Você acha que a segunda pessoa está discordando da primeira? Justifique sua resposta.

2 ▸ Indique as afirmativas corretas.

(   ) Quando a umidade do ar aumenta, a pressão atmosférica aumenta.

(   ) Quando a pressão atmosférica abaixa, há maior probabilidade de chuva.

(   ) O movimento de ar horizontal do mar para a terra é chamado de brisa marítima.

(   ) O barômetro ajuda a saber se vai chover ou não.

(   ) Nas frentes quentes, uma massa de ar frio avança e empurra uma massa de ar quente para cima.

(   ) Frentes frias podem provocar chuvas fortes e queda de temperatura.

(   ) É importante para os agricultores receber boletins meteorológicos.

3 ▸ Como um barômetro auxilia na previsão de chuvas?

4 ▸ Os pescadores que utilizam barco a vela, quando saem para pescar no mar, preferem sair de madrugada e retornar no meio da tarde. Explique essa preferência.

5 ▸ A seguir, é apresentada uma lista de instrumentos usados na previsão do tempo. Relacione cada instrumento com o fenômeno que ele mede:

1. termômetro

2. higrômetro

3. anemômetro

4. biruta

5. barômetro

6. pluviômetro

(   ) velocidade dos ventos

(   ) umidade do ar

(   ) temperatura

(   ) direção dos ventos

(   ) quantidade de chuva

(   ) pressão atmosférica

6 ▸ De que modo o formato da Terra e seus movimentos em relação ao Sol contribuem para o aquecimento desigual da superfície terrestre?

7 ▸ Observe a imagem abaixo.

Sergio Ranalli/Pulsar Imagens

▷ **6.41** Geada em plantação de repolho, em Londrina (PR), 2016.

É mais provável que a foto seja de uma cidade na região Sul ou na região Norte do Brasil? Por quê?

8 ▸ Os dados abaixo se referem à variação das temperaturas ao longo do ano em duas cidades brasileiras: Fortaleza (latitude 3° sul e 21 m de altitude, aproximadamente) e Curitiba (latitude 25° sul e 935 m de altitude, aproximadamente). Procure a localização de ambas as cidades em um mapa e responda às seguintes questões:

Variação da temperatura ao longo do ano

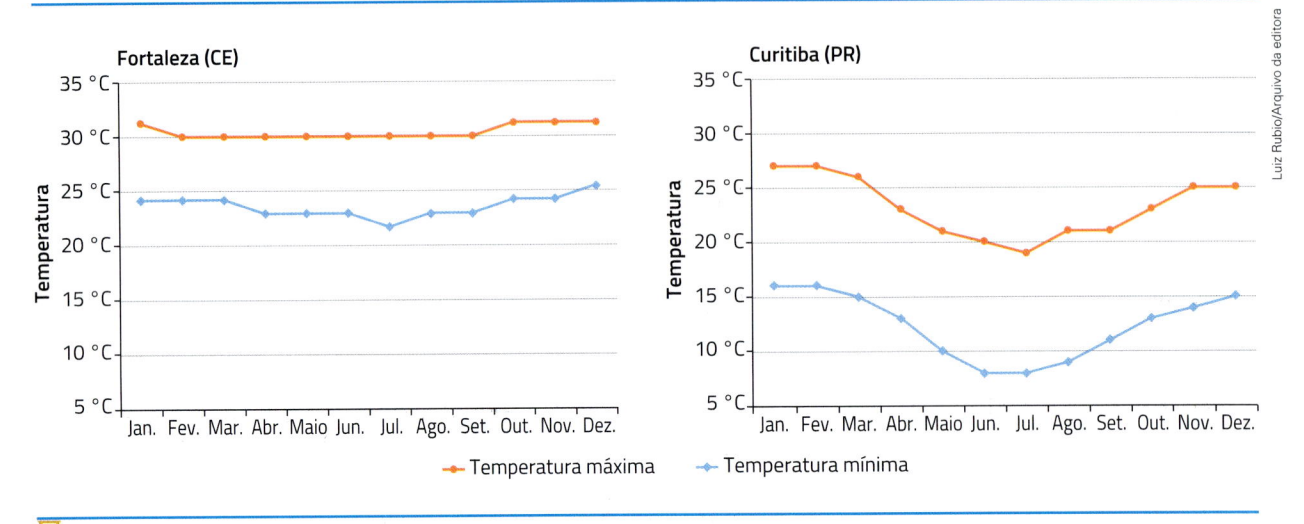

Temperatura máxima • Temperatura mínima

6.42

Fonte: elaborado com base em CLIMATEMPO. Disponível em: <www.climatempo.com.br/climatologia/60/fortaleza-ce>; <www.climatempo.com.br/climatologia/271/curitiba-pr>. Acesso em: 25 fev. 2019.

a) Em quais regiões do Brasil ficam localizadas cada uma das cidades apresentadas?

b) Qual das cidades apresenta maior pressão atmosférica? Por quê?

c) Em qual das cidades você esperaria sentir uma brisa marítima? Esse fenômeno seria sentido durante o dia ou à noite? Explique.

d) Nos gráficos, as linhas vermelhas representam a variação das temperaturas máximas ao longo do ano. Em qual das duas cidades há menor variação dessa temperatura? Explique uma das razões pelas quais esse fenômeno ocorre.

9 ▸ Quando aquecemos água em uma chaleira, a chama aquece primeiro a água do fundo. Essa água mais quente se desloca para cima, enquanto a água mais fria da superfície vai para o fundo. Que fenômeno semelhante ocorre nos oceanos?

10 ▸ Como se formam as correntes marítimas? De que forma as correntes formadas no polo afetam o clima de regiões próximas ao equador, como o Nordeste do Brasil?

11 ▸ A latitude é medida em graus de um ponto da superfície terrestre em relação à linha do equador. Ela varia de 0° (no equador) a 90° para o norte e para o sul (nos polos). Veja a figura 6.43.

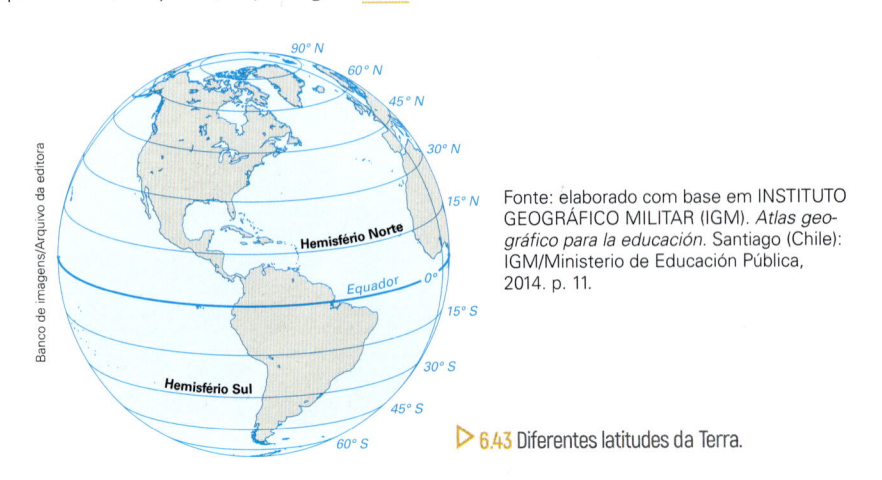

Fonte: elaborado com base em INSTITUTO GEOGRÁFICO MILITAR (IGM). *Atlas geográfico para la educación.* Santiago (Chile): IGM/Ministerio de Educación Pública, 2014. p. 11.

▷ 6.43 Diferentes latitudes da Terra.

Veja os dados de duas cidades:

	Cidade 1	Cidade 2
Latitude	12° S	12° S
Altitude	250 m	3 000 m
Temperatura média anual	23 °C	11 °C

Em função dos dados acima, que fator pode explicar a diferença de temperatura média anual entre as duas cidades?

De olho no texto

A seguir são apresentados trechos da introdução de um artigo científico que discute o regime de chuvas em parte do estado do Rio Grande do Sul.

O estudo da variabilidade temporal e espacial das chuvas é base para diversos projetos e aproveitamentos da água [...], tais como a construção de reservatórios, pontes e sistemas de drenagem, para a irrigação de culturas agrícolas e para o abastecimento doméstico. [...] A chuva é formada por um conjunto de mecanismos, que possuem componentes locais e globais.

[...]

No estado do Rio Grande do Sul, o regime pluviométrico não é homogêneo. [...] O clima do estado é controlado pelo avanço das massas de ar polares (direção principal sudoeste-nordeste), ao mesmo tempo, acontece a invasão de massas de ar subtropicais, até mesmo equatoriais. [...]. Outro fator que é responsável pela não homogeneidade das chuvas no estado é o relevo.

[...]

As chuvas orográficas ocorrem devido à influência do relevo, sendo que o ar que vai em direção à montanha [...] é forçado a subir e condensa-se, [...] podendo causar chuva de maior intensidade e volume na área de aumento de altitude.

FORGIARINI, F. R. et al. Análise de chuvas orográficas no centro do estado do Rio Grande do Sul. *Revista Brasileira de Climatologia*. 13:107-119. Disponível em: <https://revistas.ufpr.br/revistaabclima/article/view/33431/22584>. Acesso em: 25 fev. 2019.

a) Consulte em dicionários o significado das palavras que você não conhece e redija uma definição para essas palavras.

b) De acordo com o texto, por que é importante estudar o regime de chuvas de uma região?

c) Estudos como esse medem a quantidade de chuva de um local ao longo de um período. Qual instrumento é usado para fazer essas medições e como elas são feitas?

d) O que são massas de ar? Quais delas influenciam no clima do estado do Rio Grande do Sul?

e) Qual a relação entre o relevo e as chamadas chuvas orográficas?

Investigue

Faça uma pesquisa sobre os itens a seguir. Você pode pesquisar em livros, revistas, *sites*, etc. Preste atenção se o conteúdo vem de uma fonte confiável, como universidades ou outros centros de pesquisa. Use suas próprias palavras para elaborar a resposta.

1 ▸ Como é o clima da sua cidade? Costuma ser úmido ou seco? Como é o regime de chuvas? E a temperatura média ao longo do ano? Há diferenças marcantes entre o inverno e o verão? Pesquise também quais os produtos cultivados em sua região, em que época do ano eles são cultivados e se o clima da região interfere na produção agrícola do estado ou município em que você vive.

2 ▸ Todos os dias, os meios de comunicação – como jornais digitais e impressos, rádio e televisão – divulgam boletins do tempo. Procure um desses boletins e registre as informações fornecidas sobre a região onde você mora. Anote a data e a fonte da pesquisa, explicando ainda as siglas, os desenhos e os símbolos que aparecem na fonte que você usou para fazer a consulta.

3 ▸ Imagine que você precise acompanhar as variações diárias da direção do vento. Pense em um equipamento que pode ser construído usando materiais caseiros.

Atividade 1

Construção de um pluviômetro.

Material

- Uma garrafa plástica com fundo chato
- Uma régua plástica de 30 cm
- Lápis, papel branco e borracha
- Cola branca
- Plástico adesivo
- Pedras pesadas
- Uma tesoura com pontas arredondadas (siga a instrução do professor para usar a tesoura)

Procedimento

1. Com a régua, meça o diâmetro do fundo da garrafa.
2. A parte do gargalo da garrafa será o funil de seu pluviômetro. Mas, antes de cortá-lo, leia a próxima instrução com atenção.
3. A abertura do funil deve ter o mesmo diâmetro que o fundo. Por isso, antes de cortar o funil, meça a garrafa, como mostra a figura 6.44, e use a caneta para marcar a altura do corte.

Mauro Nakata/Arquivo da editora

▷ 6.44

4. No papel, desenhe uma escala em milímetros. O comprimento dessa escala pode ser igual à altura da parte inferior da garrafa (ou seja, sem o funil).
5. Cole a escala do lado externo da garrafa. O zero da escala deve coincidir com o fundo da garrafa.
6. Cole o plástico adesivo sobre a escala para evitar que a chuva a destrua.
7. Coloque o funil sobre a outra parte da garrafa, finalizando a construção do pluviômetro.
8. Escolha um local aberto para colocar o pluviômetro: no quintal de casa ou no pátio da escola, por exemplo. Escore-o com as pedras para que o vento não o derrube.
9. Todos os dias em que chover, após a chuva, verifique na escala a altura atingida pela água. Após a leitura descarte a água.
10. Construa uma tabela com as datas das chuvas e o índice pluviométrico de cada uma delas. Discutam os dados, analisando a variabilidade das chuvas ao longo das estações.

Atividade 2

Construção de um higrômetro de fio de cabelo.

Material

- Régua ou pedaço de madeira ou plástico com cerca de 30 cm de comprimento
- Elástico fino
- Canudo de plástico
- Fio de cabelo (cerca de 25 cm de comprimento) limpo com detergente e seco
- Fita adesiva
- Cartolina
- Tábua de plástico ou madeira

Procedimento

1. Prenda o fio de cabelo ao elástico e prenda o conjunto com fita adesiva na régua (o elástico em uma extremidade e o cabelo em outra, como mostra a figura). O canudo deve ser dobrado em ângulo reto e colocado entre a régua e o elástico.
2. Dobre a cartolina para formar uma base e desenhe uma escala.
3. O conjunto ficará preso com fita adesiva a uma base de plástico ou madeira.

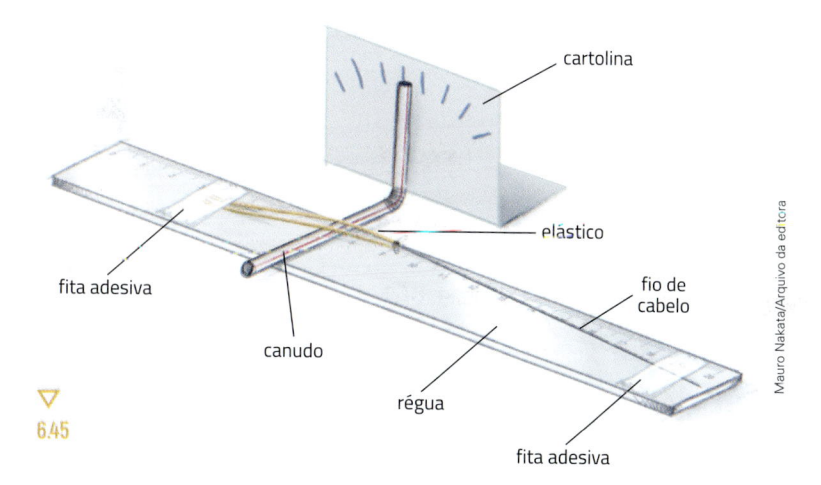

6.45

4. Observe o aparelho em dias com teores de umidade diferentes, como em dias chuvosos ou em dias muito ensolarados, sem nuvens no céu.
5. Da primeira vez que o ponteiro do canudo se mexer, consulte a umidade do ar daquele dia em *sites* de previsão do tempo e anote também quanto o ponteiro se mexeu. No dia em que houver outra mudança no ponteiro, faça nova anotação. Compare as duas anotações.
6. Você pode simular também essa variação levando o higrômetro para ambientes mais secos, com ar condicionado, ou mais úmidos, como um banheiro depois que alguém tomou banho.

Autoavaliação

1. Você realizou as pesquisas propostas no capítulo em fontes confiáveis? Que estratégias você utilizou para garantir a confiabilidade das informações?
2. Você ficou satisfeito com sua participação nas atividades práticas? Você conseguiu relacionar os resultados observados com os conceitos relativos ao tempo atmosférico e ao clima?
3. Em quais atividades você retomou o texto do capítulo para embasar suas respostas?

Tecnologia na previsão do tempo

Ao longo do capítulo 6, estudamos diversos aparelhos usados para medir variáveis atmosféricas. As medidas obtidas por meio desses aparelhos podem ser usadas para descrever o tempo meteorológico em um local e para fazer previsões de como será o tempo nos momentos seguintes. Se forem registradas ao longo do ano, as medidas podem também dar uma ideia do clima da região.

O acesso à tecnologia tem se tornado cada vez mais fácil e é possível ter, na própria residência, pequenas estações meteorológicas. Esses equipamentos podem auxiliar, por exemplo, agricultores a aumentar a produtividade e a qualidade de seus cultivos.

Tecnologia ao alcance de todos

Você pode construir uma estação meteorológica simples utilizando componentes eletrônicos. Na fotografia abaixo, vemos um sensor de temperatura e umidade relativa do ar conectado a um microcontrolador. O conjunto pode ser programado para coletar dados periodicamente, funcionar sem computador e até enviar dados pela internet.

Paolo De Gasperis/Shutterstock

sensor

microcontrolador

Leonardo Conceição/Arquivo da editora

Zapp2Photo/Shutterstock

ONLINE

Temperatura
27.51 °C

Umidade relativa do ar
38.75 %RH

Pressão do ar
100 245 hPa

Luminosidade
655 lux

Pluviosidade
0.00 mm

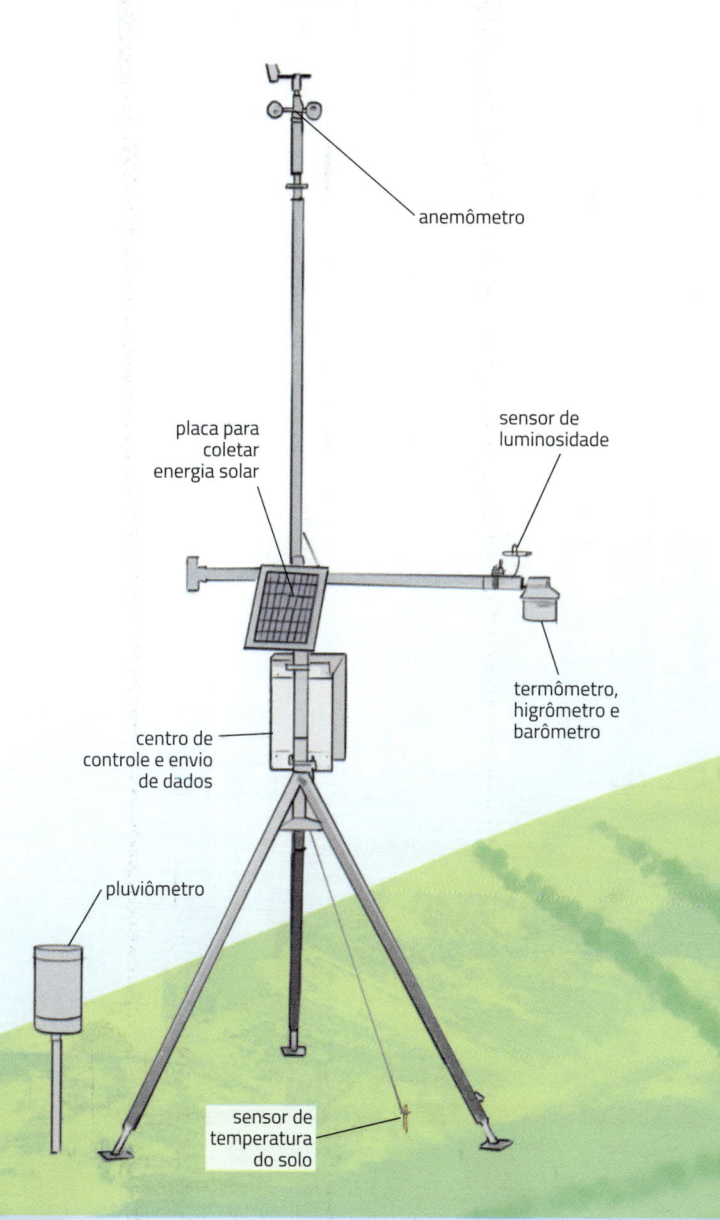

anemômetro

placa para coletar energia solar

sensor de luminosidade

centro de controle e envio de dados

termômetro, higrômetro e barômetro

pluviômetro

sensor de temperatura do solo

Consulte

· **Estações automáticas – Inmet**
http://www.inmet.gov.br/portal/index.php?r=estacoes/estacoesAutomaticas
É possível acessar os dados meteorológicos em tempo real de diversas estações espalhadas pelo Brasil na página do Inmet. Também estão disponíveis os registros para o ano todo.

· **OpenWeatherMap**
https://openweathermap.org/weathermap?basemap=map&cities=true&layer=temperature&lat=30&lon=-20&zoom=5
A facilidade de acesso aos instrumentos de medição fez surgir projetos de compartilhamento de dados meteorológicos via internet. O *OpenWeatherMap* é um desses projetos. Acessos em: 25 fev. 2019.

No dia a dia

Aparelhos simples como este medem a temperatura e a umidade relativa do ar nos ambientes interno e externo.

Audrius Merfeldas/Shutterstock

💡 Propondo uma solução

No final do capítulo 6, você aprendeu a construir, de maneira simples, dois instrumentos meteorológicos: um pluviômetro e um higrômetro. Agora, em grupos, pesquisem sobre outros instrumentos e escolham um deles para construir, com materiais simples. Veja as sugestões:

• Barômetro
• Anemômetro
• Psicrômetro (um modelo de higrômetro)

Utilizem as perguntas a seguir para organizar suas ideias e guiar a realização da proposta.

1. Durante a pesquisa, anotem as diferentes maneiras de construir o instrumento escolhido. Quais as vantagens e desvantagens de cada modelo?

2. Que materiais serão necessários para a construção?

3. Onde o instrumento será instalado? Conversem com outros grupos e com o professor para decidir: vocês podem comparar diferentes modelos do mesmo instrumento instalados em um mesmo local ou comparar medidas feitas em locais diferentes.

Na prática

1. Quais foram as dificuldades encontradas durante a construção do instrumento? Como elas foram superadas?

2. O instrumento construído funcionou como o esperado? As medidas realizadas foram satisfatórias?

3. Qual é o princípio de funcionamento do instrumento? Com base nisso, como é possível aumentar a precisão das medidas obtidas?

4. O que vocês aprenderam com essa experiência?

Vinícius Bacarin/Alamy/Fotoarena

Foto do lago Igapó durante a noite, na cidade de Londrina (PR), 2018. Observe a cidade e imagine todas as atividades que você pode fazer durante a noite por causa da iluminação noturna. É a energia elétrica que torna isso possível.

UNIDADE 3

Eletricidade e fontes de energia

Você já imaginou como seria sua vida sem energia elétrica? Quando ocorre falha no fornecimento de energia, sentimos algumas mudanças em nosso dia a dia, como depender de vela, lanterna ou lampião para conseguir iluminar o ambiente.

A água de muitos chuveiros é aquecida usando energia elétrica, então, quando falta energia, o banho é frio. A internet também pode não funcionar e, se a bateria do celular acabar, não será possível recarregá-la.

O que você faria se estivesse sem energia elétrica em casa?

1 ▸ Você sabe de onde vem a eletricidade que você usa? Como você imagina que pessoas conseguem viver sem energia elétrica? O que você acha que pode ser feito para que mais pessoas tenham acesso à eletricidade, sobretudo em áreas afastadas das cidades?

2 ▸ Você vê televisão? Se todos os brasileiros diminuíssem em uma hora o tempo em que a televisão fica ligada, a eletricidade economizada em um mês seria suficiente para abastecer uma cidade de quase 150 mil habitantes. O que mais você pode fazer para reduzir o consumo de energia elétrica? Por que essa redução é importante?

7

Eletricidade

7.1 Raios na região central de Londrina (PR), 2017. Os raios são descargas elétricas que saem das nuvens para o solo.

Os fenômenos elétricos são comuns em nosso dia a dia. Veja a figura 7.1. Sem os conhecimentos de eletricidade, a maioria dos aparelhos – como rádio, televisão, geladeira, computador e telefone celular – não existiria, já que dependem da energia elétrica para funcionar. Todas essas tecnologias, quando bem empregadas, facilitam nosso cotidiano.

Neste capítulo, vamos entender melhor o que é a eletricidade e o que são materiais condutores ou isolantes de eletricidade. Por fim, vamos compreender como funcionam os circuitos elétricos e construir alguns modelos.

Para começar

1. Por que ao atritar certos objetos eles podem atrair ou repelir outros?

2. Por que às vezes levamos pequenos choques ao encostar em certos objetos ligados ao solo?

3. De que materiais são feitos os cabos elétricos? Por quê?

4. Como um interruptor pode ligar ou desligar um aparelho eletrônico?

1 Cargas elétricas, condutores e isolantes elétricos

Fenômenos elétricos já eram observados pelos seres humanos antes da descoberta da eletricidade. Na Grécia antiga, o matemático e filósofo Tales de Mileto (624 a.C.-556 a.C.) observou que um pedaço de âmbar (uma resina fóssil) passava a atrair alguns objetos leves após ser esfregado em outros materiais, como a seda. Vamos estudar esse fenômeno.

Você já reparou que às vezes os balões de festa são atraídos às nossas roupas, ou então atraem os pelos do nosso corpo? Veja a figura 7.2. Como você explica essas observações?

Para descobrir como acontecem esses fenômenos, pendure um balão de festa cheio de ar em algum suporte, como mostra a figura 7.3.

Segure o balão de festa com uma das mãos e esfregue várias vezes uma mesma área com uma flanela de algodão ou de lã, como mostra a figura. Solte o balão de festa e aproxime a flanela da área que foi friccionada. O que aconteceu? Você saberia explicar esse fenômeno?

Martin Leigh/Oxford Scientific/Getty Images

7.2 Um balão de festa pode atrair fios de cabelo em determinadas situações.

Ilustrações: Michel Ramalho/Arquivo da editora

7.3 Ao friccionar a flanela na superfície do balão de festa, ele acaba sendo atraído por ela.

Depois de friccionado, o balão de festa é atraído pela flanela. Esse fenômeno pode ser explicado pelo fato de que os objetos têm cargas elétricas positivas e negativas e, em certas situações, ficam eletrizados. Quando um material é friccionado em outro, como é o caso do balão de festa que foi atritado pela flanela, um deles (no caso, o balão de festa) passa a ser portador de **carga elétrica negativa** e o outro (a flanela), de **carga elétrica positiva**. Veja a figura 7.4.

No 9º ano, você vai aprender que toda matéria é formada de átomos e que os átomos têm partículas com carga elétrica positiva, os prótons, e partículas com carga elétrica negativa, os elétrons. Quando um corpo adquire carga elétrica negativa, é porque ele passa a ter mais elétrons do que prótons; quando fica com carga elétrica positiva, ele passa a ter mais prótons que elétrons.

Por enquanto, vamos falar apenas de cargas elétricas, sem entrar em detalhes sobre a estrutura do átomo.

▽
7.4 A atração do balão de festa pela flanela é resultado da eletrização desses dois objetos. O balão de festa fica com cargas elétricas negativas e a flanela, com cargas elétricas positivas, o que resulta em uma força de atração elétrica. (Elementos representados em tamanhos não proporcionais entre si. Cores fantasia.)

Mas por que o balão de festa foi atraído pela flanela? Isso acontece porque cargas elétricas de sinais diferentes (positivo e negativo) se atraem. Dizemos então que o balão de festa e a flanela ficaram eletrizados. Esse tipo de eletrização é chamado **eletrização por atrito**. Reveja a figura 7.4.

Agora, observe a figura 7.5. Neste outro experimento, foi usada uma estrutura de madeira à qual se prendeu um barbante. Na ponta deste foi amarrada uma caneta de tubo de plástico friccionada previamente por um pedaço de flanela de algodão ou de lã. Veja o que ocorre quando aproximamos dela outra caneta de tubo de plástico friccionada pelo mesmo pano.

A caneta presa ao suporte se afasta da outra devido à força de repulsão elétrica, porque ambas ficaram eletrizadas negativamente, isto é, ficaram com carga elétrica negativa, depois de friccionadas pela flanela. Este é outro princípio básico da eletricidade: cargas elétricas de mesmo sinal se repelem, isto é, surge uma força de repulsão entre elas.

O tipo de carga elétrica adquirida por atrito depende dos materiais usados. O plástico do tubo da caneta, por exemplo, adquire carga elétrica negativa, mas, se friccionarmos algum tipo de vidro na flanela, será o tecido que vai ficar com carga elétrica negativa.

▽
7.5 Representação do afastamento de duas canetas de tubo de plástico que foram friccionadas por uma flanela de algodão ou de lã. (Elementos representados em tamanhos não proporcionais entre si. Cores fantasia.)

Vamos realizar agora outro experimento simples.

Passando várias vezes um pente de plástico no cabelo ou esfregando várias vezes uma caneta de tubo de plástico em um pano de algodão ou de lã, esses objetos poderão atrair pequenos pedaços de papel. Veja a figura 7.6. Isso acontece porque o pente (ou a caneta) fica carregado eletricamente, com carga elétrica negativa. Ao aproximá-lo do pedaço de papel, as cargas elétricas positivas do papel se organizam, ficando mais próximas do pente, enquanto as cargas negativas ficam mais afastadas, como representado no detalhe da figura 7.6. A atração elétrica é maior quanto mais próximas estiverem as cargas, assim, as cargas positivas do papel e as negativas do pente se atraem, fazendo com que os pedaços de papel fiquem presos no pente.

> 7.6 Observe a atração dos pedaços de papel pelo pente eletrizado. (Elementos representados em tamanhos não proporcionais entre si. Cores fantasia.)

Quando um corpo neutro apresenta desequilíbrio de cargas por influência de outro corpo, dizemos que ele foi eletrizado. Nesse caso, a separação de cargas elétricas de um corpo foi provocada pela proximidade de outro corpo carregado, sem contato direto, fenômeno denominado **indução eletrostática** (ou **eletrização por indução**). A Eletrostática, ou Eletricidade estática, é a parte da Eletricidade que estuda as cargas elétricas em repouso e as forças de atração e repulsão entre elas.

Pense agora em outra situação. Quando se encosta um objeto eletrizado em outro neutro, isto é, com carga elétrica nula, parte das cargas do primeiro passa para o segundo: é a **eletrização por contato**. Se um corpo com carga elétrica negativa, por exemplo, encostar em um corpo neutro, parte das cargas negativas do primeiro corpo passará para o segundo e os dois ficarão com carga elétrica negativa. Na eletrização por contato, o corpo neutro sempre ficará com carga elétrica de mesmo sinal do corpo em que ele encosta. Veja na figura 7.7 outro exemplo de eletrização por contato, com um corpo eletrizado com cargas positivas.

Podemos verificar a ocorrência desse tipo de eletrização em algumas situações do cotidiano. Por exemplo, quando o ar está seco e uma pessoa atrita a sola do sapato várias vezes sobre um tapete, seu corpo pode se eletrizar por atrito. Se ela tocar em outra pessoa ou em um objeto ligado ao solo, como uma maçaneta, pode levar um pequeno choque por causa da passagem da carga elétrica de um corpo a outro.

Às vezes, basta aproximar a mão e uma pequena faísca salta para o objeto ou para o corpo da outra pessoa. Nesses casos, as pessoas ficam, em geral, apenas um pouco assustadas. Em outros casos, porém, a eletricidade estática pode ser perigosa e causar problemas sérios, como veremos adiante.

7.7 Representação esquemática do funcionamento da eletrização por contato, considerando corpos de tamanhos diferentes. (Elementos representados em tamanhos não proporcionais entre si. Cores fantasia.)

antes do contato

A — corpo eletrizado com cargas positivas

B — corpo neutro

durante o contato

fluxo de cargas elétricas negativas

depois do contato

Os estudos sobre eletricidade ao longo da História

Os estudos que buscavam compreender os fenômenos envolvendo a eletricidade no passado foram essenciais para a produção e o uso da energia elétrica como os conhecemos hoje. Após a descoberta de Tales de Mileto, na Grécia antiga, outros filósofos e médicos buscaram compreender o que fazia o âmbar e outros materiais serem eletrizados.

O primeiro a aplicar esse conhecimento na construção de uma máquina capaz de eletrizar um corpo foi o físico holandês Otto von Guericke (1602-1686). Ele também percebeu que um corpo poderia ser eletrizado por indução.

Em 1775, o italiano Alessandro Volta (1745-1827) desenvolveu um tipo de pilha, a partir da qual muitas máquinas foram desenvolvidas posteriormente. Em 1831, o inglês Michael Faraday (1791-1867), utilizando os conhecimentos de eletricidade e magnetismo da época, conseguiu desenvolver um dispositivo capaz de gerar corrente elétrica. Ele é considerado um dos maiores físicos do século XIX.

7.8 Thomas Edison em seu laboratório (Nova Jersey, Estados Unidos) em 1901.

Em 1879, o estadunidense Thomas Edison (1847-1931) apresentou a primeira lâmpada elétrica economicamente viável, causando uma revolução no uso da eletricidade. Veja a figura 7.8.

Edison desenvolveu um sistema de geração e transmissão de energia elétrica baseado em corrente contínua (CC), sobre o qual você aprenderá mais adiante neste capítulo. Na mesma época, Nikola Tesla (1856-1943), de etnia sérvia e ex-funcionário de Edison, criou um sistema de geração e transmissão baseado em corrente alternada (CA), que você também conhecerá adiante. Edison e Tesla viriam a protagonizar uma disputa de tecnologias que ficou conhecida como "Guerra das Correntes".

Ainda hoje, muitos pesquisadores trabalham para compreender melhor os fenômenos envolvendo a eletricidade, permitindo o desenvolvimento de novas tecnologias para diversas áreas, como a Medicina.

Fontes: elaborado com base em UFRGS. *História do Eletromagnetismo*. Disponível em: <https://www.ufrgs.br/eletromagnetismo/material-suplementar/historia-do-eletromagnetismo>. Acesso em: 27 fev. 2019; 8 INVENÇÕES de Thomas Edison que mudaram o mundo. *Galileu*. Disponível em: <https://revistagalileu.globo.com/Tecnologia/noticia/2017/02/8-invencoes-de-thomas-edison-que-mudaram-o-mundo.html>. Acesso em: 27 fev. 2019; ELETRICIDADE: a (r)evolução energética. Disponível em: <http://www.sbpcnet.org.br/livro/64ra/resumos/resumos/7602.htm>. Acesso em: 27 fev. 2019.

Condutores e isolantes

Você já observou que os cabos que conduzem corrente elétrica, como os cabos de equipamentos elétricos, são revestidos de plástico ou de borracha? Veja a figura 7.9. Esses materiais, assim como vidro, tecido, papel e madeira, são **isolantes elétricos**. Materiais isolantes podem perder ou ganhar cargas elétricas de outro corpo; porém, essas cargas elétricas não se deslocam facilmente pelo material.

7.9 Os cabos elétricos são revestidos por materiais isolantes, como o plástico e a borracha.

Em outros materiais, as cargas elétricas podem se mover com bastante facilidade; são os chamados **condutores elétricos**, pois conduzem bem a corrente elétrica. É o caso da maioria dos metais. Por isso, como veremos adiante, os fios elétricos são feitos de metal, geralmente de cobre. Veja a figura 7.10. Outros metais, como o ferro e o alumínio, também são bons condutores elétricos. Além dos metais, o corpo humano, o solo e o ar úmido são exemplos de condutores de eletricidade.

O planeta Terra é um bom doador e receptor de cargas elétricas negativas. Portanto, se uma das pontas de um fio condutor tocar um corpo eletrizado negativamente e a outra ponta do fio tocar o solo terrestre, o excesso de carga elétrica negativa do corpo será rapidamente transferido ao solo. E, se o corpo estiver eletrizado positivamente, ao estabelecer o contato com o solo terrestre por meio do fio condutor, as cargas elétricas negativas passarão da Terra para o corpo, deixando-o com carga elétrica nula. Veja a figura 7.11.

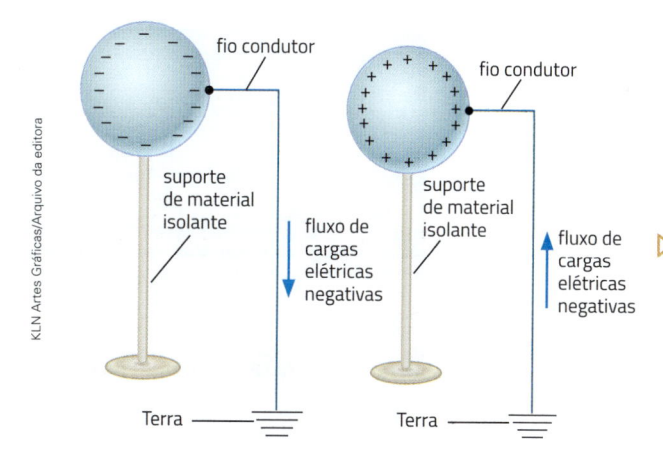

7.10 Fios elétricos feitos de cobre. Esse e outros metais são bons condutores de eletricidade.

7.11 A ligação de um corpo à Terra o torna neutro. À esquerda, a carga elétrica negativa flui da esfera para a Terra; à direita, flui da Terra para a esfera. (Elementos representados em tamanhos não proporcionais entre si. Cores fantasia.)

Em casos como esses, considera-se que foi feita uma ligação com a Terra, ou que o objeto está aterrado. Esta é uma propriedade importante de nosso planeta: por ter um volume muito maior que qualquer objeto próximo, ele pode doar para outros corpos ou receber deles uma grande quantidade de cargas elétricas por meio de condutores elétricos.

Quando um corpo é eletrizado por indução, suas cargas ficam separadas. Caso o lado oposto ao da aproximação dos objetos seja conectado à Terra, o corpo pode permanecer eletrizado mesmo após o afastamento dos objetos. Veja a figura 7.12.

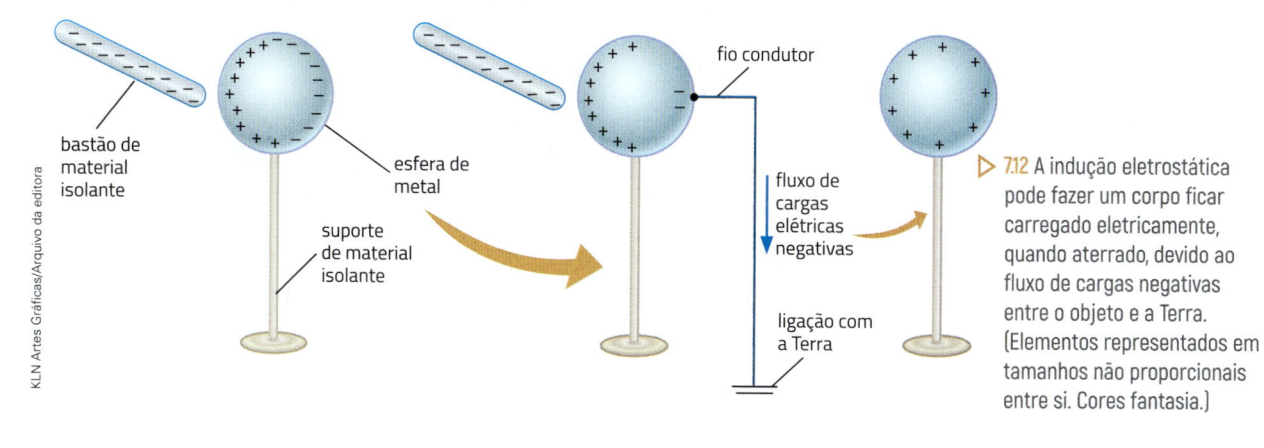

7.12 A indução eletrostática pode fazer um corpo ficar carregado eletricamente, quando aterrado, devido ao fluxo de cargas negativas entre o objeto e a Terra. (Elementos representados em tamanhos não proporcionais entre si. Cores fantasia.)

A ligação com a Terra é importante para evitar acidentes graves com corpos eletrizados. No abastecimento de aviões e no reabastecimento de postos de combustível por caminhões-tanque, é preciso aterrar (ligar à Terra) o avião e o caminhão para evitar que eventuais acúmulos de carga produzidos pela eletrização por atrito produzam faíscas próximo aos combustíveis. Pelo mesmo motivo, chuveiros elétricos, máquinas de lavar e fornos de micro-ondas possuem um fio e uma tomada com três pinos para fazer escoar para o solo o excesso de carga elétrica que poderia ficar acumulada em suas carcaças e provocar um choque em quem os utiliza.

Nas corridas de automóveis, o atrito do carro com o ar faz o veículo ficar carregado, o que poderia produzir faíscas e provocar incêndios durante o seu abastecimento. Por esse motivo, nos boxes de abastecimento geralmente há chapas de cobre que descarregam as cargas acumuladas pelo carro, transferindo-as para a Terra.

Conexões: Ciência no dia a dia

Raios, relâmpagos e trovões

Durante uma tempestade, as gotas de água e as partículas de gelo das nuvens podem ficar eletrizadas por atrito. Nessa situação podem ocorrer descargas elétricas dentro de uma nuvem ou entre nuvens próximas, provocando relâmpagos. Veja a figura 7.13.

As descargas elétricas também podem ocorrer da nuvem para o solo ou do solo para a nuvem. Elas acontecem por causa da indução eletrostática: a nuvem carregada eletricamente faz a superfície da Terra abaixo da nuvem ficar com carga elétrica oposta à da nuvem. Com isso, pode haver uma súbita e rápida passagem de cargas elétricas da nuvem para o solo ou vice-versa. O movimento das cargas provoca um clarão e aquece o ar, que se expande. É o raio. A expansão do ar se propaga na forma de uma onda sonora, produzindo um som forte, o trovão. Como a velocidade do som no ar (340 m/s) é bem menor que a velocidade da luz (300 mil km/s), sempre vemos o raio antes de ouvirmos o estrondo do trovão.

7.13 Tempestade de raios no Parque Nacional de Anavilhanas, Novo Airão (AM), 2015.

Os raios são capazes de provocar sérias queimaduras e até a morte. Por isso, recomenda-se que prédios e casas sejam equipados com para-raios, um tipo de poste de metal ligado à Terra. A instalação desse equipamento é obrigatória para alguns prédios. Veja a figura 7.14.

As cargas elétricas tendem a se concentrar nas partes pontiagudas dos corpos, assim, em razão de sua forma e sua localização nas partes altas dos edifícios, os para-raios concentram muita carga elétrica por indução e têm mais chance de serem atingidos por raios que as áreas abaixo ao seu redor, possibilitando a movimentação da carga elétrica com segurança até o solo.

7.14 Para-raios no alto de um prédio em São Paulo (SP), 2018.

Se você estiver fora de casa durante uma tempestade com raios, evite lugares descampados, onde você possa ser o ponto mais alto do local, não se aproxime de árvores e postes e procure ficar perto de construções com para-raios. Além disso, durante tempestades, sobretudo com muitos raios, não fique dentro da água do mar ou de uma piscina porque a água conduz bem a eletricidade, favorecendo a ocorrência de acidentes.

2 Corrente elétrica

Considerando o que aprendeu até o momento sobre eletricidade, você sabe como um equipamento elétrico funciona quando está ligado a uma tomada, ou como uma lâmpada acende quando acionamos o interruptor? Vamos utilizar a pilha conectada a uma lâmpada de lanterna como exemplo de fonte de corrente elétrica. Observe a figura 7.15.

A lâmpada acende porque uma corrente elétrica, ou seja, um movimento contínuo e ordenado de cargas elétricas negativas, está passando pelos fios, pelo interruptor, pela pilha e pela lâmpada. A corrente elétrica provoca o aquecimento do filamento da lâmpada incandescente, que passa a emitir luz. O conjunto formado pela pilha, pelos fios, pelo interruptor e pela lâmpada é chamado **circuito elétrico**.

Como veremos adiante, a energia de pilhas e baterias comuns vem de transformações químicas que ocorrem dentro delas.

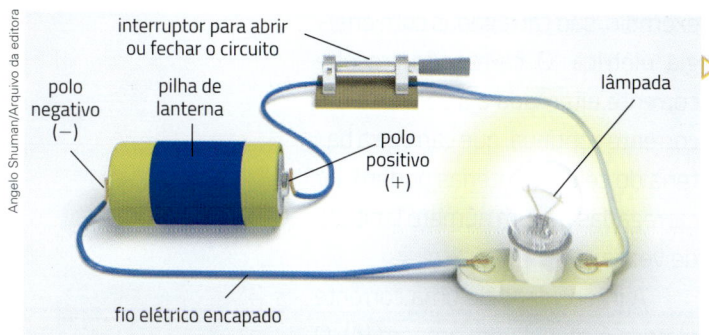

▷ **7.15.** Representação esquemática do circuito elétrico que faz com que a lâmpada acenda com a passagem da corrente elétrica. (Elementos representados em tamanhos não proporcionais entre si. Cores fantasia.)

⊘ **Atenção**

Não realize experimentos com energia elétrica sem o acompanhamento do professor. Respeite as condições de segurança e só realize com seu professor experimentos com correntes fornecidas por baterias ou pilhas e com tensão máxima de 9 volts.

Nas casas, as lâmpadas acendem porque também há uma corrente elétrica passando pelos fios da instalação elétrica. Mas você sabe como uma corrente elétrica é formada?

Vamos utilizar novamente a pilha como exemplo. Uma pilha tem dois polos: o positivo (+) e o negativo (–). Quando um aparelho é ligado à pilha, a tensão elétrica (esse conceito será visto adiante) fornecida por ela impulsiona as partículas do fio com carga elétrica, organizando o movimento das cargas elétricas negativas. Essa organização gera uma corrente elétrica.

No caso de instalações elétricas em residências, as tomadas oferecem a tensão elétrica que gera a corrente para determinado aparelho.

No 9º ano você vai ver que essas partículas que se movimentam são elétrons livres do fio.

O circuito da figura 7.15 está fechado. Se levantarmos a chave, o circuito se abre e a corrente elétrica é interrompida. Veja a figura 7.16. Um interruptor, que serve para ligar e desligar lâmpadas e outros aparelhos, fecha e abre um circuito e, com isso, permite ou interrompe o movimento ordenado de cargas elétricas.

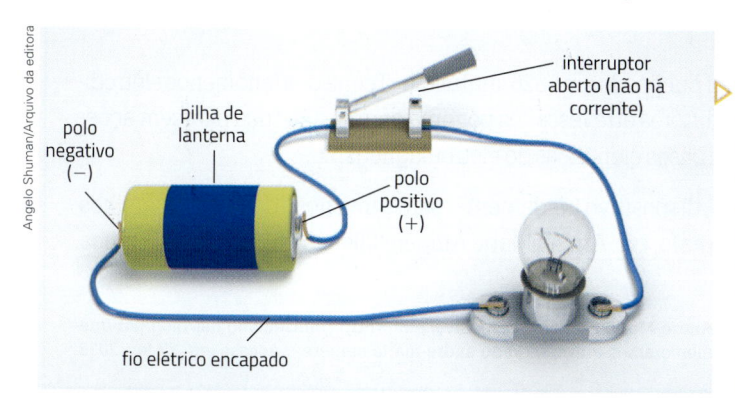

▷ **7.16** Representação esquemática do circuito elétrico com a chave aberta. Assim, a corrente elétrica não passa e a lâmpada permanece apagada. (Elementos representados em tamanhos não proporcionais entre si. Cores fantasia.)

As transformações químicas que ocorrem no interior da pilha fornecem a energia que mantém a corrente elétrica. Pilhas e baterias são chamadas de **geradores**, dispositivos que transformam outras formas de energia em energia elétrica.

A corrente elétrica gerada por pilhas e baterias é chamada **corrente contínua**, porque o fluxo de cargas elétricas se dá em um único sentido. Nos aparelhos que funcionam com corrente contínua há a indicação CC ou DC.

A corrente que usamos em nossa casa quando ligamos um aparelho que está conectado à tomada ou quando acendemos uma lâmpada é uma **corrente alternada**. Isso significa que as cargas elétricas ficam oscilando rapidamente no interior do material condutor que compõe os fios elétricos, ora para um lado, ora para o outro, invertendo periodicamente o sentido da corrente. Nos aparelhos que funcionam com corrente alternada há a indicação CA ou AC.

CC corresponde às iniciais de corrente contínua. DC vem da expressão em inglês *direct current*.

CA corresponde às iniciais de corrente alternada. AC vem da expressão em inglês *alternating current*.

7.17 Amperímetro, aparelho que mede a intensidade de uma corrente elétrica.

As baterias dos celulares, por exemplo, são carregadas com energia elétrica. O carregador recebe corrente alternada e a converte em corrente contínua, que carrega a bateria do celular. Baterias podem ser carregadas por um número limitado de vezes.

A intensidade de uma corrente elétrica é medida em ampère (A). O aparelho que mede a intensidade de uma corrente é chamado amperímetro. Veja a figura 7.17.

Conexões: Ciência e História

André-Marie Ampère

[...]

André-Marie Ampère nasceu em 1775 na cidade de Lyon [França], filho de um intelectual e uma comerciante. Autodidata, antes mesmo de ler e escrever, resolvia problemas aritméticos, demonstrando aptidão excepcional para o cálculo. Aos 12 anos ele já dominava os principais teoremas de álgebra e geometria.

Seu pai foi o principal incentivador de seus estudos. Criou uma biblioteca para o filho, que aos 11 anos Ampère havia lido completamente, e o ensinou o latim, idioma que aprendeu em poucas semanas e o permitiu leituras de importantes obras escritas na língua. [...]

A obra que imortalizou André-Marie Ampère foi publicada em 1826, intitulada "Teoria dos fenômenos eletrodinâmicos". Com a descoberta de que dois fios condutores atravessados por uma corrente elétrica exercem ações recíprocas um sobre o outro, o físico estabelecia as bases científicas do eletromagnetismo.

Foi ele também o criador do primeiro eletroímã, dispositivo fundamental para a invenção de vários aparelhos, como o telefone, o microfone, o alto-falante, o telégrafo, etc. André-Marie Ampère faleceu em Marselha, França, no dia 10 de junho de 1836.

MUSEU WEG. Por que comemoramos aniversário de André-Marie Ampère? Disponível em: <http://museuweg.net/blog/por-que-comemoramos-aniversario-de-andre-marie-ampere>. Acesso em: 27 fev. 2019.

A diferença de potencial elétrico

As tomadas de sua residência são de 127 volts ou 220 volts? Talvez você conheça a resposta, mas será que sabe o que significa "volt"? Ou o que é voltagem?

Na distribuição de água em um prédio, a água desce da caixa-d'água para os apartamentos pela ação da gravidade. De modo semelhante, as cargas elétricas se deslocam por causa do que chamamos de **diferença de potencial elétrico**, ou, abreviadamente, **DDP**. Assim, enquanto a maior altura da caixa-d'água em relação aos apartamentos faz a água descer pelos canos de um prédio, a diferença de potencial elétrico faz a corrente elétrica circular pelos fios de um circuito.

Entre os polos positivo e negativo de uma pilha existe uma diferença de potencial elétrico que mantém a corrente elétrica quando esses polos são ligados por um fio. A pilha usa energia química para criar e manter essa diferença de potencial. Reveja a figura 7.15.

A diferença de potencial elétrico é chamada também de **tensão elétrica**. Popularmente, também é usado o termo "voltagem". A tensão elétrica é representada pela letra U. Ela é medida em volts (V) por meio de aparelhos chamados voltímetros. Veja a figura 7.18.

Em homenagem ao físico italiano Alessandro Volta (1745-1827), que construiu a primeira pilha elétrica.

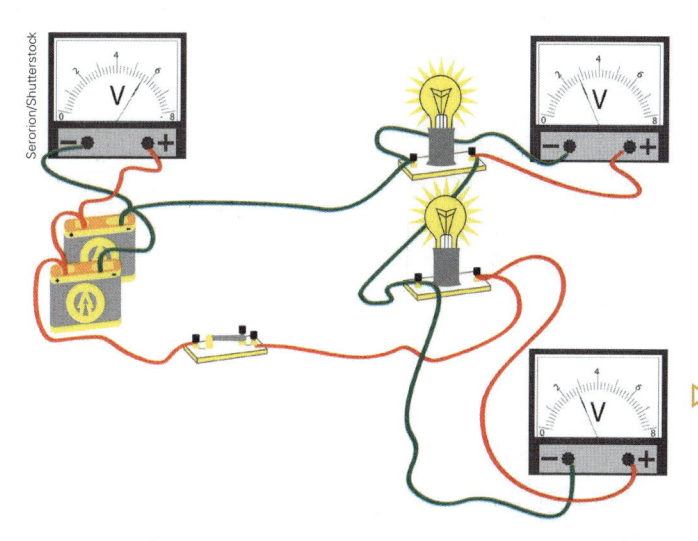

Serorion/Shutterstock

▷ **7.18** Voltímetros sendo usados para medir a tensão elétrica em vários pontos de um circuito. (Elementos representados em tamanhos não proporcionais entre si. Cores fantasia.)

Quando um aparelho é ligado à tomada, a tensão elétrica da tomada aplica uma força elétrica sobre as cargas do fio. Isso provoca o surgimento de uma corrente elétrica.

No Brasil, a tensão elétrica das tomadas nas residências varia entre 110 volts, 127 volts e 220 volts, dependendo da cidade (a de 110 volts está deixando de ser utilizada). Todos os aparelhos elétricos e as lâmpadas devem ter uma indicação da tensão ou da voltagem a que eles devem ser ligados.

Se o aparelho for ligado a uma tensão maior, ele pode ser danificado e parar de funcionar. Se for ligado a uma tensão menor, não funciona ou funciona mal. Se uma lâmpada com a especificação de 127 V, por exemplo, for ligada a uma tomada de 220 V, a corrente que circulará por ela será maior que a máxima que pode suportar e, provavelmente, a lâmpada vai queimar. Já se uma lâmpada com a especificação de 220 V for ligada a 127 V, circulará uma corrente menor que a dimensionada para o seu funcionamento e ela vai emitir uma intensidade menor de luz.

Em muitos aparelhos a seleção de tensão é automática ou com uma chave que permite ajustá-los à voltagem disponível no local, são os aparelhos **bivolts**.

> **⓵ Atenção**
>
> Após o uso, pilhas e baterias devem ser entregues aos estabelecimentos que as comercializam, a postos de coleta de lixo eletrônico, ou à rede de assistência técnica autorizada pelas indústrias. Elas nunca devem ser descartadas no lixo comum.

Resistência elétrica

Como vimos anteriormente, os metais são bons condutores de eletricidade, enquanto plásticos, madeira e outros materiais não são. O cobre, por exemplo, é considerado um bom condutor porque permite a movimentação das cargas elétricas com grande facilidade quando está submetido a uma diferença de potencial elétrico. O grau de dificuldade que um material oferece à passagem da corrente elétrica é chamado **resistência elétrica**.

A unidade de medida da resistência elétrica é o ohm, cujo símbolo é a letra grega ômega (Ω).

Pronuncia-se "ôm". É uma homenagem ao físico alemão Georg Simon Ohm (1789-1854).

A relação entre a intensidade da corrente, a resistência e a diferença de potencial elétrico entre dois pontos de um condutor pode ser representada pela expressão:

$$U = R \cdot i$$

Essa expressão é conhecida como **lei de Ohm**. Pela fórmula, a intensidade da corrente (i) é diretamente proporcional à voltagem a ela aplicada (U) e inversamente proporcional à resistência elétrica (R), já que $i = \dfrac{U}{R}$. Ou seja, quanto maior a resistência, menor a corrente elétrica, e vice-versa.

Veja um problema resolvido com a aplicação dessa fórmula.

Um circuito elétrico de resistência igual a 5 ohms está ligado a uma tensão de 10 volts. Qual é a intensidade da corrente que passa pelo circuito?

Solução: $i = \dfrac{U}{R}$; logo, $i = \dfrac{10}{5} = 2\ A$

A intensidade da corrente é, portanto, de 2 ampères.

Veja este outro exemplo. Uma lâmpada está ligada a uma tensão de 120 volts. Sabendo que uma corrente de 2 ampères passa pela lâmpada, qual é o valor da resistência do filamento dessa lâmpada?

Solução: $120 = R \cdot 2$; logo, $R = \dfrac{120}{2} = 60\ ohms$

A resistência do filamento é, portanto, de 60 ohms.

Chamamos de **resistores** os componentes que reduzem a intensidade da corrente elétrica. São dispositivos que transformam a energia elétrica em energia térmica com uma finalidade, como os que existem em chuveiros ou ferros elétricos, ou dispositivos criados intencionalmente para limitar a corrente elétrica, como mostrado na figura 7.19. Nesse caso, o calor gerado é dissipado rapidamente.

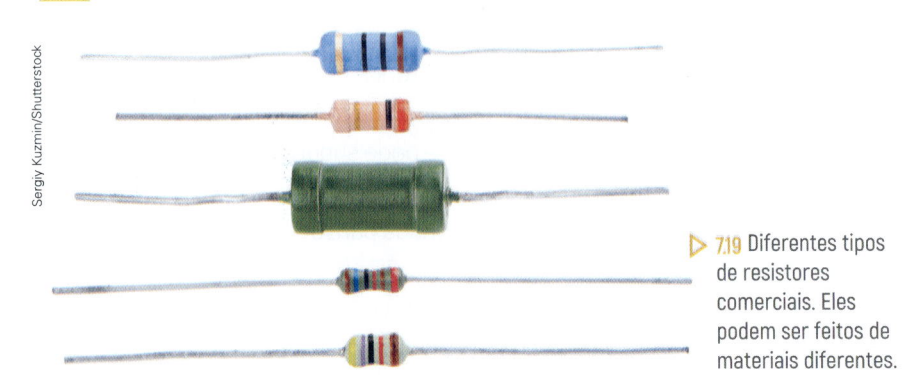

Sergiy Kuzmin/Shutterstock

▷ **7.19** Diferentes tipos de resistores comerciais. Eles podem ser feitos de materiais diferentes.

Mundo virtual

Experimentoteca
http://www.cdcc.usp.br/experimentoteca/fundamental_fisica.html
Atividades experimentais sobre eletricidade.
Acesso em: 27 fev. 2019.

Associação em série e em paralelo

Na figura 7.20, você vê um circuito elétrico com duas pilhas e duas lâmpadas. As duas pilhas estão ligadas entre si, com o polo negativo de uma conectado ao polo positivo da outra. A tensão de cada pilha é de 1,5 V, e a união das duas fornece uma tensão de 3,0 V. A associação em série de geradores, como a pilha, permite obter uma tensão maior, equivalente à soma das tensões de cada pilha. Essa ligação entre o polo positivo de uma pilha e o polo negativo de outra permite que a mesma intensidade de corrente passe por todas as pilhas conectadas.

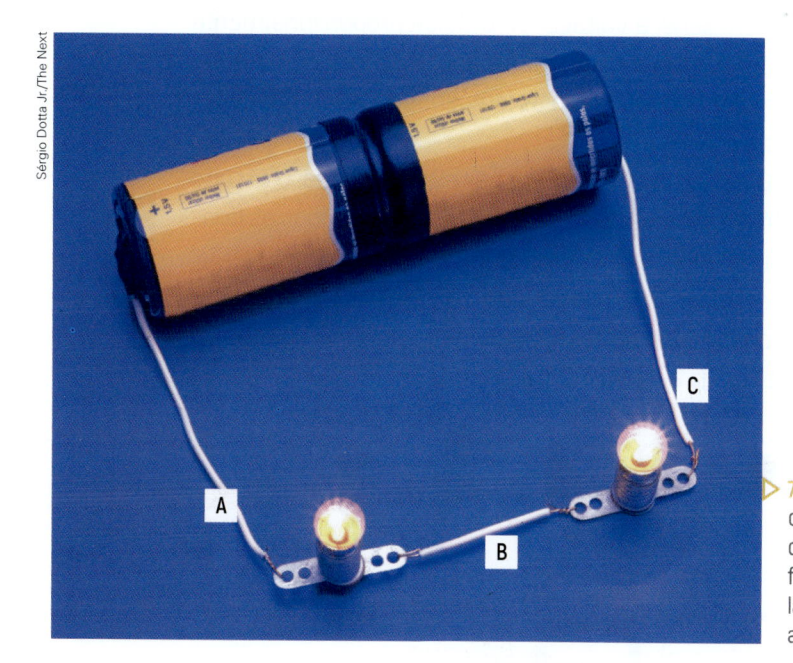

Sérgio Dotta Jr./The Next

▷ 7.20 Circuito de corrente contínua com duas pilhas ligadas por fio condutor a duas lâmpadas de lanterna associadas em série.

As duas lâmpadas e as pilhas formam uma **associação** ou **ligação em série**. Na associação em série há somente um caminho para a corrente elétrica percorrer e os componentes do circuito dividem proporcionalmente a diferença de potencial oferecida pelas pilhas, baterias ou tomadas. No circuito acima, a tensão entre os terminais da associação (os pontos **A** e **C**) é a soma das tensões entre cada lâmpada: $U_{AC} = U_{AB} + U_{BC}$.

Uma característica importante da ligação em série é que a intensidade da corrente elétrica que passa por todos os componentes da associação é a mesma.

Veja na imagem **A** da figura 7.21 duas lâmpadas ligadas em série em um circuito de corrente contínua. Outra forma de organizar esse circuito é ligar as lâmpadas de outra maneira, como mostra a imagem **B**, formando uma **associação** ou **ligação em paralelo**.

7.21 Em **A**, ligação em série de duas lâmpadas; em **B**, ligação em paralelo. (Elementos representados em tamanhos não proporcionais entre si. Cores fantasia.)

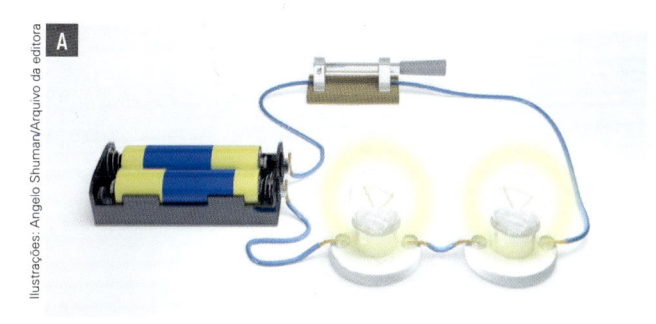

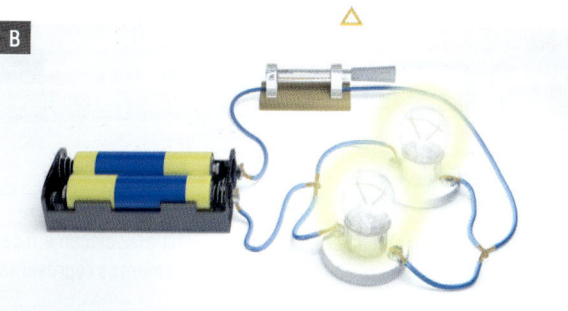

Ilustrações: Angelo Shuman/Arquivo da editora

Na associação em paralelo, todas as lâmpadas estão submetidas à mesma tensão elétrica, mas em cada uma passa uma corrente elétrica com intensidade diferente. O valor de cada intensidade é inversamente proporcional à resistência elétrica de cada lâmpada. E a intensidade elétrica total do circuito é a soma das intensidades em cada uma das lâmpadas.

Por esse motivo, as iluminações utilizadas nas árvores de Natal antigas possuíam apenas lâmpadas associadas em série, como na figura 7.22. Isso porque a voltagem das pequenas lâmpadas (5 V) era muito inferior à voltagem utilizada pela rede elétrica (127 V, por exemplo), o que queimaria as lâmpadas se elas fossem ligadas individualmente à tomada. Associando-as em série, a voltagem é dividida proporcionalmente entre as lâmpadas. Nas iluminações das árvores de Natal mais modernas, há associações mistas: os diversos fios que associam em série as lâmpadas estão também associados em paralelo a outros fios.

Na associação em série, se uma das lâmpadas queimar ou for retirada, o circuito elétrico fica interrompido e a corrente elétrica deixa de existir. Com isso todas as lâmpadas da associação também não acendem. Veja a figura 7.22.

Na associação em paralelo, se uma das lâmpadas queimar, a outra continua acesa porque há um circuito fechado independente, formado pela outra lâmpada, e a corrente continua a circular por ela. Veja a figura 7.23.

▽
7.22 Representação esquemática de uma associação em série de lâmpadas em que uma está queimada ou foi retirada. (Elementos representados em tamanhos não proporcionais entre si. Cores fantasia.)

▽
7.23 Representação esquemática de uma associação em paralelo de lâmpadas em que uma delas está queimada ou foi retirada. (Elementos representados em tamanhos não proporcionais entre si. Cores fantasia.)

A associação em paralelo é a mais frequente em nosso dia a dia, nas residências, nas fábricas, no comércio, na iluminação pública ou nos veículos. Assim, cada aparelho elétrico de um ambiente (lâmpada, máquina, rádio) funciona de forma independente, sob a mesma tensão elétrica. Veja na figura 7.24 um esquema simplificado de um circuito elétrico residencial.

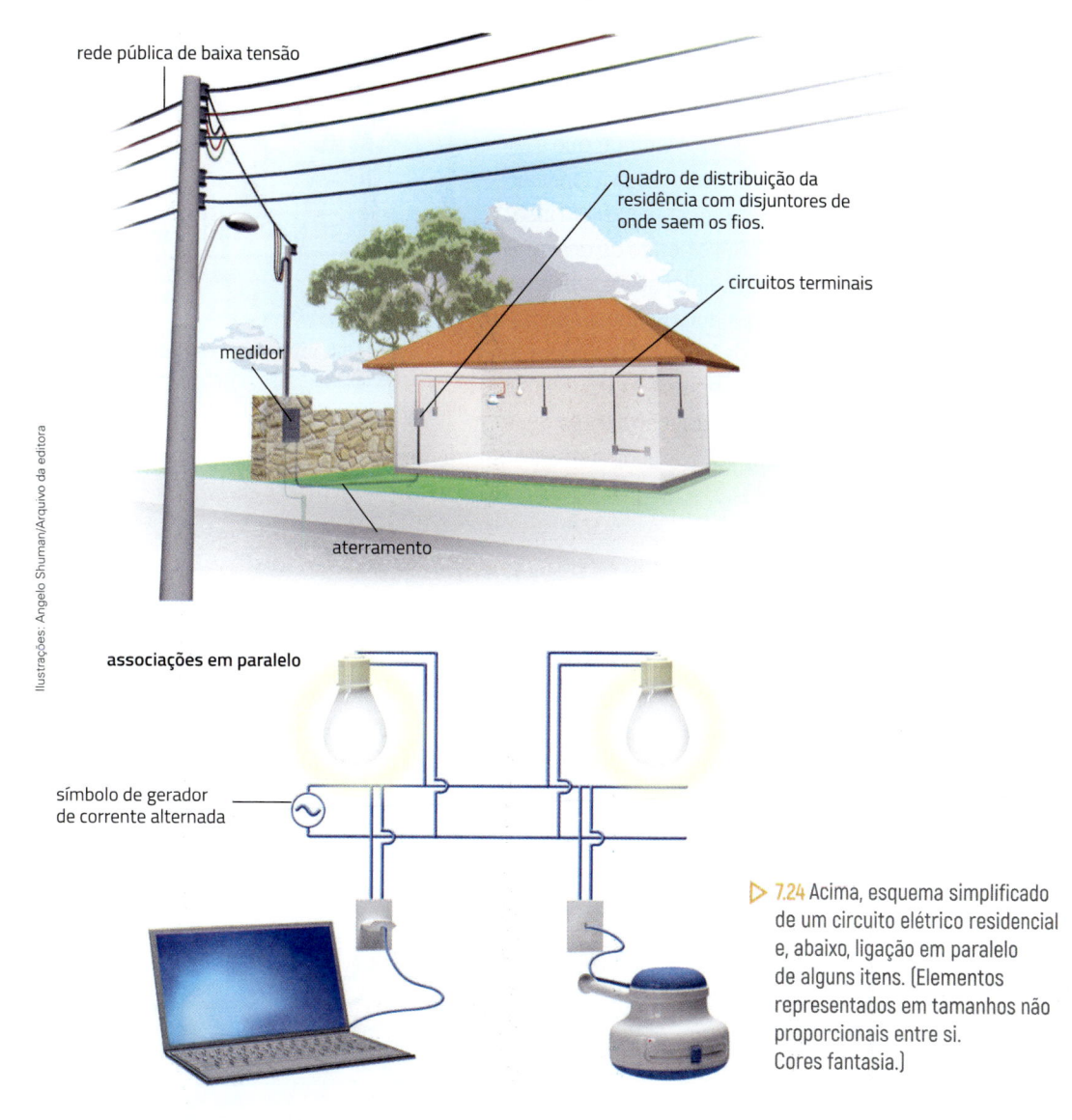

rede pública de baixa tensão

Quadro de distribuição da residência com disjuntores de onde saem os fios.

circuitos terminais

medidor

aterramento

associações em paralelo

símbolo de gerador de corrente alternada

Ilustrações: Angelo Shuman/Arquivo da editora

 7.24 Acima, esquema simplificado de um circuito elétrico residencial e, abaixo, ligação em paralelo de alguns itens. (Elementos representados em tamanhos não proporcionais entre si. Cores fantasia.)

Veja que a instalação elétrica é protegida por disjuntores. Como veremos adiante, eles funcionam como interruptores automáticos que detectam, por exemplo, picos de corrente, interrompendo-a rapidamente. Há também disjuntores que previnem que sobrecargas elétricas danifiquem a instalação elétrica, evitando acidentes.

Se, em uma residência, os aparelhos elétricos estivessem associados em série, quando uma lâmpada ou aparelho estivesse desligado, as demais lâmpadas e os outros aparelhos também deixariam de acender ou parariam de funcionar. Mas, como eles estão associados em paralelo, uma pessoa pode, por exemplo, usar o computador sem acender a luz do cômodo em que estiver.

Mas por que o interruptor e a lâmpada correspondente a ele estão ligados em série? Essa configuração é necessária para que o interruptor controle somente o funcionamento da lâmpada a que está ligado.

Mundo virtual

Simulador de circuitos
https://phet.colorado.edu/pt_BR/simulation/circuit-construction-kit-dc-virtual-lab
Permite criar vários tipos de circuitos virtuais de corrente contínua.
Acesso em: 27 fev. 2019.

Entenda por que pilhas e baterias não podem ser descartadas nos lixos comuns

A desatenção no descarte de pilhas e baterias pode resultar em diversas complicações, desde contaminação do solo e da água até doenças que podem afetar quem entrar em contato com um local onde esses materiais foram descartados incorretamente.

A participação do comércio na questão é fundamental, oferecendo postos de coleta para as pilhas e baterias usadas. Vale lembrar que a legislação brasileira, por meio da resolução nº 257 do Conama (Conselho Nacional do Meio Ambiente), determina que os fabricantes devem inserir, na rotulagem dos produtos, informações sobre o perigo do descarte incorreto das pilhas e baterias automotivas e de celular no lixo comum.

Além disso, a PNRS (Política Nacional de Resíduos Sólidos), sancionada em 2010, estabelece o incentivo à chamada logística reversa, que constitui em incentivos para que as empresas, governos e consumidores estejam comprometidos em viabilizar a coleta e restituição dos resíduos

▽
7.25 A maioria das pilhas e baterias contém compostos tóxicos em seu interior, como metais pesados.

sólidos a empresas fabricantes, além da participação de cooperativas ou outras formas de associação de catadores de materiais recicláveis.

Conscientização

O perigo no descarte das pilhas e baterias está no fato de que, se descartadas incorretamente, elas podem ser amassadas, ou estourarem, deixando vazar o líquido tóxico de seus interiores. Essa substância se acumula na natureza e, por não ser biodegradável – o que significa que não se decompõe – pode contaminar o solo.

Algumas práticas podem ajudar a aumentar a vida útil das pilhas. Uma delas é nunca guardá-las em locais expostos ao calor e à umidade. Isso evita o vazamento de seu conteúdo. Além disso, é preferível a utilização de pilhas e baterias recarregáveis, pois têm maior durabilidade. É importante também retirar as pilhas do equipamento se ele permanecer muito tempo sem uso.

Como descartar?

A responsabilidade por recolher e encaminhar adequadamente as pilhas após o uso é do fabricante. Portanto, os materiais usados devem ser entregues aos estabelecimentos que comercializam ou às assistências técnicas autorizadas, para que eles repassem os resíduos aos fabricantes ou importadoras. As pilhas e baterias podem ser recicladas, reutilizadas, ou podem passar por algum tipo de tratamento que possibilite um descarte não nocivo ao meio ambiente.

Outro cuidado que deve ser tomado é com relação às pilhas "piratas". De procedência duvidosa, elas podem conter materiais muito mais tóxicos do que as regularizadas. É importante também observar a rotulagem do produto. Veja se na embalagem consta que a pilha pode ser descartada no lixo comum. As pilhas do

▽
7.26 Coleta adequada de pilhas e baterias organizada pelo Instituto Federal de Goiás, em Goiânia (GO), 2017.

tipo alcalinas não contêm metais pesados em sua composição. Já as pilhas comuns, como as recarregáveis, possuem mercúrio, cádmio e chumbo, e devem ser devolvidas ao fabricante. [...]

INSTITUTO Brasileiro de Defesa do Consumidor. Entenda por que pilhas e baterias não podem ser descartadas nos lixos comuns. Disponível em: <https://idec.org.br/consultas/dicas-e-direitos/entenda-por-que-pilhas-e-baterias-nao-podem-ser-descartadas-nos-lixos-comuns>. Acesso em: 27 fev. 2019.

3 Cuidados nas instalações elétricas

Como vimos, é essencial se certificar da voltagem correta a que os aparelhos elétricos e as lâmpadas devem ser ligados: 110 V, 127 V ou 220 V.

Para diminuir as chances de choques e proteger alguns aparelhos elétricos de variações na tensão elétrica, é feita uma ligação terra: o aparelho é ligado por um fio a uma barra de cobre enterrada no solo ou alojada na parede da casa, permitindo que o excesso de cargas elétricas escoe rapidamente para a Terra. Para isso, os aparelhos elétricos e eletrônicos são fabricados atualmente com plugues no padrão de três pinos, sendo um deles o pino terra, que faz a ligação do aparelho com o sistema de aterramento responsável por levar o excesso de cargas elétricas para o solo. O aterramento é obrigatório por lei nas construções novas desde 2009. Veja a figura 7.27.

Enrolar um fio em outro para fazer emendas é muito perigoso e pode provocar **curtos-circuitos**: dois fios próximos se tocam e a corrente elétrica passa a percorrer um caminho com pouca resistência. Quando isso ocorre, a intensidade da corrente aumenta muito e o calor produzido aquece o circuito a ponto de queimar o aparelho ou até provocar um incêndio.

Para proteger as instalações elétricas dos efeitos de curtos-circuitos e de eventuais aumentos de corrente elétrica existem os **disjuntores** e os dispositivos chamados **fusíveis**.

O fusível contém em seu interior um fio, que geralmente é feito de ligas (combinação de metais diferentes) compostas de chumbo, estanho, cádmio, bismuto, entre outros metais. Essas ligas têm ponto de fusão mais baixo que o do cobre (o material do fio das instalações da casa). Então, se a corrente elétrica ultrapassar determinada intensidade, o aumento da temperatura derrete a liga, interrompendo a passagem da corrente e protegendo a instalação elétrica. É o que acontece quando se diz que o fusível "queimou". Observe a figura 7.28.

Nas residências, o fusível vem sendo substituído pelo disjuntor, que desliga automaticamente (desarma) se a corrente ultrapassar certo valor. Veja a figura 7.29. A vantagem do disjuntor é que não é preciso substituí-lo por outro, como no caso do fusível, basta ligá-lo novamente (acionando um interruptor) depois que o problema for resolvido. Se um disjuntor estiver desarmando a toda hora, um profissional habilitado deve ser consultado para identificar o problema.

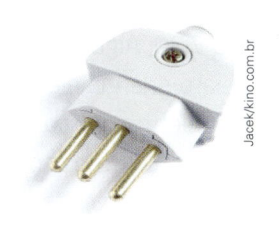

7.27 Plugue e tomada de três pinos.

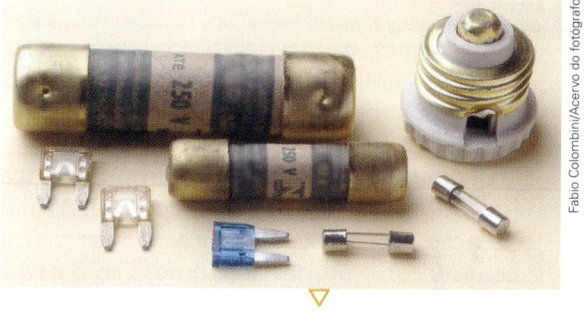

7.28 Tipos de fusível. Os fusíveis maiores são de uso em residências. Os menores são de uso em veículos e equipamentos elétricos.

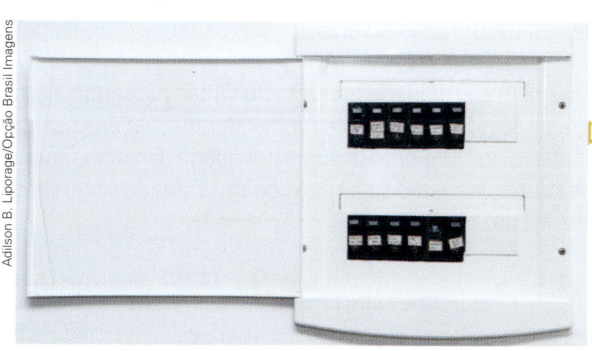

7.29 Um disjuntor (à esquerda) e um quadro de disjuntores (à direita). Em geral, há um disjuntor para cada parte da residência e um disjuntor geral. (Os elementos representados nas fotografias não estão na mesma proporção.)

Lembre-se sempre de que é muito perigoso mexer em aparelhos elétricos. Veja a figura 7.30. Algumas partes internas de aparelhos elétricos, mesmo desligados, acumulam energia elétrica e podem dar choques. Dependendo da intensidade da corrente elétrica que passa pelo corpo, um choque pode provocar sérias queimaduras e até fazer o coração parar, levando a pessoa à morte. Por isso, pessoas sem o preparo e a formação técnica em eletricidade não devem mexer em aparelhos elétricos ou tocar nos fios.

7.30 Símbolo de advertência de risco de choque elétrico.

É importante usar protetores nas tomadas que estejam ao alcance de crianças pequenas. Não use aparelhos com fios desencapados ou danificados. Leia as instruções do fabricante antes de usar um aparelho elétrico novo. Ligar mais de um aparelho na mesma tomada pode causar sobrecarga, com risco de acidentes e até de incêndios. Não solte pipas perto da rede elétrica: há risco de choque elétrico fatal. Evite o uso de aparelhos elétricos durante tempestades: somente os aparelhos necessários, como a geladeira, devem permanecer ligados.

 Saiba mais

Riscos dos choques elétricos

O choque elétrico é a reação do organismo à passagem da corrente elétrica. [...]

As lesões provocadas pelo choque elétrico podem ser de quatro (4) naturezas:

[...]

Eletrocussão é a morte provocada pela exposição do corpo a uma dose letal de energia elétrica. Os raios e os fios de alta tensão (voltagem superior a 600 volts), costumam provocar esse tipo de acidente. Também pode ocorrer a eletrocussão com baixa voltagem (V < 600 volts), se houver a presença de: poças d'água, roupas molhadas, umidade elevada ou suor.

Choque elétrico. O choque elétrico é causado por uma corrente elétrica que passa através do corpo humano [...]. O pior choque é aquele que se origina quando uma corrente elétrica entra pela mão da pessoa e sai pela outra. Nesse caso, atravessando o tórax, ela tem grande chance de afetar o coração e a respiração. Se fizerem parte do circuito elétrico o dedo polegar e o dedo indicador de uma mão, ou uma mão e um pé, o risco é menor. O valor mínimo de corrente que uma pessoa pode perceber é 1 mA [1 mA = 0,001 A]. Com uma corrente de 10 mA, a pessoa perde o controle dos músculos, sendo difícil abrir as mãos para se livrar do contato. O valor mortal está compreendido entre 10 mA e 3 A.

Queimaduras. A pele humana é um bom isolante e apresenta, quando seca, uma resistência à passagem da corrente elétrica de 100 000 ohms. Quando molhada, porém, essa resistência cai para apenas 1000 ohms. A energia elétrica de alta voltagem rapidamente rompe a pele, reduzindo a resistência do corpo para apenas 500 ohms. Veja estes exemplos numéricos: os 2 primeiros casos, referem-se à baixa voltagem (corrente de 120 volts) e o terceiro, à alta voltagem:

a) Corpo seco: 120 volts/100 000 ohms = 0,0012 A = 1,2 mA (o indivíduo leva apenas um leve choque)

b) Corpo molhado: 120 volts/1000 ohms = 0,12 A = 120 mA (suficiente para provocar um ataque cardíaco)

c) Pele rompida: 1000 volts/500 ohms = 2 A (parada cardíaca e sérios danos aos órgãos internos).

Além da intensidade da corrente elétrica, o caminho percorrido pela eletricidade ao longo do corpo (do ponto onde entra até o ponto onde ela sai) e a duração do choque, são os responsáveis pela extensão e gravidade das lesões.

Quedas de altura. Os acidentes com eletricidade ocorrem de várias maneiras. Os riscos resultam de danos causados aos isolantes dos fios elétricos devido a roedores, envelhecimento, fiação imprópria, diâmetro ou material do fio inadequados, corrosão dos contatos, rompimento da linha por queda de galhos, falta de aterramento do equipamento elétrico, etc. As benfeitorias agrícolas estão sujeitas à poeira, umidade e ambientes corrosivos, tornando-as especialmente problemáticas ao uso da eletricidade.

[...]

UFRRJ. Riscos dos choques elétricos. Disponível em: <http://www.ufrrj.br/institutos/it/de/acidentes/eletric.htm>. Acesso em: 27 fev. 2019.

ATIVIDADES

Aplique seus conhecimentos

1▸ Duas canetas de tubo de plástico foram atritadas em um pano de lã. Se aproximarmos essas duas canetas, elas vão se atrair ou se repelir? Por quê?

2▸ O que acontece quando ligamos ao solo, por um condutor elétrico, um corpo eletricamente carregado?

3▸ Um garoto esfregou um pente várias vezes em um pedaço de lã e depois aproximou-o de um filete de água. Veja o que aconteceu na figura 7.31. Como você explica esse fenômeno?

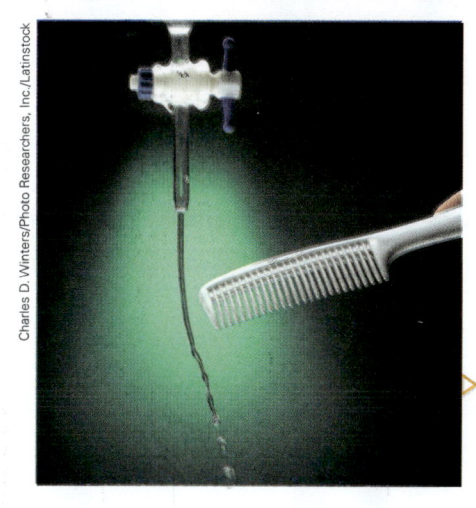

Charles D. Winters/Photo Researchers, Inc./Latinstock

▷ **7.31** Pente esfregado previamente em um pedaço de lã colocado próximo a um filete de água.

4▸ Leia as afirmativas a seguir e indique as verdadeiras.

( ) Cargas elétricas de mesmo sinal se atraem e cargas elétricas de sinais opostos se repelem.

( ) Ao atritarmos um pente de plástico com uma flanela, o tecido e o pente adquirem cargas elétricas de sinais opostos.

( ) Nos corpos com carga negativa, o número de cargas negativas é maior que o número de cargas positivas.

( ) Nos corpos eletrizados positivamente, há o mesmo número de cargas elétricas positivas e negativas.

( ) Na eletrização por contato, um corpo neutro adquire carga de mesmo sinal do corpo eletrizado.

( ) Na eletrização por indução, dois corpos ficam com cargas elétricas de sinais contrários.

( ) Aumentando-se a distância entre duas cargas elétricas, a força de atração ou de repulsão entre elas também aumenta.

5▸ Cada balão de festa da figura 7.32 foi friccionado com uma flanela de lã. Depois da fricção, foram pendurados. Por um tempo, eles ficaram afastados um do outro, como indica a figura. Explique por que isso aconteceu.

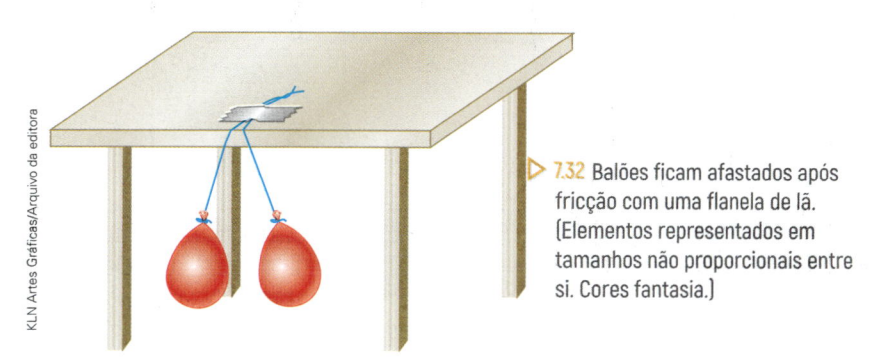

KLN Artes Gráficas/Arquivo da editora

▷ **7.32** Balões ficam afastados após fricção com uma flanela de lã. (Elementos representados em tamanhos não proporcionais entre si. Cores fantasia.)

6▸ Às vezes passamos um pano seco em uma janela ou em um tampo de vidro e logo em seguida essa superfície está coberta de poeira novamente. Como você explica isso?

7 ▸ Por que os fios de cobre da figura abaixo precisam ficar envolvidos por um plástico?

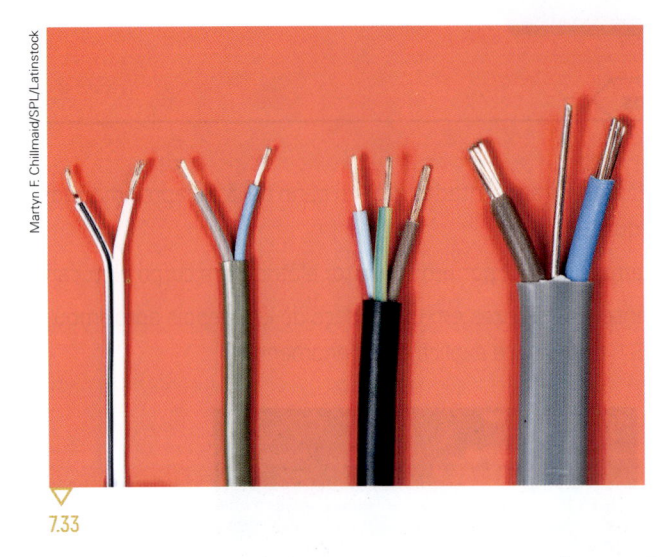

7.33

8 ▸ Um estudante afirmou que sua borracha era eletricamente neutra porque não possuía cargas elétricas positivas nem negativas. Utilizando seu conhecimento sobre a estrutura da matéria, indique o erro na afirmação do estudante.

9 ▸ Observe a figura 7.34. Cada esquema mostra uma lâmpada ligada a uma pilha por um fio condutor de um modo diferente.

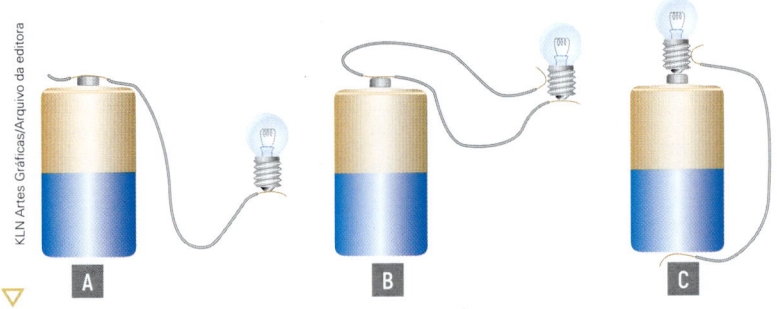

7.34 Representação esquemática de lâmpadas ligadas a uma pilha por um fio condutor. (Elementos representados em tamanhos não proporcionais entre si. Cores fantasia.)

a) Em qual das três montagens a luz vai acender? Justifique a sua resposta.

b) Se trocássemos o fio condutor por um fio de algodão, a lâmpada se acenderia em algum dos esquemas? Por quê?

10 ▸ Calcule a corrente que passa por uma lâmpada de 120 ohms de resistência sob tensão elétrica de 120 V.

11 ▸ Observe a figura 7.35.

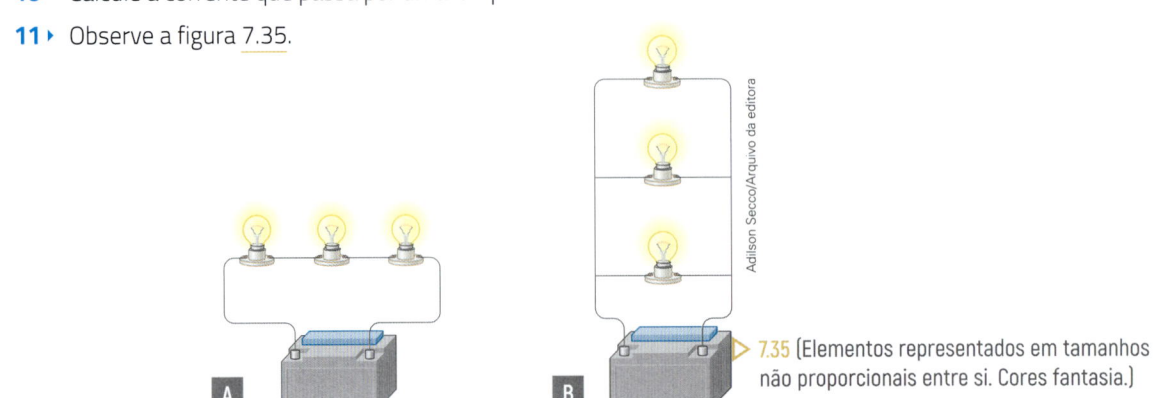

7.35 (Elementos representados em tamanhos não proporcionais entre si. Cores fantasia.)

a) O que acontecerá às lâmpadas da instalação **A** se uma delas queimar? Por quê?

b) E às lâmpadas da instalação **B**? Por quê?

c) Pelo que você acabou de ver, como as lâmpadas e os aparelhos eletrodomésticos de uma residência estão conectados: em série ou em paralelo? Por quê?

12 ▸ O que é um curto-circuito? Quais são os perigos e as consequências de sua ocorrência?

13 ▸ Em um circuito elétrico, qual é a função de fusíveis e disjuntores?

14 ▸ Na imagem abaixo, explique quais informações estão indicadas no destaque.

▷ 7.36 Parte traseira de um estabilizador.

A notícia abaixo está relacionada a um grande incêndio ocorrido em 1º de maio de 2018 no edifício Wilton Paes de Almeida, localizado no centro da cidade de São Paulo (SP), que resultou em seu desabamento e pelo menos 7 mortes.

Curto-circuito provocou incêndio em prédio que ruiu em SP, diz secretário

O secretário de Segurança Pública, Mágino Alves, afirmou [...] que um curto-circuito foi a causa do incêndio que levou ao desabamento do edifício Wilton Paes de Almeida, no largo do Paissandu, no centro de São Paulo, na madrugada da última terça (1º) [maio de 2018].

"Acabo de receber a informação de que sabemos onde começou o incêndio. Foi no quinto andar do prédio, em um cômodo onde moravam quatro pessoas. O incêndio começou em decorrência de curto-circuito, em uma tomada com TV, micro-ondas e geladeira. Não foi briga de casal. O que aconteceu foi fatalidade", disse o secretário.

[...]

Após a tragédia, moradores chegaram a apontar a causa do incêndio como uma briga doméstica, que teria sido ouvida, também no quinto andar, pouco antes das chamas se alastrarem. Também foi cogitado um vazamento em um botijão de gás como causa, o que foi descartado agora pelo secretário.

O secretário também falou que foi instaurado um inquérito policial para apurar possíveis responsabilidades na tragédia. [...]

7.37 Vista aérea dos escombros do edifício Wilton Paes de Almeida, em São Paulo (SP), 2018. O desabamento ocorreu por causa de um incêndio.

SETO, G.; GOMES, P. Curto-circuito provocou incêndio em prédio que ruiu em SP, diz secretário. *Folha de S.Paulo*, 3 maio 2018. Disponível em: <https://www1.folha.uol.com.br/cotidiano/2018/05/incendio-em-predio-que-desabou-foi-causado-por-curto-circuito-diz-secretario.shtml>. Acesso em: 27 fev. 2019.

a) Explique como possivelmente ocorreu o curto-circuito.

b) Explique como o curto-circuito provocou o incêndio.

c) Que atitudes podem evitar acidentes com aparelhos elétricos?

d) Muitas pessoas sem moradia acabam ocupando edifícios sem estrutura e abandonados pelos órgãos públicos, como o dessa notícia. Em sua opinião, os órgãos públicos também teriam responsabilidade no acidente?

Atividade 1

Nesta atividade prática, vamos construir um circuito elétrico e verificar algumas propriedades das associações de lâmpadas tanto em série quanto em paralelo.

Esta atividade deverá ser realizada em grupos de 3 ou 4 estudantes.

Material

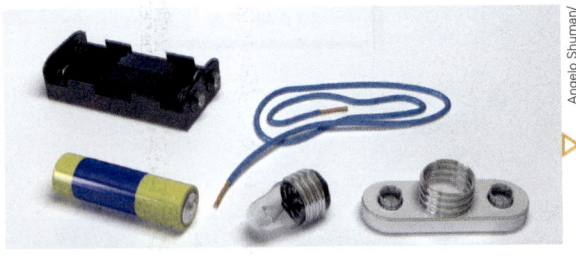

▷ **7.38** Materiais para a atividade. (Elementos representados em tamanhos não proporcionais entre si. Cores fantasia.)

> ⊘ **Atenção**
> Esta atividade deve ser realizada somente com a participação do professor.

- Duas pilhas AA comuns (1,5 V)
- Um suporte para 2 pilhas AA em série
- Cabo flexível com 0,32 mm², 0,60 m de comprimento
- Quatro lâmpadas pequenas de lanterna (pingo de água) 1,2 V – 0,22 A (para soquete E10)
- Quatro soquetes E10 para instalar as lâmpadas.

Procedimento

1. Corte o fio em seis pedaços com cerca de 10 cm cada um. Peça ao professor que desencape cerca de 1,5 cm nas duas extremidades de cada um dos seis pedaços de fio.

2. Com auxílio do professor, ligue os fios aos soquetes e depois ligue os fios aos suportes das pilhas de acordo com o esquema ao lado (figura 7.39).

3. Verifique se as lâmpadas acendem. Caso alguma delas não acenda verifique as conexões dos fios.

4. Realize o seguinte procedimento: retire uma das lâmpadas desrosqueando-a e verifique o que acontece. Rosqueie-a no soquete novamente e observe o brilho das lâmpadas.

5. Agora adapte ao primeiro circuito um novo conjunto de lâmpadas (como mostrado na figura 7.40).

6. Realize novamente o mesmo procedimento.

7. Desrosqueie uma das lâmpadas e verifique o que acontece. Rosqueie-a no soquete novamente e repare no brilho das lâmpadas.

Responda às seguintes questões.

   a) O que aconteceu na primeira associação, quando se retirou uma das lâmpadas? Justifique o que aconteceu.

   b) Qual é o tipo de associação na primeira montagem?

   c) O que aconteceu quando se retirou uma das lâmpadas da segunda montagem? Justifique o que aconteceu.

   d) Qual é o tipo de associação na segunda montagem?

   e) Qual dessas associações é a mais comum nas instalações residenciais? Justifique sua resposta.

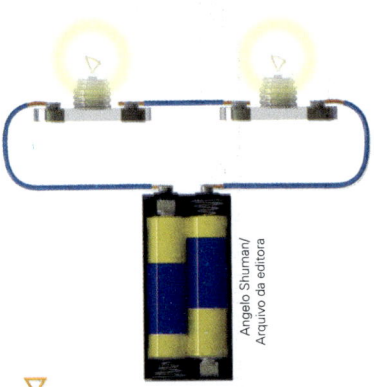

▽ **7.39** Ilustração do circuito elétrico montado. Instale as pilhas nos suportes. (Lembre-se de que o polo positivo de uma pilha deverá ser ligado ao polo negativo da outra.) (Elementos representados em tamanhos não proporcionais entre si. Cores fantasia.)

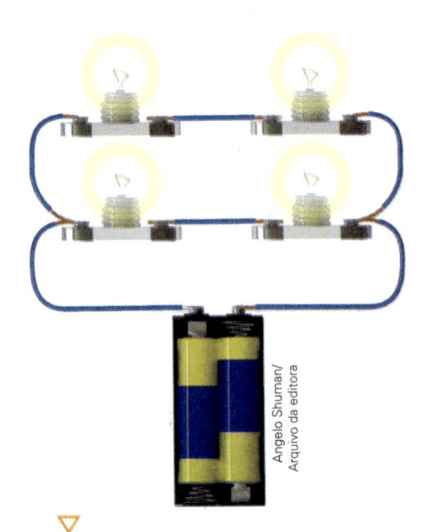

▽ **7.40** Ilustração do novo circuito elétrico montado. (Elementos representados em tamanhos não proporcionais entre si. Cores fantasia.)

Atividade 2

Para construir um aparelho chamado eletroscópio de folhas, providencie o que se pede e siga as orientações.

Material

- Papel-alumínio
- Tesoura com pontas arredondadas
- Frasco de vidro de boca larga
- 15 cm de fio de cobre encapado rígido e grosso
- Prendedor de roupas
- Fita adesiva
- Caneta esferográfica
- Pedaço de flanela de algodão ou de lã

Procedimento

1. Peça ao professor que, com a tesoura, desencape o fio de cobre nas extremidades, mantendo a capa em sua região central. Depois, dobre-o como mostra a figura 7.41.

2. Corte duas tiras de papel-alumínio (apare as pontas para diminuir a perda de carga) e pendure-as na extremidade dobrada do fio, como mostra a figura 7.42.

3. Com o papel-alumínio restante, faça uma bola de pouco mais de 1 cm de diâmetro e espete-a na outra ponta do fio de cobre. Veja na figura 7.43 como esse conjunto ficará apoiado no frasco de vidro.

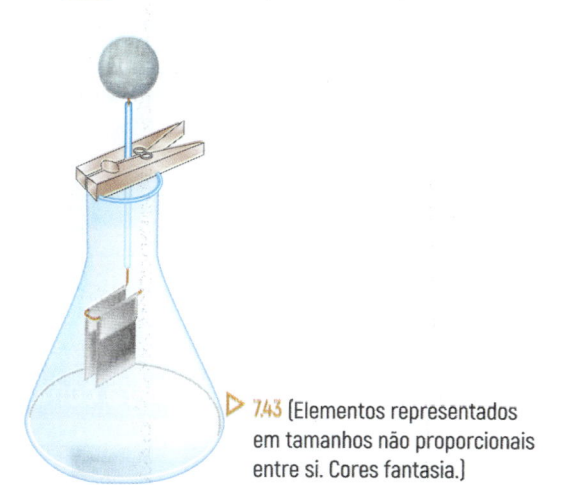

▷ 7.43 (Elementos representados em tamanhos não proporcionais entre si. Cores fantasia.)

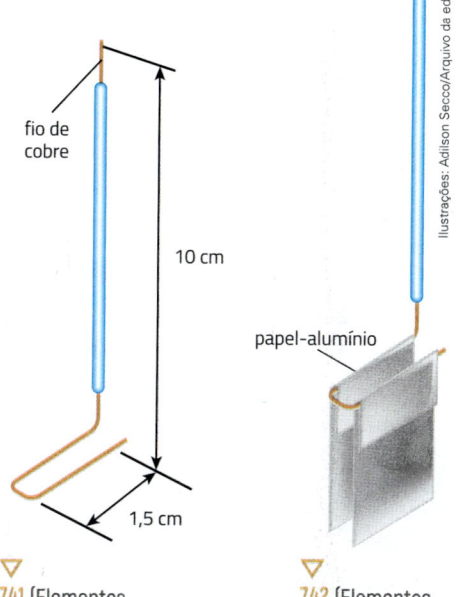

fio de cobre

10 cm

1,5 cm

papel-alumínio

Ilustrações: Adilson Secco/Arquivo da editora

▽ 7.41 (Elementos representados em tamanhos não proporcionais entre si. Cores fantasia.)

▽ 7.42 (Elementos representados em tamanhos não proporcionais entre si. Cores fantasia.)

4. Não deixe pontas acentuadas na bola de papel-alumínio, pois elas aumentam a perda de carga para o ar. Se ficar alguma, você pode prendê-la com fita adesiva, deixando sempre uma parte do alumínio exposta para permitir o contato elétrico.

5. Agora, atrite uma caneta esferográfica com o pedaço de flanela e aproxime-a da esfera. Observe o que ocorre e, em seguida, encoste a caneta na esfera. Ao final, toque a esfera com a mão.

Responda às seguintes questões:

a) O que aconteceu com as tiras de papel-alumínio ao aproximar a caneta esferográfica da esfera? Como você explica isso?
b) O que aconteceu com as tiras ao encostar a caneta na esfera? Por quê?
c) O que aconteceu quando você tocou a esfera com a mão? Por quê?

Autoavaliação

1. Como você pode utilizar os conceitos vistos neste capítulo em seu cotidiano?
2. Você conseguiu relacionar os resultados observados nas atividades práticas com o conteúdo trabalhado no capítulo?
3. Como você tentou superar as dúvidas que surgiram no decorrer do capítulo?

8

Eletricidade e consumo

Para começar

1. Que transformações de energia ocorrem nas lâmpadas? E em aparelhos elétricos que usamos no cotidiano?

2. Você sabe calcular a energia elétrica consumida pelos equipamentos de sua casa?

3. O que pode ser feito para reduzir o consumo de energia em sua casa? E que medidas podem ser tomadas na escola?

4. Você já usou uma bússola? Como ela funciona?

▽ 8.1 Crianças da etnia Kalapalo em sala de aula da aldeia Aiha, no Parque Indígena do Xingu (MT), 2018. A sala de aula aproveita a luz natural, dispensando o uso de lâmpadas durante o dia.

Você já parou para pensar quantos dos seus hábitos dependem de energia elétrica? E em que momento consumimos mais eletricidade, durante o dia ou à noite?

O consumo de energia dos aparelhos elétricos varia de acordo com suas características, mas também depende muito do tempo durante o qual eles ficam ligados. O chuveiro elétrico é um dos equipamentos que mais gastam energia e, por isso, seu uso costuma elevar significativamente o valor da conta de energia elétrica. Vamos descobrir neste capítulo como é possível calcular o gasto de aparelhos elétricos do nosso cotidiano e que atitudes podemos tomar para reduzir esse gasto. Veja a figura 8.1.

1 Consumo de energia elétrica

A energia elétrica facilita muito nossa vida e nos ajuda a realizar inúmeras tarefas. Veja a figura 8.2. Mas para que ela seja produzida e utilizada para ouvirmos música no rádio, digitarmos um texto no computador ou iluminarmos um quarto escuro, é necessário que ocorram várias transformações da energia.

8.2 Quais são os equipamentos elétricos que você usa no dia a dia? Você já pensou se pode usar esses equipamentos de forma mais econômica?

A energia se transforma

De onde vem a energia elétrica utilizada nos equipamentos que você usa? Quais transformações de energia ocorrem neles? Observe a figura 8.3 e identifique os equipamentos que utilizam energia elétrica.

8.3 Pense em quantas transformações de energia ocorrem em uma residência quando se utilizam diversos equipamentos. (Residência representada em corte. Elementos representados em tamanhos não proporcionais entre si. Cores fantasia.)

Geralmente, utilizamos a energia elétrica diretamente de tomadas ou então de pilhas e baterias. A energia de pilhas e baterias comuns vem de transformações químicas que ocorrem em seu interior; essa energia, denominada **energia química**, é transformada em **energia elétrica**, que põe em funcionamento aparelhos como os controles remotos, *tablets* e celulares. Algumas podem ser recarregadas pela energia elétrica de tomadas.

Já em um painel solar, a **energia luminosa** é transformada em energia elétrica. Essa energia elétrica pode depois ser convertida em energia luminosa, como ocorre em uma lâmpada. Veja a figura 8.4.

No rádio, a energia elétrica é transformada em **energia sonora** (o som que escutamos) e na televisão, em energia sonora e luminosa (formando a imagem).

Aparelhos como computadores e *tablets* também usam a energia elétrica para produzir imagens (energia luminosa) e sons (energia sonora). Essa energia elétrica pode ser originada da transformação da energia química da bateria desses aparelhos. Veja a figura 8.5.

painel solar

8.4 Em um painel solar, a energia luminosa do Sol é transformada em energia elétrica. Na lâmpada, essa energia é então convertida em energia luminosa.

8.5 Em uma televisão, computador ou *tablet*, a energia elétrica é transformada em energia sonora e luminosa. Que outros equipamentos você conhece que realizam esses tipos de transformação?

O ventilador, o liquidificador e a máquina de lavar roupas funcionam produzindo movimento. O aspirador de pó também gera movimento durante a sucção do ar. Portanto, nesses equipamentos, a energia elétrica é transformada em **energia cinética**. Veja a figura 8.6.

8.6 No liquidificador, ventilador e máquina de lavar, a energia elétrica é transformada em energia cinética. Que outros equipamentos você conhece que realizam esse tipo de transformação?

Em geral, nem toda energia elétrica recebida pelo aparelho é convertida no tipo de energia desejada. Nos casos de transformações de energia apresentados, por exemplo, uma parte é liberada na forma de calor (**energia térmica**) e pode ser sentida no próprio aparelho, que aquece durante seu funcionamento.

Em alguns aparelhos, como o ferro de passar roupas, o chuveiro elétrico e o forno elétrico, o objetivo é justamente transformar a energia elétrica em energia térmica. Veja a figura 8.7. Estudaremos com mais detalhes essa transformação ao analisar o uso da energia nos equipamentos elétricos residenciais.

8.7 No ferro de passar roupas, no chuveiro elétrico e no forno elétrico, a eletricidade é transformada em calor.

Potência elétrica

No próximo capítulo, conheceremos mais sobre as usinas de geração de energia elétrica (termelétricas, hidrelétricas, eólicas, etc.). Mas você já deve saber que as residências pagam um valor mensal de acordo com seu consumo de energia. Você sabe como esse consumo é calculado?

Para saber quanto os diferentes equipamentos elétricos consomem de energia é preciso conhecer duas variáveis: a potência elétrica do aparelho e o tempo que ele permanece ligado.

A **potência elétrica (P)** indica o consumo de energia elétrica em certo intervalo de tempo. Podemos representar isso pela fórmula:

$$P = \frac{Energia}{\Delta t}$$

No Sistema Internacional de Unidades, a potência é medida em **watts** (W), que é equivalente a joules por segundo (J/s).

A potência elétrica de um aparelho está relacionada com a intensidade da corrente elétrica (i) no aparelho e com a tensão elétrica (U) pela fórmula:

$$P = U \cdot i$$

Essa fórmula também permite calcular a intensidade da corrente elétrica que passa em certo trecho de um circuito. Veja um exemplo: se um ferro elétrico de passar roupas com potência de 550 watts está ligado a uma tensão de 110 volts, podemos calcular a intensidade que passa por ele da seguinte forma:

$$550 = 110 \cdot i; \text{ logo, } i = 5 \text{ A}$$

Se você observar uma lâmpada, verá que nela está escrito algo como 60 W, 25 W ou 9 W. Veja a figura 8.8. Esses valores indicam a potência dessas lâmpadas, ou seja, a quantidade de energia elétrica (em joules) consumida pela lâmpada a cada segundo. Uma lâmpada de 30 W, por exemplo, transforma 30 J de energia elétrica em luz e calor a cada segundo. Já uma lâmpada de 20 W transforma 20 J de energia elétrica por segundo.

A energia elétrica é medida em joules (J) no Sistema Internacional de Unidades.

A letra grega delta maiúscula (Δ) geralmente é usada em Física para indicar a variação de uma grandeza. No caso, Δt (leia-se "delta t") é a variação de tempo.

8.8 Observe a potência da lâmpada na embalagem. O valor é dado em watts e indica a quantidade de energia (em joules) consumida por segundo pela lâmpada.

Dá para perceber por que a potência de uma lâmpada ou de outro aparelho elétrico é uma medida muito importante para nós? Ela nos auxilia a calcular os custos para manter uma lâmpada acesa ou um aparelho elétrico funcionando.

Vamos calcular quantos joules consumiu uma lâmpada LED de 9 W que ficou ligada por 4 horas. Para isso, a fórmula:

$$P = \frac{\text{Energia}}{\Delta t}$$

pode ser transformada em:

$$\text{Energia} = P \cdot \Delta t$$

Como a unidade de tempo do Sistema Internacional de Unidades é o segundo, é preciso converter as 4 horas em segundos (uma hora tem 60 minutos e um minuto tem 60 segundos).

$$\text{Energia} = 9 \cdot (4 \cdot 3600) = 129\,600 \text{ J ou } 129,6 \text{ kJ}$$

Quanto maior for a potência de um aparelho elétrico e quanto mais tempo ele permanecer ligado, maior será a quantidade de energia elétrica gasta.

Cálculo do consumo de energia elétrica

O consumo de energia elétrica em uma residência pode ser analisado por meio de um relógio medidor de consumo. Veja as figuras 8.9 e 8.10.

Se você olhar a conta de energia elétrica de uma casa, ao consultar a quantidade de energia elétrica consumida por mês, não verá o consumo em joules ou quilojoules, mas em **quilowatt-hora (kWh)**, como mostra a figura 8.11, na próxima página.

O quilowatt (kW) é uma unidade de medida de potência. A hora (h) é uma unidade de tempo. Se multiplicarmos a potência em quilowatt pelo intervalo de tempo em horas, obteremos uma unidade de trabalho ou de energia utilizada: o quilowatt-hora. O valor da conta de energia elétrica em real é obtido multiplicando-se o preço do quilowatt-hora pelo total de quilowatts-hora consumidos.

Luciana Whitaker/Pulsar Imagens

8.9 Técnico verificando relógio de consumo de energia elétrica em uma residência em Macaé (RJ), 2018.

Celio Coscia/Fotoarena

8.10 Relógio medidor de consumo de energia elétrica. Nele aparece a quantidade de kWh utilizado.

LED são as iniciais do termo em inglês *light emitting diode*, que significa diodo emissor de luz. Um diodo é um componente eletrônico que permite a passagem de corrente elétrica em um único sentido.

 Minha biblioteca

Edison e a lâmpada elétrica, de Steve Parker. Editora Scipione, 1996. Retrata a história de Thomas Edison, um dos cientistas mais inventivos de seu tempo.

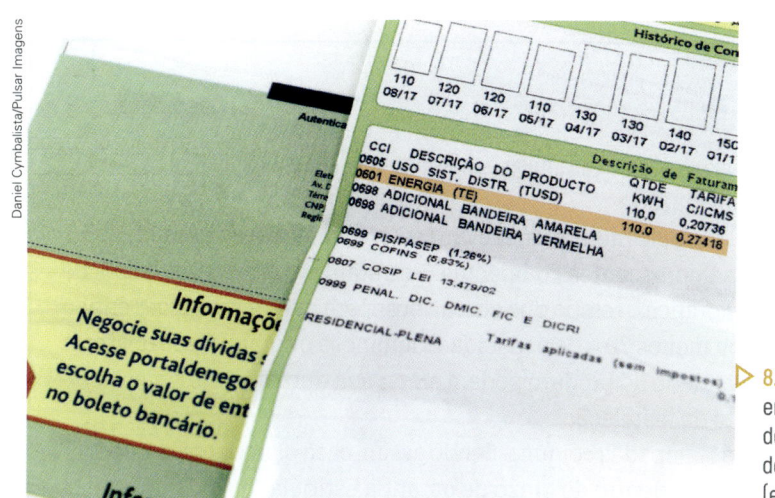

Daniel Cymbalista/Pulsar Imagens

▷ 8.11 Modelo de conta de energia elétrica com destaque para o valor do consumo no mês (em quilowatt-hora).

Na tela

Turminha Eletro em: uso eficiente da energia elétrica
https://www.youtube.com/watch?v=l-ti8McSNKA
Na animação produzida pela Agência Nacional de Energia Elétrica (Aneel), os eletrodomésticos de uma casa explicam como a utilização incorreta dos aparelhos e o desperdício podem aumentar a conta de energia elétrica.
Acesso em: 27 fev. 2019.

As informações da linha em destaque revelam que o consumo mensal de luz foi de 110 kWh.

Para calcular a quantidade de energia utilizada por um aparelho elétrico em quilowatt-hora, devemos multiplicar o valor da potência do aparelho, em quilowatt, pelo tempo de uso, em hora. Se a potência estiver em watt, divida o resultado por 1 000. Se, por exemplo, você costuma deixar acesa uma lâmpada LED de 9 W durante 6 horas por dia, e se o preço do quilowatt-hora for 50 centavos, então essa lâmpada terá consumido, em um dia:

$$\text{energia consumida} = 0,009 \text{ kW} \cdot 6 \text{ horas} = 0,054 \text{ kWh.}$$

O consumo mensal (30 dias) será:

$$0,054 \cdot 30 = 1,62 \text{ kWh.}$$

Você terá gastado, no mês, com essa lâmpada:

$$1,62 \cdot 0,50 = 0,81 \text{ real, ou 81 centavos.}$$

Veja na figura 8.12 alguns exemplos de consumo médio mensal de eletrodomésticos. A tabela tem estimativas e valores médios que variam conforme o uso.

Potência e consumo médio mensal de eletrodomésticos

Aparelho elétrico e potência	Nº de dias de uso ao mês (estimativa)	Tempo de uso por dia (em média)	Consumo médio mensal (kWh)
Aparelho de som – 110 W	20	3 h	6,6
Ar-condicionado – 900 W	30	8 h	128,8
Ventilador de mesa – 74,6 W	30	8 h	17,9
Chuveiro elétrico – 5 500 W	30	20 min	55,0
Micro-ondas 25 L – 1 400 W	30	20 min	14,0
Lavadora de roupas – 1 500 W	12	1 h	18,0
TV em cores 32" (LCD) – 110 W	30	5 h	16,5
TV em cores 32" (LED) – 80 W	30	5 h	12,0

▷ 8.12

Fonte: elaborada com base em INMETRO. Tabela de consumo/eficiência energética. Disponível em: <http://www.inmetro.gov.br/consumidor/tabelas.asp>. Acesso em: 27 fev. 2019.

Com o que você aprendeu, pense como o consumo médio mensal, que aparece na última coluna da tabela acima, pode ser calculado a partir dos valores que aparecem nas outras colunas. E como podemos calcular o custo mensal de cada aparelho?

Alguns equipamentos têm uma etiqueta do Programa Nacional de Conservação de Energia Elétrica (Procel), que apresenta o valor médio de consumo em kWh/mês.

As vantagens das lâmpadas de LED

A lâmpada LED é mais econômica porque sua eficiência luminosa é maior do que a das outras lâmpadas. Ou seja, gasta menos energia para gerar a mesma iluminação.

As LED podem durar, dependendo do modelo, pelo menos vinte e cinco vezes mais do que as lâmpadas incandescentes e quatro vezes mais do que as fluorescentes compactas. Entretanto, o tempo (em horas de funcionamento) estimado na embalagem não significa o tempo que ela vai levar para queimar e sim o período que a lâmpada passará a funcionar com mais ou menos 70% da capacidade luminosa original. Cabe destacar que alguns fatores não relacionados com a qualidade do produto podem afetar sua durabilidade, como oscilações da rede elétrica ou mau contato no ponto de instalação.

A garantia também é mais longa do que a das lâmpadas comuns. Sendo assim, caso o produto pare de funcionar ou tenha a sua eficiência luminosa reduzida dentro do prazo de garantia estipulado pelo fornecedor, configurando um defeito, o consumidor pode solicitar a sua substituição. Porém, para usufruir desse direito é preciso guardar a embalagem e a nota fiscal.

Ademais, as LED geram menor risco para a saúde dos consumidores e para o meio ambiente, pois não contêm mercúrio na sua constituição, como é o caso das fluorescentes compactas. Podem, inclusive, ser descartadas em lixo comum.

Elas também possuem várias outras vantagens em relação às outras tecnologias: não emitem radiação ultravioleta e infravermelha (sendo mais confortável para os olhos) e são mais difíceis de quebrar. Mesmo que isso aconteça, um revestimento especial impede que cacos se espalhem pelo ambiente preservando a saúde e a segurança do usuário.

O custo das lâmpadas LED, entretanto, ainda é mais alto do que o das outras. Porém, considerando o baixo custo de sua manutenção – em função da maior durabilidade – e a redução do custo na conta de luz, o gasto maior na sua compra poderá ser compensado.

[...]

BRASIL. Ministério do Desenvolvimento, Indústria e Comércio Exterior. *Lâmpada LED*. Disponível em: <www.inmetro.gov.br/inovacao/publicacoes/cartilhas/lampada-led/lampadaled.pdf>. Acesso em: 27 fev. 2019.

Ações para economizar energia elétrica

Dependemos da energia elétrica para os estudos, as tarefas domésticas e o lazer e para desenvolver diversas atividades profissionais. No entanto, existem milhões de pessoas no mundo que não têm acesso à energia elétrica. Em geral, são populações mais carentes, que moram em locais sem infraestrutura. É função dos órgãos públicos garantir esse acesso.

Além disso, como será estudado no próximo capítulo, a produção de energia elétrica é limitada e gera impactos ambientais. Por esses motivos, é importante utilizá-la sem desperdício.

Economizar energia elétrica é importante não só para reduzir gastos, mas também para o ambiente, sendo uma das principais medidas para promover a sustentabilidade.

O uso consciente da energia elétrica também está relacionado ao consumo racional de produtos como roupas, calçados, alimentos e aparelhos eletrônicos. Não podemos nos esquecer de que a produção e a distribuição de todos esses objetos consomem uma quantidade enorme de energia. Como veremos no capítulo 9, toda forma de obtenção de energia causa impactos socioambientais. Veja a seguir algumas medidas que podem ser adotadas em residências, empresas e escolas, por exemplo, para reduzir alguns dos impactos negativos.

Mundo virtual

Memória da eletricidade
http://portal.
memoriadaeletricidade.
com.br
Almanaque sobre os cientistas e a invenção de aparelhos elétricos. Também há na página relatos sobre o processo de urbanização e iluminação de cidades brasileiras.
Acesso em: 27 fev. 2019.

Manter a chave do chuveiro elétrico na posição "verão" representa uma economia de energia de cerca de 30% em relação à posição "inverno". Além disso, é recomendável manter o fluxo de água do chuveiro fechado enquanto se ensaboa e não demorar muito no banho. Veja a figura 8.13.

Geladeiras e aparelhos de ar condicionado contribuem, em média, com 20% a 30% do valor da conta de energia elétrica. Esses aparelhos ligam e desligam os motores periodicamente e só consomem energia quando o motor está funcionando.

Algumas medidas ajudam a garantir a refrigeração eficiente. A geladeira deve ficar em área ventilada, protegida do sol e longe do calor do fogão. Não se deve abrir a porta da geladeira com muita frequência nem deixá-la aberta por muito tempo, porque o equipamento consumirá mais energia. As borrachas de vedação da porta devem estar sempre em bom estado. Veja a figura 8.14.

8.13 Você toma banhos curtos ou longos? Reduzir o tempo de banho economiza água e energia.

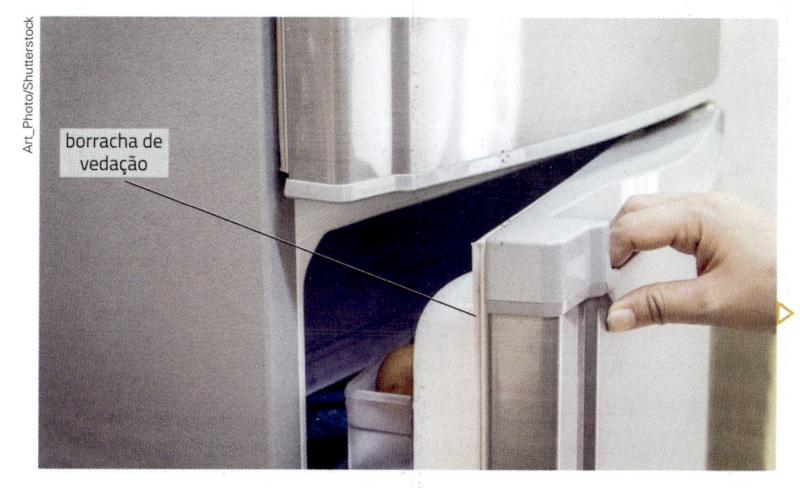

borracha de vedação

8.14 A vedação da porta é importante para economizar energia: se uma folha de papel presa entre a porta e a geladeira sair com facilidade, pode ser que a borracha da porta não esteja vedando direito e tenha que ser substituída.

Em residências e escritórios, a regulagem da temperatura do ar-condicionado não deve ser muito baixa para evitar consumo excessivo de energia. E, enquanto esse aparelho estiver em uso, janelas e portas precisam ficar bem fechadas para facilitar a refrigeração do ambiente interno. A limpeza periódica do filtro, além de facilitar a circulação de ar, é uma importante medida de higiene.

O uso de lâmpadas fluorescentes compactas pode representar uma economia de cerca de 80% de consumo de energia em relação a lâmpadas incandescentes de luminosidade equivalente. E, se a lâmpada for LED, a economia pode chegar a 90%. Veja a figura 8.15.

Com o objetivo de diminuir o desperdício no consumo de energia elétrica, o governo proibiu a venda, a partir de 2017, de lâmpadas incandescentes de 25 W ou mais. A substituição desse tipo de lâmpada foi feita de forma gradativa, conforme cronograma estabelecido pela Portaria Interministerial 1007/2010.

lâmpada incandescente

lâmpada LED

lâmpada fluorescente compacta

8.15 Na lâmpada incandescente, a passagem da corrente elétrica aquece um filamento metálico, que emite luz e calor. Na lâmpada fluorescente, há tubos que, com a passagem da corrente elétrica, emitem luz e menos calor que a lâmpada incandescente. Nas lâmpadas LED há componentes eletrônicos que emitem luz e pouquíssimo calor.

É importante também manter a luz apagada em espaços desocupados. Empresas, escolas e prédios podem priorizar a construção de janelas grandes para aproveitar ao máximo a iluminação natural. Pintar as paredes com tinta de cor clara e escolher móveis também de cores claras torna os ambientes mais iluminados, já que refletem maior quantidade de luz. Veja a figura 8.16. Outras medidas são posicionar as lâmpadas de forma eficiente e instalar sensores de presença, que ligam a luz somente quando alguém se aproxima.

▷ 8.16 Janelas grandes e ambientes com cores claras ajudam a aproveitar a iluminação natural.

A máquina de lavar roupas deve ser usada quando houver quantidade de roupa suficiente para preenchê-la, sempre observando o limite recomendado pelo fabricante. Regra semelhante vale para o ferro de passar roupas elétrico: ele deve ser usado quando houver roupa acumulada para passar, respeitando a temperatura indicada para cada tipo de tecido. Tanto o ferro quanto a máquina de lavar devem ser usados fora dos horários de maior consumo de energia nas cidades (entre 18 h e 21 h).

Aparelhos que não estejam sendo usados, como televisão, rádio e computador, devem ser desligados. Além disso, não se deve dormir com esses equipamentos ligados.

Ao comprar eletrodomésticos, deve-se dar preferência àqueles com o selo Procel ou a Etiqueta do Instituto Nacional de Metrologia, Qualidade e Tecnologia (Inmetro), ou Etiqueta Nacional de Conservação de Energia, que indicam os produtos energeticamente mais eficientes, ou seja, que gastam menos energia elétrica. Veja a figura 8.17.

Em escolas, residências e empresas deve-se analisar a viabilidade da instalação de coletores solares para esquentar a água e de sistemas fotovoltaicos para obter energia elétrica a partir da luz solar.

A energia captada nos coletores solares pode ser usada, por exemplo, para aquecer a água do chuveiro. Apesar do alto custo de instalação desses coletores, existem linhas de financiamento e a vida útil dos equipamentos é longa (cerca de 20 anos). Com a economia proporcionada na conta de energia elétrica, o custo pode ser coberto nos primeiros anos de uso.

> **! Atenção**
>
> Em caso de falta de energia, é recomendável desligar os aparelhos da tomada, pois durante o restabelecimento da energia há variações na tensão elétrica e os aparelhos podem ser danificados. Em caso de tempestades, evite o uso de aparelhos elétricos: somente os aparelhos necessários, como a geladeira, devem permanecer ligados. Também é preciso usar fios adequados nas instalações elétricas e evitar o uso de tomadas em "T" (pino de três saídas ou "benjamins") para ligar vários aparelhos.

▷ 8.17 Além de ficar atento à etiqueta dos produtos, é importante tomar medidas que aumentem a vida útil dos aparelhos e lâmpadas. A cor verde indica maior eficiência energética, ou seja, o produto consome menos energia do que aparelhos similares, considerando as mesmas condições de uso.

2 Magnetismo

Assim como os fenômenos elétricos, a observação de fenômenos envolvendo o magnetismo já ocorria desde a Grécia antiga, com o uso da magnetita, um minério capaz de atrair objetos de ferro. Entretanto, acredita-se que os chineses já possuíam esse conhecimento, pois foram os primeiros a produzir os ímãs e as bússolas.

O mineral magnetita é um **ímã** natural. Com ímãs é possível atrair pregos, clipes e outros objetos. Porém, nem todos os materiais podem ser atraídos por ímãs – só alguns metais, como o ferro, o níquel, o cobalto e a liga desses metais: são chamados materiais ferromagnéticos. Veja a figura 8.18. Mas qualquer metal ferromagnético e algumas ligas podem se tornar ímãs. Uma forma de se fazer isso é friccionar um pedaço de ferro ou outro material ferromagnético, sempre no mesmo sentido, com um ímã.

O poder de atração de um ímã é maior em suas extremidades, isto é, em seus polos. Há dois **polos magnéticos** em um ímã: o **polo norte** e o **polo sul**. Polos de nomes diferentes se atraem e polos de mesmo nome se repelem. Portanto, se aproximarmos o polo norte e o polo sul de dois ímãs, eles irão se atrair; se aproximarmos um polo norte de outro polo norte ou um polo sul de outro polo sul, eles irão se repelir.

Qualquer ímã tem sempre um polo norte e um polo sul. Quando partimos um ímã em dois pedaços, formam-se dois ímãs, cada um com seu par de polos. Os polos dos ímãs aparecem, portanto, sempre aos pares.

Assim como as cargas elétricas, os ímãs exercem seus efeitos a distância. Fala-se então que há um campo magnético ao redor do ímã. Veja a figura 8.19.

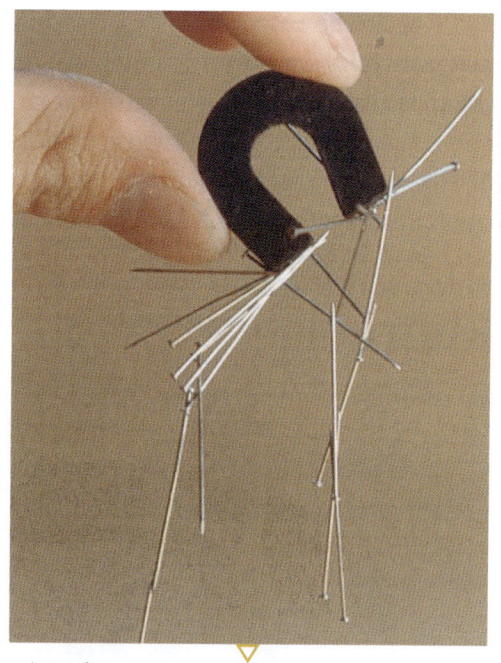

Fabio Colombini/Acervo do fotógrafo

8.18 Os ímãs atraem determinados metais.

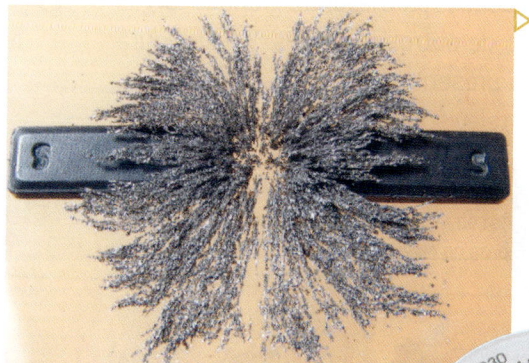

Fotos: Gabor Nemes/Kino.com.br

8.19 Campo magnético de dois ímãs atuando sobre limalha de ferro. Na primeira imagem, os dois ímãs estão com os polos opostos próximos e, na segunda imagem, os polos de mesmo nome estão próximos.

Uma aplicação importante dos ímãs é a bússola magnética. Ela consiste em uma agulha imantada que pode girar livremente, voltando-se sempre para a direção norte-sul do planeta. Veja a figura 8.20. A bússola foi um instrumento importantíssimo na história da navegação, permitindo que as pessoas se orientassem em suas viagens. Hoje em dia, a orientação pode ser feita por meio do Sistema de Posicionamento Global (GPS, do inglês *Global Positioning System*), que utiliza satélites para localizar onde o receptor do sinal (o aparelho de GPS) está naquele momento.

A. Parramón

8.20 Uma bússola magnética.

A agulha da bússola aponta sempre para a mesma direção (a direção norte-sul) porque a Terra apresenta um magnetismo natural (resultante do movimento da crosta em relação ao núcleo que contém ferro), como se fosse um grande ímã com dois polos magnéticos localizados próximos aos polos geográficos: próximo ao polo norte geográfico está o polo norte magnético e próximo ao polo sul geográfico está o polo sul magnético. Em qualquer ponto da superfície da Terra, a agulha da bússola se alinha com o campo magnético no local.

Por convenção, o polo norte de um ímã é o lado dele que aponta para o polo norte magnético da Terra.

Eletromagnetismo

Uma corrente elétrica pode funcionar como um ímã, ou seja, a corrente elétrica é capaz de produzir campos magnéticos. Uma forma de comprovar isso é verificar o efeito da corrente elétrica em uma bússola (veja a figura 8.21).

① Atenção

Não faça experimentos que envolvam corrente elétrica sem a assistência do professor.

Fotos: Richard Megna/Fundamental Photographs

▷ 8.21 Quando o interruptor é fechado, uma corrente elétrica passa pelo circuito e provoca desvios na agulha magnética.

Veja na figura 8.22 como um fio condutor enrolado em espiral e conduzindo uma corrente elétrica gera um campo magnético ao seu redor. Cada volta completa do fio é chamada de espira. Os ímãs produzidos pela corrente elétrica são chamados **eletroímãs**.

Eletroímãs podem ser usados para levantar grandes cargas ou separar sucata de ferro de outros materiais. Veja a figura 8.23. Os eletroímãs estão presentes também em telefones, alto-falantes, microfones, televisores, computadores, etc.

harvigit/Shutterstock

▽ 8.22 Veja um experimento simples para demonstrar como a corrente elétrica tem efeitos magnéticos formando, assim, um eletroímã. (Experimentos como esse devem ser feitos sempre com a orientação do professor.)

finchfocus/Shutterstock

▷ 8.23 Eletroímã usado para levantar objetos pesados de ferro.

Observe a figura 8.24. Quando um ímã é movimentado para dentro e para fora das espiras de um fio condutor ou quando um fio condutor se movimenta em relação a um ímã, a agulha da bússola se movimenta.

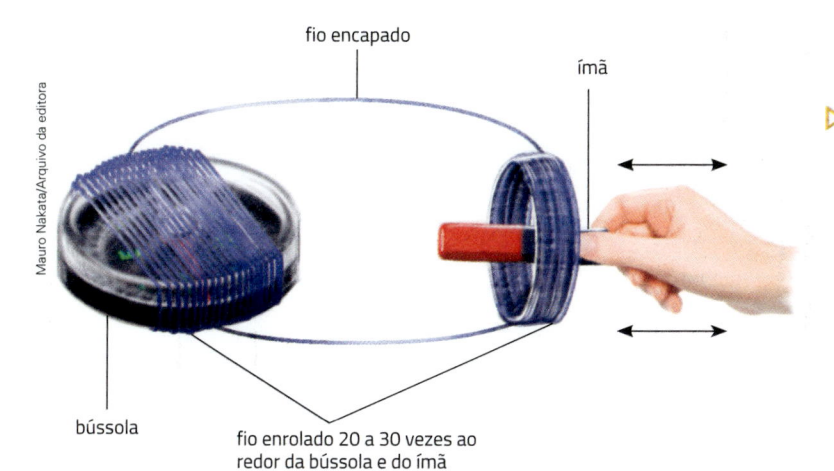

fio encapado

ímã

bússola

fio enrolado 20 a 30 vezes ao redor da bússola e do ímã

Mauro Nakata/Arquivo da editora

▷ 8.24 Antes de realizar a montagem, é preciso ter certeza de que o ímã está longe o suficiente da bússola para que seu magnetismo não influa diretamente no desvio da agulha. (Elementos representados em tamanhos não proporcionais entre si. Cores fantasia.)

A montagem demonstra que um campo magnético variável gera corrente elétrica em um condutor. O fenômeno é chamado de **indução eletromagnética**. O experimento mostra também que a corrente elétrica produziu um campo magnético ao seu redor, fazendo o condutor se comportar como um ímã e a agulha magnética da bússola se movimentar.

Fios que conduzem corrente elétrica podem sofrer a ação de forças magnéticas quando colocados em um campo magnético e vice-versa.

Esse efeito é utilizado nos motores elétricos, que transformam energia elétrica em movimento, isto é, em energia cinética (uma forma de energia mecânica). Eles estão presentes, por exemplo, em ventiladores, liquidificadores, máquinas de lavar roupa e furadeiras (veja a figura 8.25). Nesses aparelhos, as espiras de um fio elétrico próximo a um ímã ou eletroímã ficam submetidas à ação de uma força e começam a girar. Um conjunto de espiras constitui uma bobina.

As aplicações do eletromagnetismo estão presentes em muitos outros equipamentos do nosso cotidiano. Bilhetes de metrô, cartões magnéticos de bancos, discos rígidos de computador, entre muitos outros dispositivos, possuem um material magnético, que pode ser "lido" por eletroímãs.

> Ao gerar corrente elétrica, atua como um gerador, ou dínamo.

> Você vai conhecer outras aplicações do eletromagnetismo no próximo capítulo e também no 9º ano.

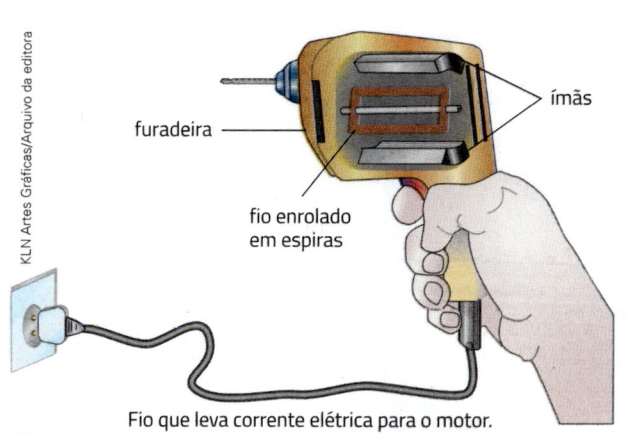

KLN Artes Gráficas/Arquivo da editora

furadeira

ímãs

fio enrolado em espiras

Fio que leva corrente elétrica para o motor.

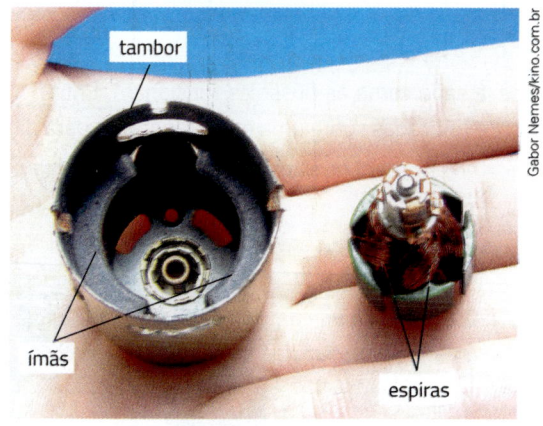

Gabor Nemes/kino.com.br

tambor

ímãs

espiras

▽ 8.25 Na ilustração (à esquerda), furadeira elétrica em transparência mostrando o motor em seu interior. Quando a corrente elétrica passa pelas espiras, elas sofrem a ação de uma força em razão do campo magnético do ímã e começam a girar. (Elementos representados em tamanhos não proporcionais entre si. Cores fantasia.) Na foto do motor aberto, à direita, podem ser vistos ímãs (no tambor) e espiras.

ATIVIDADES

Aplique seus conhecimentos

1 ▸ Relacione os equipamentos elétricos, identificados pelos números, com os principais tipos de transformação de energia, indicados pelas letras, que neles ocorrem.

1. Televisão

2. Rádio

3. Computador

4. Ventilador

5. Chuveiro elétrico

6. Ferro de passar roupas

7. Lâmpadas

a. energia elétrica em energia térmica

b. energia elétrica em energia luminosa

c. energia elétrica em energia cinética

d. energia elétrica em energia sonora

2 ▸ Quanta energia elétrica, em kWh, é utilizada por um aspirador de pó com potência de 0,3 kW em 2 horas? Se o kWh custar 50 centavos, qual é o custo dessa operação?

3 ▸ Em uma lâmpada comum, estão escritas as seguintes especificações: 60 W - 120 V.

a) Qual é o significado dessas especificações?

b) Qual é a intensidade da corrente elétrica que circula pela lâmpada acesa?

c) A lâmpada pode ser ligada em 220 V? Justifique sua resposta.

4 ▸ Compare duas lâmpadas de 20 W, uma incandescente e outra fluorescente.

a) Qual tem a maior potência?

b) Qual dissipa mais energia térmica?

5 ▸ Um chuveiro elétrico tem potência de 6 kW. Supondo que o kWh custe 45 centavos:

a) Calcule a quantidade de energia, em kWh, consumida em um mês (30 dias) por uma pessoa que diariamente toma um banho de 10 minutos.

b) Calcule o custo mensal dos banhos.

c) O que consome mais energia em um mês: o banho ou uma lâmpada de 60 W ligada 8 horas por dia?

6 ▸ Observe a figura e responda: em que situações você teria de fazer força para aproximar os ímãs? E para afastá-los?

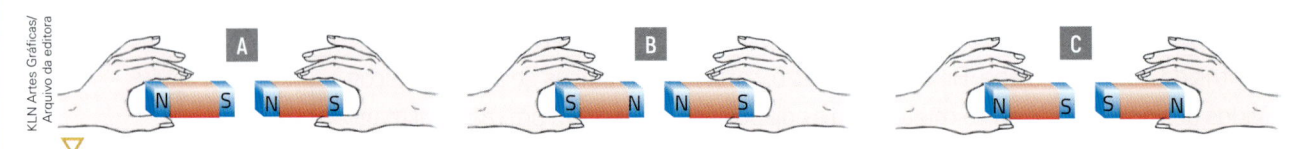

KLN Artes Gráficas/ Arquivo da editora

▽
8.26 Elementos representados em tamanhos não proporcionais entre si. Cores fantasia.

7 ▸ Por que a agulha da bússola, em qualquer ponto da superfície da Terra, aponta sempre para a mesma direção?

8 ▸ Você já sabe como as bússolas funcionam. Então, o que deve estar acontecendo para que as bússolas da figura abaixo, colocadas sobre uma mesa, apontem para direções diferentes?

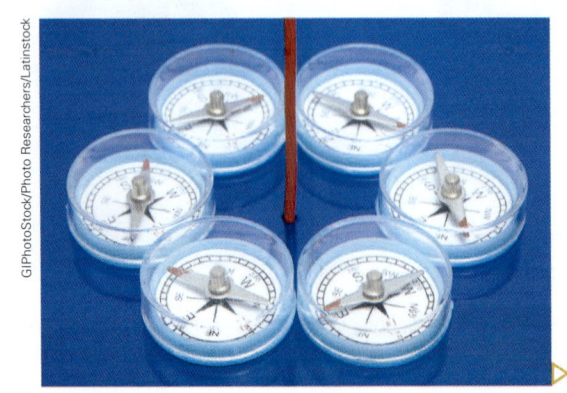

GIPhotoStock/Photo Researchers/Latinstock

▷ 8.27

9 ▸ Explique por que o prego da foto abaixo consegue atrair tantos clipes de aço.

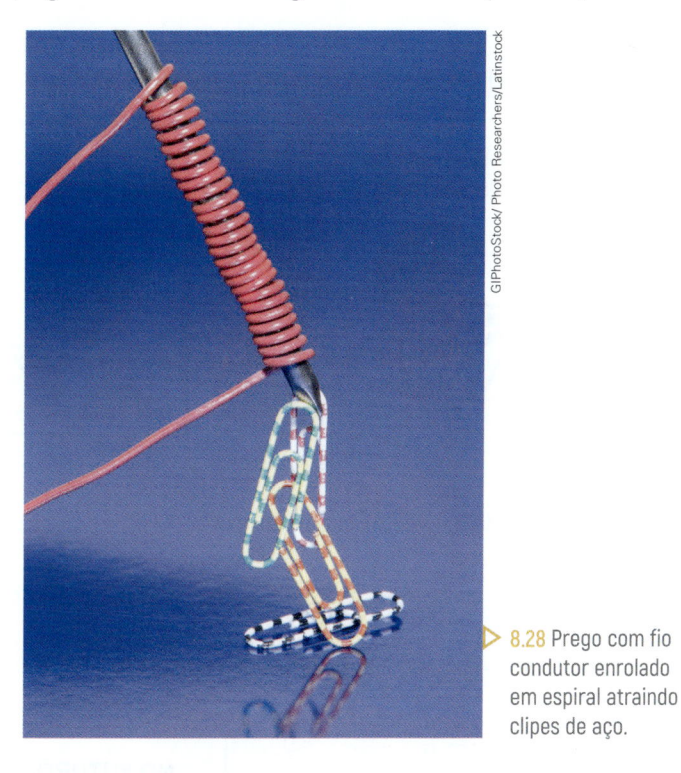

▷ 8.28 Prego com fio condutor enrolado em espiral atraindo clipes de aço.

10 ▸ Em algumas bicicletas, existe um dispositivo chamado dínamo. Ele consiste basicamente em um ímã no centro de um fio enrolado em espiral. O movimento das rodas faz o ímã girar. Veja a figura 8.29.

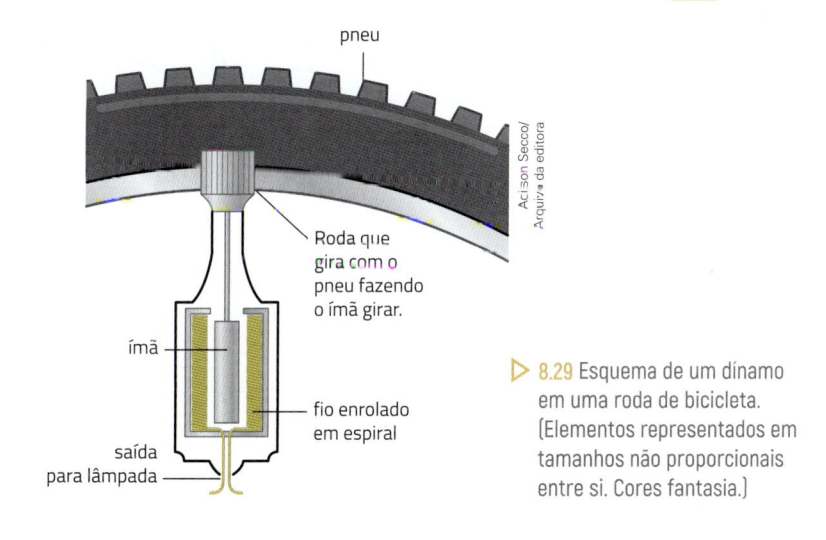

pneu

Roda que gira com o pneu fazendo o ímã girar.

ímã

fio enrolado em espiral

saída para lâmpada

▷ 8.29 Esquema de um dínamo em uma roda de bicicleta. (Elementos representados em tamanhos não proporcionais entre si. Cores fantasia.)

Explique por que o dínamo faz a lâmpada da bicicleta acender.

11 ▸ Indique as afirmativas verdadeiras.

( ) Os ímãs são capazes de atrair qualquer metal.

( ) A bússola foi um instrumento importante para as navegações.

( ) Polos magnéticos de mesmo nome se atraem e polos magnéticos de nomes contrários se repelem.

( ) Correntes elétricas geram efeitos magnéticos.

( ) Variação de campo magnético pode gerar corrente elétrica em uma bobina.

( ) Os eletroímãs são produzidos com auxílio de correntes elétricas.

( ) Uma peça de ferro ao redor da qual se enrola um fio conduzindo eletricidade pode ser usada para levantar pesos.

( ) A turbina eólica e o dínamo são motores elétricos.

( ) No interior de um ventilador há um motor elétrico.

1 ▸ Observe com atenção a tira em que Armandinho conversa com um adulto sobre algo que leu em um jornal.

8.30

Fonte: BECK, A. Armandinho. *Diário Catarinense*. 31 mar. 2016.

a) Ao ler a tira, percebemos que o significado da palavra liquidação pode ser interpretado de duas maneiras. Quais são elas?

b) De que forma o consumo consciente de energia elétrica pode colaborar na proteção do meio ambiente, ou da natureza?

c) Que ações de consumo consciente de energia elétrica podem ser tomadas em sua residência? E na escola?

2 ▸ Observe a charge a seguir.

a) Explique a mensagem que ela passa para o leitor.

b) Podemos considerar que a energia elétrica está disponível para todas as pessoas?

c) O que a tira da atividade anterior e essa charge têm em comum?

Fonte: SANTOS, A. S. *Arionauro Cartuns*. Disponível em: <http://www.arionaurocartuns.com.br>. Acesso em: 27 fev. 2019.

8.31

Faça uma pesquisa sobre os itens a seguir. Você pode pesquisar em livros, revistas, *sites*, etc. Preste atenção se o conteúdo vem de uma fonte confiável, como universidades ou outros centros de pesquisa. Use suas próprias palavras para elaborar a resposta.

1 ▸ Faça uma lista dos aparelhos encontrados em sua residência que dependem de energia elétrica para funcionar e identifique o tipo de transformação de energia que ocorre nesses aparelhos.

2 ▸ Observe a conta de energia elétrica da casa em que você mora e procure as inscrições com a potência de aparelhos e lâmpadas (colete os dados com os aparelhos desligados da tomada e com o acompanhamento de um adulto, pois há o risco de choque). Descubra quais são os equipamentos responsáveis pelos maiores gastos de energia.

3 ▸ Usando os dados de potência dos aparelhos elétricos que você obteve na atividade anterior, e com a ajuda de seus familiares, calcule o gasto mensal de cada aparelho. Para fazer o cálculo, estime o tempo médio de funcionamento diário de cada aparelho e consulte o valor do quilowatt-hora na conta de energia elétrica. (Em suas análises, desconsidere os aparelhos que ligam e desligam automaticamente, como a geladeira e o ar-condicionado, porque nesses casos o cálculo é mais difícil.) Por fim, identifique os aparelhos que consomem mais energia e os que ficam mais tempo ligados e elabore um plano para diminuir os gastos com energia elétrica, sempre que possível.

Trabalho em equipe

Cada grupo de estudantes vai escolher uma das atividades a seguir para pesquisar em livros, revistas, *sites* confiáveis (de universidades, centros de pesquisa, etc.). Vocês podem buscar o apoio de professores de outras disciplinas (Geografia, História, Língua Portuguesa, etc.). Exponham os resultados da pesquisa para a classe e a comunidade escolar (estudantes, professores e funcionários da escola e pais ou responsáveis) com o auxílio de ilustrações, fotos, vídeos, blogues ou mídias eletrônicas em geral. Ao longo do trabalho, cada integrante deve defender seus pontos de vista com argumentos e respeitando as opiniões dos colegas.

1 ▸ Apresentem uma campanha (com textos, cartazes, vídeos, frases de alerta, músicas, etc.) para a classe e para a comunidade escolar sobre como economizar energia elétrica. Pesquisem e apresentem também as vantagens econômicas e ambientais proporcionadas por essa conduta.

2 ▸ Procurem, na casa onde moram ou na escola, cinco etiquetas em equipamentos elétricos semelhantes à da figura 8.17. Se possível, façam um registro fotográfico das etiquetas, nomeando as fotos para identificar em quais aparelhos elas foram encontradas.

a) Qual é a função dessas etiquetas?

b) Equipamentos mais eficientes podem ser mais caros no momento da compra. Como o valor mais alto pode ser compensado durante o uso?

c) Quais equipamentos avaliados apresentam boa eficiência energética? Como você descobriu essa característica?

Aprendendo com a prática

Para construir uma bússola, providencie o que se pede a seguir e, depois, siga as orientações.

Material

- Agulha grande de costura
- Ímã
- Vasilha ou um copo com água
- Pedaço de cortiça
- Fita adesiva

> **⚠ Atenção**
>
> Não faça montagens com objetos perfurantes sem a assistência do professor.

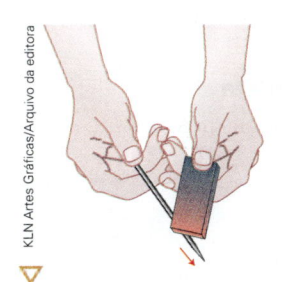

8.32 Repita esse movimento pelo menos 30 vezes, em um só sentido.

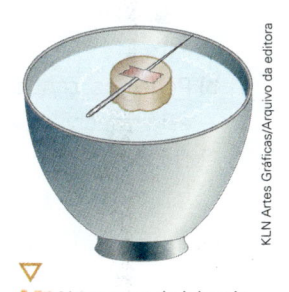

8.33 Montagem da bússola.

Procedimento

1 ▸ O professor irá passar pelo menos 30 vezes um dos polos do ímã ao longo do comprimento da agulha, sempre no mesmo sentido, como indica a figura 8.32.

2 ▸ O professor irá prender a agulha à cortiça usando fita adesiva. Coloque o conjunto flutuando sobre a água. Veja a figura 8.33. (Para que a rolha se mova com mais facilidade, pode-se misturar à água uma gota de detergente.)

Resultados e discussão

Agora faça o que se pede.

a) Rotacione a vasilha em um sentido. Espere a água parar de se mexer e observe a posição da agulha. Agora gire a vasilha no outro sentido e observe. Como você explica o que aconteceu?

b) Aproxime o ímã da agulha e veja o que acontece.

c) A agulha não aponta exatamente para o polo norte e o polo sul geográficos. Para onde então ela aponta? Pesquise o que são esses polos.

Autoavaliação

1. Você compreendeu como é feito o cálculo do consumo de energia elétrica?

2. Como você avalia o uso de energia elétrica em sua residência? Existem formas de otimizar esse uso? Proponha medidas com base no que foi estudado neste capítulo.

3. Você compreendeu como é o funcionamento de uma bússola magnética?

9 Fontes de energia e impactos socioambientais

9.1 Usina hidrelétrica de Tucuruí, no rio Tocantins, em Tucuruí (PA), 2017.

Os recursos obtidos do ambiente e utilizados em diferentes atividades humanas são chamados recursos naturais. Materiais como madeira e petróleo, por exemplo, são extraídos da natureza e podem ser transformados nos mais variados objetos ou utilizados como fonte para a geração de vários tipos de energia, como a elétrica, a mecânica e a térmica.

A obtenção, a geração e o uso dessas formas de energia possibilitam que os seres humanos transformem a natureza, mas também trazem problemas sociais e ambientais. Para reduzir o impacto que causamos ao ambiente, é cada vez mais importante pensar em diferentes fontes de energia. Neste capítulo vamos conhecer e avaliar algumas das fontes de energia disponíveis. Veja a figura 9.1.

▶ Para começar

1. Como a energia elétrica chega até as residências?

2. Entre as fontes de energia utilizadas pelo ser humano para gerar energia elétrica, quais não podem ser renovadas pela natureza com a mesma velocidade com a qual são consumidas?

3. Que problemas o uso de fontes de energia como a nuclear, o carvão e os derivados de petróleo pode trazer para o ambiente? O que pode ser feito para diminuir esses problemas?

1 Como a energia elétrica chega até nós

Como você e sua família utilizam energia elétrica? Vocês usam essa energia para aquecer a água do chuveiro? Ou para movimentar as pás de um ventilador em dias quentes? Vocês usam equipamentos elétricos, como televisores ou computadores?

Estudamos no capítulo anterior que a energia elétrica é transformada em outros tipos de energia por aparelhos que usamos no dia a dia, por exemplo: em energia térmica pelo ferro de passar roupa e pelo chuveiro elétrico; em luz e som por televisores e computadores; em movimento pelo ventilador e pela máquina de lavar.

A energia elétrica é usada em muitas atividades humanas: para iluminar ruas, residências, escolas e comércios; para controlar os semáforos; para acionar bombas hidráulicas, que impulsionam a água que abastece casas e edifícios; para ligar aparelhos de ar condicionado que regulam a temperatura de escritórios, mercados e hospitais; para alimentar equipamentos elétricos e eletrônicos usados em residências, estabelecimentos comerciais, empresas e indústrias, entre outros exemplos. Veja a figura 9.2.

Você sabe como a energia elétrica é gerada e como ela chega até o local onde você mora? Como veremos ao longo deste capítulo, a energia elétrica vem de diferentes tipos de usinas e então é distribuída por meio de linhas de transmissão. Veja a figura 9.3.

O transporte da energia elétrica é feito por fios e cabos condutores. Como em todo processo de transmissão, há perda de energia no transporte desde a geração de energia elétrica até a chegada ao consumidor final, que pode ser uma residência, um estabelecimento comercial ou uma indústria, por exemplo.

9.2 A energia elétrica é fundamental para manter o funcionamento dos equipamentos dos hospitais. Na foto, sala de diagnóstico por imagem em hospital em São Paulo (SP), 2015.

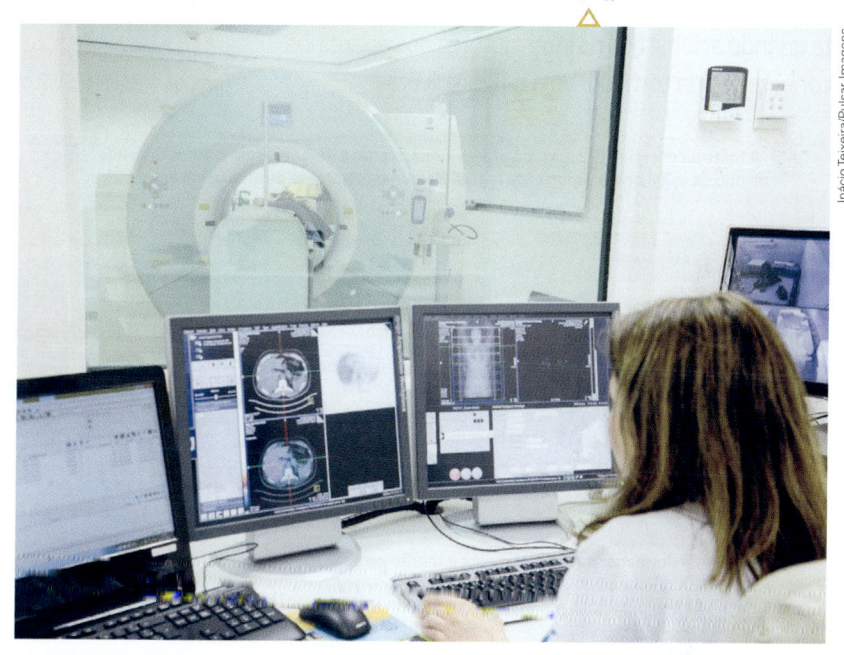

Inácio Teixeira/Pulsar Imagens

Rubens Chaves/Pulsar Imagens

9.3 Torres de transmissão de energia elétrica em Sapeaçu (BA), 2016.

A corrente elétrica passa inicialmente por subestações de transmissão, que possuem **transformadores**. Veja a figura 9.4. Esses equipamentos aumentam a tensão elétrica de modo a reduzir a intensidade da corrente elétrica. Isso diminui a perda de energia pelo aquecimento dos fios.

A energia elétrica vai então para outra subestação, que irá reduzir a tensão, e depois segue para as linhas de distribuição, compostas de postes que sustentam os fios condutores. A energia chega à caixa do medidor, ou relógio de luz, que mede o consumo de energia de cada residência, e daí ficará disponível nas tomadas. O percurso da eletricidade se completa quando acionamos os interruptores dos aparelhos conectados na tomada. Veja a figura 9.5.

9.4 Transformadores de energia no Parque Eólico do Geribatu, em Santa Vitória do Palmar (RS), 2017.

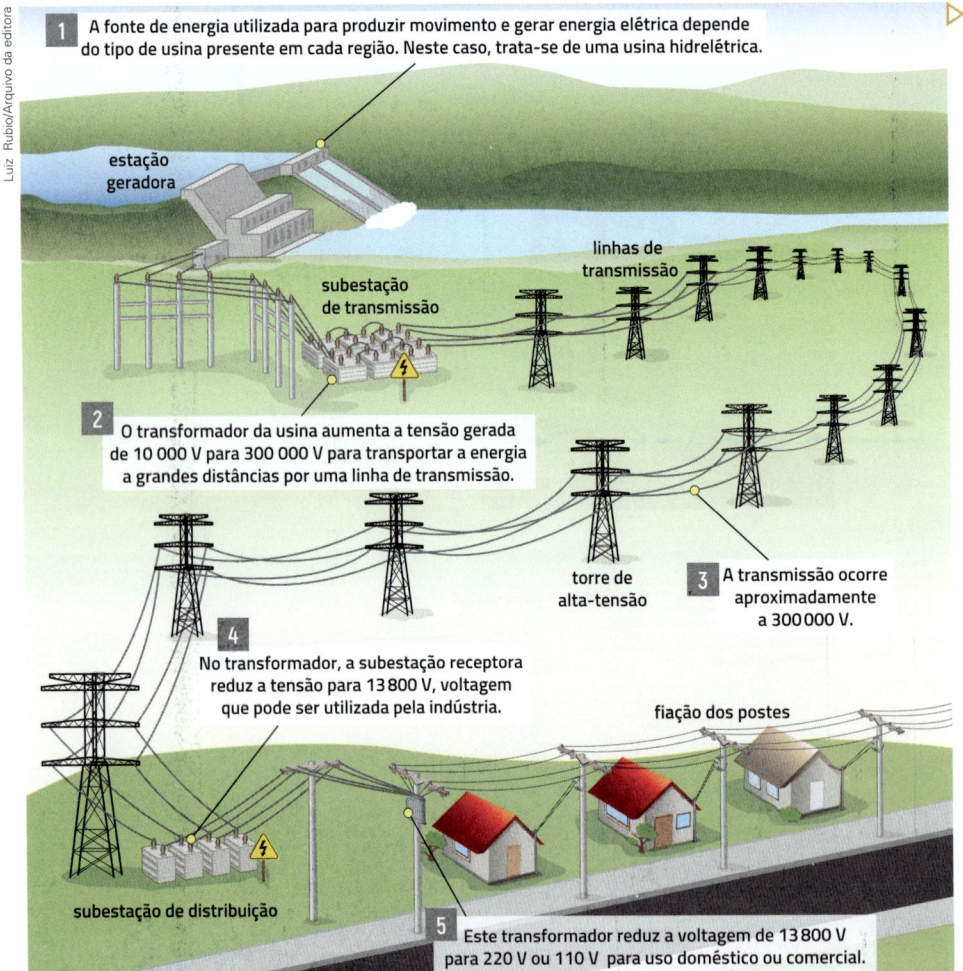

1 A fonte de energia utilizada para produzir movimento e gerar energia elétrica depende do tipo de usina presente em cada região. Neste caso, trata-se de uma usina hidrelétrica.

estação geradora

linhas de transmissão

subestação de transmissão

2 O transformador da usina aumenta a tensão gerada de 10 000 V para 300 000 V para transportar a energia a grandes distâncias por uma linha de transmissão.

torre de alta-tensão

3 A transmissão ocorre aproximadamente a 300 000 V.

4 No transformador, a subestação receptora reduz a tensão para 13 800 V, voltagem que pode ser utilizada pela indústria.

fiação dos postes

subestação de distribuição

5 Este transformador reduz a voltagem de 13 800 V para 220 V ou 110 V para uso doméstico ou comercial.

9.5 Esquema simplificado das etapas da distribuição de energia elétrica gerada em uma usina hidrelétrica para os centros consumidores. (Elementos representados em tamanhos não proporcionais entre si. Cores fantasia.)

Depois que a energia elétrica chega a residências, empresas, indústrias e estabelecimentos comerciais, ela é usada em vários aparelhos elétricos ou eletrônicos e transformada em outras formas de energia.

Agora que você já sabe como a energia elétrica chega a sua casa, pense: Como você consome energia elétrica em sua casa? Você toma cuidados para evitar o desperdício? E na escola, você tem os mesmos cuidados?

 Mundo virtual

Agência Nacional de Energia Elétrica
http://www.aneel.gov.br/espaco-do-consumidor
Informações relacionadas à energia elétrica.
Acesso em: 28 fev. 2019.

2 Recursos renováveis e não renováveis

A energia elétrica não é o único tipo de energia que utilizamos no cotidiano. Você sabe de onde vem a energia usada em fornos, fogões e em alguns chuveiros? Esses equipamentos podem usar um gás derivado do petróleo, o gás liquefeito de petróleo, ou um gás encontrado em depósitos subterrâneos, o gás natural. Esses gases e outros compostos conhecidos como combustíveis são fontes de energia química. Quando os combustíveis são queimados, essa energia pode ser convertida, com a ajuda de outros processos, em calor ou em movimento, por exemplo.

Além do gás, o carvão mineral e outros derivados de petróleo são exemplos de combustíveis fósseis. Eles são chamados assim porque se originam da transformação de corpos de organismos que viveram há milhões de anos. Veja a figura 9.6.

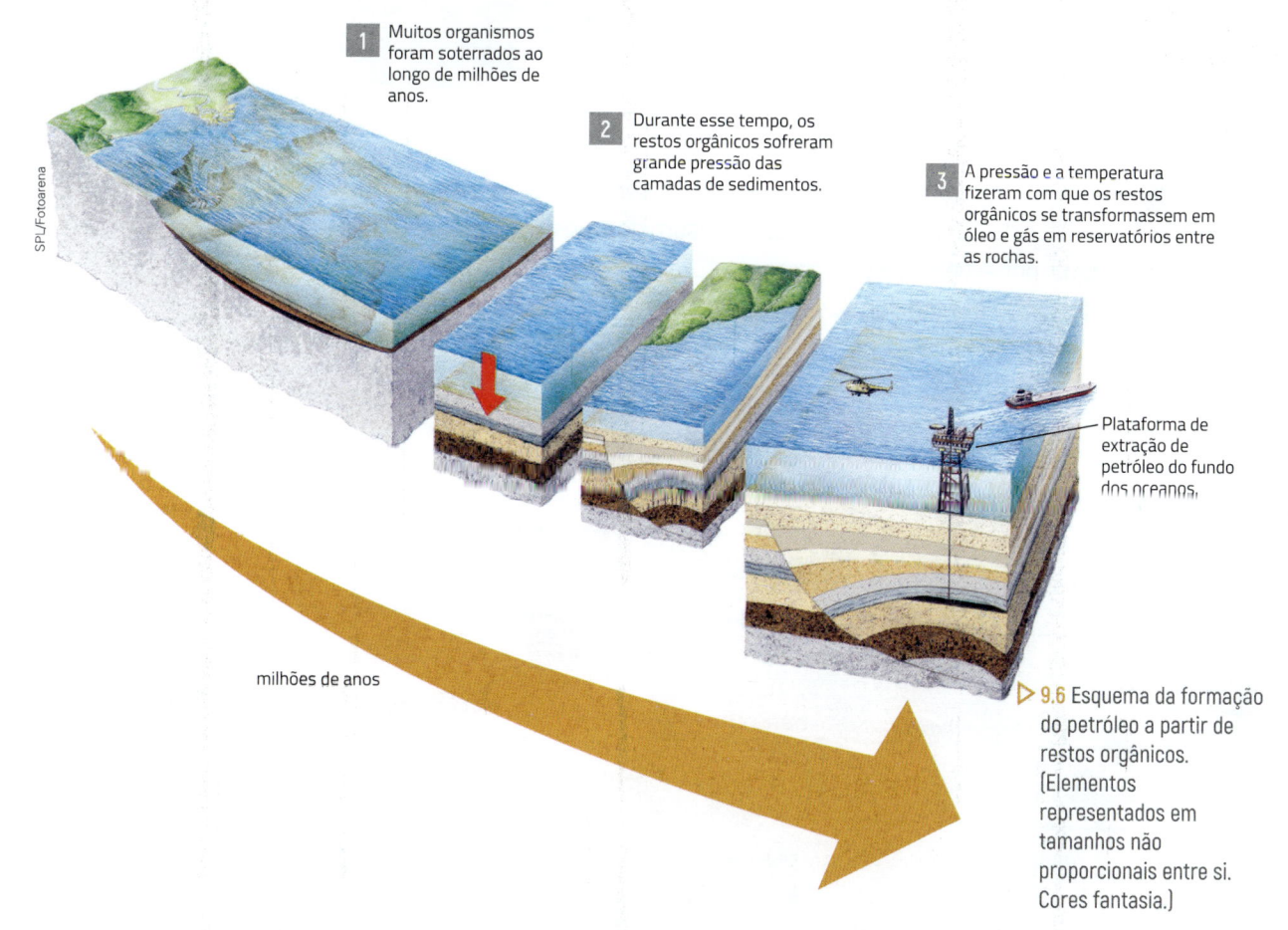

1 Muitos organismos foram soterrados ao longo de milhões de anos.

2 Durante esse tempo, os restos orgânicos sofreram grande pressão das camadas de sedimentos.

3 A pressão e a temperatura fizeram com que os restos orgânicos se transformassem em óleo e gás em reservatórios entre as rochas.

Plataforma de extração de petróleo do fundo dos oceanos.

milhões de anos

▷ 9.6 Esquema da formação do petróleo a partir de restos orgânicos. (Elementos representados em tamanhos não proporcionais entre si. Cores fantasia.)

A maior parte da energia que move automóveis, ônibus, caminhões e que é utilizada na indústria vem dos combustíveis fósseis. E, como estamos consumindo esses recursos em uma velocidade maior do que aquela com que eles se formam na natureza, dizemos que os combustíveis fósseis são **recursos não renováveis**. Já ficou evidente para a sociedade que não podemos depender apenas desses recursos como fonte de energia. Além da possibilidade de esgotamento, o uso desse tipo de recurso polui o ambiente e intensifica o efeito estufa, provocando o aquecimento global, como estudamos no 7º ano.

Os minerais, dos quais são extraídos os metais usados na produção de eletrônicos e outros objetos, também são recursos não renováveis. Veja a figura 9.7.

9.7 Pátio de extração de minério de ferro (hematita), em Belo Vale (MG), 2016. No detalhe, operário trabalhando no forno usado na produção do aço.

Já os **recursos naturais renováveis** são aqueles que podem ser repostos à medida que são consumidos. Isso quer dizer que eles podem ser produzidos pelo ser humano ou pelos ciclos naturais à medida que são consumidos, possibilitando seu uso permanente. A água, por exemplo, é um recurso natural renovável, como estudamos no 6º ano. No entanto, a poluição dos rios e mares pode fazer com que esse recurso se esgote. Veja a figura 9.8.

9.8 Esgoto residencial despejado sem tratamento em córrego em Padre Paraíso (MG), 2018. Embora a água seja um recurso renovável, a poluição pode levar ao seu esgotamento, especialmente quando pensamos em água potável.

Mesmo sendo renováveis, a disponibilidade desses recursos depende de alguns fatores: o uso não pode ser mais rápido do que a velocidade de reposição e deve haver proteção contra poluição e outros desequilíbrios ecológicos provocados pela espécie humana.

No caso da geração de energia elétrica, investir em fontes renováveis pode reduzir o uso de combustíveis fósseis. Vamos ver a seguir quais as vantagens e as desvantagens dessas fontes.

3 Geração de energia elétrica

A maior parte da energia elétrica utilizada no Brasil vem de usinas hidrelétricas. Entretanto, no país também são utilizadas, em menor escala, usinas termelétricas e nucleares. Em muitos países, essas usinas são as principais fontes de energia.

Vamos entender como funcionam as principais fontes de energia disponíveis atualmente.

Usinas hidrelétricas

Nas usinas hidrelétricas, o movimento da água é utilizado para gerar energia elétrica. Nessas usinas é construída uma barragem próxima a regiões em que seja possível criar uma queda-d'água, interrompendo o curso de um rio e formando um reservatório de água. Quando essa água represada é liberada e cai, ela impulsiona imensas rodas, as **turbinas**, movimentando-as. Observe a figura 9.9.

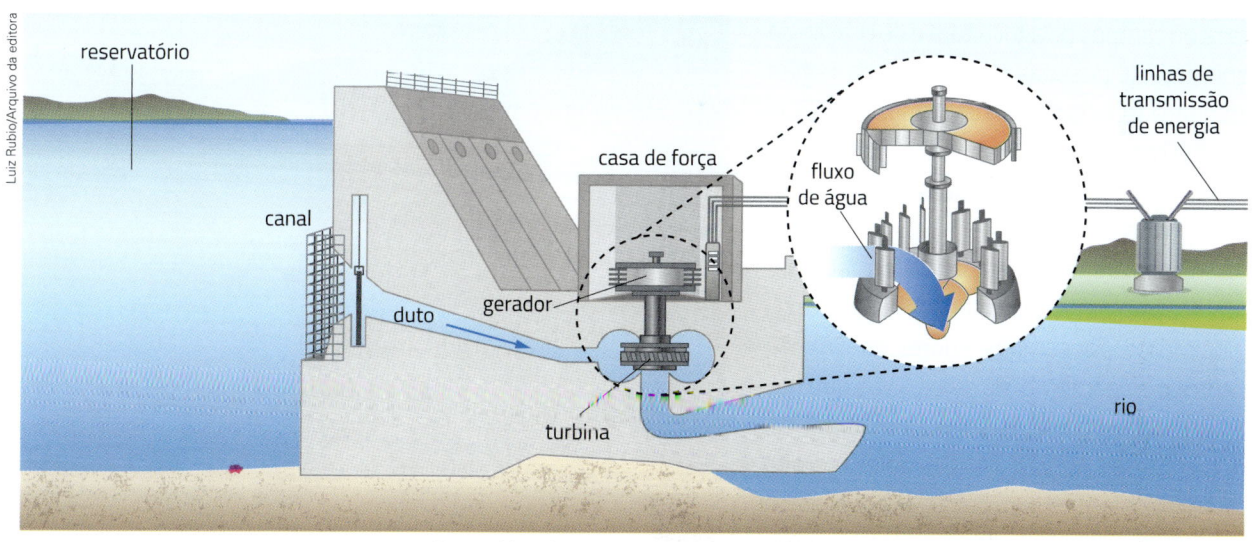

Fonte: elaborado com base em ANEEL. *Energia hidráulica.* Disponível em: <www.aneel.gov.br/arquivos/ PDF/atlas_par2_cap3.pdf>. Acesso em: 28 fev. 2019.

▽
9.9 Ilustração esquemática de uma usina hidrelétrica. (Elementos representados em tamanhos não proporcionais entre si. Cores fantasia.)

A turbina movimenta um conjunto de eletroímãs dentro do gerador e isso faz uma corrente elétrica passar pelo fio de espiras. Desse modo, a energia do movimento (energia cinética) da água é transformada na energia elétrica que será distribuída, pelas linhas de transmissão, para as residências.

> Você estudou no capítulo anterior que os eletroímãs são ímãs produzidos por uma corrente elétrica.

Como você classificaria o recurso natural usado na obtenção de energia nas usinas hidrelétricas? Embora essas usinas usem um recurso renovável, a água, e não liberem gases do efeito estufa durante seu funcionamento, as usinas hidrelétricas trazem alguns problemas.

> São os gases que contribuem para o aquecimento global e as mudanças climáticas, conforme você estudou no 7º ano.

Em muitos casos, a construção das barragens gera grande impacto no ambiente, inclusive para as populações humanas. Como tanto o ambiente quanto a sociedade são atingidos pelas transformações, dizemos que essas hidrelétricas causam **impactos socioambientais**.

Isso acontece porque, para o funcionamento da maioria das usinas hidrelétricas, grandes áreas são alagadas para servir de reservatório de água. Veja a figura 9.10.

9.10 Imagens de antes (1963) e depois (1965) da inundação da cidade de Guapé (MG) pelas águas do lago de Furnas.

A área alagada pode ser uma cidade inteira ou campos de agricultura e de criação de animais. As pessoas que viviam na região inundada têm de deixar suas casas para viver e trabalhar em outro lugar. Veja a figura 9.11. Com a obra concluída, há ainda o risco de rompimento da barragem.

Essas áreas usadas para a formação de represa também podem ser constituídas, originalmente, por campos e florestas. Quando ocorre o alagamento, os seres vivos que habitam esses ambientes são prejudicados pela perda de seu *habitat*. Muitos deles, se não forem transferidos para outros locais, acabam morrendo. Estudos indicam que, se a vegetação não é previamente retirada, a decomposição das árvores libera gases do efeito estufa, como o metano. Veja a figura 9.12.

9.11 As ruínas de uma cidade alagada pela represa de Paraibuna (SP) apareceram com a estiagem, em 2015.

9.12 Floresta inundada por barragem de usina hidrelétrica no rio Madeira, Porto Velho (RO), 2016.

Para gerar energia nas usinas hidrelétricas, é necessário que os reservatórios tenham volume suficiente de água para acionar as turbinas. Por isso, a falta de chuvas em certas épocas do ano pode interferir no abastecimento de energia elétrica. Veja a figura 9.13.

Outro aspecto negativo das hidrelétricas é que boa parte dos recursos hídricos no Brasil, muitos deles na região Norte, estão longe das áreas de maior consumo de energia, como o Sudeste. Essa característica exige grandes investimentos na construção de linhas de transmissão. Além disso, muitas comunidades tradicionais, como as quilombolas, e povos indígenas estão próximos desses recursos hídricos. Dessa forma, a construção de hidrelétricas afeta essas comunidades de forma direta ou indireta, provocando conflitos.

9.13 Represa de usina hidrelétrica com baixo volume de água em Caconde (SP), 2017.

Nos últimos anos, vem sendo estimulada a construção das chamadas pequenas centrais hidrelétricas (PCH). Por serem pequenas e necessitarem de um reservatório menor, as PCH têm impacto ambiental e social menor que o das grandes usinas, embora tenham menor capacidade de gerar energia. Algumas dessas usinas menores funcionam "a fio d'água", ou seja, não possuem reservatório de água.

A maior parte da matriz energética no mundo é composta, principalmente, de fontes não renováveis, como o carvão, o petróleo e o gás natural.

No caso do Brasil, grande parte da energia elétrica gerada vem de usinas hidrelétricas; a energia eólica também vem crescendo bastante. Por isso, a maior parte da matriz elétrica brasileira é considerada renovável.

+ Saiba mais

Geração de energia e eletromagnetismo

Como estudamos no capítulo anterior, o movimento de um ímã próximo de um fio condutor pode gerar corrente elétrica. Esse princípio é usado em usinas de geração de energia elétrica, como a hidrelétrica, a termelétrica e a nuclear. Nelas, diferentes recursos são usados para movimentar turbinas, que fazem girar, dentro de um gerador, eletroímãs no meio de espiras de fios condutores. Desse modo, a energia cinética é transformada em energia elétrica. Veja a figura 9.14.

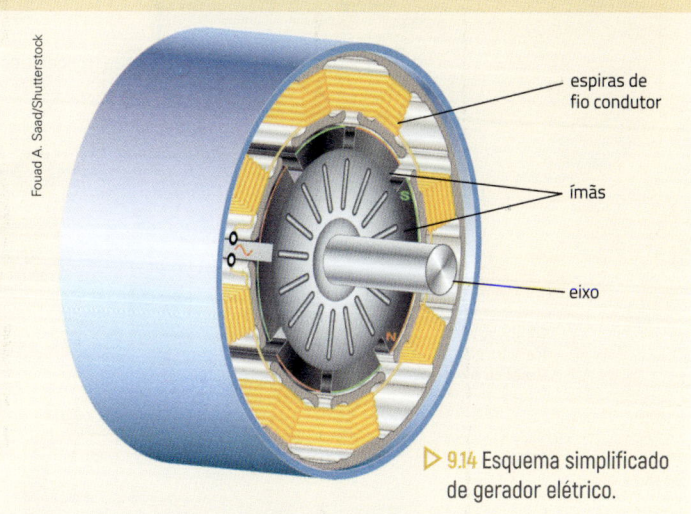

espiras de fio condutor

ímãs

eixo

▷ 9.14 Esquema simplificado de gerador elétrico.

Usinas termelétricas e combustíveis fósseis

Nas usinas termelétricas, a queima de combustíveis fósseis (carvão, petróleo e seus derivados) aquece a água em estado líquido. O vapor de água gerado impulsiona a turbina, resultando na produção de energia elétrica. Veja as figuras 9.15 e 9.16. Como você classificaria o recurso natural usado na obtenção de energia nas usinas termelétricas?

Minha biblioteca

Usos de energia – Alternativas para o século XXI, de Helena da Silva F. Tundisi. São Paulo: Atual, 2013.
Em uma visão ampla e multidisciplinar, essa obra aborda um grande problema dos dias de hoje: a crise energética. O livro traz um panorama do estágio atual das fontes de energia no Brasil e no mundo, seus usos nos vários setores e as perspectivas futuras dessas fontes energéticas.

Delfim Martins/Pulsar Imagens

▷ 9.15 Vista aérea de termelétrica em Caucaia (CE), 2018.

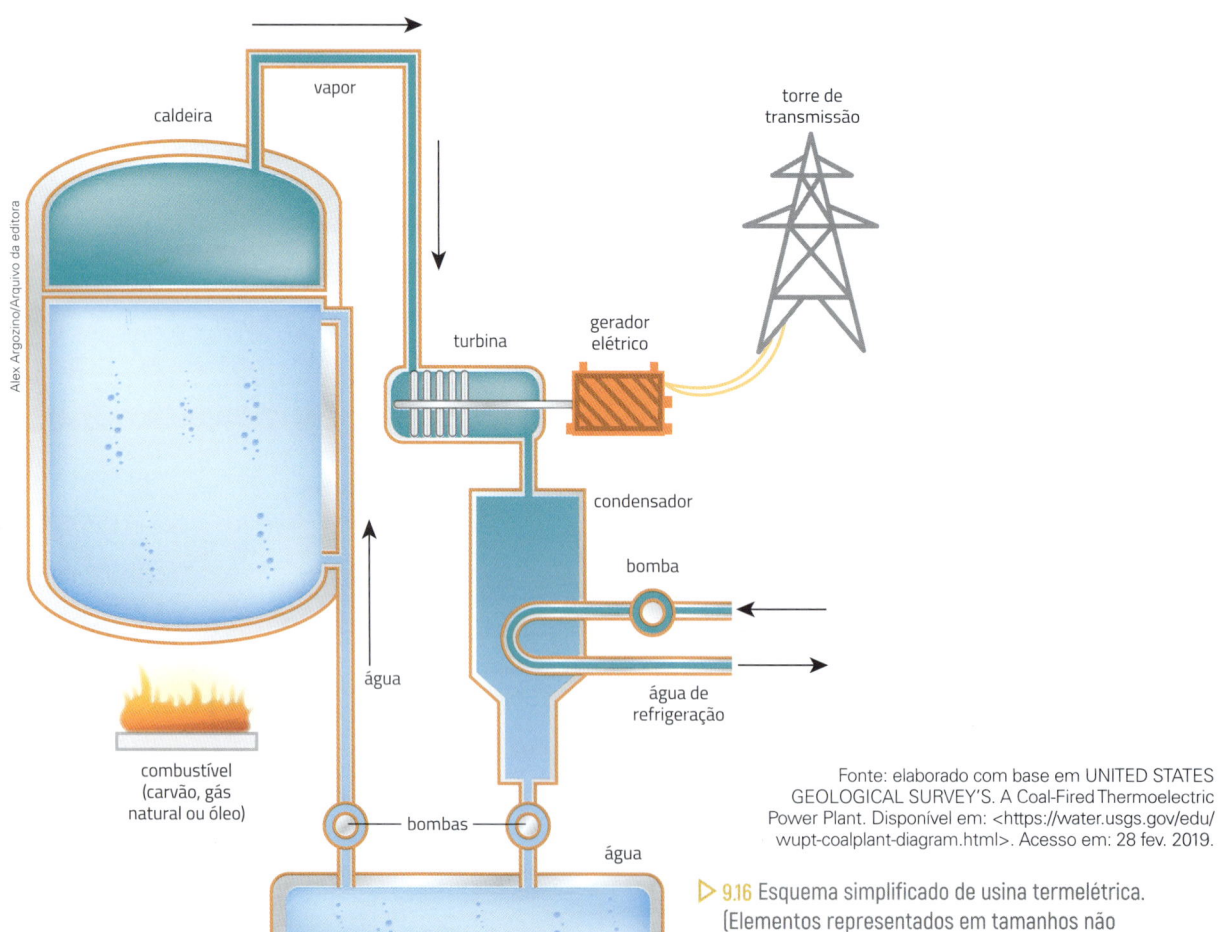

Alex Argozino/Arquivo da editora

Fonte: elaborado com base em UNITED STATES GEOLOGICAL SURVEY'S. A Coal-Fired Thermoelectric Power Plant. Disponível em: <https://water.usgs.gov/edu/wupt-coalplant-diagram.html>. Acesso em: 28 fev. 2019.

▷ 9.16 Esquema simplificado de usina termelétrica. (Elementos representados em tamanhos não proporcionais entre si. Cores fantasia.)

Os combustíveis usados nas termelétricas são recursos que trazem desvantagens ao meio ambiente. Sua queima libera gases, como o nitrogênio e o enxofre, que irritam os olhos e prejudicam as vias respiratórias e os pulmões. A combustão libera, ainda, gás carbônico, contribuindo para a intensificação do efeito estufa e, consequentemente, do aquecimento global.

Os gases de enxofre e nitrogênio, emitidos por usinas que usam carvão ou petróleo e seus derivados, podem se combinar com o vapor de água do ar e formar ácidos. Esse fenômeno, conhecido como chuva ácida, altera a composição da água e do solo, prejudicando plantações, florestas e a vida aquática. A chuva ácida também degrada prédios e monumentos.

O carvão mineral é um dos combustíveis usados em algumas usinas termelétricas. Entre suas vantagens, tem-se o custo relativamente baixo e as grandes reservas minerais de fácil acesso. Veja a figura 9.17.

Veículos que usam derivados de petróleo como combustível também liberam esses gases que causam impacto no ambiente.

Assim como o efeito estufa e o aquecimento global, a chuva ácida foi estudada no 7º ano.

9.17 Túnel de mina de extração de carvão mineral em Criciúma (SC), 2016.

9.18 Em setembro de 1984, uma mina de carvão a 80 metros de profundidade explodiu em Santana (SC), matando três trabalhadores por falta de ar e queimaduras. Atualmente, as condições de trabalho são melhores e há mais medidas de segurança, mas a profissão de minerador ainda é considerada perigosa.

Entretanto, além dos problemas ambientais, a exploração de minas de carvão pode causar problemas respiratórios nos mineradores e nos habitantes próximos às usinas de carvão, além de expor os trabalhadores a riscos de acidentes. Veja a figura 9.18.

Algumas usinas termelétricas usam o gás natural. Assim como o petróleo, ele é extraído da parte superior de depósitos subterrâneos, localizados sob a terra ou sob o mar, por meio de perfurações de poços.

O gás natural é usado como combustível em fogões, fornos, aquecedores e em alguns veículos. É um recurso abundante cuja queima polui menos do que a do petróleo e a do carvão mineral, embora também colabore para a intensificação do efeito estufa, ou seja, para o aquecimento global. As estruturas para distribuição de gás natural têm custo elevado. Veja a figura 9.19.

Além disso, por estar nos mesmos depósitos subterrâneos que o petróleo, o gás natural é obtido durante a exploração petrolífera. Portanto, ambos os combustíveis compartilham alguns danos ambientais que podem ocorrer nas fases de exploração, refino, transporte e distribuição. A limpeza dos tanques de navios-petroleiros no mar também causa danos ao ecossistema aquático.

9.19 O gás extraído é transportado por gasodutos até as termelétricas, onde é usado como combustível. Na foto, obra de manutenção em gasoduto que passa em São José dos Campos (SP), 2015.

O petróleo liberado na água pode aderir às brânquias dos peixes, impedindo sua respiração, ou se prender às penas das aves e aos pelos dos mamíferos, fazendo com que esses animais percam a capacidade de se proteger das baixas temperaturas do ambiente. Outro risco são os derramamentos de petróleo, nos quais uma parte do material se espalha pela superfície da água e forma uma fina película que diminui a passagem da luz para trechos mais profundos. Veja a figura 9.20. Isso impede a troca de gases necessária à fotossíntese e à respiração dos seres aquáticos. Com isso, muitos organismos morrem.

9.20 Derramamento de petróleo no litoral gaúcho, no município de Tramandaí (RS), 2016. No detalhe, crustáceo coberto de petróleo. Como o petróleo é oleoso, ele adere às brânquias dos animais aquáticos, fazendo com que não consigam respirar. Ele também pode aderir às penas das aves e aos pelos dos mamíferos, impedindo a presença de ar. O resultado é a perda da capacidade de isolamento térmico dos animais, que podem morrer de frio.

Índios acham boto, peixes e cágado mortos após vazamento de óleo

Índios da etnia Kayabi, que moram na aldeia Dinossauro, no município de Apiacás, a 1055 km de Cuiabá, encontraram um boto, peixes e tartarugas mortos após um vazamento de óleo no rio Teles Pires, na divisa [de Mato Grosso] com o estado do Pará. [...] Os animais, segundo os índios, morreram após a contaminação.

Governo Federal/Reprodução IBAMA

▷ **9.21** Óleo no rio Teles Pires, na divisa entre Mato Grosso e Pará, em 2016.

Segundo o cacique Tawari Kaiabi, os indígenas já pararam de consumir a água do rio e estão sendo abastecidos com galões de água potável enviada pela empresa responsável pela construção da hidrelétrica.

Os animais mais afetados com o vazamento, segundo o chefe da aldeia, foram os peixes, principal alimento dos indígenas. "Encontramos muitos peixes mortos ao longo do rio. Estamos com dificuldades para achar alimento que não esteja contaminado", disse.

[...]

Além de peixes, ele afirmou já ter encontrado tracajás (espécie de cágado) e um boto mortos no rio.

A contaminação alterou o modo de vida da aldeia. "Não podemos mais pescar por causa da contaminação, mas não temos muitas opções, então, continuamos consumindo peixes daqui", afirmou Tawari.

[..]

Com a contaminação da água, uma das preocupações é a saúde dos índios. "Depois do vazamento as crianças e os adolescentes estão com diarreia e nossa suspeita é que tenha sido causada pela contaminação", disse, explicando que tenta convencer os indígenas a não consumirem a água.

De acordo com Tawari, a empresa tem disponibilizado, a cada três dias, 80 galões de água mineral. A maior preocupação do cacique, no entanto, é com o prazo em que a água vai ser disponibilizada. "Eles só vão mandar durante 30 dias. E nós sabemos que o estrago não vai durar só isso", declarou.

[...]

Segundo a antropóloga Fernanda Silva, do Fórum Teles Pires, existem pelo menos 15 aldeias indígenas ao longo do rio.

SOUZA, André. Índios acham boto, peixes e cágado mortos após vazamento de óleo. *G1*. Disponível em: <http://g1.globo.com/mato-grosso/noticia/2016/11/indios-acham-boto-peixes-e-cagado-mortos-apos-vazamento-de-oleo.html>. Acesso em: 28 fev. 2019.

Energia de biomassa

O termo **biomassa** corresponde à matéria orgânica contida nos organismos. A biomassa está presente na lenha, em resíduos da madeira, no bagaço de cana-de--açúcar, na matéria orgânica do lixo, em sementes, entre outros. Veja a figura 9.22.

Esses materiais podem ser queimados, sendo usados diretamente como combustível, ou podem ser processados, produzindo um **biocombustível**, como é o caso do etanol e do biodiesel.

O etanol, também conhecido como álcool, é produzido pela fermentação da cana-de-açúcar. Já o biodiesel é produzido a partir de óleo de soja, óleo de algodão, gordura animal, entre outros. A vantagem dos biocombustíveis é que eles são renováveis e podem ser usados, por exemplo, em veículos e em outros equipamentos no lugar dos combustíveis fósseis. Veja a figura 9.23. Além disso, esses combustíveis podem ser empregados como fonte de energia nas usinas termelétricas.

Como grande parte da biomassa utilizada tem origem vegetal, o uso desse recurso garante uma compensação da quantidade de gás carbônico na atmosfera, pois as plantas, quando crescem, retiram gás carbônico do ar, compensando a liberação do gás pela queima. O cultivo de plantas também contribui com o aumento na oferta de trabalho no campo e sua produção é mais barata que a de combustíveis fósseis.

O uso da biomassa tem como desvantagens a dificuldade de armazenamento e a menor eficiência na geração de energia em relação aos combustíveis fósseis. Além disso, se a lavoura para a produção de alimentos for substituída por lavouras para a produção de biocombustíveis, a produção de alimentos vai diminuir e o custo deles vai aumentar; plantações podem ameaçar reservas de vegetação nativa e, consequentemente, a biodiversidade, pois em certos casos é necessária uma grande área para o cultivo. Veja a figura 9.24.

9.22 Tratores sobre montanha de bagaço de cana em Valparaíso (SP), 2014. O bagaço é usado como combustível na produção de energia elétrica.

9.23 Ônibus movido por biodiesel em Curitiba (PR), 2016.

9.24 Plantação de soja em diferentes estágios em Cambé (PR), 2018. No centro, área recém-colhida.

Energia eólica

A energia eólica é obtida a partir dos ventos, que fazem girar hélices em forma de pás. Como estudamos no capítulo 6, os ventos são gerados devido às diferenças de temperatura e de pressão do ar entre as regiões, provocando o deslocamento de massas de ar.

Inicialmente, a energia eólica era usada para o bombeamento de água e para a moagem de grãos em moinhos de vento. Ainda hoje ela é usada em zonas agrícolas, inclusive no Brasil, para extrair água de poços ou mesmo drenar água em salinas. Veja a figura 9.25.

Mundo virtual

Associação Brasileira de Energia Eólica
http://abeeolica.org.br/
Informações e notícias sobre energia eólica.
Acesso em: 28 fev. 2019.

Centro de energia eólica (PUC-RS)
http://www.pucrs.br/ce-eolica/informacoes-adicionais/perguntas-frequentes/
Lista de perguntas frequentes sobre energia eólica.
Acesso em: 28 fev. 2019

9.25 Salina com moinhos de vento em Araruama (RJ), 2018, usados para bombeamento de água.

Para a produção de energia elétrica, são usados geradores que transformam a energia cinética do movimento das pás. A energia eólica usa uma fonte renovável, o vento. Além disso, não emite gases do efeito estufa e é praticamente inesgotável.

No entanto, essa fonte não está disponível em grande quantidade em todos os locais do planeta. No caso do Brasil, há uma boa disponibilidade desse recurso, especialmente no Nordeste. Por essa razão, a região abriga o maior número de instalações de parques eólicos. Veja a figura 9.26.

O impacto socioambiental gerado por essa fonte de energia é a poluição sonora produzida pelo movimento das enormes hélices. As torres eólicas também podem provocar a morte de aves, insetos e morcegos que se chocam contra as hélices, oferecendo risco à biodiversidade local.

9.26 Parque eólico em Galinhos (RN), 2017.

ICMBio atualiza Relatório Anual de Aves Migratórias

O Instituto Chico Mendes de Conservação da Biodiversidade (ICMBio), por meio de seu Centro Nacional de Pesquisa e Conservação de Aves Silvestres (Cemave), acaba de atualizar [em 2016] o Relatório Anual de Rotas e Áreas de Concentração de Aves Migratórias, que delimita as áreas consideradas importantes para concentração, rota, pouso, descanso, alimentação e reprodução de aves migratórias no Brasil.

O relatório possui mapas por estado, recomendações de estudos, ações e medidas mitigatórias para as áreas consideradas importantes para as aves migratórias.

[...]

Segundo o relatório, o Brasil ocupa uma posição de destaque no cenário mundial em termos de biodiversidade de aves, sendo inclusive rota de muitas espécies migratórias, que se deslocam, regular e sazonalmente, entre duas ou mais áreas distintas, sendo uma delas seu local de reprodução.

Ao longo de sua rota migratória, as aves utilizam diversas áreas para descanso e alimentação, que são de grande importância para manutenção do seu ciclo de vida e, consequentemente, de suas populações. E só deixam suas áreas de reprodução quando as condições se apresentam desfavoráveis, em busca de locais que propiciem maior disponibilidade de alimento e habitat para continuação de seus processos biológicos como as mudas de penas, para depois retornarem às suas áreas de origem [...].

São registradas também migrações em escalas regionais, inclusive por espécies que cumprem todo o ciclo em território nacional, relacionadas a eventos localizados como as enchentes na planície pantaneira e ciclos de chuva do Nordeste.

[...]

Tais áreas vêm sendo drasticamente reduzidas e alteradas por atividades antrópicas como, por exemplo, a implantação de parques eólicos, que têm ganhado bastante espaço e incentivo por ser considerada fonte de energia limpa, renovável e de baixo impacto ao meio ambiente. [...]

Entre as recomendações de medidas preventivas já testadas em outros países, para minimizar tais impactos de parques eólicos sobre a avifauna estão o uso de luzes intermitentes e estruturas tubulares nas torres, a instalação de radares acoplados a dispositivos que desliguem as turbinas em caso de aproximação de bandos de aves, o recolhimento de carcaças próximas às turbinas para evitar a atração de outras aves, bem como o monitoramento diário da área em períodos críticos de migração, dentre outros.

BRASIL. Ministério do Meio Ambiente. ICMBio atualiza Relatório Anual de Aves Migratórias. *Instituto Chico Mendes de Conservação da Biodiversidade.* Disponível em: <http://www.icmbio.gov.br/portal/ultimas-noticias/4-destaques/7491-icmbio-atualiza-relatorio-anual-de-aves-migratorias>. Acesso em: 28 fev. 2019.

Marcos Amend/Pulsar Imagens

▷ **9.27** Tesoura-do-brejo (*Gubernetes yetapa*; entre 35 cm e 42 cm de comprimento, incluindo a cauda), uma ave migratória, em São Roque de Minas (MG), 2018. Atividades humanas, como a construção de parques eólicos, podem interferir nas rotas migratórias de aves como essa.

Energia solar

A energia solar pode ser usada, de maneira geral, de duas formas: em um dos usos, ela aquece reservatórios de água (energia solar térmica), enquanto no outro ela é aproveitada para gerar energia elétrica (energia solar fotovoltaica).

Na **energia solar térmica**, encontrada em residências, coletores solares captam a energia térmica do Sol, que aquece a água. A radiação solar passa por uma camada de vidro transparente e aquece uma superfície metálica. Qual você imagina que seja a função da camada de vidro? Assim como ocorre em uma estufa, essa camada permite a passagem da radiação solar e impede perdas na forma de calor; assim, boa parte da energia térmica fica retida e é transferida para a placa metálica.

Parte da energia térmica é transferida para tubos por onde circula a água. A água fria entra, é aquecida e vai para um reservatório a fim de ser distribuída para a casa. Veja a figura 9.28.

9.28 Casas populares em que foram instalados armazenadores térmicos para aquecimento solar de água em João Cabentião do Paraíso (MG), 2016. No detalhe, esquema simplificado dos coletores solares que aproveitam a energia do sol para aquecer a água da casa. (Elementos representados em tamanhos não proporcionais entre si. Cores fantasia.)

Além da economia de energia elétrica ou de gás proporcionada pelo uso dos coletores solares, eles não poluem o ambiente e não aumentam o efeito estufa, ao contrário do que ocorre com a queima de combustíveis fósseis. O Brasil já é o quinto país que mais utiliza coletores solares no mundo.

Na **energia solar fotovoltaica**, as diversas células fotovoltaicas de silício, que compõem cada um dos painéis solares, transformam a energia da luz solar em energia elétrica. Veja a figura 9.29.

9.29 Vista aérea de painéis solares para a produção de energia na França, 2015.

Tanto na modalidade térmica como na fotovoltaica, há alguns aspectos negativos no uso da energia solar. Um deles é o alto custo de instalação dos equipamentos. A eficiência dessa modalidade de energia ainda é menor do que a dos combustíveis fósseis, uma vez que a energia solar só pode ser bem aproveitada em regiões com boa iluminação natural, de maneira semelhante ao que ocorre com a energia eólica e a disponibilidade de vento.

Energia geotérmica

Energia geotérmica é uma energia obtida a partir da energia térmica vinda do magma, localizado no manto, uma camada abaixo da crosta terrestre. Em algumas regiões vulcânicas do planeta, a elevada temperatura dos gases vulcânicos ou do magma provoca o aquecimento da água subterrânea. Essa água, quando superaquecida, jorra na forma de jatos, ou **gêiseres**. Veja a figura 9.30.

Você estudou no 6º ano que o magma é um material muito quente e pastoso, formado por rochas derretidas.

Maria Kan/Shutterstock

9.30 Gêiseres na Islândia. Além desse país, a Noruega, a Dinamarca e o Japão são alguns países que utilizam a energia geotérmica. No Brasil, ainda faltam pesquisas voltadas à exploração da energia geotérmica para geração de eletricidade.

Na Islândia, onde há muitos gêiseres, a água quente é bombeada para as casas e usada para aquecimento. Podem ser abertos buracos fundos no chão que atingem os reservatórios por onde saem vapor de água e outros gases. A energia térmica que vem da água aquecida também pode ser usada em usinas geotérmicas para a produção de energia elétrica. Desde que exploradas de forma adequada, essas usinas podem produzir energia por muito tempo e de maneira contínua. Veja a figura 9.31.

A principal desvantagem dessa fonte de energia é que, em muitos locais, é necessário cavar buracos muito profundos, o que torna a tecnologia cara. Além disso, alguns gases expelidos são corrosivos ou trazem riscos à saúde.

Melanie Stetson Freeman/The Christian Science Monitor via Getty Images

9.31 Instalação para captação da energia geotérmica em Reykjavik, na Islândia, 2017.

Energia das marés

Para aproveitar a energia das marés, é construído um reservatório junto ao mar, com turbinas e geradores. A água invade o reservatório com a maré alta e sai com a maré baixa. Com esse movimento, a turbina é acionada, gerando energia elétrica. Veja a figura 9.32.

É uma forma de obtenção de energia possível em locais onde há grande diferença de nível entre a maré baixa e a maré alta. Mas as variações no ciclo das marés dificultam o fornecimento regular de energia e o custo das instalações ainda é alto comparado com a quantidade de energia obtida.

Governo Federal/COPPE - UFR

9.32 Usina de Pecém (CE), 2015. Foi o primeiro protótipo da América Latina a gerar eletricidade a partir de ondas, em 2012.

Conexões: Ciência e tecnologia

Nas ondas do mar

O interesse em obter energia das ondas ganhou impulso a partir da década de 1970 com a crise do petróleo e um reforço, principalmente entre os países da Europa, com a assinatura do Protocolo de Kyoto, que prevê a redução de emissões de gases poluentes [...].

Uma das formas de atingir essa meta é aumentar a participação das energias renováveis na geração de eletricidade. Mas a ideia de aproveitar essa matriz energética é bem antiga. Em 1799 a França já registrava o primeiro pedido de patente de uma usina de ondas. A primeira a efetivamente funcionar por meio dessa energia foi a do porto de Huntington, na Grã-Bretanha, em 1909, que a utilizava para iluminação do cais. "Essa usina foi destruída pelas próprias ondas, pois o conhecimento técnico era incipiente na época", diz Eliab Ricarte Beserra, da UFRJ.

Estudos realizados no Reino Unido sobre o potencial energético disponível nos oceanos indicam valores da ordem de 1 terawatt (TW), o que significa a possibilidade de suprir toda a demanda do planeta. "Embora o aproveitamento de toda a energia disponível nos oceanos seja praticamente impossível, a conversão em eletricidade de uma pequena fração pode ter grande significado para os países que dominarem essa tecnologia", diz o professor Segen Stefen.

Vários países têm feito pesquisas nesse sentido, como Estados Unidos, Canadá, Noruega, Suécia, Dinamarca, Reino Unido, Holanda, Espanha, Portugal, Índia, China, Coréia do Sul, Japão, Austrália e Nova Zelândia. Já possuem instalações no mar em operação comercial a Holanda, com o projeto AWS, de 2 megawatts (MW) de potência, Portugal, com o OWC, de 400 quilowatts (kW), e o Reino Unido, com o Limpet, de 500 kW. A Dinamarca instalou recentemente no mar a Wave Dragon, com 4 MW de potência, e o Reino Unido, um protótipo, que já possui proporções comerciais, chamado de Pelamis, com 750 kW [...]. O Japão tem o maior número de protótipos e fez uma série de adaptações para fins específicos, como para barcos que fazem dragagem utilizando a energia das ondas.

ERENO, D. Nas ondas do mar. *Pesquisa Fapesp*. Disponível em: <http://revistapesquisa.fapesp.br/2005/07/01/nas-ondas-do-mar>. Acesso em: 28 fev. 2019.

Energia nuclear

Para gerar eletricidade, uma usina nuclear usa minerais de urânio, um elemento químico instável, isto é, que aos poucos vai se transformando em outros elementos, liberando grande quantidade de energia térmica no processo.

Por causa dessa e de outras características, dizemos que o urânio é radioativo. Como estudaremos no 9º ano, a radiação pode ser usada para diversos fins, como na realização de exames de imagens. No entanto, certas radiações, inclusive a radiação liberada pelo urânio, podem ser muito perigosas, provocando doenças e outros problemas.

O urânio pode passar por outros processos, como o usado na fabricação de bombas atômicas que, ao explodirem, liberam uma quantidade gigantesca de energia. Veja a figura 9.33.

Nas usinas nucleares, a energia térmica é usada para aquecer uma grande quantidade de água. Quando essa água se transforma em vapor, ela movimenta uma turbina que alimenta um gerador de eletricidade. Veja a figura 9.34.

Keystone, MPI/Getty Images

9.33 Explosão da bomba nuclear na cidade de Nagasaki, Japão, em 9 de agosto de 1945, no final da Segunda Guerra Mundial. Das cerca de 263 mil pessoas que viviam na cidade, calcula-se que até 80 mil tenham morrido imediatamente. Outras morreram tempos depois, em decorrência da exposição à radiação.

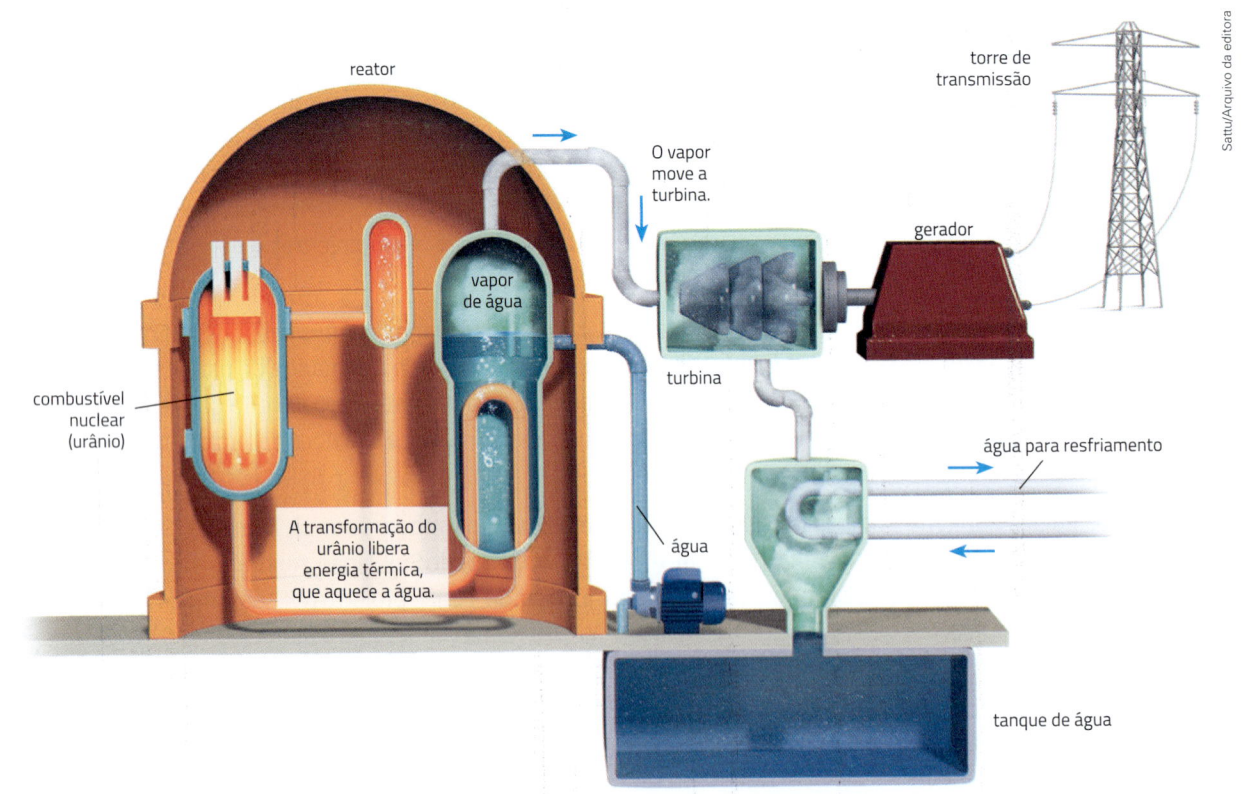

Sattu/Arquivo da editora

reator

O vapor move a turbina.

torre de transmissão

gerador

vapor de água

turbina

combustível nuclear (urânio)

A transformação do urânio libera energia térmica, que aquece a água.

água

água para resfriamento

tanque de água

Fonte: elaborado com base em COMISSÃO NACIONAL DE ENERGIA NUCLEAR. Energia nuclear e suas aplicações. Disponível em: <http://www.cnen.gov.br/images/cnen/documentos/educativo/apostila-educativa-aplicacoes.pdf>. Acesso em: 28 fev. 2019.

9.34 Esquema simplificado de uma usina nuclear. (Elementos representados em tamanhos não proporcionais entre si. Cores fantasia.)

No Brasil, a primeira usina nuclear, Angra 1, foi construída em Angra dos Reis, em 1985, a 150 quilômetros da cidade do Rio de Janeiro. Atualmente, há uma segunda usina no mesmo local, em funcionamento (Angra 2). Veja a figura 9.35. Uma terceira usina (Angra 3) permanece em construção desde 1984.

A energia nuclear não provoca poluição do ar nem contribui para o aquecimento global. A construção das usinas causa certo impacto no ambiente, mas não depende do alagamento de grandes regiões, como acontece nas usinas hidrelétricas. Mas, apesar dessas vantagens, a energia nuclear traz alguns problemas. Um deles é o risco de acidente nuclear, como o que ocorreu na Ucrânia, em 1986, e no Japão, em 2011.

No primeiro caso, a central nuclear de Chernobyl, localizada na antiga União Soviética e atual Ucrânia, sofreu uma explosão e liberou na atmosfera grande quantidade de material radioativo. No segundo caso, na usina nuclear de Fukushima, localizada no nordeste do Japão, ocorreram explosões em consequência de um terremoto de grande escala seguido de um *tsunami*. Veja a figura 9.36.

Em uma usina construída segundo as normas de segurança e mantida sob constante supervisão e manutenção, o risco de acidentes é baixo. Mas, se houver um acidente, ele pode trazer consequências muito graves aos seres vivos. Dependendo do tempo de exposição, do tipo e da intensidade da radiação, pode haver destruição de células ou alterações do material químico que forma os genes, originando mutações.

Algumas mutações podem causar câncer ou outras mudanças, que podem ser transmitidas às gerações seguintes. Doses altas de radiação podem matar em poucos dias. Pessoas que trabalham em ambiente com radiações precisam, portanto, monitorar o tempo de exposição, para não ultrapassar certos limites.

Outro problema é que, à medida que a usina nuclear funciona, outras substâncias radioativas surgem a partir do urânio e precisam ser removidas. Parte delas é reciclada para ser usada de novo pela própria usina. Outra parte, porém, não pode ser reciclada e tem de ser descartada. Essas substâncias radioativas descartadas formam o chamado **lixo radioativo** e constituem ameaça ao ambiente e à sociedade.

Há ainda o problema de que a água utilizada na refrigeração de usinas nucleares, ou outras usinas que utilizam energia térmica para aquecer água e mover uma turbina, é muitas vezes lançada em um ecossistema aquático sem ser previamente resfriada. Esse aquecimento da água de rios e lagos pode prejudicar os seres vivos que não suportam grandes variações de temperatura.

 9.35 Vista aérea das usinas Angra 1 e Angra 2, em Angra dos Reis (RJ), 2015.

Mundo virtual

Comissão Nacional de Energia Nuclear
http://www.cnen.gov.br/images/cnen/documentos/educativo/apostila-educativa-aplicacoes.pdf
Apostila sobre energia nuclear.
Acesso em: 28 fev. 2019.

9.36 Área abandonada em Fukushima, no Japão, 2012, após o acidente na usina nuclear na cidade. Uma enorme área ao redor da usina teve de ser evacuada.

Atitudes para um mundo sustentável

Além das medidas tomadas por governos e empresas para restabelecer o equilíbrio climático e preservar a natureza, cada um de nós pode colaborar para a solução desses problemas adotando algumas atitudes simples. Veja as figuras 9.37 a 9.44.

Ilustrações: Daniel Roda/Arquivo da editora

▷ 9.37 Diminuir o consumo de energia elétrica: apagando a luz de cômodos desocupados, desligando aparelhos que não estejam em uso e optando por lâmpadas e aparelhos mais eficientes.

9.38 Utilizar preferencialmente ◁
o transporte coletivo ou andar
a pé ou de bicicleta.

▷ 9.39 Manter os motores dos veículos
bem regulados, diminuindo a
emissão de poluentes.

9.40 Reduzir o volume de lixo evitando o consumo ◁
exagerado de eletrônicos, roupas e outros produtos. Nas
compras de alimentos, dar preferência a frutas, verduras
e legumes frescos, que normalmente possuem menos
embalagens. Combater o desperdício de comida: o lixo
orgânico depositado nos aterros emite um gás do efeito
estufa (o metano) durante sua decomposição.

9.41 Antes de substituir um aparelho antigo por um novo, por exemplo, avalie se a troca é realmente necessária: se as funções do aparelho ainda são suficientes para você, se ele pode ser consertado, etc.

9.42 Economizar água tomando banhos mais curtos, consertando vazamentos e fechando a torneira ao escovar os dentes e ensaboar a louça. Reutilizar água, por exemplo, aproveitando a que resulta da lavagem de roupas para lavar o quintal ou dar descarga.

9.44 Destinar para a coleta seletiva os materiais recicláveis (papel, plástico, metais e vidro) e reutilizar objetos que seriam descartados.

9.43 Manter uma atitude consciente e crítica em relação ao consumo de produtos supérfluos. Preferir produtos e materiais de construção feitos com madeira de reflorestamento e certificada (o selo no produto atesta que a empresa maneja suas florestas de acordo com padrões ambientalmente corretos e socialmente justos). Comprar de empresas que emitem menos gases do efeito estufa. Essa informação costuma ser divulgada nos *sites* das empresas.

Fonte: elaborado com base em YARROW, J. *1001 maneiras de salvar o planeta*: ideias práticas para tornar o mundo melhor. São Paulo: Publifolha, 2007. INSTITUTO AKATU. Dez atitudes para você combater o aquecimento global. Disponível em: <https://www.akatu.org.br/noticia/dicas-de-consumo-dez-atitudes-para-voce-combater-o-aquecimento-global/>. Acesso em: 28 fev. 2019.

4 Como restabelecer o equilíbrio ambiental

Apesar dos inúmeros avanços que as diferentes formas de energia proporcionaram em nossa vida, vimos que todas apresentam desvantagens, que podem estar relacionadas à construção das usinas ou à forma como a energia é utilizada. Muitas trazem prejuízos ao meio ambiente, em menor ou maior escala, e um dos mais discutidos na atualidade é o aquecimento global.

Ao longo do estudo de Ciências, você aprendeu que a temperatura média na superfície da Terra tem aumentado de forma acelerada nas últimas décadas. Você aprendeu também que há muitas evidências de que isso esteja ocorrendo devido à intensificação do efeito estufa, que é agravada pela queima de combustíveis fósseis e por outras atividades humanas, como a retirada de áreas verdes.

A intensificação do efeito estufa provoca uma série de desequilíbrios no ambiente, como o derretimento de geleiras e a alteração de correntes atmosféricas e oceânicas. Veja a figura 9.45.

Fotos: US Geological Survey/SPL/Latinstock

9.45 Glaciar Grinell, nas Montanhas Rochosas (EUA), em três momentos. Note como a área ocupada pelo gelo, sobre o lago, diminuiu bastante ao longo dos anos e o lago aumentou de tamanho.

A alteração de correntes tem como principal consequência desequilíbrios ainda maiores nos climas regionais e global, provocando eventos climáticos extremos: ondas de forte calor ou frio, secas e inundações mais frequentes, ciclones e furacões mais intensos e alteração do volume de chuvas em muitas regiões.

Podemos citar como exemplo o ano de 2018, quando uma onda de frio chegou a matar pessoas na Europa, ao mesmo tempo que no Ártico as temperaturas estavam mais quentes que o normal para o período. Já na região Sudeste do Brasil, houve chuvas intensas em 2013 seguidas de uma onda de seca em 2014.

O que pode ser feito para restabelecer o equilíbrio ambiental?

Combate ao aquecimento global

Diante da identificação das alterações climáticas regionais e globais provocadas por atividades humanas, especialistas de vários países vêm realizando encontros e debates com o objetivo de firmar acordos para limitar e reduzir a emissão de gás carbônico e outros gases que também intensificam o efeito estufa. Veja a figura 9.46.

Os encontros também têm como objetivo criar soluções para lidar com os impactos do aquecimento global. Entre elas, estão o investimento em fontes renováveis de energia, a melhoria no funcionamento de máquinas e veículos e a redução do desmatamento e das queimadas.

Em 2015, ocorreu um encontro mundial conhecido como COP 21. Veja a figura 9.47. Na ocasião, foi aprovado um acordo para frear as emissões de gases do efeito estufa e para lidar com os impactos das mudanças climáticas, identificadas por especialistas, devido ao aquecimento global.

9.46 Refinaria em Paulínia (SP), 2017. É importante que indústrias reduzam a emissão de gases que intensificam o efeito estufa.

9.47 Chefes de Estado de países que participaram da COP 21, em 2015, na França.

Os especialistas entendem que, se a temperatura subir mais de 2 °C, os efeitos danosos serão irreversíveis, com o aumento de fenômenos climáticos extremos.

Os países comprometidos com o acordo devem adotar um modelo de crescimento econômico com impactos ambientais limitados. Para não comprometer o desenvolvimento dos países, as metas levam em conta o cenário social e econômico de cada país. Assim, as metas dos países mais desenvolvidos são mais rigorosas do que as dos países em desenvolvimento. O Brasil, por exemplo, considerado um país em desenvolvimento, pretende reduzir em 37% as emissões de gases do efeito estufa até 2025 e em 43% até 2030, em comparação aos níveis de emissões do ano de 2005; e alcançar 45% de energias renováveis (incluindo hidrelétricas).

Equilíbrio climático

No Brasil, uma das principais causas da emissão de gases do efeito estufa é o desmatamento, que, muitas vezes, inclui as queimadas. Observe a figura 9.48, que mostra uma campanha para o controle de queimadas causadas pelo ser humano.

Além de acelerar a erosão e a perda de fertilidade do solo ao longo do tempo, as queimadas liberam gás carbônico e outros gases poluentes, que contribuem para o aumento do efeito estufa, além de fumaça, que também polui o ar.

A retirada das árvores por queimadas ou por outro meio é muito prejudicial também porque a floresta tem um papel fundamental no equilíbrio do ambiente, tanto do ponto de vista ecológico como climático.

Uma floresta densa, como a Amazônica, impede que os raios solares incidam diretamente sobre o solo, diminuindo a perda de água. Além disso, a absorção de água do solo pelas raízes e o transporte de água pelo caule bombeiam grande volume de água até as folhas, que transpiram e liberam vapor de água na atmosfera. Por ter alta densidade de árvores e folhas com ampla superfície, a Floresta Amazônica lança na atmosfera imensos volumes de vapor de água, mantendo a umidade do ambiente e influenciando o clima de outras regiões.

Portanto, o desmatamento pode fazer com que o clima da região onde se encontra a área desmatada se torne mais quente e seco. Nas áreas mais desmatadas da floresta há um aumento dos períodos de seca, com redução das chuvas totais no ano. E, no caso da Floresta Amazônica, esse efeito pode ser ainda maior, afetando também o clima de outras regiões do Brasil e de países vizinhos.

O exemplo das florestas nos mostra que, para evitar desequilíbrios climáticos, a exploração dos ecossistemas deve ser realizada de forma a não os comprometer, possibilitando sua constante recuperação. Como exemplos podemos mencionar a coleta de recursos por comunidades tradicionais e a fiscalização do corte ilegal de árvores, entre outras medidas.

Para ajudar a restabelecer o equilíbrio climático é importante promover o reflorestamento: uma floresta em crescimento absorve mais carbono do ar pela fotossíntese do que elimina pela respiração. Cada cidade ou estado deve ainda implementar iniciativas locais, como: fiscalizar e multar veículos com motor desregulado; construir vias expressas e gerenciar o tráfego para diminuir os congestionamentos; e implantar áreas verdes e de lazer em centros urbanos. Em certas partes dos centros urbanos, a falta de áreas verdes, a impermeabilização do solo asfaltado e a grande concentração de prédios (que impedem a circulação do ar) colaboram para o aumento de temperatura nesses locais: são as chamadas ilhas de calor.

Na tela

A alternativa berço a berço. Estados Unidos, 2002. 50 min. Documentário que mostra um novo princípio conhecido pelo termo em inglês *cradle to cradle*. De acordo com ele, as indústrias e os *designers* de produtos devem incorporar e ser responsáveis pela reciclagem total dos materiais que produzem.

No 7º ano você conheceu algumas formas de uso sustentável dos recursos dos ecossistemas.

GPE/SECOM/Prefeitura de Sorocaba

9.48 Campanha de conscientização contra queimadas, em Sorocaba (SP), 2017.

ATIVIDADES

1 ▸ Neste capítulo, você conheceu algumas fontes de energia, entre elas: hidrelétrica, solar, eólica, de biomassa, nuclear e geotérmica. Agora, identifique qual fonte possui cada característica apresentada abaixo.

a) Obtida da energia dos ventos.

b) São exemplos dessa fonte o álcool e o biodiesel.

c) Originada de substâncias radioativas.

d) Captada por placas; está disponível apenas de dia.

e) Gerada por queda-d'água.

f) Gerada pela energia térmica da Terra.

2 ▸ Classifique as fontes de energia a seguir como renováveis (R) ou não renováveis (NR).

a) Petróleo.

b) Energia hidrelétrica.

c) Energia solar.

d) Carvão mineral.

e) Gás natural.

f) Energia eólica.

g) Biomassa.

h) Energia nuclear.

3 ▸ A gasolina é extraída do petróleo, enquanto o etanol é produzido da cana-de-açúcar. Explique por que o petróleo é um recurso não renovável, enquanto o etanol é um recurso renovável.

4 ▸ Cite alguns motivos para trocar fontes de energia não renováveis por fontes renováveis.

5 ▸ No gráfico abaixo estão indicadas, em valores aproximados, as proporções da oferta das diversas fontes de energia no Brasil em 2016. A fonte de energia solar representa 0,01% da oferta energética e não foi representada no gráfico.

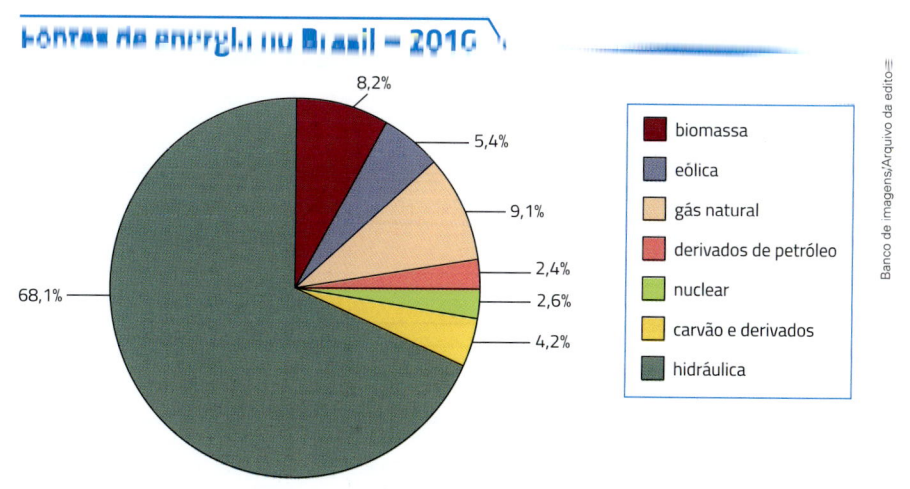

Fontes de energia no Brasil – 2016

- 8,2%
- 5,4%
- 9,1%
- 2,4%
- 2,6%
- 4,2%
- 68,1%

Legenda:
- biomassa
- eólica
- gás natural
- derivados de petróleo
- nuclear
- carvão e derivados
- hidráulica

Banco de imagens/Arquivo da editora

Fonte: elaborado com base em BRASIL. Ministério de Minas e Energia. Empresa de Pesquisa Energética. *Balanço Energético Nacional 2017*: ano-base 2016. Rio de Janeiro: EPE, 2017.

9.49 Oferta interna de energia elétrica por fonte de energia no Brasil em 2016.

a) Qual a porcentagem de uso de combustíveis fósseis no Brasil?

b) Qual a porcentagem de uso de energia renovável no Brasil?

c) Quais as três fontes de energia que mais contribuem para o aquecimento global?

d) Que fonte de energia não depende direta ou indiretamente do Sol?

6 ▸ A figura 9.50 a seguir mostra um trabalhador em uma usina nuclear. Por que nessas usinas é necessário o uso de roupas, luvas e máscaras especiais? Compare uma usina nuclear com uma termelétrica.

▷ **9.50** Trabalhador com equipamento de segurança em usina nuclear.

7 ▸ Explique como a energia elétrica chega até residências, comércios, indústrias e afins, citando os motivos pelos quais são necessários subestações de transmissão e de distribuição e transformadores.

8 ▸ Para cada item a seguir, apresente ideias de iniciativas que contribuam para minimizar impactos socioambientais da intervenção humana citada.
a) Emissão de gases do efeito estufa pelo uso de combustíveis fósseis.
b) Desmatamento.
c) Alagamento de grandes áreas para construção de hidrelétricas.
d) Extração de carvão mineral.
e) Derramamento de óleo no mar.

9 ▸ Preencha a tabela a seguir indicando as características geográficas necessárias à implantação de cada tipo de usina de geração de energia elétrica.

Usina geradora de energia elétrica	Características geográficas necessárias
Hidrelétrica	
Termelétrica	
Nuclear	
Eólica	
Solar	
Geotérmica	
de Marés	

10 ▸ Classifique cada afirmação a seguir como verdadeira V ou falsa F.
a) Ao aumentar a tensão elétrica a intensidade da corrente diminui, o que reduz a perda de energia pelo aquecimento dos fios durante a transmissão elétrica.
b) O petróleo e seus derivados são considerados fontes renováveis de energia, pois daqui há milhões de anos novas reservas estarão formadas.
c) Como a produção de energia elétrica por usinas hidrelétricas não produz gases do efeito estufa, ela é considerada uma energia limpa.
d) Alagar áreas para a construção de uma represa não prejudica o ambiente.
e) A energia solar é considerada limpa, pois não causa nenhum dano ao ambiente.

Leia a notícia abaixo e faça o que se pede.

Petrobras desenvolve projeto de geração de energia eólica no mar

Através da Petrobras, está sendo desenvolvido um projeto de geração de energia eólica no mar, novidade para o Brasil. Para o início dos testes, uma licitação para a planta piloto será aberta ainda este ano no Rio Grande do Norte, uma das áreas do Nordeste com maior potencial de geração de energia a partir do vento, com a previsão de funcionamento para 2022. O país gera energia eólica desde 2005, e hoje conta com a geração de 13 mil megawatts e pode chegar a 17 mil até 2023.

As vantagens da geração dessa forma de energia no mar são comentadas em entrevista ao *Jornal da USP no Ar* pelo professor Edmilson Moutinho, do Departamento de Divisão Científica de Planejamento, Análise e Desenvolvimento Energético, do Instituto de Energia e Ambiente (IEE) da USP.

Para o especialista, a exploração do mar como uma nova fronteira econômica é fundamental. A "economia dos mares", que hoje envolve pesca, turismo costeiro e de cruzeiros, e extração de energia, pretende proporcionar à humanidade um grande crescimento econômico nos próximos anos. Um relatório publicado pela Organização para a Cooperação e Desenvolvimento Econômico (OCDE) em 2016 estima que em 2030 o mar proporcione o rendimento de US$ 3 trilhões, o dobro do arrecadado em 2010. Em 2030, a participação do petróleo na economia dos mares deve ser de apenas 22%, e a participação da energia eólica marítima deve chegar a 8%.

Para a exploração do vento marítimo, não há grandes desafios tecnológicos novos. A implementação estrutural das hélices é apenas uma variação da estrutura utilizada em terra, com pás maiores e com a maior incidência do vento, que pode ser buscado em altitudes mais elevadas. "É um avanço daquilo que já fazemos hoje numa escala muito maior", comenta Moutinho.

O professor acredita que os próximos 20 anos para geração de energia eólica nos mares deve se assemelhar ao desenvolvimento da exploração do petróleo e do gás, com plataformas fixas. O avanço pode ser muito rápido trazendo tecnologia de outros setores para a indústria, não deixando espaço para grandes desafios.[...]

CAETANO, B. Petrobras desenvolve projeto de geração de energia eólica no mar. *Jornal da USP*, 1º ago. 2018. Disponível em: <https://jornal.usp.br/atualidades/petrobras-desenvolve-projeto-de-geracao-de-energia-eolica-no-mar>. Acesso em: 28 fev. 2019.

U. Baumgarten/Getty Images

9.51 Instalação de uma turbina eólica no mar de Ruegen, Alemanha, em setembro de 2013. O início das operações do parque eólico marítimo está programado para 2019.

a) Consulte em dicionários o significado das palavras que você não conhece e redija uma definição para essas palavras.

b) Quais são as diferenças entre a estrutura da energia eólica na terra e no mar?

c) Quais são as vantagens da implementação de energia eólica no mar?

d) Discuta com um colega outras iniciativas para restabelecer o equilíbrio ambiental do planeta.

Nos anos de 2014 e 2015 houve uma seca intensa em algumas regiões do Brasil. Foi a pior seca em 80 anos de medições. Naquela época foi feita a tira a seguir.

A REVISTA FALA DE RELACIONAMENTOS DE FAMOSOS...

EU SEI QUE PODEM ACHAR BOBAGEM, MAS...

O QUE DIZ AÍ DA RELAÇÃO DOS DESMATAMENTOS COM A FALTA DE ÁGUA?

9.52

BECK, A. *Armandinho*. Disponível em: <https://tirasarmandinho.tumblr.com/post/ 104069562294/tirinha-original>. Acesso em: 28 fev. 2019.

a) Na tira, o menino sugere que pode existir uma relação entre o desmatamento e a falta de água. É possível que o desmatamento de uma área modifique o clima da região afetada, tornando-o mais seco? Por quê?

b) Em dupla, considerem os conteúdos do capítulo para eleger pelo menos quatro ações prioritárias que o governo e a sociedade podem realizar para restabelecer o equilíbrio ambiental.

c) Explique por que a construção de hidrelétricas não é adequada quando se quer reduzir o desmatamento.

d) Dê um exemplo de uma fonte de energia que não provoca desmatamento e não afeta diretamente a disponibilidade de água de uma região. Quais as vantagens e desvantagens dessa fonte de energia?

Observe a figura 9.53 e leia sua legenda com atenção. A seguir, responda ao que se pede.

9.53 Represa da Graminha da usina hidrelétrica de Caconde (SP), em dezembro de 2017.

a) Conforme indica a legenda, a imagem retrata uma represa utilizada por uma usina hidrelétrica. Essa represa aparenta conter um volume de água suficiente para gerar energia elétrica? Por quê?

b) Quais fatores podem ter causado o cenário retratado na imagem? Quais são suas consequências?

c) Pesquise a relação entre o desmatamento de áreas florestais, como a Amazônia brasileira, e as secas que ocorrem nas regiões Sul e Sudeste do Brasil.

d) Caso a região em que você mora seja abastecida por usinas hidrelétricas, pesquise quais foram os últimos períodos de estiagem e os impactos na geração de energia elétrica, como aumento do custo, necessidade de utilizar outras fontes ou necessidade de racionamento de energia elétrica.

Investigue

Faça uma pesquisa sobre os itens a seguir. Você pode pesquisar em livros, revistas, *sites*, etc. Preste atenção se o conteúdo vem de uma fonte confiável, como universidades ou centros de pesquisa. Use suas próprias palavras para elaborar a resposta.

1 ▸ Construa um quadro comparativo que resuma as vantagens e desvantagens das seguintes fontes de energia: carvão mineral, gás natural, hidrelétrica, biomassa, solar, eólica e nuclear. Pesquise algumas características da região onde você mora para avaliar qual seria a fonte de energia mais adequada. Por fim, discuta com um colega sobre as suas conclusões.

2 ▸ Muitas cidades brasileiras estão construindo ciclovias e abrindo postos de compartilhamento de bicicletas. Descubra se essa iniciativa está sendo desenvolvida em sua cidade e faça uma redação de cerca de uma página comentando as vantagens (individuais, sociais e ambientais) do uso de bicicleta como meio de transporte e de lazer. Comente também sobre os problemas que podem dificultar ou limitar o uso desse meio de transporte.

3 ▸ Pesquise o que é o sistema de bandeiras tarifárias, adotado no Brasil, e escreva uma redação com sua opinião a respeito desse assunto. Compartilhe com os outros estudantes da sala de aula.

Trabalho em equipe

Cada grupo de estudantes vai escolher uma das atividades a seguir para pesquisar em livros, revistas ou sites confiáveis (de universidades, centros de pesquisa, etc.). Vocês podem buscar o apoio de professores de outras disciplinas (Geografia, História, Língua Portuguesa, etc.). Exponham os resultados da pesquisa para a classe e para a comunidade escolar (estudantes, professores e funcionários da escola e pais ou responsáveis), com o auxílio de ilustrações, fotos, vídeos, blogues ou mídias eletrônicas em geral. Ao longo do trabalho, cada integrante do grupo deve defender seus pontos de vista com argumentos e respeitando as opiniões dos colegas.

1 ▸ Pesquisem como ocorreram e quais foram as consequências de alguns acidentes em usinas nucleares ou com material radioativo, como os acidentes na Pensilvânia (Estados Unidos, 1979), em Chernobyl (Ucrânia, 1986), em Goiânia (Brasil, 1987) e em Fukushima (Japão, 2011).

2 ▸ Visitem um dos centros de transmissão de energia da região ou entrevistem um especialista na questão elétrica. Na entrevista, perguntem se é viável mudar o sistema elétrico do município para usar alguma fonte de energia mais econômica ou renovável. Investiguem também se nas residências ou na escola de vocês é viável instalar equipamentos para aproveitar a energia solar para aquecer água ou gerar energia elétrica.

3 ▸ Pesquisem dados atuais sobre o consumo das diversas fontes energéticas no Brasil e no mundo e sobre as previsões de crescimento ou de substituição dessas fontes. Avaliem se as mudanças previstas contribuem para o aumento ou para a diminuição do aquecimento global e para a manutenção do equilíbrio ambiental.

4 ▸ Uma das iniciativas para controlar as emissões de gases do efeito estufa foi o protocolo de Kyoto. Pesquisem no que consiste esse acordo e discutam seus objetivos.

Autoavaliação

1. Considerando o que você estudou no capítulo, que atitudes do seu cotidiano podem ser modificadas para que não ocorra desperdício de energia elétrica?

2. Qual era sua concepção sobre energia limpa antes deste capítulo? E depois de estudá-lo, houve alguma mudança? Por quê?

3. Você sente segurança em debater assuntos relacionados à matriz energética do Brasil, custo da energia elétrica e formas de minimizar os impactos socioambientais na geração de energia após o estudo deste capítulo?

Renovando a energia

O ser humano depende da geração de energia para realizar a maior parte de suas atividades. Muitas fontes energéticas utilizadas, entretanto, causam grandes impactos ambientais, poluem o ambiente e podem depender de recursos não renováveis, como o carvão. Alternativas a elas são as fontes de energia renováveis.

Entre 1990 e 2016, a geração de energia a partir de fontes renováveis praticamente dobrou no Brasil. Em 2016, o Brasil foi o quarto país que mais gerou energia a partir de fontes renováveis, de acordo com dados da Agência Internacional de Energia.

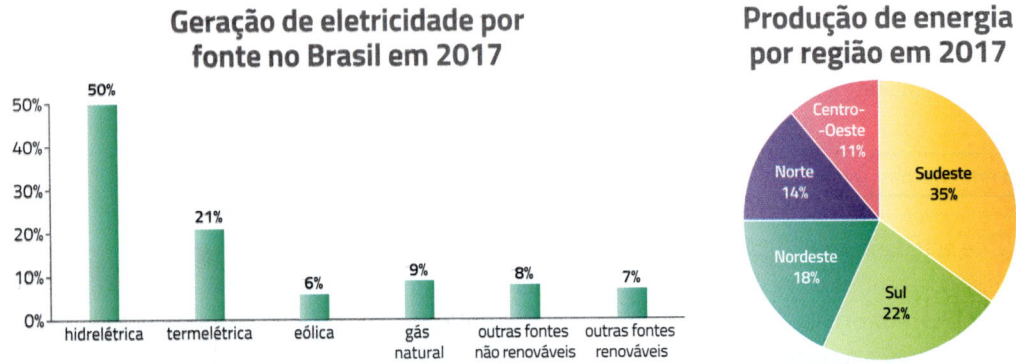

Fonte dos gráficos: elaborados com base em Empresa de Pesquisa Energética (Brasil). *Balanço Energético Nacional 2018*: Ano-base 2017/Empresa de Pesquisa Energética. Rio de Janeiro: EPE, 2017.

No painel solar fotovoltaico, a luz passa pela moldura, pelo vidro e pelo material encapsulante, atingindo as células fotovoltaicas. Nelas a energia luminosa é transformada em elétrica.

Em um painel solar térmico não há a geração de energia elétrica; a energia luminosa atravessa o vidro e atinge uma superfície, transformando-se em energia térmica, que aquece a água. Nesse caso, além de o vidro proteger o painel, ele também ajuda a evitar a dissipação do calor.

Fonte: Universidade Federal de Juiz de Fora (UFJF). *Energia inteligente*. Disponível em: <http://energiainteligenteufjf.com/como-funciona/como-funciona-energia-eolica>. Acesso em: 28 fev. 2019.

No caminho da energia limpa

Embora o Brasil utilize fontes de energia alternativas, como a eólica e a solar, boa parte é gerada em hidrelétricas, que causam imenso impacto ambiental em sua construção e dependem do regime de chuvas. Por essa razão, é importante que existam incentivos governamentais para diversificar essas fontes. O desenvolvimento de novas tecnologias tem reduzido os altos custos de equipamentos relacionados a essas fontes de energia alternativas.

▣ Consulte

Veja mais informações sobre fontes de energia renováveis e sobre a produção de energia no Brasil.

- **ABCDEnergia**
http://www.epe.gov.br/pt/abcdenergia
- **Para onde caminha a geração de energia do Brasil?**
http://www.ebc.com.br/especiais/energias-renovaveis
- **Aquecedor solar com uso de materiais reciclados**
https://www.tupa.unesp.br/Home/Extensao/AquecedorSolar/Manualdeconstrucao.pdf
Acesso em: 7 mar. 2019.

Em busca do vento

Na energia eólica, o vento faz as pás (verticais ou horizontais) do rotor girarem. Em seguida, o movimento do eixo do rotor é repassado a uma engrenagem que aumenta a sua velocidade. No gerador elétrico, esse movimento (energia mecânica) é transformado em energia elétrica, que é, então, transportada por um cabo condutor até a rede elétrica.

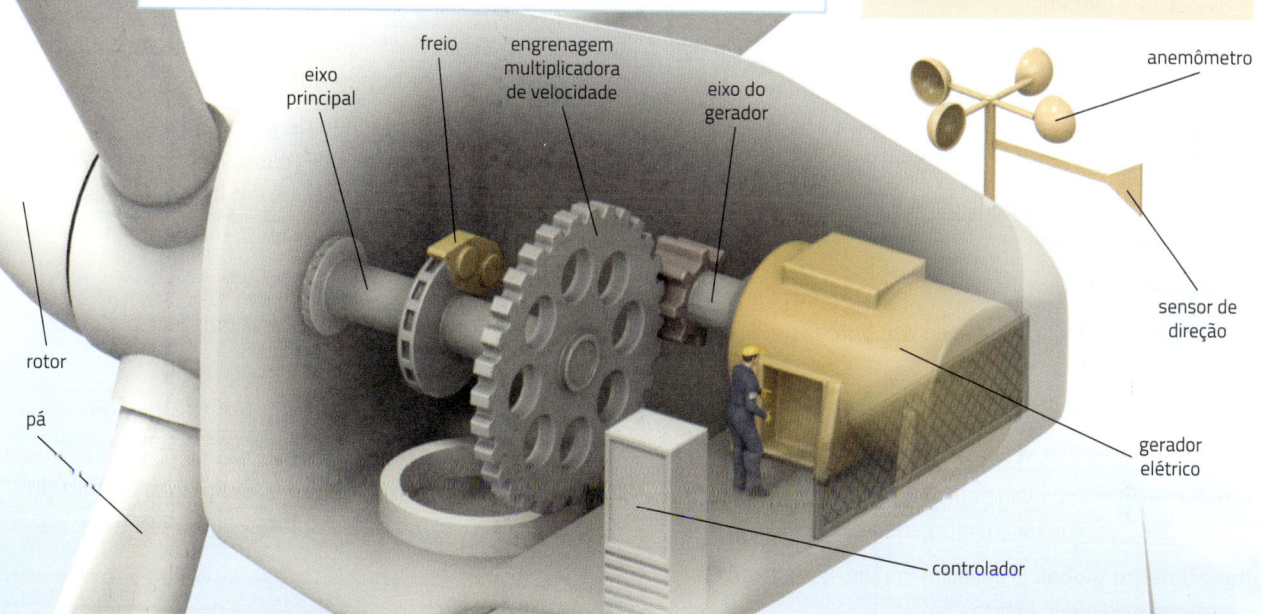

Cada turbina tem um computador – chamado de controlador – que a ajusta de acordo com a velocidade e a direção do vento. O ideal é que o vento chegue à turbina em posição perpendicular à torre. Por isso, toda turbina conta com um sensor de direção do vento conectado ao controlador. Quando o vento começa a bater de lado, a turbina inteira gira para recebê-lo de frente.

◉ Propondo uma solução

Com os colegas, construa uma maquete de um instrumento capaz de captar ou gerar energia para, por exemplo, aquecer água, manter uma lâmpada acesa ou mover um objeto. Escolham um dos temas a seguir ou pensem em um novo instrumento. Neste caso, indiquem qual seria a finalidade do equipamento desenvolvido.

- Painel solar térmico com materiais recicláveis.
- Miniturbina eólica.

Agora, utilizem as perguntas a seguir para organizar suas ideias e guiar a implementação proposta.

1. Quais materiais serão necessários?
2. Quais transformações de energia ocorreriam no equipamento?
3. Onde o equipamento deveria ser instalado para ter um bom desempenho?

Na prática

1. Como será feita a divisão de tarefas no grupo?
2. Quais materiais foram utilizados?
3. Quais são os pontos fortes e os fracos do instrumento proposto? De que maneira poderiam melhorá-lo?
4. O que vocês aprenderam com essa experiência?

Jonatan Sarmento/Arquivo da editora

RECORDANDO ALGUNS TERMOS

Você pode consultar a lista a seguir para obter uma informação resumida de alguns termos utilizados neste livro. Aqui, vamos nos limitar a dar a definição de cada palavra ou expressão apenas em função do tema deste livro.

A

Ácido. Composto que libera íon hidrogênio (H^+) quando dissolvido em água.

Agrotóxicos. Produtos químicos usados para combater insetos e outros organismos que se alimentam de plantações. Também chamados de pesticidas ou defensivos agrícolas.

Aids. Sigla para a síndrome da imunodeficiência adquirida, provocada pelo vírus HIV, que infecta certas células de defesa do corpo humano.

Altitude. Altura de um lugar medida a partir do nível do mar.

Âmnio. Envoltório protetor do embrião de répteis, aves e mamíferos formado por uma bolsa cheia de líquido, o líquido amniótico.

Ampère. Unidade de intensidade da corrente elétrica no Sistema Internacional.

Anemômetro. Instrumento que mede a velocidade do vento.

Anterozoide. Gameta masculino das briófitas e das pteridófitas.

Antibiótico. Substância capaz de interromper o ciclo de vida de bactérias e combater infecções no organismo.

Anticorpo. Proteína que contribui para a destruição de microrganismos que invadem o organismo.

Aquecimento global. O aquecimento da Terra devido à intensificação do efeito estufa.

Artéria. Vaso sanguíneo que conduz sangue do coração para outras partes do corpo.

Assexuada. Tipo de reprodução em que não há envolvimento de gametas e de fecundação.

Astronauta. Pessoa que viaja pelo espaço, fora da atmosfera terrestre.

Astronomia. O estudo dos corpos celestes.

Atmosfera. Camada de ar que envolve o planeta.

Átomo. A menor partícula que caracteriza um elemento químico.

B

Barômetro. Instrumento usado para medir a pressão atmosférica.

Biocombustível. Combustível produzido a partir da matéria orgânica, como restos vegetais, excrementos de animais, entre outras.

Biruta. Cone de tecido utilizado para observar a direção do vento.

Bússola. Instrumento que determina direções por meio do magnetismo terrestre.

C

Calor. Energia em transferência de um corpo para outro em razão da diferença de temperatura entre eles.

Calor específico. Quantidade de energia necessária para elevar em 1 °C uma unidade de massa de uma substância. Pode ser expresso em cal/g · °C ou em J/kg · K (no Sistema Internacional).

Caloria. Unidade de medida de energia.

Câncer. Doença caracterizada pela multiplicação descontrolada de células.

Carvão mineral. Material formado a partir de matéria orgânica fossilizada e que pode ser usado como combustível.

Casulo. Invólucro formado por filamentos, no interior do qual os insetos, como as borboletas, completam seu desenvolvimento.

Célula. Unidade estrutural e fisiológica dos seres vivos.

Célula-ovo. Célula resultante da união do espermatozoide com o óvulo. O mesmo que zigoto.

Chuva ácida. Chuva mais ácida que o normal devido à liberação excessiva de gases por veículos e indústrias. Pode corroer prédios e matar plantas e seres aquáticos.

Ciclo menstrual. Alterações no ovário e no útero que preparam o corpo da mulher para uma possível gravidez.

Cirros. Nuvem alta, branca, semelhante a uma pluma, associada a condições de bom tempo.

Cirros-estratos. Camadas finas de nuvens de grande altitude.

Citoplasma. Região da célula situada entre a membrana e o núcleo.

Clima. Média das condições meteorológicas de um lugar medidas ao longo de um grande período.

Colônia. Associação de seres vivos da mesma espécie em que os indivíduos estão unidos entre si por alguma parte do organismo.

Combustão. Reação química entre uma substância e o gás oxigênio, liberando energia.

Combustível. Substância que pode ser queimada para liberar energia.

Combustíveis fósseis. Combustíveis formados a partir de matéria orgânica fossilizada. Exemplos: carvão mineral, petróleo, gás natural.

Condutor elétrico. Corpo que conduz bem a corrente elétrica.

Constelação. Grupo de estrelas que, vistas da Terra, parecem formar figuras.

Corrente elétrica. Movimento ordenado de partículas eletricamente carregadas dentro de um corpo condutor.

Cromossomo. Filamento contendo o material genético da célula.

Cúmulos. Nuvens isoladas com formas de montanhas.

Cúmulos-nimbos. Nuvens baixas, com a parte superior mais larga.

 **D**

Decomposição. Transformação da matéria orgânica do solo ou da água em matéria mineral. Os principais decompositores são as bactérias e os fungos.

Diafragma. Dispositivo contraceptivo reutilizável que bloqueia a passagem de espermatozoides ao ser colocado na entrada do útero.

Diferença de potencial elétrico. O mesmo que voltagem ou tensão elétrica.

Dínamo. Gerador que converte energia mecânica em energia elétrica.

Disjuntor. Dispositivo que protege as instalações elétricas dos efeitos de variação da corrente elétrica.

DIU. Sigla para dispositivo intrauterino, contraceptivo colocado no interior do útero.

DNA. Sigla para ácido desoxirribonucleico. Material químico que forma o gene.

 **E**

Eclipse. A passagem de um corpo celeste pela sombra de outro.

Eclipse lunar. Eclipse que ocorre quando a Lua passa pela sombra da Terra.

Eclipse solar. Eclipse que ocorre quando a Terra passa pela sombra da Lua.

Ejaculação. Eliminação do esperma ou sêmen.

Eletroímã. Ímã produzido pela corrente elétrica.

Elétron. Partícula de um átomo com carga elétrica negativa.

Embrião. Organismo nas primeiras fases do desenvolvimento.

Encéfalo. Parte do sistema nervoso localizada no interior do crânio.

Endométrio. Revestimento interno do útero.

Endosperma. Tecido de reserva da semente que serve de alimento para o embrião de certas plantas.

Energia. Capacidade de realizar trabalho.

Energia cinética. Energia que um corpo possui por estar em movimento.

Energia eólica. Energia produzida a partir dos ventos.

Energia hidrelétrica. Energia elétrica gerada pelas quedas-d'água.

Energia mecânica. Soma da energia potencial de um corpo com sua energia cinética em certo ponto.

Energia nuclear. Energia gerada a partir de elementos radioativos, como o urânio.

Enzima. Substância que facilita as reações químicas no organismo.

Equador. Linha imaginária que circunda a Terra na sua parte mais larga.

Erosão. Processo de remoção da superfície do solo e de fragmentos de rochas devido à ação do intemperismo (chuva, vento e outros fatores).

Esgoto. Sistema que recolhe líquidos e dejetos lançados pelas casas.

Esperma. Líquido eliminado pelo órgão genital masculino que contém espermatozoides. O mesmo que *sêmen*.

Espermatozoide. Célula reprodutora masculina.

Esporo. Célula capaz de originar outro organismo.

Estame. Parte masculina da flor que produz grãos de pólen.

Estrela. Esfera de grandes dimensões formada por gás e que emite energia sob a forma de luz, calor e outras radiações, as quais são geradas em seu interior por fenômenos nucleares.

Estrógeno. Hormônio sexual feminino. O mesmo que *estrogênio*.

 **F**

Fases da Lua. Aspectos diferentes com que a Lua aparece no céu.

Fecundação. União do gameta masculino com o gameta feminino. Também chamada *fertilização*.

Feto. Nome que se dá ao embrião a partir da oitava semana de vida.

Flor. Órgão de certas plantas (angiospermas) com função reprodutiva.

Força gravitacional. Força de atração entre os corpos devido às suas massas. Diminui com a distância entre os corpos. O mesmo que força da gravidade.

Fotossíntese. Processo pelo qual as plantas e outros seres autotróficos usam gás carbônico, água e energia da luz solar para fabricar açúcares, liberando gás oxigênio.

Frente fria. Região de transição entre duas massas de ar, formada quando uma massa de ar frio empurra uma massa de ar quente que estava parada sobre uma região.

Frente quente. Região de transição entre duas massas de ar, formada quando uma massa de ar quente empurra uma massa de ar frio que estava parada sobre uma região.

Fruto. Órgão vegetal resultante do desenvolvimento do ovário da flor.

Fusível. Dispositivo que protege as instalações elétricas dos efeitos de aumento de corrente elétrica.

Gametas. Células produzidas na reprodução sexuada que participam da fecundação.

Gás natural. Gás formado a partir da decomposição de matéria orgânica.

Gêiser. Água quente aquecida pelo magma e que jorra sob a forma de jatos em alguns pontos do planeta.

Gêmeos dizigóticos. Gêmeos que se originam da fecundação de dois óvulos. Também chamados de gêmeos bivitelinos ou fraternos.

Gêmeos monozigóticos. Gêmeos que se originam de um único zigoto. Também chamados de gêmeos univitelinos ou idênticos.

Gene. Os genes estão no núcleo das células e influenciam as características dos seres vivos. São transmitidos dos pais para os filhos e são formados por uma substância química chamada ácido desoxirribonucleico (DNA).

Genética. Ciência que estuda as leis da hereditariedade.

Gerador. Dispositivo que transforma outras formas de energia em energia elétrica. Provoca uma diferença de potencial necessária para a ocorrência de corrente elétrica.

Gimnosperma. Planta com sementes, mas sem frutos.

Girino. Larva aquática de anfíbios anuros (sem cauda), como o sapo e a rã.

Glândula seminal. Órgão que produz um líquido que compõe o esperma ou sêmen.

Grão de pólen. Estrutura reprodutiva das plantas com semente.

Habitat. O lugar em que uma espécie vive.

Hermafrodita. Indivíduo que produz tanto espermatozoides quanto óvulos.

Higrômetro. Instrumento que mede a umidade do ar.

Hipófise. Glândula endócrina localizada na base do encéfalo.

Hipotálamo. Parte do encéfalo que produz hormônios e controla a temperatura do corpo, a sede, a fome, etc.

Hipótese. Suposição que se faz para tentar resolver um problema.

Indução eletrostática. Separação de cargas elétricas de um corpo provocada pela proximidade de um corpo eletrizado.

Íngua. Aumento dos linfonodos provocado geralmente por infecções.

Intensidade (de uma corrente elétrica). Quantidade de carga elétrica que passa por um trecho (uma seção transversal) do condutor em determinado intervalo de tempo.

Isolante elétrico. Corpo que não conduz bem a corrente elétrica.

Laqueadura de tubas. Técnica de esterilização feminina que consiste em bloquear as tubas uterinas. O mesmo que *ligadura de tubas uterinas*.

Latitude. Distância angular de um ponto da superfície da Terra medida a partir da linha do equador.

Larva. Primeiro estágio da vida de alguns animais, como a mosca e a borboleta. A larva sofre mudanças até originar o indivíduo adulto.

Ligadura de tubas uterinas. Ver *laqueadura de tubas*.

Linfócito. Célula de defesa do corpo que faz parte do sistema imunitário.

Linfonodo. Região onde são produzidos os linfócitos e onde a linfa é filtrada.

Marés. Subida e descida da água dos oceanos devido à atração gravitacional da Lua e do Sol.

Massa de ar. Grande volume de ar com condições uniformes de temperatura e umidade.

Menopausa. Período em que cessam os ciclos menstruais e a fertilidade da mulher.

Menstruação. Descamação do endométrio e consequente perda de sangue do útero no início do ciclo menstrual.

Metamorfose. Processo de desenvolvimento com grandes mudanças de uma larva até que esta se transforme em animal adulto.

Método contraceptivo. Medida adotada para evitar a gravidez.

Micose. Infecção causada por fungos.

Minério. Mineral com valor econômico.

Miocárdio. Músculo do coração.

Motor elétrico. Dispositivo que transforma energia elétrica em movimento.

Neblina. Nuvem que se forma perto do solo.

Nicho (ou nicho ecológico). Conjunto de relações de um organismo com os demais seres do ambiente em que vive.

Nidação. Implantação do embrião no útero.

Nimbos. Nuvens de chuva.

Nimbos-estratos. Nuvens de chuva espessas e extensas.

Nitrogênio. Elemento que forma o gás mais abundante da atmosfera.

Núcleo (da célula). Região da célula eucariótica em que se encontra o material genético (células de bactérias não têm núcleo individualizado).

Núcleo (da Terra). Parte central do planeta.

Ohm. Unidade de resistência elétrica no Sistema Internacional.

Oosfera. Gameta feminino das plantas.

Órbita. A trajetória seguida por um corpo celeste no espaço.

Ovário (em animais). Órgão do sistema reprodutor que produz o gameta feminino (óvulo).

Ovário (em vegetais). Parte dilatada do carpelo que contém os óvulos.

Ovíparo. Animal que põe ovos que se desenvolvem fora do organismo materno.

Ovovivíparo. Animal cujos ovos se desenvolvem dentro do organismo materno.

Ovulação. Saída do ovócito II do ovário.

Óvulo. Gameta feminino (em animais) ou estrutura das plantas que contêm o gameta feminino, a oosfera.

Penumbra. A parte mais externa, com sombra parcial, em um eclipse.

Petróleo. Material formado a partir de material orgânico depositado no fundo dos mares e fossilizado. Do petróleo extraímos vários produtos usados como combustíveis (gasolina, óleo *diesel*, etc.) e como fonte de diversos produtos (plásticos, tecidos, tintas, etc.).

Pílula anticoncepcional. Pílula contendo hormônios e que é ingerida para evitar a gravidez.

Placenta. Estrutura que permite a troca de substâncias (nutrientes, oxigênio, etc.) entre o sangue do embrião e o sangue materno.

Pluviômetro. Aparelho que mede a quantidade de chuva.

Polinização. Transporte de grãos de pólen pelo vento, por insetos ou por outros animais que se alimentam do néctar ou do pólen das flores e, assim, promovem a reprodução sexuada das plantas.

Poluentes. Produtos que causam poluição.

Poluição. Alteração no ambiente provocada por produtos que prejudicam o ser humano e outros seres vivos.

Potência elétrica. Consumo ou geração de energia elétrica em cada unidade de tempo.

Precipitação. Formas de água que caem das nuvens (chuva, neve, granizo).

Pressão. Efeito de uma força por unidade de área.

Pressão atmosférica. Pressão devida ao peso da camada de ar que envolve a Terra.

Progesterona. Hormônio sexual feminino que mantém o endométrio em condições de sustentar o embrião na gravidez.

Próstata. Glândula exócrina que produz uma secreção que faz parte do sêmen.

Protalo. Pequena planta que produz os gametas no ciclo vital das pteridófitas.

Próton. Partícula positiva encontrada no núcleo do átomo.

Pteridófitas. Plantas com vasos condutores de seiva, sem flor ou semente. Exemplo: samambaias.

Quilowatt-hora. Unidade de trabalho ou de energia que se utiliza em eletricidade.

Radiação. Energia na forma de ondas ou partículas emitidas por uma fonte.

Radiossonda. Aparelho transportado por balões que mede a pressão, a temperatura e outros aspectos da atmosfera.

Recursos naturais não renováveis. Recursos que não podem ser recompostos na natureza na mesma velocidade com que são consumidos (petróleo, carvão mineral, etc.).

Recursos naturais renováveis. Recursos que podem ser repostos pelo ser humano ou pelos ciclos naturais à medida que são consumidos (plantas e animais usados na alimentação, por exemplo).

Respiração (celular). Processo que ocorre no interior das células e que libera energia a partir de açúcares e outras substâncias.

Satélite. Corpo em órbita ao redor de um planeta. Pode ser um corpo celeste (satélite natural) ou um equipamento fabricado pelo ser humano (satélite artificial).

Sêmen. Ver *esperma*.

Semente. Estrutura vegetal que se desenvolve do óvulo, contendo o embrião e reserva de alimento.

Sonda (espacial). Veículo não tripulado que carrega equipamentos para realizar pesquisas no espaço.

Tecido. Conjunto de células que executam determinada função.

Telescópio. Instrumento com lentes ou espelhos especiais que fornecem imagens ampliadas de objetos muito distantes, como os corpos celestes.

Temperatura. Grandeza relacionada com a energia cinética média das partículas de um corpo. Indica o sentido do fluxo de calor de um corpo para outro.

Tempo. Condições meteorológicas (temperatura, umidade, pressão, vento, etc.) da atmosfera de um lugar, medidas em determinado intervalo de tempo.

Termômetro. Instrumento que serve para medir a temperatura.

Terremoto. Movimento súbito de uma placa terrestre que libera ondas de choque, causando tremores ou vibrações na superfície da Terra.

Testículo. Órgão que produz espermatozoides e testosterona.

Testosterona. Hormônio sexual masculino.

Toxoplasmose. Doença causada por um protozoário e adquirida por meio da ingestão de carne contaminada ou através do contato com fezes de gato.

Trabalho. Processo de transferência de energia causado pela ação de uma força. O trabalho corresponde ao produto da intensidade da força pelo valor do deslocamento produzido na mesma direção da força.

Tsunami. Onda criada no oceano a partir de um terremoto (ou de um vulcão) e que atinge grande altura e velocidade.

Tuba uterina. Tubo que comunica a cavidade uterina com a superfície do ovário. Chamada *trompa de Falópio* na antiga terminologia.

Tubo polínico. Formação do grão de pólen das plantas com semente que conduz os gametas masculinos até a oosfera.

Túbulo seminífero. Tubo do testículo onde os espermatozoides são produzidos.

Umbra. A parte mais interna da sombra em um eclipse, onde não incide luz do Sol.

Umidade. Quantidade de vapor de água na atmosfera.

Umidade relativa. A relação entre a quantidade de vapor de água no ar e a máxima quantidade de vapor de água possível em certa temperatura.

Urânio. Elemento radioativo usado como fonte de energia nas usinas nucleares.

Usina nuclear. Usina onde a energia nuclear é convertida em outras formas de energia, como a elétrica.

Útero. Órgão onde o embrião dos mamíferos em geral se desenvolve.

Vacina. Produto contendo antígenos, é usado para induzir a produção de anticorpos no organismo, protegendo-o de infecções.

Vagina. Canal do sistema reprodutor feminino que vai do útero até a vulva.

Vasectomia. Cirurgia que bloqueia a passagem dos espermatozoides pelos ductos deferentes com o fim de provocar a esterilização masculina.

Vaso sanguíneo. Conduto que transporta o sangue no interior do organismo.

Veia. Vaso sanguíneo que traz sangue dos órgãos para o coração.

Velocidade (média). Corresponde à razão entre o deslocamento de um corpo e o tempo gasto nesse deslocamento.

Vertebrado. Animal que possui coluna vertebral. Exemplos: peixes, anfíbios, répteis, aves e mamíferos.

Vírus. Agentes infecciosos que não têm estrutura celular. Causam várias doenças na espécie humana e em outros seres vivos.

Vitamina. Nutriente necessário em pequena quantidade para o desempenho de diversas funções do organismo.

Vivíparo. Animal cujo embrião se desenvolve no útero, recebendo alimento diretamente do organismo materno.

Volt. Unidade de tensão elétrica no Sistema Internacional.

Vulva. Pudendo feminino, parte externa dos órgãos genitais femininos.

Zigoto. Ver célula-ovo.

LEITURA COMPLEMENTAR

Reprodução

Capítulos 1, 2, 3 e 4

96 respostas sobre aids. Alfonso Delgado Rubio. São Paulo: Scipione, 1997.
O objetivo deste livro é informar sobre a aids, uma doença que atinge milhões de pessoas em todo o mundo, visando combater o preconceito contra os portadores do vírus e diminuir as possibilidades de contágio.

A sexualidade e o uso de drogas na adolescência. Caio Feijó. São Paulo: Novo Século, 2007.
Com base em depoimentos verdadeiros e com muitas ilustrações, este livro trata de temas relacionados à sexualidade do adolescente e às drogas, informando o leitor sobre os problemas ligados às IST e sobre as consequências do uso de drogas.

Adolescência. Guila Azevedo. São Paulo: Scipione, 1995.
No livro são tratados temas que tendem a preocupar os alunos na adolescência: personalidade, mudanças no corpo, hormônios, drogas, etc.

Aids: informação e prevenção. Antônio A. Barone. São Paulo: Ática, 2004.
Este livro apresenta informações sobre a aids, enfatizando as formas de prevenção, os riscos da doença e como combatê-la.

As plantas. Alessandro Garassino; Hildegard Feist. São Paulo: Moderna, 1997.
Obra que dá ao leitor um panorama sobre o reino vegetal, abordando também assuntos como flores, folhas, frutos, bactérias, algas azuis, musgos e plantas vasculares, além de apresentar as características dos fósseis do Carbonífero e da Flora no Permiano.

Como funciona o incrível corpo humano. Richard Walker. São Paulo: Companhia das Letrinhas, 2008.
Este livro fornece um panorama geral do corpo humano, abordando temas como a genética, a anatomia, o processo digestivo, a respiração, o sistema imunológico, as doenças e os diversos processos de cura.

Conversando sobre aids. Karen Bryant-Mole. São Paulo: Moderna, 1994. (Coleção Desafios).
Este livro informa o jovem sobre as questões ligadas à aids, alertando dos perigos de contágio e das formas de prevenção da doença.

Conviver com a aids. Walkyria Pereira Pinto. São Paulo: Scipione, 2000.
Esta obra informa como o jovem pode prevenir o contágio pelo HIV. O autor também explica como se dá a ação do vírus no organismo humano, além de fornecer alguns dados históricos sobre o surgimento e a evolução da síndrome.

Corpo humano, a máquina da vida. Ana Paula Corradini e Grácia Helena Anacleto. São Paulo: DCL, 2006.
Com perfil de almanaque e repleto de histórias reais, este livro mostra como funciona a máquina humana e todos os seus segredos vitais, abordando o funcionamento dos órgãos, veias, músculos e ossos.

Declaração Universal dos Direitos Humanos. Otávio Roth e Ruth Rocha. São Paulo: Quinteto Editorial, 1998.
Trata-se de uma adaptação da Declaração Universal dos Direitos Humanos para crianças, que permite aos leitores compreender melhor esse documento tão importante para a humanidade.

Descoberta do sexo. Christine Green. São Paulo: Moderna, 1994. (Coleção Desafios).
Discute de que maneira o jovem pode fazer amigos e como acontece o relacionamento sexual, abordando temas como gravidez, métodos anticoncepcionais e prevenção de IST.

Emoções e sentimentos. John Coleman. São Paulo: Moderna, 1994. (Coleção Desafios).
O autor trata das mudanças pelas quais uma pessoa passa durante a adolescência. Este livro ajudará o jovem a compreender as suas emoções e os seus sentimentos, mostrando como ele pode lidar com suas preocupações e questionamentos.

Evolução e sexualidade: o que nos faz humanos. Clarinda Mercadante. São Paulo: Moderna, 2004. (Coleção Desafios).
Nesta obra, são discutidos a evolução dos seres vivos e os processos que diferenciaram os seres humanos dos outros animais. Além disso, estabelece-se um paralelo entre o comportamento sexual dos seres vivos, as formas de comunicação e a valorização da vida.

Família e amigos. John Coleman. São Paulo: Moderna, 1994. (Coleção Desafios).
Este livro discute alguns problemas que uma pessoa pode ter com sua família e seus amigos durante a adolescência, esclarecendo como ocorrem os conflitos e sugerindo algumas dicas para melhorar o relacionamento interpessoal.

Frankensteen – Retalhos da adolescência. Fernando Almada. São Paulo: Moderna, 1996. (Coleção Qual é o grilo?).
Neste livro, a história de um adolescente dos anos 1960 serve de base para o autor discutir a transição entre a infância e a idade adulta.

Genética: o estudo da herança e da variação biológica. Celso Piedemonte de Lima. São Paulo: Ática, 1996.
Por meio de entrevistas e de um texto conciso, o livro apresenta um panorama completo da história da genética, tratando dos seus princípios básicos e das descobertas.

Gravidez. Anne Coates. São Paulo: Moderna, 1994. (Coleção Desafios).
Esta obra informa os jovens sobre questões ligadas à gravidez, alertando sobre os riscos de um aborto e ressaltando a importância do pré-natal.

Gravidez na adolescência. Eliana Pomme. São Paulo: Paulinas, 2003.
Por meio de quatorze histórias reais, a autora explora o tema da gravidez sob a perspectiva da jovem mãe, do jovem pai e dos novos avós, trazendo à tona uma discussão sobre esse importante momento da vida deles.

Manual dos namorados. Flávia Muniz. São Paulo: Salamandra, 2005.
Durante a adolescência, muitos jovens começam a namorar. Entretanto, entre todas as dúvidas que surgem nessa fase, o namoro também pode preocupá-los. Este livro propõe reflexões e apresenta algumas informações importantes sobre os relacionamentos amorosos.

Menino brinca de boneca? Marcos Ribeiro. São Paulo: Salamandra, 2001.
Este livro discute a sociedade patriarcal e os papéis preestabelecidos que homens e mulheres desempenham no mundo em que vivemos.

Mudanças no corpo. Christine Green. São Paulo: Moderna, 1994. (Coleção Desafios).
Neste livro o autor aborda o tema das mudanças ocorridas no corpo humano ao longo da adolescência, sendo uma obra fundamental para a educação de jovens.

Namoro – Conhecendo as razões do coração. Flávio Gikovate. São Paulo: Moderna, 2009.
Mais do que tratar sobre sexo e relacionamentos afetivos na adolescência, este livro propõe ao leitor reflexões sobre o amor e as relações afetivas.

O estudo da hereditariedade. Ian Graham. São Paulo: Melhoramentos, 2003.
Com ilustrações e fotografias coloridas, o livro aborda fatos e princípios essenciais para o entendimento do fenômeno da hereditariedade.

O livro do adolescente. Liliana Iacocca e Michele Iacocca. São Paulo: Ática, 2002.
Alguns aspectos da vida que ganham destaque na adolescência são enfatizados nesta obra, trazendo reflexões ao leitor.

O sexo em sua vida. Elizabeth Fenwick e Richard Walker. São Paulo: Ática, 1996.
Este guia detalhado e ilustrado traz informações e exemplos das principais etapas do desenvolvimento sexual, como o crescimento, o início dos relacionamentos e o amadurecimento sexual.

Os desafios na adolescência. Clélia Ehlers de Oliveira e Vera Wrobel. São Paulo: Moderna, 2005. (Col. Polêmica).
Esta obra tem o objetivo de auxiliar os leitores a viver essa fase da vida e encará-la como um período de crescimento e transformação.

Pra que serve? Ruth Rocha. São Paulo: Salamandra, 2010.
O livro conta a história de um grupo de adolescentes em um acampamento de férias que passa a refletir sobre a vida, o amor, o dinheiro e outras questões.

PS Beijei. Adriana Falcão e Mariana Veríssimo. São Paulo: Salamandra, 2004.
Lili e Bia, duas amigas separadas durante as férias escolares, conversam pela internet sobre seus relacionamentos amorosos e anseios em relação aos meninos.

Sexo para adolescentes. Marta Suplicy. 3. ed. São Paulo: FTD, 1995.
Com naturalidade, a autora aborda o tema da sexualidade na adolescência, tratando de questões biológicas, psicológicas e sociais relativas à reprodução.

Sexo, sexualidade e doenças sexualmente transmissíveis. Ruth de Gouvêa Duarte. 6. ed. São Paulo: Moderna, 1997.
Livro que aborda objetivamente o tema do sexo e trata da necessidade de o jovem tornar-se informado para viver a sua sexualidade com segurança, protegendo-se contra eventuais contágios com as IST.

Somos todos diferentes! Convivendo com a diversidade do mundo. Maria Helena Pires Martins. São Paulo: Moderna, 2001. (Aprendendo a Com-Viver).
Este livro trata das diferenças físicas, psicológicas e culturais que tornam os seres humanos únicos. Nesse sentido, enfatiza o respeito às diferenças, o repúdio a todas as formas de preconceito e o aprendizado da tolerância.

Tudo o que você queria saber sobre plantas. Sueli Angelo Furlan. São Paulo: Oficina de Textos, 2007.

Por meio deste livro, o leitor terá acesso a fatos e curiosidades da história das plantas, verá a diferença entre plantas exóticas e nativas e conhecerá diversas espécies endêmicas e outras que sofrem risco de extinção.

Vamos falar de sexualidade? Luís C. Mateus. São Paulo: Ciranda Cultural, 2009.

Sem propor soluções nem receitas, este livro pretende ajudar o jovem a compreender a sua sexualidade, trazendo ideias, experiências e informações para que ele seja capaz de tomar decisões de forma mais adequada.

Vamos falar sobre sexo: amadurecimento, mudanças no corpo, sexo e saúde sexual. Robie Harris. São Paulo: Martins Fontes, 1997.

Este livro aborda os fatores biológicos e psicológicos relacionados ao sexo, discutindo a concepção, a puberdade, o corpo humano, a família e a saúde sexual, além de tratar de questões como o controle da natalidade e a prevenção contra a aids.

A Terra e o clima

Capítulos 5 e 6

As aulas da professora Galáxia. Phil Roxbee Cox. São Paulo: Cia. das Letras, 2006.

Por meio das aventuras de Bernardo e sua turma, o jovem leitor poderá aprender mais sobre Astronomia, conhecendo a galáxia onde vive, os corpos celestes e o Sistema Solar.

Astronomia: o estudo do Universo. Terry Mahoney. 5. ed. São Paulo: Melhoramentos, 2009.

O livro mostra uma visão empolgante da ciência do Universo. As imagens coloridas estimulam a curiosidade e os textos apresentam princípios essenciais para a compreensão dessa disciplina científica.

Atlas de Astronomia. Oscar Matsuura. São Paulo: Scipione, 1996.

Além de situar o ser humano no espaço-tempo, o atlas contém diversas explicações cosmológicas, que oferecem uma visão panorâmica da Astronomia clássica.

Clima e meio ambiente. José Bueno Conti. 6. ed. São Paulo: Atual, 2005.

Este livro mostra as múltiplas interações entre o clima e o meio ambiente, apresentando as causas de vários fenômenos climáticos e contribuindo para que os jovens estudantes possam agir mais conscientemente em seu meio.

Clima e previsão do tempo. Steve Parker. São Paulo: Melhoramentos, 1995.

Este livro aborda diversos fenômenos relativos ao clima na Terra, como os padrões de vento, as correntes oceânicas, o efeito estufa, os trovões, as nuvens e a chuva, esclarecendo como o Sol afeta o clima do planeta.

Dança dos planetas. Edgar Rangel Netto. São Paulo: FTD, 1997.

Por meio deste livro, que conta um sonho de Jane no espaço, é possível conhecer melhor os planetas do Sistema Solar e suas histórias.

Galileu e o Universo. Steve Parker. São Paulo: Scipione, 1996.

Um livro ilustrado que apresenta a biografia de Galileu Galilei, um homem que preferiu testar as explicações a confiar nos sábios da Antiguidade e tornou possível o desenvolvimento científico que se viu nos séculos seguintes.

Iniciação à Astronomia. Romildo Póvoa Faria. 12. ed. São Paulo: Ática, 2004.

O livro pretende despertar no jovem o interesse pelo céu para que ele possa compreender melhor o Universo em que vive.

Newton e a gravitação. Steve Parker. São Paulo: Scipione, 1996.

Apresenta as principais concepções de Newton, um dos cientistas mais importantes da História. Suas teorias sobre a gravitação, as órbitas dos planetas e as leis do movimento foram fundamentais para o avanço do conhecimento científico.

O azul do planeta: um retrato da atmosfera terrestre. M. Tolentino; R. C. Rocha Filho; R. R. da Silva. 5. ed. São Paulo: Moderna, 1995.

Neste livro, os autores buscam realçar o valor e a importância da atmosfera para a vida na Terra, analisando a estrutura e a composição atmosférica, bem como os gases que estão presentes nela.

O mapa do céu: iniciação à Astronomia. Edgar Rangel Netto. São Paulo: FTD, 1998.

A obra tem como objetivo introduzir conhecimentos sobre Astronomia e desenvolver o interesse pela pesquisa e pelas atitudes científicas. O livro traz um encarte com atividades e uma carta celeste para destacar.

O que é Astronomia. Rodolpho Caniato. Campinas: Átomo, 2010.

Com texto interessante e atividades criativas, esta obra apresenta abordagens da Física por meio de estudos de Astronomia. Ela foi desenvolvida para uma participação ativa do estudante no processo de ensino-aprendizagem, que constrói, assim, o próprio conhecimento.

O Sistema Solar. Alberto Delerue. São Paulo: Ediouro, 2002. Com este livro, o leitor vai embarcar em uma viagem ao reino do Sol, na qual conhecerá as mais recentes conquistas espaciais. Trata-se de uma obra destinada àqueles que querem ampliar seus conhecimentos sobre o que acontece no espaço.

O Universo, o Sistema Solar e a Terra: descobrindo as fronteiras do Universo. Elian Alabi Lucci; Anselmo Lazaro Branco. São Paulo: Atual, 2006. Este livro trata de um tema fascinante que cada vez mais está sendo investigado por meio de novas tecnologias: os mistérios do Universo e do Sistema Solar.

Os movimentos: pequena abordagem sobre mecânica. Nicolau Gilberto Ferraro. 2. ed. São Paulo: Moderna, 2003. Apresenta uma introdução ao estudo do movimento dos corpos, ou seja, à Mecânica. Além disso, descreve como pensadores e cientistas se empenharam para formular teorias e leis que explicam os movimentos.

Os segredos do Sistema Solar. Paulo Sergio Bretones. 14. ed. São Paulo: Atual, 2009. Com inúmeras fotos e ilustrações, o livro mostra como o Sistema Solar se comporta, explicando como os corpos celestes interagem entre si e gravitam ao redor do Sol.

Os segredos do Universo. Paulo Sergio Bretones. São Paulo: Atual, 1995. A obra descreve a origem do Universo por meio do *big-bang* e apresenta conceitos básicos de Astronomia, abrangendo toda a esfera celeste, composta por galáxias, constelações e aglomerados de estrelas e planetas.

Uma aventura no espaço. Iara Jardim; Marcos Calil. São Paulo: Cortez, 2009. Utilizando conceitos da Ciência, da História e da Mitologia, a obra conduz o leitor a uma viagem ficcional pelo Universo.

Viagem ao redor do Sol. Samuel Murgel Branco. 2. ed. São Paulo: Moderna, 2003. Em linguagem acessível, este livro traz conhecimentos básicos sobre o Sistema Solar e suas relações com o Universo, dando destaque a uma das ciências mais antigas: a Astronomia.

Visão para o Universo. Romildo Póvoa Faria. 4. ed. São Paulo: Ática, 1999. (De olho na Ciência). A obra busca despertar nos alunos a curiosidade pela Astronomia, além de aprofundar os conceitos fundamentais dessa ciência milenar, apresentando os principais conceitos ligados à Terra e ao Cosmo.

Eletricidade e fontes de energia

Capítulos 7, 8 e 9

Aquecimento global não dá rima com legal. César Obeid. São Paulo: Moderna, 2009. (Série Saber em Cordel). Inspirado na literatura de cordel e com xilogravuras, este livro apresenta as causas, consequências e possíveis soluções individuais e coletivas para o aquecimento global.

De Sol a Sol: a energia no século XXI. Cylon Gonçalves da Silva. São Paulo: Oficina de Textos, 2010. Traz uma visão geral das fontes de energia que usamos em nosso cotidiano, tanto as sustentáveis quanto as não sustentáveis, além de analisar alternativas energéticas para o futuro.

Energia nossa de cada dia. Valdir Montanari. São Paulo: Moderna, 1998. Este livro faz uma viagem ao interior da matéria e mostra um estudo dos modelos atômicos, da Antiguidade aos dias de hoje, apresentando, de maneira clara, noções de Física nuclear, além de informações específicas sobre os principais pesquisadores da estrutura da matéria.

Faraday & Marwell: luz sobre os campos. Frederico Firmo de Souza Cruz. São Paulo: Odysseus, 2005. (Coleção Imortais da Ciência). Usando o gênero ficcional, o autor explica as ideias inovadoras desses dois cientistas.

Os guardiões do clima na Terra. Sandra Marcondes; Rachel Biderman. São Paulo: Anubis, 2009. Este livro trata das alterações climáticas do planeta e discute possíveis soluções para os problemas que elas acarretam.

Planeta Terra – Tempo e clima. Jim Pipe. Barueri: Girassol, 2009. Livro que trata das consequências das alterações no clima da Terra para o planeta e seus habitantes. São abordadas questões como o aquecimento global, o ciclo da água e a importância do Sol.

Uma verdade inconveniente: o que devemos saber (e fazer) sobre o aquecimento global. Albert Gore. São Paulo: Manole, 2007. Um alerta sobre as dramáticas consequências que o aquecimento global pode trazer para o planeta.

SUGESTÕES DE FILMES

2001 – Uma odisseia no espaço. Stanley Kubrick. Inglaterra/Estados Unidos, 1968. 139 minutos.
Em 2001, em uma missão espacial rumo ao planeta Júpiter, os astronautas Dave Bownam e Frank Poole se veem à mercê do computador HAL 9000, que controla a nave. HAL cometeu um erro, mas se recusa a admiti-lo. Seu orgulho de máquina perfeita impede que reconheça a evidência de falha. Por isso, para encobrir a própria e insuspeitada imperfeição, começa a eliminar os membros da equipe.

A vida do ventre. Toby MacDonald. National Geographic, 2005. 90 minutos.
Por meio de efeitos visuais, gráficos de computador e imagens de ultrassom 4-D, o documentário apresenta o processo de gestação de um feto humano.

Clonagem humana. Peter Williams. Discovery Channel, 2009. 48 minutos.
O documentário explica o que é clonagem e quais as polêmicas relacionadas ao tema a partir da história do especialista em fertilidade Panayiotis Zavos, que afirmou ter implantado embriões humanos clonados em quatro mulheres em 2003.

Cosmos. Série apresentada pelo astrônomo Carl Sagan. 13 episódios com 45 minutos de duração.
Inspirado no livro homônimo de Carl Sagan e Ann Druyan, o documentário contextualiza o ser humano no Universo e apresenta conceitos como a teoria da relatividade de Einsten.

Cosmos: Uma Odisseia do Espaço-Tempo. Série apresentada pelo astrofísico Neil deGrasse Tyson. 13 episódios com cerca de 45 minutos de duração cada um.
O documentário é uma atualização e continuação da série *Cosmos*, apresentada por Carl Sagan. Em seus episódios é mostrado como foram descobertas algumas leis da natureza e formulados alguns trabalhos e invenções científicas.

Estrelas além do tempo. Theodore Melfi, Estados Unidos, 2016. 127 minutos.
Este filme é ambientado na década de 1960, durante a Guerra Fria e a corrida espacial. É inspirado na história real de três matemáticas negras que foram essenciais para o sucesso de diversas missões da Nasa, tanto para colocar o primeiro ser humano em órbita na Terra como para concretizar as missões Apollo para a Lua. Além de mostrar a importância dessas mulheres do ponto de vista científico, o filme também retrata o intenso preconceito racial e de gênero presente na sociedade.

Maravilhas do Sistema Solar. Brian Cox e Andrew Cohen, BBC, 2010. 300 minutos.
Este documentário apresenta as imagens e reproduções mais recentes dos corpos celestes que compõem o Sistema Solar.

Mission Control: The Unsung Heroes of Apollo. David Fairhead, Estados Unidos. 2017. 99 minutos.
O documentário mostra partes da preparação de diversas missões à Lua, especialmente as missões Apollo. Em vez de focar nos astronautas, entretanto, são mostradas as etapas anteriores de pesquisa, planejamento e montagem das missões, além das pessoas responsáveis pelo controle terrestre das missões.

Power: o poder por trás da energia. Ivahn Aguilar Naim. Estados Unidos, 2014. 87min.
O documentário mostra histórias de pessoas que mudaram o mundo com ideias e invenções tecnológicas relacionadas a fontes de energia. Alguns nomes que aparecem ao longo do filme são Nikola Tesla, Rudolf Diesel e Eugene Mallove.

Uma verdade inconveniente. Davis Guggenheim. Estados Unidos, 2006. 118 minutos.
O documentário analisa a questão do aquecimento global a partir da perspectiva do ex-vice-presidente dos Estados Unidos, Al Gore. Ele apresenta uma série de dados que relacionam o comportamento humano ao aumento da emissão de gases na atmosfera. A Revolução Industrial foi um período particularmente marcante no aumento dos impactos causados pela atividade humana no meio ambiente. A partir daquele período, os dados apontam para transformações cada vez mais aceleradas. Ainda que muitos estudos apontem uma tendência cíclica natural de transformações climáticas, Al Gore é um dos que defendem que o ritmo de alterações que vivemos hoje não pode ser explicado simplesmente como um fenômeno natural.

Wall-e. Andrew Stanton. Estados Unidos, 2008. 105 minutos.
Wall-e é um robô que foi deixado sozinho no poluído planeta Terra, cerca de setecentos anos no futuro, e que exerce a função de coletor de lixo. Os humanos vivem na estação espacial Axiom, que transita pelo espaço à espera de que a Terra esteja em condições ideais de receber os humanos de volta. Para sondar a situação no planeta, é enviado um robô de traços femininos, EVA, por quem Wall-e, que desenvolveu consciência e personalidade, se apaixona.

SUGESTÕES DE SITES DE CIÊNCIAS

Centro de Divulgação Científica e Cultural
Material de apoio, experimentoteca, exposições e Olimpíadas de Ciências.
<http://www.cdcc.usp.br/>

Centro de Pesquisa sobre o Genoma Humano e Células-Tronco
Contém experimentos simples de Ciências que permitem explorar noções sobre DNA.
<http://genoma.ib.usp.br/>

Ciência e cultura na escola
Apresenta banco de questões, centros de história, museus de Ciências, reportagens e entrevistas sobre Ciências.
<www.ciencia-cultura.com>

Ciência Hoje
Contém notícias, curiosidades e atualidades sobre diferentes temas de Ciências.
<http://cienciahoje.org.br/>

Ciência Viva – Agência Nacional para a Cultura Científica e Tecnológica
Artigos, matérias e entrevistas sobre meio ambiente, doenças tropicais, Ciência e Arte.
<www.cienciaviva.pt/home>

Espaço Ciência
Contém informações e notícias sobre diversos temas de Ciências.
<www.espacociencia.pe.gov.br>

Estação Ciência
Contém atividades, notícias, *links* e informações sobre o espaço e o Universo.
<www.eciencia.usp.br>

Instituto Butantan
Apresenta informações sobre vacinas e pesquisas e informações de divulgação científica.
<http://www.butantan.gov.br/>

Instituto Geológico
Apresenta informações relacionadas à Geologia, pesquisas em Geociências e laboratórios de geotecnologia no estado de São Paulo.
<http://igeologico.sp.gov.br/>

Museu da Vida (Casa de Oswaldo Cruz – Fundação Oswaldo Cruz)
Apresenta informações, publicações e eventos relacionados à saúde.
<www.museudavida.fiocruz.br>

Museu de Ciências e Tecnologia da PUC-RS
Apresenta informações sobre o Museu de Ciências e Tecnologia, além de dados sobre a visitação.
<www.pucrs.br/mct>

Núcleo de Divulgação Científica da Universidade de São Paulo
Site com notícias, *podcasts* e reportagens sobre Ciência.
<www.ciencia.usp.br/>

Pontociência
Contém experiências de Física, Química e Biologia organizadas passo a passo, com apresentação dos materiais, seu custo, grau de dificuldade e segurança.
<www.pontociencia.org.br/>

Portal de Divulgação Científica e Tecnológica
Contém atualidades e pesquisas científicas brasileiras em Ciência, Tecnologia e Inovação.
<www.canalciencia.ibict.br>

Representação da Unesco no Brasil
Contém publicações de Ciências, Comunicação e Educação. No que se refere às Ciências Naturais, trata do desenvolvimento sustentável, dos recursos hídricos, do meio ambiente, da tecnologia e da educação.
<www.unesco.org/new/pt/brasilia>

Revista Pesquisa Fapesp
Contém informações sobre pesquisas realizadas no Brasil.
<http://revistapesquisa.fapesp.br>

Secretaria da Educação do Paraná
Apresenta objetos educacionais digitais, sugestões de atividades, material didático e *links* que contribuem para o estudo de Ciências, especialmente Biologia.
<http://ciencias.seed.pr.gov.br>

Região Centro-Oeste

Planetário da Universidade Federal de Goiás

Espaço onde é possível acompanhar o movimento de alguns astros. Nele, são ministradas aulas e realizam-se projeções dos programas elaborados pela equipe do local. Além disso, possui exposições permanentes, biblioteca e local destinados a cursos e palestras.
<https://planetario.ufg.br>

Região Nordeste

Museu de Arqueologia e Etnologia da Universidade Federal da Bahia

Possui exposições que abrangem desde a Pré-História do Brasil até a atualidade. Promove atividade de pesquisa, ensino e extensão, como visitas monitoradas, ações educativas e exposições itinerantes.
<https://cartadeservicos.ufba.br/mae-museu-de-arqueologia-e-etnologia-0>

Museu do Homem Americano (Piauí)

Espaço que divulga o patrimônio cultural e biológico deixado por povos pré-históricos da América. Possui tanto exposições permanentes como temporárias. Está localizado no Parque Nacional Serra da Capivara.
<http://www.fumdham.org.br/museu-do-homem-americano?lang=en>

Seara da Ciência – Universidade Federal do Ceará

Centro de exposições e cursos básicos relacionados à divulgação científica da universidade. Além disso, há materiais relacionados à Caatinga, um bioma tipicamente brasileiro.
<www.searadaciencia.ufc.br>

Região Norte

Bosque da Ciência (Amazônia)

Espaço de divulgação científica e educação ambiental do Instituto Nacional de Pesquisas da Amazônia (INPA) que apresenta informações sobra a fauna, a flora e os ecossistemas amazônicos. Entre as atividades promovidas estão exposições e trilhas educativas.
<http://bosque.inpa.gov.br>

Centro de Ciências e Planetário do Pará

Apresenta informações de diversas áreas da Ciência que permitem aos visitantes observar as diversas dimensões do mundo ao nosso redor. São realizados, por exemplo, experimentos de Física e há espaço destinado ao conhecimento de vegetais.
<https://paginas.uepa.br/planetario>

Região Sudeste

Centro de Ciências de Araraquara (São Paulo)

Oferece exposição permanente com temas de Química, Matemática, Biologia, Física, Geologia e Astronomia, além de estimular o uso da experimentação no ensino das Ciências.
<www.cca.iq.unesp.br>

Museu da Vida (Casa de Oswaldo Cruz – Fundação Oswaldo Cruz) (Rio de Janeiro)

Centro que possui atividades destinadas a divulgação científica, ensino, pesquisa e história relacionadas à saúde pública e às ciências biomédicas no Brasil.

Museu de Astronomia e Ciências Afins (Rio de Janeiro)

Apresenta coleções compostas de muitos instrumentos técnicos e científicos que fizeram parte do Observatório Nacional desde 1827. Possui também acervo de documentos relacionados à história da Ciência no Brasil e sua atuação científica no cenário internacional.
<http://www.mast.br/pt-br>

Museu de Ciências Morfológicas (Minas Gerais)

Espaço destinado a exposições que exploram e comparam diferentes áreas da vida e do conhecimento, especialmente do organismo humano, em abordagem interdisciplinar.
<https://www.ufmg.br/rededemuseus/mcm>

Museu Biológico do Instituto Butantan (São Paulo)

Apresenta objetos educacionais com o intuito de estimular a curiosidade científica, especialmente em jovens e crianças.
<www.butantan.gov.br/atracoes/museu-biologico>

Região Sul

Museu da Terra e da Vida – Centro Paleontológico da Universidade do Contestado (Santa Catarina)

Um museu de História Natural focado em Paleontologia dos períodos Carbonífero e Permiano da Bacia do Paraná. Entre os materiais de exposição estão fósseis, minerais e artefatos arqueológicos.
<https://www.unc.br/cenpaleo2013>

Museu Dinâmico Interdisciplinar (Paraná)

Espaço de educação formal e não formal que, por meio de palestras, visitas, cursos, programa de rádio e espetáculos teatrais, aborda temas relacionados a Morfologia humana e animal, Física, Astronomia, Antropologia e artes em geral.
<www.mudi.uem.br>

Museu Zoobotânico Augusto Ruschi (Rio Grande do Sul)

Apresenta coleções representativas de Botânica, Zoologia, Paleontologia e Geologia, além de informações interdisciplinares entre essas áreas e História, Geografia e Língua Portuguesa.
<https://www.upf.br/muzar>

Parque da Ciência Newton Freire Maia (Paraná)

Espaço interativo de divulgação científica e de tecnologia. Apresenta exposições relacionadas a diversos temas, como Universo e energia.
<http://www.parquedaciencia.pr.gov.br>

AMORIM, D. de S. *Fundamentos de sistemática filogenética*. Ribeirão Preto: Holos, 2002.

BELDA JR., W. *Doenças sexualmente transmissíveis*. 2. ed. São Paulo: Atheneu, 2009.

BOCZKO, Roberto. *Conceitos de Astronomia*. São Paulo: Edgard Blücher, 1998.

BORGES-OSÓRIO, M. R.; WANYCE, M. R. *Genética humana*. 3. ed. Porto Alegre: Artmed, 2013.

BRANCO, Samuel Murgel. *Energia e meio ambiente*. 2. ed. São Paulo: Moderna, 2004. (Polêmica).

_____; MURGEL, Eduardo. *Poluição do ar*. 2. ed. São Paulo: Moderna, 2004. (Polêmica).

BRASIL. Ministério da Educação. Secretaria de Educação Básica. *Base Nacional Comum Curricular (BNCC)*. Brasília, 2018.

_____. Ministério da Educação. Secretaria de Educação Básica. Diretoria de Currículos e Educação Integral. *Diretrizes Curriculares Nacionais Gerais da Educação Básica*. Brasília, 2013.

CAVALCANTI, Clóvis. *Meio ambiente*: desenvolvimento sustentável e políticas públicas. 2. ed. São Paulo: Cortez, 2001.

CHASSOT, Attico. *A ciência através dos tempos*. São Paulo: Moderna, 2004.

CHURCHILL, E. Richard; LOESCHING, Louis V.; MANDELL, Muriel. *365 Simple Science Experiments with Everyday Materials*. Black Dog & Leventhal, 2013.

CONSTANZO, Linda S. *Fisiologia*. 5. ed. Rio de Janeiro: Elsevier, 2014.

COUPER, Heather; HENSBEST, Nigel. *Atlas do espaço*. São Paulo: Martins Fontes, 1994.

FARIA, Romildo Póvoa (Org.). *Fundamentos da Astronomia*. 10. ed. São Paulo: Papirus, 2009.

FERREIRA, Artur Gonçalves. *Meteorologia prática*. São Paulo: Oficina de Textos, 2006.

FRANÇOSO, L. A.; GEJER, D.; REATO, F. N. de. *Sexualidade e saúde reprodutiva na adolescência*. São Paulo: Atheneu, 2001.

FUNKE, B. R.; CASE, C. L. *Microbiologia*. 10. ed. Porto Alegre: Artmed, 2013.

GARCIA, S. M. L. de; FERNÁNDEZ, C. G. *Embriologia*. 3. ed. Porto Alegre: Artmed, 2012.

GASPAR, Alberto. *Física*: Eletromagnetismo e Física moderna. São Paulo: Ática, 2009. v. 3.

GRIFFITHS, A. J. F. et al. *Introdução à Genética*. 10. ed. Rio de Janeiro: Guanabara Koogan, 2013.

GROTZINGER, John et al. *Understanding Earth*. 7th New York: W. H. Freeman, 2014.

GRUPO DE REELABORAÇÃO DO ENSINO DE FÍSICA. *Física*: Eletromagnetismo. 5. ed. São Paulo: Edusp, 2001. v. 3.

GUIMARÃES, Luiz Roberto; FONTE BOA, Marcelo. *Física*: Eletricidade e Ondas. 2. ed. Niterói: Galera Hipermídia, 2008.

HALL, John E.; GUYTON, Arthur C. *Tratado de Fisiologia médica*. 13. ed. Rio de Janeiro: Elsevier, 2017.

JORDE, L. B. et al. *Genética médica*. 4. ed. Rio de Janeiro: Elsevier, 2010.

JUNQUEIRA, L. C.; CARNEIRO, J. *Histologia básica*. 13. ed. Rio de Janeiro: Guanabara Koogan, 2017.

KERBAUY, G. B. *Fisiologia vegetal*. 2 ed. Rio de Janeiro: Guanabara Koogan, 2012.

KRASILCHIK, M. *Prática de ensino de Biologia*. 4. ed. São Paulo: Edusp, 2008.

KREUZER, H.; MASSEY, A. *Engenharia genética e biotecnologia*. 2. ed. Porto Alegre: Artmed, 2002.

LUZ, Antônio Máximo Ribeiro da; ÁLVARES, Beatriz Alvarenga. *Física*: contexto e aplicações. São Paulo: Scipione, 2011. 3 v.

MENEZES, L. C. de et. al. *Quanta física*. 2. ed. São Paulo: Pearson Education do Brasil, 2013. 3 v.

MILLER, G. T.; SPOOLMAN, S. E. *Ciência ambiental*. 2. ed. São Paulo: Cengage, 2016.

_____. *Ecologia e sustentabilidade*. São Paulo: Cengage, 2012.

MOORE, K. L.; PERSAUD, T. V. N. *Embriologia clínica*. 8. ed. Rio de Janeiro: Elsevier, 2008.

MOTTA, P. A. *Genética humana aplicada à Psicologia e toda a área biomédica*. 2. ed. Rio de Janeiro: Guanabara Koogan, 2005.

NAMOWITZ, Samuel N.; SPAULDING, Nancy E. *Earth Science*. Chicago: HMH, 2005.

PETTA, C. A.; FAUNDES, A. *Métodos anticoncepcionais*. São Paulo: Contexto, 1998.

PINTO, Walkyria Pereira. *Conviver com a Aids*. São Paulo: Scipione, 2000. (Conviver).

POUGH, F. H.; JANIS, C. M.; HEISER, J. B. *A vida dos vertebrados*. 4. ed. São Paulo: Atheneu, 2008.

RAVEN, Peter H. et al. *Biologia Vegetal*. 8. ed. Rio de Janeiro: Guanabara Koogan, 2014.

REECE, J. B. et al. *Biologia de Campbell*. 10. ed. Porto Alegre: Artmed, 2015.

ROSE, Susanna van. *Atlas da Terra*. São Paulo: Martins Fontes, 1994.

RUPPERT, Edward E.; FOX, Richard S. E.; BARNES, Robert D. *Zoologia dos invertebrados*. 7. ed. São Paulo: Roca, 2005.

SAGAN, Carl. *Cosmos*. Rio de Janeiro: Companhia das Letras, 2017.

SERMAY, Raymond A.; JEWETT, John W. *Principles of Physics*: a Calculus Based Text. 4. ed. Pacific Grove: Brooks/Cole, 2005. v. 2.

SMITH, Tony. *The Human Body*: an Illustrated Guide to Its Structure, Function and Disorders. London: Dorling Kindersley, 2006.

SNUSTAD, D. P.; SIMMONS, M. J. *Fundamentos de Genética*. 6. ed. Rio de Janeiro: Guanabara Koogan, 2013.

SOCIEDADE BRASILEIRA DE ANATOMIA. *Terminologia anatômica*: terminologia internacional. Barueri (SP): Manole, 2001.

STARR, Cecie et al. *Biology*: the Unity and Diversity of Life. 12. ed. Pacific Grove, CA: Brooks Cole, 2008.

TEIXEIRA, Wilson et al. *Decifrando a Terra*. 2. ed. 5ª reimpressão. São Paulo: Companhia Editora Nacional, 2015.

THE EARTH WORKS GROUP. *50 coisas simples que você pode fazer para salvar a Terra*. 12. ed. Rio de Janeiro: J. Olympio, 2005.

TORTORA, Gerard J.; DERRICKSON, Bryan. *Corpo humano*: fundamentos de Anatomia e Fisiologia. 10. ed. Porto Alegre: Artmed, 2017.

TREFIL, J.; HAZEN, R. M. *Física viva*. Rio de Janeiro: LTC, 2006. 3 v.

TRIGUEIRO, A. *Cidades e soluções*: como construir uma sociedade sustentável. São Paulo: Leya, 2017.